Mittelalterliche Glastechnologie

Peter Kurzmann

# Mittelalterliche Glastechnologie

Archäologie – Schriftquellen – Archäochemie – Experimente

PETER LANG
Frankfurt am Main · Berlin · Bern · Bruxelles · New York · Oxford · Wien

**Bibliografische Information Der Deutschen Bibliothek**
Die Deutsche Bibliothek verzeichnet diese Publikation in der Deutschen Nationalbibliografie; detaillierte bibliografische Daten sind im Internet über <http://dnb.ddb.de> abrufbar.

Zugl.: Tübingen, Univ., Diss., 2002

Abbildung auf dem Umschlag:
Doppelmodel – Fragment
Ein Fund aus der Grabung Glashütte Bebenhausen.

D 21
ISBN 3-631-52994-5



www.peterlang.de

*Vitrum inter lapides est sicut stultus inter homines*

Peder Månsson (um 1460 – 1534)

Oder:
Wer weiß, in wie vielen Kronen gefärbtes Glas an Stelle von Edelsteinen funkelt?

**Johann Kunckel von Löwenstern**
1630 (38?) bis 1703 (02?)
stand am Wegesende des mittelalterlichen Glases, Autor der *Ars vitraria experimentalis,* noch der Alchemie verhaftet, die jedoch schon ihres mystifizierenden Beiwerkes entkleidet war.
Die *Ars vitraria experimentalis* war ein geschätztes Fachbuch bis weit in das 18. Jahrhundert hinein.
Die Bildunterschrift im Stil seiner Zeit:
Wissenschafft, Erfahrenheit u.
Verstand von allen Sachen
Wollen diesen wehrten Mañ nunmehr
unvergleichlich machen:
Und die Warheit, die das Ziel wornach
seine augen funckeln!
Kröhnt mit hohen Adel, schon dessen
Nahmen JOHAÑ KUNCKELN.

Bild aus *Ars vitraria experimentalis* wiedergegeben mit freundlicher Genehmigung der Universitätsbibliothek Tübingen

**Otto Schott**
1851 bis 1935
stand an der Wiege des neuzeitlichen Glases als Begründer der modernen Glaschemie. Er untersuchte ab 1879 systematisch die Einflüsse der verschiedenen chemischen Elemente auf die Eigenschaften des Glases und wertete sie zusammen mit Ernst Abbe, Carl und Roderich Zeiss industriell aus. Hierzu gründeten sie das „Glastechnische Laboratorium Schott & Genossen“, das 1895 in „Schott & Genossen“, 1920 in „Jenaer Glaswerk Schott & Gen.“, 1981 in „Schott Glaswerke“ umbenannt wurde und das seit 1997 unter „Schott Glas“ firmiert.

Bild: Ausschnitt aus einem Gemälde von Max Liebermann. Mit freundlicher Genehmigung der Firma Schott Glas, Mainz wiedergegeben.

# VORWORT

Die wirtschaftlichen Umwälzungen der Neunzigerjahre des 20. Jahrhunderts brachten es mit sich, dass ich nach einem erfüllten Berufsleben als Chemiker die Gelegenheit erhielt, ein ordentliches Studium der Archäologie aufzunehmen. Die Vorbildung als Chemiker, der auf den Gebieten der Verfahrenstechnik und der Werkstoffkunde gearbeitet hatte, führte natürlich zu einem besonderen Interesse an technischen Zusammenhängen. In dieser Hinsicht war einer der Höhepunkte der Ausbildung als Archäologe die Teilnahme an einer Lehrgrabung „Glashütte Bebenhausen". Sie ließ erkennen, wie viele Aspekte der mittelalterlichen Glasproduktion noch zu klären waren. Die Fülle von Befunden und Funden war Ausgangspunkt eines weiten Spektrums von archäochemischen Untersuchungen, Überlegungen zur Produktionstechnik und Vergleichen mit den Ergebnissen anderer Grabungen. Die Bemerkung einer Studentin, man sollte doch einmal Glas machen, war ein weiteres auslösendes Moment: im Rahmen zweier Lehrveranstaltungen am Institut für Ur- und Frühgeschichte und Archäologie des Mittelalters befassten wir uns mit der Herstellung mittelalterlicher Gläser im Laboratoriumsmaßstab und den dazu benötigten Rohstoffen. Die Niederschrift der Ergebnisse und Erkenntnisse schwoll immer mehr an, so dass schließlich eine Arbeit entstand, die das Niveau einer Dissertation besaß. Frau Prof. Dr. B. Scholkmann als Betreuerin begleitete die Arbeit dankenswerterweise stets mit Interesse, und die Fakultät für Kulturwissenschaften der Eberhard-Karls-Universität Tübingen nahm die Dissertation an.

Das vorliegende Buch ist die überarbeitete und aktualisierte Fassung der Dissertation. Ich hoffe, sie trägt zum Zusammenführen der Geistes- und Naturwissenschaften im Sinne der viel beschworenen und doch noch zu selten praktizierten interdisziplinären Zusammenarbeit bei, indem sie das dahinter stehende Potenzial an zusätzlich zu gewinnender Erkenntnis verdeutlicht. Um dieses Potenzial nutzbar zu machen, bedarf es jedoch fundierten Wissens auf den Gebieten der beteiligten Disziplinen. Lediglich angelesene Kenntnisse verraten sich dem Fachmann nur allzu leicht; entstandene und publizierte Fehler entwickeln leider ein Eigenleben, das nur schwer aufzuhalten ist. Wünschenswert ist also bei entsprechenden Themen das selbstkritische Erkennen der eigenen Wissensgrenzen und dann ggf. die frühzeitige Zusammenarbeit mit Vertretern anderer Fachrichtungen, z. B. auch schon der Studenten bei gemeinsamen Magister- bzw. Diplomarbeiten oder Dissertationen. Es ist leider ein seltener Glücksfall, wenn die im Studium erworbene Kenntnis zweier verschiedener Disziplinen in einer Person vereinigt ist.

Ich wünsche dem Buch, dass es Studenten der Archäologie Denkanstöße gibt, wie man seine Betrachtungsweise erweitern und was man ggf. durch Hinzuziehung von Vertretern anderer Disziplinen oder sachkundigen Praktikern erreichen kann.

Tübingen und Gärtringen, im Juni 2004

Dr. phil. Dr.-Ing. Peter Kurzmann

# Inhalt

# 1. EINLEITUNG

Die seit 1992 durchgeführten Grabungen auf dem Areal einer spätmittelalterlichen Glashütte bei Bebenhausen im Schönbuch zwischen Tübingen und Böblingen[1] waren der Auslöser für den Autor, sich mit der mittelalterlichen Glastechnologie zu beschäftigen, also mit den Öfen, den Roh- und Hilfsstoffen, den Rezepturen sowie den Herstellungsverfahren der Glasprodukte.
Im Gegensatz zu vielen anderen Publikationen liegt bei der vorliegenden das Schwergewicht also nicht auf der Bearbeitung der „schönen" Endprodukte der Glashütten, sondern vielmehr auf der Auswertung der im Boden auf uns gekommenen Reste der technischen Einrichtungen sowie der vielen unscheinbaren Produktionsabfälle und Fehlprodukte. Hierzu werden mittelalterliche bis frühneuzeitliche technologische Schriftquellen hinzugezogen und ausgewertet. In kurzen Zusammenfassungen, in der Regel der Originalarbeiten, wird das für diese Arbeit Wesentliche dargestellt, wobei eine sehr unterschiedliche Qualität der Publikationen sichtbar wurde. Der sich der Zusammenfassung anschließende Punkt „Diskussion" enthält Kommentare, Erläuterungen und Bemerkungen des Autors der vorliegenden Arbeit. Dabei wurde versucht, von den technikgeschichtlichen Aussagemöglichkeiten der archäologischen Befunde und des Fundmaterials so weit wie möglich Gebrauch zu machen – ganz im Sinne von JANSSEN (1986).
Die mittelalterliche Technologie beginnt natürlich nicht am Punkt Null, sondern baut auf den Erkenntnissen und Erfahrungen der Antike auf. So musste der Autor (abgesehen von dem Ofen aus der Amarna-Zeit Ägyptens) bei den Glasmacheröfen der „alten Römer" beginnen, und zwar bei denen des 1. Jahrhunderts n. Chr.. Ein Glasofen aus der Zeit des Hellenismus wurde leider noch nicht gefunden. Eine weitere Lücke weist der Forschungsstand im frühen Mittelalter auf; nur wenig ist über fränkische und gar nichts über alamannische Glashütten bekannt. Man darf hoffen, dass diese Lücken noch durch glückliche Funde, insbesondere von Ofenanlagen, geschlossen werden.
Der Fund des bisher ältesten Architekturteiles mit Glasdekor gelang schon 1884 H. Schliemann und W. Dörpfeld bei Ausgrabungen im Megaron des Palastes von Tiryns. Sie fanden in der Vorhalle die stark korrodierten Fragmente eines Alabasterfrieses, der in Form eines Orthostatensockels entlang der westlichen Innenwand verlief. Der Fries wird in die Zeit der Errichtung der dritten Burg, also in SH III B (entspr. 1300 bis 1230) datiert. MOSER V. FILSECK (1986)[2] befasste sich eingehend mit dem plastischen Dekor dieses Frieses, der als Besonderheit Einlagen aus blauem Glas aufwies. Dies lässt an die Stelle bei HOMER (Odyssee VII 86. 87) denken, in der von den bronzenen Wänden im Palast des Alkinoos die Rede ist, an denen ein Gesims aus *kyanos* umlief. *kyanos* bedeutet im Griechischen mit großer Sicherheit „blaues Glas" [3]. Im Fries von Tiryns saßen rechteckige, runde und stabförmige Einlagen, wie aus den noch erkennbaren Vertiefungen und den wenigen Resten zu schließen ist. Die Abmessungen bzw. Durchmesser betrugen etwa 0,7 bis 2,5 cm, eine Stärke 0,6 cm, die Länge des Stabes

[1] Die Glashütte liegt auf dem Glaswasen, der zur Gemarkung Altdorf gehört. Der Begriff „Glashütte bei Bebenhausen" hat sich jedoch schon eingebürgert, so dass er beibehalten werden soll.
[2] Der Autor dankt Frau Prof. Dr. v. Freytag gen. Löringhoff, Tübingen, für den Hinweis auf diese Arbeit.
[3] Die mykenische Bezeichnung für *kyanos* ist *ku-wa-no* (VENTRIS et al. 1956, 339-40. 344).

etwa 40 cm. Die erhaltenen Glasteile sind stark korrodiert und weisen eine getrübte, hellblaue Färbung auf. Sie wurden vermutlich in offenen Formen durch Guss hergestellt.

WIENER (1983) behandelt Glasschmuck aus dem mykenischen Griechenland sowie seine Herstellung in dieser Zeit.

In klassischer und hellenistischer Zeit befassten sich die Griechen hauptsächlich mit der Herstellung von Keramik; die in Griechenland gefundenen Glasgefäße und -gegenstände wurden im Wesentlichen importiert (NEUBURG 1962, 74). Zwar wurde die Existenz einzelner Glaswerkstätten nachgewiesen (Rhodos, Delos), die jedoch vermutlich von Fachleuten aus dem Orient betrieben wurden. Eine Werkstatt von besonderer Bedeutung ist jedoch die des Phidias in Olympia. Hier wurden in einem bis jetzt nur teilweise untersuchten Areal neben Abfällen aus anderen Materialien (Bronzeblech, Knochen) südlich des Werkstattgebäudes Fragmente von Keramikmatrizen, kleine meist farblose Glasbruchstücke sowie einige etwa 4 mm dicke Glasfragmente gefunden, die genau in die Matrizen hinein passen. Die Funde lassen sich zum Chiton einer Figur von ungefähr dreifacher Lebensgröße (etwa 4,5 m) ergänzen. Die nach der Überlieferung 12,27 m hohe sitzende Kultstatue des Zeus im Zeustempel zu Olympia hielt auf der rechten Hand eine Nike. Nach Schiering (1991, 1999) handelt es sich bei der mit dem erwähnten Chiton bekleideten Figur um diese Nike; ihre Fertigstellung wäre dann etwa in das Jahr 425 v. Chr. zu datieren. Nach HITZL (1991, 13-14) ist es jedoch wegen der Größe der Figur wahrscheinlicher, dass sie die Kultstatue der Rhea im nahe gelegenen Metroon darstellt.

Der faltenreiche Chiton der Statue wurde aus vielen Glasteilen über vermutlich dunklem Hintergrund (Bitumen?), jedoch ohne vollflächige Berührung mit diesem, zusammengesetzt, was infolge der unregelmäßigen Glasoberflächen zu einem eindrucksvollen Lichtspiel in der spärlich beleuchteten Cella geführt haben muss. Die in Falten gelegten Glaseinzelteile wurden durch Absenken planer flacher Glasplatten oder besser -fladen in die negativen Matrizen hergestellt. Dazu wurde die Matrize mit dem aufgelegten Glasfladen bis zu seinem Erweichen erhitzt; das Glas schmiegte sich dann langsam der Form an. Verarbeitet wurde ein Natrium-Kalzium-Glas mit niedrigem Magnesium-Gehalt, was auf einen Rohglas-Import aus Ägypten hindeutet. Als Trennmittel diente feines Korundpulver. Die Technik dürfte aus Ägypten oder dem Vorderen Orient stammen.

STERN (1985) beschreibt einen andersartigen Glasschmuck: Der umflochtene Torus der Kapitelle der Nordhalle des Erechtheion war mit eingeklebten perlenartigen Einlagen aus farbigem Glas geschmückt. Der Abschluss dieser Arbeiten wird spätestens in das Jahr 407 v. Chr. datiert.

Aus römischer und späterer Zeit sind natürlich viele Glasfunde aus Griechenland bekannt. Eine Besonderheit stellen die Glasbilder aus Kenchreai, der östlichen Hafenstadt Korinths, dar (IBRAHIM et al. 1976). In einem als Isis-Heiligtum gedeuteten Gebäudekomplex lagerte im sog. Brunnenhof, noch in den Transportkisten paarweise sorgfältig verpackt, eine Lieferung von etwa 120 Glasbildern. Sie waren vermutlich zur Ausschmückung zweier im Rahmen eines Umbaues errichteter *stoai* vorgesehen, die sich an einem zu dem Brunnenhof führenden *dromos* gegenüberlagen (SCRANTON et al. 1978, 63-65, Abb. 29). Als Folge eines der beiden Erdbeben von 365 und 375 n. Chr. (wahrscheinlich des zweiten) wurde der noch nicht fertiggestellte Komplex zerstört, der Fußboden sank unter den Meeresspiegel ab. Die Stelle der zerstörten Gebäude wurde sehr bald wieder aufgefüllt und überbaut, wobei die Kisten mit den Glasbildern *in situ* verblieben. Auch diese Überbauung wurde durch seismische Einwirkungen zerstört; der Boden sank weiter ab, so dass der Boden des Brunnenhofes schließlich einen Meter unter dem Meeresspiegel lag. 1964 wurden die Bilder entdeckt. Es handelt sich um *opus sectile*-Arbeiten in Glas von verschiedener Größe (kleinste Abmessung 0,3 m, größte fast 2 m) in quadratischer und rechteckiger Form. Die Herstellung kann in der Weise erfolgt sein, dass man auf eine Unterlage eine Schicht annähernd rechteckiger Keramikscherben von Amphoren legte, die mit einer etwa 2 cm dicken Schicht einer hauptsächlich aus Pinienharz und feinem Marmorpulver bestehenden Masse bedeckt wurde. Auf diese Masse legte man in den gewünschten Mustern oder Bildern etwa 2 mm dicke Glasstücke verschiedener Formen und Farben, die mit weiterer Harzmasse verklebt wurden. Denkbar ist auch der Aufbau in umgekehrter Reihenfolge: Das Glas stellte die unterste Schicht dar, auf die man die Harzmasse und schließlich die Keramikscherben aufgebrachte. Die meist opaken Glasstücke bestanden aus verschiedenen Glassorten (die also auch sehr verschieden korrodierten); die z. T. recht komplizierte Formgebung erfolgte durch Kröseln, Schleifen oder Schmelzen, wobei das Schleifen zu überwiegen scheint. Die fertigen Bilder stellen Sumpfszenen (Nil!), Panoramen, verschiedene Persönlichkeiten, geometrische oder florale Muster sowie Pilaster dar. Die Bilder vermitteln den Eindruck einer außerordentlichen Kunstfertigkeit sowohl bei der Formgebung als auch in der farblichen Gestaltung unter Anwendung sehr fein abgestufter Farbnuancen. Die Besonderheit gegenüber den Glasmosaiken in *opus tessellatum* besteht darin, dass zum einen die Form der Einzelteilchen bereits der darzustellenden Einzelheit im Bild angepasst ist, zum anderen aber auch die Farbe innerhalb eines Teilchens durch Verschmelzen verschiedenfarbiger kleinerer Teilchen variiert. Leider litten das Glas und die Farben sehr unter der Korrosion, aber ein deutlicher Abglanz der früheren Schönheit ist den im Museum von Isthmia ausgestellten Bildern geblieben. Die verwendeten Gläser stammen den durchgeführten chemischen Analysen zufolge aus Glashütten verschiedener Gegenden. Die Herkunft dieser Kunstwerke konnte (noch) nicht geklärt werden; man vermutet Alexandria als Herstellungsort; eine Werkstatt in Griechenland ist auszuschließen. Die Holzkisten konnten in die Zeit 365±45 n. Chr. (im 75 %-Vertrauensbereich) datiert werden (C 14-Datierung). Die geplante sehr wertvolle Ausschmückung des Heiligtums in so später Zeit ist vielleicht im Lichte eines letzten Auflehnens der paganen Kulte gegen die Schließung ihrer Tempel zu sehen. Es sei hinzugefügt, dass es noch andere, allerdings wesentlich kleinere Funde von Glasbildern in Italien (als Importe aus Ägypten gedeutet) und Ägypten selbst gibt. OLIVER (2001) publiziert ein 57 cm im Durchmesser messendes *opus sectile*-Glasbild, datiert an das Ende des 3. Jahrhunderts n. Chr., aus Korinth[4].

Aus Etrurien gibt es Glasfunde nur in relativ geringem Umfang; ihre Anzahl ist verschwindend gering im Vergleich zu der Zahl der Keramikfunde. Etruskische Produktionsstätten für Glas sind überhaupt nicht bekannt. Bei den Glasfunden dürfte es sich ausnahmslos um Importe aus dem Orient (besonders Ägypten, Palästina, Syrien, vielleicht über griechische oder phönikische Kaufleute) handeln. So wurden mehrere kleine Glasgefäße wie *alabastra, amphoriskoi, hydriskai,* auch ein gläserner Armreif in den Gräbern von Spina gefunden, der etruskischen Hafenstadt an der Adria, über die insbesondere im 5. und 4. vorchristlichen Jahrhundert der Handel mit Griechenland lief

---

[4] Auch für den Hinweis auf diese Veröffentlichung sei Frau Prof. Dr. v. Freytag gen. Löringhoff, Tübingen, herzlich gedankt.

(BERTI et al. 1993, passim). Aus Marzabotto (SW von Bologna) sind ein *amphoriskos*, ein *alabastron* und Spielsteine aus Glas bekannt (MANSUELLI 1966, 40-41; 43). Eine sehr schön gearbeitete Rippenschale aus blauem Glas wurde in der Tomba A im Tumulus von Montefortini (bei Comeana, W von Florenz) gefunden. Dieser Tumulus wird etwa in die Mitte des 7. Jahrhunderts v. Chr. datiert, also in die orientalisierende Periode (PALLOTTINO 1992, 58). Es handelt sich aller Wahrscheinlichkeit nach um einen Import aus dem Orient. Unter den in den Zeitraum Ende des 7./Anfang des 6. Jahrhunderts v. Chr. datierten Funden aus der *Tomba della Montagnola* (bei Quinto Fiorentino, NW von Florenz)[5] befindet sich ein blaues, gelblich geädertes Fragment (Höhe 8,8 cm, Durchmesser 7 cm) eines *aryballos* mit Fuß oder einer *oinochoe* (CAPUTO 1969, 55; 87-88). Das Gefäß besteht im Inneren aus Keramik; der Glasmantel besitzt einen reichen, aber nicht sorgfältig gefertigten aufgesetzten Dekor. Die „ägyptisch-blaue" Farbe weist wohl auf einen Import aus Ägypten.

Das Material „Glas" erfreute sich also merkwürdigerweise keiner sehr großen Wertschätzung bei den Etruskern; die Funde sind gegenüber den aus Keramik, Bronze, Gold deutlich unterrepräsentiert. Der Grund wird in den doch begrenzten Gestaltungsmöglichkeiten für dieses Material lange vor der Erfindung der Glasmacherpfeife zu suchen sein, die es nicht erlaubten, dem an vollendet schöner, bevorzugt attischer Keramik ausgebildeten etruskischen Geschmack entsprechende Gefäße hervorzubringen. Im Falle der Trinkschalen ist dies für uns schwer vorstellbar, aber bei entsprechender Nachfrage hätte sich der Handel sicher entwickelt. Die mit hoher Kunstfertigkeit hergestellte große Glasamphora aus Olbia (Schwarzmeergebiet) in Berlin (PLATZ-HORSTER 1976, 16-20) zeigt zwar, was äußerst geschickte Handwerker und Künstler auch ohne Glasmacherpfeife, nach LIERKE (2003) durch Glastöpferei, leisten konnten, jedoch wird dieses Gefäß in die Zeit Ende 2. bis Anfang 1. Jahrhundert v. Chr. datiert, also bereits weit in die Zeit des etruskischen Niedergangs, und als in den römischen Glashütten die bekannten schönen Gefäße geblasen werden konnten, war die Romanisierung Etruriens bereits weit fortgeschritten.

An dieser Stelle muss ein Glasfund aus dem kaiserzeitlichen Rom erwähnt werden. Es handelt sich um ein Glasmosaik aus einer kaiserlichen Villa auf dem Posilipo bei Neapel (Günther 1912). Diese Villa zieht sich in fünf oder wahrscheinlich sogar sechs Stockwerken einen Hang hinauf. Im zweiten Stockwerk, in der westlichen, bergwärts gelegenen Wand eines Zimmers befand sich eine nachträglich eingehauene Nische, in der das Mosaikbild *in situ*, bedeckt von Schutt und Erde, nur wenig beschädigt gefunden wurde. Seine Größe geht aus dem Fundbericht nicht eindeutig hervor; es mißt vermutlich etwa einen halben oder einen Meter in der Breite und jeweils etwas weniger in der Höhe. Es zeigt vor einem blauen Himmel eine weiße Taube, unter ihr drei größere grüne Pflanzen. Der Boden wird von einem XXXX-förmigen gelben Gitterwerk gebildet, das Bild wird von einer Linie aus weißen, einer aus blauen *tesserae* und einer Reihe aus Herzmuscheln umrahmt. Die Seitenwände der Nische sind eingerahmt von schwarz-gelb tordierten Glasstäben und kleinen verschiedenfarbigen gleicharmigen Kreuzen aus jeweils fünf *tesserae* auf schwarzem Grund verziert. Das Mosaik ist aus blauen, weißen, gelben, gelbgrünen, tiefgrünen und schwarzen *tesserae* kunstvoll zusammengesetzt. Das darüber hinaus Besondere an diesem Bild ist die Tatsache, dass die gelbgrünen *tesserae* ihre Färbung zweifellos einem Zusatz von Uranoxid zum Glasfluss verdanken. Leider konnte eine moderne, eingehende archäochemische Unter-

[5] Der Autor dankt Herrn Prof. Dr. F. Prayon, Tübingen, für den Hinweis auf dieses Grab.

suchung dieses Bildes und seiner Glaswürfel nicht mehr erfolgen, da es nach seiner Auffindung zwar *in situ* verblieb, inzwischen aber verschollen ist (VICKERS 2004). Es gibt eine Reihe von früheren Untersuchungen und Angaben, die sich teils widersprechen, teils schlicht falsch sind. Völlig unverständlich ist das Analysenergebnis von 1912, dass es sich bei dem Glasfluss um ein Kalium-Kalzium-Glas handelt, eine Zusammensetzung, die für römisches Glas sonst völlig unbekannt ist. In dem Kapitel „Die Färbungen des Glases" wird hierauf näher eingegangen. Eine genaue archäochemische Untersuchung dieses Mosaiks, seiner *tesserae* und seines Aufbaus wäre eine wünschenswerte, lohnende und interessante Aufgabe, die jedoch mindestens zur Zeit nicht durchführbar ist.

Die Kelten haben sicher selbst Glas erschmolzen und z. T. sehr kunstvolle Glasperlen und –armreifen in großer Zahl hergestellt. Keltische Glasmacheröfen allerdings wurden bisher nicht aufgefunden; sie können nur aus Produktionsresten erschlossen werden (HAEVERNICK 1974; KURZMANN 2000a, 187-88).

Aus dem Orient dürfte die hervorragend gearbeitete Glasschale von Ihringen stammen. Die flache, äußerst dünnwandige Trinkschale aus grünlichem Natrium-Kalk-Glas, leicht durch Kalziumantimonat getrübt (WEDEPOHL 2002), mit einem Randdurchmesser von 15,4 cm und einer Höhe von 3,7 cm wurde in einem „Fürstengrab" der späten Hallstattzeit auf der Gemarkung Ihringen (Kr. Breisgau-Hochschwarzwald) gefunden (DEHN 2000, 339-40). Die Schale dürfte über den Handel in den Schwarzwald gelangt sein.

NEUBURG (1962) beschäftigt sich zusammenfassend mit der Entwicklung von Glas-Produkten in der Antike: Glasperlen sowie besonders der Glasgefäße, deren Entwicklung in Ägypten begann, von wo aus sich die Kunst ihrer Herstellung in den Orient und das Römische Reich ausbreitete. WEDEPOHL (2003a, 43, 43) und SCHWEIZER (2003, 98-99) vertreten die neuere Ansicht: Nach Wedepohl folgte der in Mesopotamien nach keramischen Vorbildern in der Mitte des zweiten vorchristlichen Jahrtausends beginnenden Glasherstellung kurze Zeit später ein ägyptisches Glashandwerk. Auch nach Schweizer ist „Glas in Mesopotamien früher anzusetzen als in Ägypten". Wie dem auch sei, in beiden Regionen gelangte die Glasproduktion praktisch parallel zu hoher Blüte.

An dieser Stelle muss auch das dreibändige Werk von KISA (1908) erwähnt werden, das den damaligen Forschungsstand über die antiken Gläser wiedergibt. Die vielen Abbildungen sind noch heute interessant.

Die Arbeit von SCHWEIZER (2003) befasst sich mit dem Glas des zweiten vorchristlichen Jahrtausends aus dem Ostmittelmeerraum. Sie behandelt nomenklatorische und technologische Fragen, die Forschungsgeschichte, den Problemkreis Glas und Schmuckstein sowie den Handel im Ostmittelmeerraum.

Die Kenntnis der mittelalterlichen Glasindustrie im Nahen Osten, im heutigen Israel, ist wegen ihrer vermuteten Verknüpfung mit der römischen und mittelalterlichen westlichen Glasindustrie außerordentlich wichtig. Hier konnten wesentliche Grabungen durchgeführt und wichtige neue Erkenntnisse gewonnen werden, die GORIN-ROSEN (2000) zusammengefasst hat.

Eine wertvolle Gruppe von Veröffentlichungen gibt Verteilungskarten von Glashütten wieder, die oft genug nur durch Begehungen bekannt sind. An dieser Stelle seien genannt: SIPPEL (1987) für den Kaufunger Wald, MAUS et al. (1999) für den Schwarzwald, GEHRINGER (2000) für den Bayerischen Wald. Für den Taunus liegt die Arbeit von BERG (2000) vor, für den Hils gibt es zwei Veröffentlichungen mit Übersichtscharakter von LEIBER (1990/91 und 1994).

LOIBL (2000) beschreibt „Höhepunkt und Ende der Glashüttenzeit im Taunus" anhand der Geschichte der Wentzel-Hütte am Kalbsheckerbach, die von 1695 bis 1698 arbeitete.

STEPPUHN (1998, 106-10) listet 52 Glaswerkstätten (21 davon nur vermutet) des 8. bis 11. Jahrhunderts in Mittel- und Nordeuropa mit Verteilungskarte auf, wobei weitaus überwiegend aber nur Materialfunde, keine Ofenbefunde vorliegen.

Der Kulturgeschichte des Spessartglases ist ein von GRIMM (1984) herausgegebener Band gewidmet, aus dem verschiedene Beiträge zitiert werden. KRIMM (1984) berichtet darin über die Geschichte der Waldglasproduktion im Spessart.

GREINER (1971) schreibt über die Glashütten in Württemberg in technologischer, wirtschaftlicher und soziologischer Hinsicht. In einem internen Bericht von SCHREG (1998) findet sich ein Exkurs über Glashütten im bayerisch-württembergischen Grenzgebiet des Allgäu.

Als ältere Schriftquelle ist die „Geschichte der Glashütten in Hessen" von LANDAU (1843) zu nennen, die auf eingehende archivalische Studien des Archivraths Dr. Georg Landau zurückgeht.

Nach KAMBER (1995, 84) konnte bisher in der Region Basel keine Glashütte ergraben werden, obwohl Orts- und Flurnamen sowie Schriftquellen dies erwarten ließen. Es wird vermutet, dass die Namen zum größten Teil auf Betriebe aus nachmittelalterlicher Zeit zurückzuführen sind.

An Übersichtsarbeiten aus Frankreich sind zu nennen: FOY 1989, FOY et al. 1989a, FOY et al. 1991, auf die z. T. noch zurückzukommen ist.

CROSSLEY (1983) publizierte eine Arbeit über die Entwicklung englischer Glasöfen im 16. und 17. Jahrhundert. Er führt drei wesentliche Entwicklungsschritte beim Ofenbau in England an: Der erste erfolgte in der zweiten Hälfte des 16. Jahrhunderts und umfasste den Ersatz der traditionellen rechteckigen Öfen der wenigen englischen Glasmacher durch die Öfen mit angebauten Flügeln, die nach 1567 ins Land gekommene Immigranten einführten. Der zweite Schritt bestand in der raschen Einführung der Kohlefeuerung im frühen 17. Jahrhundert. Der dritte Schritt schließlich brachte im späten 17. Jahrhundert die für die englische Glasindustrie so charakteristischen hohen konischen Überbauten der Öfen, die der Verbesserung des Zuges dienten. TYSON (2000) gibt eine Übersicht über die in England gefundenen Glasgefäße aus dem Zeitraum 1200 bis 1500.

Bei TERLINDEN et al. (1981) findet sich ein auf R. Chambon zurückgehender Abriß der Entwicklung der Glasindustrie in Belgien und ihrer Verflechtung mit der in Frankreich, Lothringen und England.

ČERNÁ (1993) schildert in einer kurzen Arbeit die Anfänge der mittelalterlichen Glaserzeugung in Böhmen, ohne auf technologische Einzelheiten einzugehen.

PROCHÁZKA (1999) untersuchte durch Begehungen und Auswertung von Schriftquellen die verbliebenen Spuren der Glashütten, Schleif- und Polierwerke in Westböhmen. Ihm gelang es z. B. die Standorte von 15 Glashütten genau festzulegen.

SEELA (1974) beschreibt die Entwicklung der finnischen Glasindustrie. Sie erfolgte unter dem Einfluss deutscher und schwedischer Glasbläser, erreichte aber erst im 20. Jahrhundert ihre Blüte.

Einen Einblick in die Entwicklung der Glasindustrie in den Vereinigten Staaten von Amerika geben LANMON et al. (1976). Sie begann im 17. Jahrhundert mit der Gründung der Glashütte von Jamestown in Virginia, der jedoch kein wirtschaftlicher Erfolg beschieden war. Im 18. und 19. Jahrhundert war eine deutsche Dominanz in der

amerikanischen Glasindustrie zu verzeichnen, die jedoch sehr mit der Konkurrenz durch importiertes englisches Glas, das einen besseren Ruf und politische Unterstützung genoss, zu kämpfen hatte. Amerikanisches Glas wurde schließlich durch Schutzzölle gefördert, wovon auch die Glashütten von J. F. Amelung profitierten. Johann Friedrich Amelung, der seine Vornamen später zu John Frederick anglisierte, war zunächst in der Glashütte seines Bruders Anton Christian Friedrich in Grünenplan/Hessen tätig, ging dann 1784 mit angeworbenen Glasarbeitern nach Amerika, wo er eine Glashütte in Maryland kaufte. Das Unternehmen florierte und expandierte zunächst kräftig, geriet aber doch 1789 in finanzielle Schwierigkeiten, die sich nach Hochwasser-, Sturm- und Feuerschäden 1790 verschärften und 1798 zur Versteigerung führten. J. F. Amelung starb im gleichen Jahr. Das Journal of Glass Studies widmete Amelung und seiner Glashütte den Jubiläumsband 18 (1976) mit den Arbeiten von LANMON et al. (1976) zur Biographie und Geschichte der Glashütte, von HUME (1976) zu den Ausgrabungen und von BRILL et al. (1976) über die chemischen Analysen der Gläser.
Als interessante Kuriosität ist eine Arbeit von CHARLESWORTH (1967) zu zitieren, die eine rezente, äußerst einfache Glashütte in Kairo beschreibt. Man kann dieser Darstellung entnehmen, mit welch simpler, aber effektiver Arbeitsweise, der mittelalterlichen vergleichbar, respektable Erzeugnisse hervorgebracht werden können.
In zunehmendem Maße erscheinen Arbeiten, die sich mit chemischen Analysen von Gläsern und geologischen sowie mineralogischen Aspekten der mittelalterlichen Glasherstellung befassen. Als Beispiele hierzu sind zu nennen die Arbeiten von WEDEPOHL (insbes. 1993, 1998, 1998a), WEGSTEIN (1996), MAUS et al. (1999), BRONK et al. (1998), HORN et al. (1998), SCHÜSSLER et al. (1998), HECK (2000). Viele Arbeiten auf diesem Gebiet werden auf den gemeinsamen Jahrestagungen „Archäometrie und Denkmalpflege“ der Arbeitskreise „Archäometrie und Denkmalpflege“ der Deutschen Mineralogischen Gesellschaft und „Archäometrie“ der Gesellschaft Deutscher Chemiker vorgetragen.
Das Buch von HENDERSON (2000) befasst sich im ersten Teil eingehend mit chemischen, analytischen und technologischen Aspekten des Materials „Glas“ aus verschiedenen Zeiten und Fundorten. Ein großes Ziel dabei ist, anhand der Ergebnisse der chemischen Analyse den Herstellungsort von Gläsern zu ermitteln. Einige Glashütten bzw. –öfen werden beschrieben, z. T. aber nur sehr kurz.
WEDEPOHL (2002a, 2003) behandelt Fragen des Handels mit Glas und Glasrohstoffen. In einer neuen Publikation (WEDEPOHL 2003a) behandelt er Glas in Antike und Mittelalter. Die Interpretation der Ergebnisse vieler Glasanalysen bildet die Grundlage für die Untersuchung der Rezepturentwicklung in den verschiedenen Kulturen und Epochen, behandelt chemische und technologische Fragen und ordnet die Erkenntnisse in den geschichtlichen Kontext ein.
Das Buch von STROBL (1990) beschränkt sich entgegen seinem allgemein formulierten Titel auf die Technologie des Flachglases und seiner Bemalung. Ebenfalls mit farbigem und bemaltem Flachglas befassen sich BREPOHL (1999, 145-212) und WEDEPOHL (2003, 111-26). Da hiermit bereits gute Publikationen über farbiges Flachglas und die Glasmalerei vorliegen, wird dieses Gebiet in der vorliegenden Arbeit nur in Bezug auf die farbgebenden Substanzen und ihre Verarbeitung behandelt.
Erfreulicherweise liegen bereits einige Übersichtsarbeiten vor, die sich mit archäochemischen, weniger mit archäotechnologischen und archäologischen Fragen des Gebietes „Glas“ befassen. Die vorliegende Arbeit will weitergehen und sich, ausgehend

von archäologischen Veröffentlichungen, noch eingehender mit den chemischen Grundlagen und der Produktionstechnologie befassen. Sie stützt sich so weit wie möglich auf Originalpublikationen, die manchmal schwer aufzufinden oder schwer zugänglich waren. Örtlich gesehen ging die Arbeit zunächst von Südwestdeutschland aus; es zeigte sich aber bald, dass sie weit darüber hinausgreifen muß, weil nur dadurch technisch wesentliche, schwer zugängliche oder auch nur interessante Einzelheiten dargestellt werden können. Das Gleiche gilt auch für den zeitlichen Rahmen: hier wurde sehr bald klar, dass weit in Zeiten vor und nach dem Mittelalter gegriffen werden muss. Oft genug ergaben sich durch die Betrachtung unter einem weiteren Blickwinkel neue und überraschende Einsichten.

Ganz schwierig ist das Problem der Datierung der Funde und Befunde, die ja noch leider oft genug nur vorläufig erfolgen kann. Hier übernahm der Autor in der Regel die Angaben der Originalarbeiten, wobei er sich der Gefahr der Fortschreibung von Fehldatierungen bewusst ist. In den Fällen, in denen ihm neuere oder abweichende Datierungen bekannt waren, fügte er sie selbstverständlich hinzu. Das Schwergewicht dieser Arbeit sollte jedoch nicht auf Datierungsfragen liegen, so wichtig sie auch sind.

Bei der Besprechung herstellungstechnischer Einzelheiten trat natürlich das Problem der Bezeichnungen der verschiedenen Produkte und ihrer Beziehungen zueinander auf, so dass auch diesen manchmal schwierigen und kontrovers diskutierten Aspekten wenigstens in einigen Punkten Rechnung getragen werden musste.

Der Vertiefung des Stoffes dienen die vielen Versuche und Untersuchungen, die in einem speziellen, der experimentellen Archäologie und der Archäochemie gewidmeten Kapitel behandelt werden. Ein Teil von ihnen wurde im Zusammenhang mit den im Vorwort erwähnten Lehrveranstaltungen erarbeitet.

# 2. WAS IST GLAS?

## Der Werkstoff, seine Zusammensetzung und seine Eigenschaften

Glas gehört mit der Keramik und der Bronze zu den ältesten Werkstoffen, die der Mensch herzustellen lernte. Jedoch schon lange bevor er es synthetisieren konnte, machte er Gebrauch von natürlich vorkommenden Gläsern, den Tektiten, beim Einschlag großer extraterrestrischer Körper entstandenen Gesteinsgläsern, und dem Obsidian, einem Gesteinsglas vulkanischer Genese.
Schon nach dieser kurzen Bemerkung wird klar, dass mit dem Glas ein weit verbreiteter Werkstoff vorliegt, für den es gilt, eine Definition zu finden. Am treffendsten dürfte für die Archäologie die seit Jahrzehnten gültige Definition der AMERICAN SOCIETY FOR TESTING AND MATERIALS (ASTM 2000) sein: „Glass – an inorganic product of fusion that has cooled to a rigid condition without crystallizing", in der Übersetzung bei ULLMANN (1972): „Glas ist ein anorganisches Schmelzprodukt, das abgekühlt und erstarrt ist, ohne zu kristallisieren".
Glas ist also ein nicht kristalliner oder - mit einem anderen Wort - ein amorpher Werkstoff.[6] Amorph nennt man einen Feststoff dann, wenn seine molekularen Bausteine ungeordnet vorliegen, keine Ordnung in einem Kristallgitter aufweisen. Die Amorphie erklärt eine wichtige Eigenschaft des Glases, seine Durchsichtigkeit.
Durchsichtigkeit ist immer dann gegeben, wenn ein Material das einfallende Licht ungehindert passieren lässt, also weder reflektiert noch streut. Hierzu sind einerseits große Körper, die aus einem Kristall bestehen, sog. Einkristalle, befähigt und andererseits amorphe Materialien, wie Wasser oder Glas. Abbildung 1 zeigt einen Siliziumdioxid-Einkristall (Bergkristall) und einen Steinsalz- (Halit-) Einkristall.

Abb. 1. Einkristalle: Links ein Bergkristall, rechts ein Steinsalz-Einkristall
(Foto: Autor)

[6] Die neuerliche Annahme, dass im Glas neben ungeordneten Bereichen doch auch Bereiche mit kristallitähnlichem Aufbau vorliegen können, soll hier nicht weiter vertieft werden. Für die vorliegenden Zwecke ist es ausreichend, Glas als amorph zu bezeichnen.

Die Durchsichtigkeit von Einkristallen geht auf das völlige Fehlen von reflektierenden kleinen Kristallflächen im Innern zurück. Erzeugt man solche kleinen Kristallflächen durch Zertrümmern des Einkristalls, entsteht ein jetzt weiß genanntes kristallines (d. h. aus feinen Kriställchen bestehendes) Pulver, wie es als Quarzsand oder fein gemahlenes Speisesalz bekannt ist. Unter geeigneten Bedingungen können die kleinen Kriställchen auch fest zusammenhängen, sie bilden dann einen großen, undurchsichtigen Körper wie z. B. einen weißen Kieselstein. Undurchsichtige Partien eines Einkristalls gehen auf lokale Beschädigungen zurück.

Wie ein Einkristall ist ein amorphes Material, das *per definitionem* ebenfalls keine inneren Kristallflächen besitzt, durchsichtig. Ein einleuchtendes Beispiel hierfür ist das Wasser, dessen Moleküle völlig ungeordnet sind. Die früher übliche Bezeichnung von Glas als „unterkühlte Flüssigkeit" geht auf dieses Bild zurück; sie ist jedoch heute verlassen und soll nicht mehr gebraucht werden.

Der Vollzähligkeit halber sei noch auf die sog. Glaskeramik eingegangen. Dieser moderne Werkstoff besteht aus zahllosen submikroskopisch kleinen Kriställchen, deren Größe unterhalb der Wellenlänge des Lichtes liegt und die also das Licht nicht streuen oder reflektieren können. Die Glaskeramik ist daher ebenfalls durchsichtig. Die Mikrokristallinität hat wertvolle mechanische Eigenschaften zur Folge, die z. B. die Anwendung als Kochplatten erlauben.

Zwei Erscheinungen können eine ungewollte Trübung des Glases hervorrufen: die Entmischung und die Kristallisation. Beide führen zur Bildung von kleinen Teilchen in der umhüllenden Glasmatrix. Wenn sich im erstarrten Zustand die Brechzahlen dieser Teilchen von der Brechzahl der Glasmatrix unterscheiden, kommt es zu einer Trübung. Unter Entmischung versteht man die Erscheinung, dass sich ein Bestandteil des Glases (eine Phase) in der Schmelze als unlöslich von der Hauptmenge (Matrix) absondert; infolge der Oberflächenspannung zieht sie sich zu Tröpfchen zusammen. In einem zweiten Schritt kann in den Tröpfchen beim Erstarren eine Kristallisation erfolgen, die ebenfalls zu einer Trübung führt. Man geht heute davon aus, dass einer Kristallisation immer eine Entmischung vorangeht. Die Kristallisation kann dann weiter voranschreiten und zur völligen „Entglasung" des ursprünglich amorphen Glases führen. Dies kann unter Bedingungen, wie sie durchaus bei der Produktion auftreten können, z. B. bei einer ungünstigen Abkühlgeschwindigkeit oder auch bei langer ungünstiger Lagerung, geschehen. Die Neigung des Glases zur Entmischung kann durch geeignete Rezepturen, die Neigung zum Entglasen durch Zusätze z. B. von Aluminiumoxid verringert werden.

Aus dem bisher Gesagten ergibt sich, dass eine Bezeichnung wie „Kristallglas" eigentlich Unfug ist. Sie geht auf das im Mittelalter zugängliche Wissen zurück. Diese in der alten Literatur anzutreffende und in neuerer Zeit in der Werbung benutzte Bezeichnung soll andeuten, dass das betreffende Glas klar wie ein Kristall ist (womit wohl der Bergkristall gemeint ist, der aber gerade **kein** Glas darstellt). Eine andere irreführende Bezeichnung ist Marienglas (auch Frauenglas, Jungfernglas, Fraueneis genannt), das perlmutglänzende, durchsichtige Spalttafeln von kristallisiertem Gips, also Kalziumsulfat, darstellt und natürlich ebenfalls kein Glas ist. Sein Name rührt daher, dass es als Schutzfenster vor Marienbildern diente. Es fand aber auch als lichtdurchlässiges Material für Fenster in der Architektur Verwendung. Dabei ist zu beachten, dass Kalziumsulfat in merklichem Umfang (1 %) wasserlöslich ist. Andere lichtdurchlässige Werkstoffe, die mit Glas verwechselt werden können, sind der opake Alabaster (ein kristallisierter Gips) und der Glimmer, ein silikatisches, in dünne

Plättchen spaltendes Mineral. HOEPFNER (2001) behandelt ein weiteres, weniger lichtdurchlässiges Material, das bereits PAUSANIAS (2. Hälfte 2. Jh. n. Chr., V, 10, 3) z. B. für den Zeus-Tempel in Olympia erwähnt: Marmor. Von dem mit marmornen Dachziegeln, einer Erfindung des Bildhauers Byzes aus Naxos, gedeckten Zeus-Tempel in Olympia war schon die Rede. Ein ebenfalls begrenzt lichtdurchlässiges, aber organisches Material ist Horn; es wurde in der Form dünner Platten als Laternenscheiben benutzt (SCHUCK 1992).

Glas besitzt die ebenfalls das ästhetische Empfinden stark ansprechende Fähigkeit, durch Zugabe verschiedener Metallverbindungen eine Vielzahl sehr schöner Färbungen anzunehmen; auch Trübungen lassen sich auf diese Weise erreichen.

Eine sehr wertvolle Eigenschaft des Glases ist seine leichte Verarbeitbarkeit mit Hilfe vieler verschiedener Techniken, so durch Sintern, Gießen, Heißumformen, Blasen, Ziehen. Als bis heute wichtigste Verarbeitungstechniken müssen das Gießen und das Blasen angesehen werden. Das Glasblasen ist an die Erfindung der Glasmacherpfeife gebunden, die im ersten vorchristlichen Jahrhundert in Phönizien erfolgt sein dürfte. STERN (2000) präzisiert diese Datierung zu „1. Hälfte des 1. Jahrhunderts v. Chr." und datiert den Beginn des kommerziellen Formblasens etwa in das Jahr 13 n. Chr. oder etwas früher.
Für Verwirrung sorgte einige Zeit lang ein Bild aus dem Grab des Gaufürsten Amenemhet in Beni Hassan (NEWBERRY 1893 Taf. 11). Dieser Amenemhet ist nicht mit einem der gleichnamigen Pharaonen zu verwechseln; er war vielmehr unter Pharao Sesostris I. (1972-1928 v. Chr.) Gaufürst des 16. oberägyptischen Gaues (Oryx-Gau) und wurde in Grab 2 der Nekropole von Beni Hassan (auf dem östlichen Nilufer in der Höhe des Sinai gelegen) etwa im Jahre 1928 v. Chr. bestattet. Die Hauptkammer des Grabes ist mit einem großen Fresko geschmückt, auf dem die verschiedensten handwerklichen Tätigkeiten dargestellt sind. Darunter befindet sich die in Abbildung 2 wiedergegebene Szene links neben der Waage, die auf den ersten Blick das Glasblasen darstellen könnte – in der Zeit um 2000 v. Chr.!

Abb. 2. Das Bild aus einem Fürstengrab in Beni Hassan nach Newberry zeigt links neben der Waage nicht das Glasblasen, sondern das Goldschmelzen

Bei genauem Hinsehen kommen allerdings wegen des Kontextes (fehlende Darstellung fertiger Glasgefäße analog der Darstellung der Töpfer mit ihren Erzeugnissen im Register darunter, eine Waage rechts neben den Arbeitern mit den Blasrohren) Zweifel auf, und so interpretiert man die Zeichnung heute als die Darstellung von Goldschmieden, die in einem Tiegel Gold schmelzen und dazu die über dem Gold aufgehäufte brennende Holzkohle mit Blasrohren zu heller Glut entfachen[7]. In der Verwendung solcher Blasrohre lag sicher die Chance der Erfindung des Glasblasens, wenn man an die Verhüttung anderer Metalle wie Kupfer unter Schlackenbildung denkt. Jedoch die Chance verging hier unerkannt und wurde erst knapp 2000 Jahre später in Phönizien ergriffen.

Die Geschichte der Erfindung des Glases liegt weithin im Dunkeln. Vielleicht wurden an verschiedenen Orten zu verschiedenen Zeiten ähnliche Entdeckungen gemacht und ausgewertet. Das erste auf synthetischem Wege entstandene Glas wurde vermutlich bei der Verhüttung von Kupfer entdeckt, bei der eine glasige Schlacke entstehen kann. Daraus hergestellte Perlen sind aus dem 3. Jahrtausend v. Chr. aus Südfrankreich und etwas später von den britischen Inseln bekannt (KUNTER 1996; GEBHARD 1996). SCHWEIZER (2003, 76, 78) führt in die Mitte des 3. Jahrtausends v. Chr. datierte Glasfunde aus Mesopotamien, also etwas früher datiert als ägyptische Funde, an. PLINIUS d. Ä. (Buch XXXVI, Paragraph 191) gibt eine Schilderung der Erfindung des Glases, die irrige, aber wahrscheinlich auch richtige Elemente enthält. Er schreibt (in der Übersetzung der Projektgruppe Plinius): „Es wird berichtet: Nach der Landung eines Schiffes von *nitrum*-Händlern bereiteten diese da und dort am Ufer Essen. Als sich keine Steine zum Aufsetzen der Kessel fanden, setzten sie *nitrum*-Klumpen aus dem Schiff darunter. Als diese heiß geworden und mit dem Küstensand vermischt waren, ergossen sich da Rinnsale einer durchsichtigen neuartigen Flüssigkeit, und dies war der Ursprung des Glases."
An dieser Stelle soll hierauf noch nicht näher eingegangen werden; der Hinweis auf viele mögliche Entwicklungsstränge in mehreren Kulturkreisen soll zunächst genügen.

Die Korrosionsbeständigkeit des Glases ist nicht so generell gut, wie man anzunehmen geneigt ist. Je nach Zusammensetzung des Glases, den angreifenden Agenzien, der Temperatur und der Dauer der Einwirkung ist Glas völlig inert bis sehr empfindlich. Für die übliche Verwendung als Gefäß für Speisen und Getränke ist das normale Gebrauchsglas hervorragend geeignet; mittelalterliche Kirchenfenster aus Holzascheglas zeigen jetzt jedoch schwere irreparable Korrosionsschäden.

Die chemische Zusammensetzung der verschiedenen Gläser ist später zu behandeln. An dieser Stelle soll zunächst nur ein Hinweis auf die wesentlichen Komponenten des üblichen antiken und mittelalterlichen Glases gegeben werden: Siliziumdioxid, Kalziumoxid sowie Natrium- und Kaliumoxid. Daneben findet sich eine große Anzahl weiterer Oxide, die teils willentlich zugesetzt, teils als natürliche Beimengungen der wesentlichen Komponenten in die Gläser gelangten.

Noch einige Bezeichnungen: Die zur Glasherstellung vermischten Rohstoffe werden als „Gemenge" bezeichnet. Die berechnete Gemengezusammensetzung wird „Gemenge-

[7] NEWBERRY (1893, 31) interpretierte die beiden Arbeiter allerdings schon richtig als „goldsmiths".

satz“, „Glassatz“ oder kurz „Satz“ genannt. Das Gemenge wird in „Häfen“ „eingetragen“ und im Ofen „niedergeschmolzen“, was die starke Volumenverringerung beim Zusammenschmelzen andeutet.

Nach diesem kurzen Überblick über das zu behandelnde Gebiet sollen im Folgenden die einzelnen Technologie-Problemfelder Rohstoffe, Öfen, Geräte, Produktionsprozesse, Färbungen und Produkte näher behandelt werden.

# 3. ROHSTOFFE

Dem Sinn der vorliegenden Arbeit entsprechend soll hier nur auf Komponenten eingegangen werden, die für die Herstellung des Glases in der Antike und im Mittelalter wesentlich waren. Moderne Gläser werden nicht berücksichtigt.
Die chemischen Komponenten des Glases können in Form verschiedener Rohstoffe eingebracht werden. Tabelle 1 gibt einen Überblick.

Tab. 1. Die wichtigsten oxidischen Komponenten des Glases und ihre rohstofflichen Quellen

| Oxidische Komponente | Formel | Rohstoff |
|---|---|---|
| Siliziumdioxid | $SiO_2$ | Sand, Flusskiesel, Silex, Bergkristall, evtl. auch andere siliziumreiche Mineralien wie Feldspäte |
| Kalziumoxid | CaO | Kalkstein (meist als Beimengung im Sand), Dolomit (ein Kalzium-Magnesium-Karbonat), Muschelschalen, Bestandteil der Pflanzenaschen |
| Natriumoxid | $Na_2O$ | Natürliche Soda (Trona[8]), Halophytenasche, evtl. Steinsalz (Halit) |
| Kaliumoxid | $K_2O$ | Holzasche, Asche anderer Landpflanzen, Salpeter, Weinstein |
| Bleioxid | PbO | Bleioxid aus metallischem Blei oder als Nebenprodukt bei der Silbergewinnung aus Blei im Treibprozeß |
| Mangandioxid | $MnO_2$ | Braunstein („Glasmacherseife“) |

## 3.1. Siliziumdioxid

Reines Siliziumdioxid kristallisiert im wohlgeordneten Quarzgitter[9] und besitzt den hohen Schmelzpunkt von 1705°C. Eine derartig hohe Temperatur war mit den technischen Mitteln der Antike und des Mittelalters nicht zu erreichen, und die gesamte Glastechnologie beruht darauf, dass es gelingt, diese Temperatur durch Zugabe anderer Oxide zu senken. Allgemein kann man diese Oxide als Flussmittel bezeichnen; in der Glastechnologie ist die Bezeichnung „Netzwerkwandler“ für die Oxide von Natrium, Kalium, Kalzium, aber auch Magnesium, Barium u. a. üblich. Als „Netzwerkbildner“ werden die das eigentliche (im Glas ungeordnete) Netzwerk aufbauenden Oxide von Silizium, aber auch von Bor oder Phosphor bezeichnet. Manche Oxide wie zum Beispiel Bleioxid können gleichzeitig Netzwerkbildner und

---

[8] Der hier interessierende Hauptbestandteil der natürlichen Soda ist nicht Natriumkarbonat $Na_2CO_3$, sondern Trona $Na_2CO_3 \cdot NaHCO_3 \cdot 2H_2O$, das beim Erhitzen leicht in Natriumkarbonat übergeht. Es wurde früher von Hand an den Ufern bestimmter Seen, den Soda-Seen im Wadi el-natrūn in Ägypten, aufgelesen. Heutzutage wird es in Wyoming, USA, im Untertagebau bergmännisch gewonnen und hauptsächlich in der Glasindustrie der USA verarbeitet (ULLMANN 1999). Der Name geht auf natrūn bzw. natron zurück.

[9] Genau: bei Raumtemperatur als $\alpha$-Quarz.

Netzwerkwandler sein; hierauf ist später einzugehen, weil dies die Ursache für die gelegentliche Gelbfärbung des Bleiglases ist.
Beim Einbau von Aluminiumoxid in das Netzwerk entstehen Störstellen, die die Kristallisation behindern: hierauf beruht die Funktion von Aluminium als Kristallisationshemmer.
Diese Erkenntnisse waren in der Antike und im Mittelalter natürlich nicht verfügbar; jedoch ist mit einem erheblichen Erfahrungsschatz der alten Glasmacher rechnen, den sie auf empirischem Wege erworben hatten. Er wurde als geheimes Wissen von Generation zu Generation weitergegeben und bei der täglichen Arbeit eingesetzt. So werden die Glasmacher in vielen Versuchen herausgefunden haben, welche Mineralien ein gutes Glas und welche ein problematisches Glas ergeben und welches das jeweils günstigste Mengenverhältnis ist.
Die als Rohstoff für den Siliziumdioxidanteil des Glases eingesetzten Mineralien waren natürlich mehr oder minder stark verunreinigt. Die wichtigste und bei Interpretationen häufig übersehene Beimengung im Sand ist Kalk in Gehalten bis zu etwa 30 %. Dieser Kalk geht meist auf fein verteilten Kalkstein als Begleitmineral zurück; man muss nicht immer an Muschelschalen denken. Gelegentlich wird auch feldspathaltiger Sand verwendet worden sein, der je nach Feldspattyp Kalzium und Natrium oder Kalium einbringt. Weiterhin ist mit Eisen- und Manganverbindungen zu rechnen, die sich störend auswirken, da sie das Glas färben. Störend kann auch ein Humusanteil im Sand sein, der ebenfalls unerwünschte Färbungen verursachen kann.
PLINIUS d. Ä. (Buch XXXVI, Paragraph 194) beschreibt die Verwendung des weißen Sandes aus dem Mündungsgebiet des Flusses Volturnus zwischen Cumae und Liternum nach dem Mahlen im Mörser oder einer Mühle.
KUNCKEL (1679: A. Neri 1. Buch, 2. Kapitel, 13) betont die Wichtigkeit der Verwendung von *allerweissestem Tarso* ohne schwarze Adern oder gelbe Flecke. *Tarsus* ist bei ihm eine Art Marmor (Marmor ist jedoch - wie wir heute wissen – chemisch das Gleiche wie Kalk, nämlich Kalziumkarbonat). Zur Erkennung von zur Glasherstellung geeigneten Steinen dient ihm die Funkenprobe: geeignete Steine (aus Siliziumdioxid) schlagen mit Stahl Funken. Er erwähnt die Verwendung von Flusskieseln aus dem Ticino (Nebenfluß des Po) bei den Einwohnern von Murano. Der *Tarsus* wird in einem steinernen Mörser zerkleinert, damit er nicht durch Eisenabrieb verunreinigt wird. Das Pistill muß jedoch aus Festigkeitsgründen aus Eisen sein.
Wesentlich für das Erschmelzen eines guten Glases ist die Kornfeinheit der eingesetzten Mineralien, natürlich besonders des sehr harten Siliziumdioxids. Je feiner die Feststoffe sind, desto schneller erfolgen die chemischen Reaktionen und die Homogenisierung der Schmelze. KUNCKEL (1679, A. Neri 1. Buch, 8. Kapitel, 19) führt als Sprichwort der Glasmacher an: „An einem engen Sieb und dürrem Holtz lieget die gantze Zierde der Kunst“. Zum Zerkleinern wurde eine besondere Technik, bestehend aus dem Erhitzen und Abschrecken in Wasser, gefolgt von anschließendem Zerkleinern, z. B. in wassergetriebenen Pochwerken, entwickelt.
Hierauf und auf das „dürre Holtz“ ist noch zurückzukommen.

## 3.2. Kalziumoxid

Kalzium ist ein weit verbreitetes Element, das in vielen Sanden und - es sei vorgegriffen – Pflanzenaschen in für die Glasherstellung ausreichenden Mengen vorkommt. Ein besonderer Kalkzusatz ist also nicht in allen Fällen erforderlich; die Entscheidung darüber wird der Glasmacher jeweils auf Grund seiner Erfahrung getroffen haben.
Auf keinen Fall darf man daraus, dass PLINIUS d. Ä. (Buch XXXVI, Paragraph 194), THEOPHILUS (1123, 2. Buch, 4. Kapitel) oder AGRICOLA (1556, 12. Buch, 500-502) einen Zusatz von Kalk nicht erwähnen, schließen, dass ihre mitgeteilten Rezepte für die Glasherstellung falsch oder unvollständig sind. Die Komponenten, von denen sie sprechen, können genügend Kalzium enthalten, so dass sich eine besondere Zugabe erübrigt. Hierauf ist später noch zurückzukommen.
Ein Zusatz von Muschelschalen wird von PLINIUS d. Ä. (Buch XXXVI, Paragraph 192) erwähnt.
Auf dem Gelände der spätrömischen Glashütten im Hambacher Forst „sind besonders die vielen Kalksteinbrocken bemerkenswert, die überall herumlagen" (RECH 1982). WEDEPOHL et al. (2000, 2000a) dagegen weisen auf das $^{87}Sr/^{86}Sr$-Verhältnis[10] in den Hambacher Gläsern hin, das dem Verhältnis im rezenten Meerwasser sehr nahe kommt und als Hinweis auf die Verwendung von Muschelschalen als Kalzium-Lieferant gewertet werden kann. Jedoch wird dies auch auf marinen Kalk zutreffen.
Die chemische Analyse römischer Gläser aus den verschiedensten Gebieten zeigt eine bemerkenswerte Konstanz der Zusammensetzung an, was auf sehr sorgfältig ausgewählte Siliziumdioxid- und Kalziumoxid-Quellen hinweist.
Auch der Pfannenstein, der beim Salzsieden in den Salzpfannen sich ansammelnde, hauptsächlich aus Kalziumsalzen bestehende Rückstand beim Einengen der Sole, diente gelegentlich als kalziumhaltiger Rohstoff für die Glaserzeugung. Er ist natürlich stark mit Natriumchlorid verunreinigt.
Knochenasche kommt jedoch nicht als Kalziumquelle für normales klares Glas infrage (KURZMANN 2003). Ihr kalziumhaltiger Bestandteil, hauptsächlich Kalziumphosphat und Kalziumoxid (beim Glühen entstanden aus dem Hydroxylapatit des Knochens), reagiert zu einem Phosphatglas, das mit dem vorliegenden Silikatglas nicht vollständig mischbar ist und somit eine Trübung hervorruft. Durch einen Zusatz von Knochenasche zu einem Natrium- oder Kalium-Kalzium-Glas kann also gezielt getrübtes Glas erzeugt werden. Im klaren Holzasche-Glas in kleinen Konzentrationen nachgewiesenes Phosphat geht auf die Holzasche zurück; es führt wegen der geringen Menge nicht zu einer Trübung.
Magnesium ist ein häufiges Begleitelement des Kalziums und gelangt mit Pflanzenaschen in Konzentrationen von einigen Prozenten in das Glas. Der Zusatz von Dolomit gibt sich durch einen hohen, mit dem Kalziumgehalt korrelierenden Magnesiumgehalt bei der chemischen Analyse des Glases zu erkennen.

[10] Strontium (Sr) ist ein Erdalkalimetall wie Kalzium und kommt daher praktisch immer in kleinen Mengen in Kalziummineralien vor.

## 3.3. Natriumoxid

Natriumoxid wird bei der Herstellung von Glas nicht als solches zugegeben, sondern überwiegend in der Form von Natriumkarbonat (Soda), das in der Hitze unter Abspaltung von Kohlendioxid in Natriumoxid übergeht.
Das älteste bekannte natürliche Vorkommen von Soda ist das an den Soda-Seen in Ägypten, z. B. im Wadi el-natrūn, wo es durch Soda-Verbrackung aus im Grundwasser vorhandenen Natriumchlorid und Humussäuren entsteht. Das Produkt stellt keine reine Soda dar, sondern ist ein im Anklang an *natrūn* „Trona“ genanntes Doppelsalz $Na_2CO_3 \cdot NaHCO_3 \cdot 2H_2O$, das mit wechselnden Mengen an Steinsalz, Natriumsulfat, Gips und Kalzium-Magnesium-Karbonaten verunreinigt ist. Es wird an den Seeufern mit der Hand vom Boden aufgelesen, wobei anhand der verschiedenen Kristallformen eine gewisse Auslese erfolgt. Sein Soda-Gehalt unterliegt also einigen Schwankungen; für analytische Untersuchungen von Gläsern ist der Chlorid-Gehalt von Bedeutung. Dieser lateinisch *nitrum,* im Folgenden „natürliche Soda“ genannte Rohstoff stellte über viele Jahrhunderte hinweg ein äußerst wichtiges Handelsprodukt dar, das weithin verhandelt wurde. Trona-Vorkommen gibt es aber auch in anderen Gebieten, so z. B. an ungarischen Steppenseen, in Thrakien und in Mazedonien. Welche Rolle diese Vorkommen bei der antiken oder mittelalterlichen Glaserzeugung spielten, ist dem Autor nicht bekannt. Hier liegt vermutlich noch ein interessantes wirtschaftsgeographisches Problem vor.
Natriumkarbonat entsteht auch zunächst als Natriumhydrogenkarbonat $NaHCO_3$ bei der Verbrennung von Pflanzen, und zwar besonders bei der von Salzpflanzen (Halophyten), die auf Salzböden gedeihen und viel Natriumchlorid (Steinsalz, Halit) aufnehmen können. Zu diesen Salzpflanzen zählen z. B. die Gattung der Queller (mit den Arten Salicornia herbacea, Salicornia europaea), in Südfrankreich das Salzkraut (Salsola kali L.), im Südosten des europäischen Russlands und in Zentralasien Kalidium caspicum Moq., in der Levante der Gemeine Senfkohl (Roquette, Eruca sativa Lam.). Die Salzpflanzen- oder Halophytenasche enthält immer Natriumchlorid sowie geringere Mengen an Kalium(hydrogen)karbonat, Kalziumkarbonat und Magnesiumsalzen. Salzpflanzenasche wurde besonders an der französischen und spanischen Mittelmeerküste sowie in der Levante erzeugt und weithin verhandelt. Die Qualität der Produkte war sehr unterschiedlich; die Asche (oder das ausgelaugte Produkt? - Die Quellen sind unklar) aus der Levante hatte den besten Ruf.
Aus Italien ist bekannt, dass zu Beginn des 16. Jahrhunderts die Pflanzen in Gruben verbrannt wurden; nach dem Übergießen mit Wasser sammelte sich eine schwarze Masse oben, während unten das Salz als „grauer Stein“ lag (Natriumhydrogenkarbonat ist relativ schwer wasserlöslich), der herausgenommen und im Mörser zerkleinert wurde (CHARLESTON 1978 b).
BIRINGUCCIO (1540) beschreibt die Gewinnung eines „sehr scharfen Salzes“ durch Extrahieren von Pflanzenasche (dabei wird unklar gelassen, Asche welcher Pflanzen: Kali-Pflanze, Farn oder Flechte – „was hier belanglos ist“) mit heißem Wasser, Filtrieren und Eindampfen der Lauge. Das gewonnene Salz heißt *sal vetro ouero sal alcali* (Glas- oder Alkalisalz).
Als Natriumquelle bei der Glasherstellung kommt in begrenztem Umfang auch Steinsalz in Betracht, was jedoch wegen des erheblichen Chlorid-Gehaltes problematisch ist. Untersuchungen von GERTH et al. (1998) ergaben, dass maximal 1,4 % Chlorid in

mittelalterlichem Glas löslich sind. Ein darüber hinausgehender Gehalt verdampft teilweise, zum Teil bildet er Glasgalle.
Der Magnesiumgehalt eines Glases kann in vielen Fällen bei der Entscheidung helfen, ob natürliche Soda oder Halophytenasche als Natriumoxidquelle eingesetzt wurde. Halophytenasche enthält merklich mehr Magnesiumoxid als natürliche Soda, so dass man bei einem Magnesiumgehalt im Glas von etwa ≤ 1 % MgO (low magnesia glass = LMG) von natürlicher Soda als Rohstoff ausgehen kann, bei MgO-Gehalten von etwa 3 bis 5 % (high magnesia glass = HMG) von Halophytenasche (HENDERSON 2000, 58). Probleme ergeben sich natürlich, wenn man mit einem Magnesiumeintrag durch andere Rohstoffe, z. B. Dolomit, rechnen muss. Solche Fälle sind durch Korrelationsbetrachtungen, z. B. die zwischen Kalium- und Magnesiumgehalten, zu erkennen.

## 3.4. Kaliumoxid

Auch Kaliumoxid wird bei der Glaserzeugung nicht als solches zugegeben, sondern meist in Form von Kaliumkarbonat (Pottasche). Auch dieses Salz spaltet in der Hitze Kohlendioxid ab und geht in das Oxid über.
Kaliumkarbonat (genauer: Kaliumhydrogenkarbonat) entsteht bei der Verbrennung von Landpflanzen und wurde insbesondere durch die Verbrennung riesiger Mengen an Holz erzeugt. Die so erhaltene Holzasche enthält jedoch auch Natriumkarbonat (genauer: Natriumhydrogenkarbonat) und Kalziumkarbonat, aber praktisch kein Natriumchlorid. Auch der unerwünschte, aber ständige Gehalt an Eisen ist für die Glaserzeugung wesentlich. Analytisch ist ein ständiger geringer Phosphat-Gehalt von Bedeutung. Weitere wesentliche Bestandteile der Holzasche sind Mangan- und Magnesium-Verbindungen sowie Sulfate. Die Zusammensetzung der Holzasche unterliegt starken Schwankungen je nach Pflanzenart, Pflanzenteil und Bodenzusammensetzung. Es gibt keine „Einheits"-Holzasche, was Rezeptur-Berechnungen zur Bestimmung von Rohstoffquellen für Holzaschegläser sehr erschwert. Andererseits könnte es nach BEZBORODOV (1975, 160-62) beim Vorliegen genügender Vergleichsanalysen gelingen, über die Spurenelementverteilungen im Boden und im Glas Hinweise auf die Herkunft der Asche zu erhalten. Da jedoch meistens Gemische aus Aschen verschiedener Herkunft verwendet worden sein dürften, erscheint diese Möglichkeit als recht vage.
Die altrussischen Kalium-Blei-Gläser zeigen nach BEZBORODOV (1975, 53-54), dass hier bereits im 11. – 13. Jahrhundert Pottasche (Kaliumkarbonat!) zur Glasherstellung benutzt wurde, daneben aber auch Holzasche direkt.
In Westeuropa erkannte man erst im 17. Jahrhundert in dem wasserlöslichen Teil der Asche den für die Glaserzeugung wesentlichen Rohstoff, nämlich die Pottasche. Kalziumkarbonat ist wasserunlöslich, verbleibt also bei der Extraktion der Asche mit Wasser im ungelösten Anteil und muss daher gegebenenfalls (falls die anderen Rohstoffe, z. B. der Sand, nicht genügend Kalziumkarbonat enthalten) bei der Glasherstellung als Kalk gesondert zugegeben werden.
Nach LOIBL (1996, 80-83) leitet sich der Name „Pottasche" nicht wie allgemein angenommen von den „Pötten" ab, in denen die Aschenlauge eingedampft wurde, sondern von Transportfässern (ebenfalls „Pötten"): „Unter Pottasche wurde ursprüng-

lich nur die Holzasche aus den Fässern der darin transportierten Weidasche[11] verstanden. Erst nach Entwicklung und Einführung des Extraktionsprozesses im 17. Jahrhundert übertrug man den Begriff auf die dabei gewonnene Substanz, auch wenn diese gar keine Asche mehr darstellte. So wandelte sich die Bezeichnung einer **aus** den Pötten eines besonderen Verpackungsmaterials gewonnenen Asche in die Klassifikation der **in** Pötten produzierten Extraktionssubstanz." Als nicht mehr genügend Fässer zum Verbrennen zur Verfügung standen, nahm man ungebrauchtes Eichenholz hinzu. Beim Studium alter Schriftquellen besteht immer die Gefahr von Missdeutungen dadurch, dass Holzasche und Pottasche nicht unterschieden werden.

Die Pottaschensiederei entwickelte sich zu einem sehr wichtigen Wirtschaftszweig, auf den hier nicht weiter eingegangen werden soll. LOIBL (1996, 79-156) behandelt dieses Thema eingehend, DUBOIS (1996) speziell für das Gebiet von Württemberg.

Gelegentlich werden (Kali-)Salpeter (spät aufgefundenes Rezept von Kunckel, bei SCHULZE 1976) und Weinstein (bei KUNCKEL 1679, Neri 1. Buch 1. Kapitel) als kaliumhaltige Zusätze genannt.

## 3.5. Pflanzenasche allgemein

Es wurde schon darauf hingewiesen, dass sich die Pflanzenaschen sehr in ihrer chemischen Zusammensetzung unterscheiden. Einen Eindruck hiervon vermitteln Angaben bei BEZBORODOV (1975, 50), die in Tabelle 2 verkürzt wiedergegeben werden. Trotz der Lücken in der Tabelle und trotz der Tatsache, dass die hier mitgeteilten Analysenwerte nur Anhaltspunkte und keinesfalls allgemeingültig sind (z. B. wegen unterschiedlicher Standorte mit unterschiedlichen Böden), kann man der Tabelle doch einige wichtige Erkenntnisse entnehmen: den Unterschied zwischen Salzpflanzen (oberer Teil der Tabelle) und anderen Pflanzen, den Unterschied zwischen verschiedenen Pflanzen und ihren Teilen und die sehr unterschiedliche Anreicherung der einzelnen chemischen Elemente.

[11] Weidasche oder Waidasche ist nach MEYER (1852, Abt. 2, Band 14,1; 639) „1. eine sonst nur aus Frankreich bezogene, bei der Blaufärberei mit Waid benutzte, angeblich aus verbrannten Weinhefen bereitete, vielleicht sehr reine Sorte Potasche, 2. eine Art russische oder polnische sehr potaschehaltige Holzasche, welche mit starker Aschenlauge übergossen, getrocknet und bis zur Verglasung kalcinirt ist; wurde sonst von den Färbern beim Blaufärben mit Waid gebraucht". Da sich LOIBL (1996, 81) auf die Einfuhr von Asche aus Osteuropa bezieht, dürfte im vorliegenden Zusammenhang die 2. Deutung relevant sein. Bei der Waidasche handelte es sich um einen Rohstoff, der in Fässern weithin verhandelt wurde. Das Holz der Fässer nahm dabei Bestandteile der Waidasche auf und lieferte bei seiner Verbrennung eine mit Pottasche angereicherte Holzasche, die ein wertvoller Rohstoff für die Glasindustrie war.
Unter „Blaufärberei" ist die mit Indigo (importiert oder aus der Pflanze Waid (Färberwaid, Isatis tinctoria L.) durchgeführte Blaufärbung von Textilien zu verstehen. Die Pottasche wird für die Herstellung der (alkalischen) Lösung des zum farblosen Indigweiß (oder Leukindigo) reduzierten Indigos („Küpe") benötigt. An der Luft wird Indigweiß wieder zum blauen Indigo oxidiert: die Textilien werden blau (heutzutage Bluejeans z. B.).

Tab. 2. Aschengehalte und Zusammensetzung der Aschen verschiedener Pflanzen (in %)

| Pflanze | Teil | Asche | $SiO_2$ | CaO | $Na_2O$ | $K_2O$ | $Fe_2O_3$ | $Al_2O_3$ | MgO | $P_2O_5$ | $SO_3$ | Cl |
|---|---|---|---|---|---|---|---|---|---|---|---|---|
| Salicornia herbacea | Trieb | 32,4 | 2,8 | 1,8 | 27,2 | 7,7 | 0,3 | 1,0 | 5,0 | 2,0 | 6,3 | 46,1 |
| | Wurzel | 9,9 | 9,2 | 9,2 | 20,7 | 10,2 | 1,9 | 4,0 | 8,9 | 3,2 | 8,3 | 31,2 |
| Kalidium caspicum | Einj.Trieb | 32,6 | 3,0 | 4,4 | 43,4 | 3,7 | 1,3 | 1,7 | 2,7 | 0,8 | 7,3 | 27,3 |
| | Wurzel | 9,6 | 2,8 | 5,2 | 38,2 | 7,7 | 0,9 | 1,3 | 4,1 | 1,1 | 4,1 | 20,2 |
| Buche | Stamm | 1,2 | 5,4 | 56,4 | 3,6 | 16,4 | | | 10,9 | 5,4 | 1,8 | |
| | Laub | 1,2 | 33,8 | 44,9 | 0,7 | 5,2 | | | 5,9 | 4,7 | 3,6 | |
| | Gesträuch | 1,2 | 9,8 | 48,0 | 2,4 | 13,8 | | | 10,6 | 12,2 | 0,8 | |
| Eiche | | 0,5 | 2,0 | 72,5 | 3,9 | 9,5 | | | 3,9 | 5,8 | 2,0 | |
| Weizen | Stroh | 4,3 | 66,2 | 6,1 | 2,8 | 11,5 | | | 5,2 | 5,4 | 2,8 | |
| | Körner | 1,8 | 1,7 | 3,3 | 3,3 | 31,1 | | | 12,4 | 46,3 | 2,2 | 8,4 |
| Gerste | Stroh | 0,6 | 53,8 | 7,5 | 4,6 | 21,2 | | | 2,5 | 4,3 | 3,6 | 0,3 |
| Farnkraut | | 5,9 | 6,1 | 14,1 | 4,6 | 42,8 | | | 7,6 | 9,7 | 5,1 | 10,2 |

WEDEPOHL (1998; 2003a, 184) veröffentlichte weitere Analysenergebnisse von Pflanzenaschen, die die möglichen Streuungen erkennen lassen.
In Tabelle 3 ist das Analysenergebnis für die Holzasche wiedergegeben, die im experimentellen Teil der vorliegenden Arbeit verwendet wurde. Es handelt sich um eine kalziumreiche Mischasche hauptsächlich von Buche und Fichte aus dem offenen Kamin des Autors.

Tab. 3. Zusammensetzung einer Mischasche von hauptsächlich Buche und Fichte (in %)

| C | $SiO_2$ | CaO | $Na_2O$ | $K_2O$ | $Fe_2O_3$ | MgO | MnO | $P_2O_5$ | $SO_3$ |
|---|---|---|---|---|---|---|---|---|---|
| 7,7 | 5,1 | 39,0 | 0,7 | 17,1 | 0,9 | 5,7 | 0,3 | 5,4 | 1,0 |

Eine solche Mischasche kommt wahrscheinlich den in den spätmittelalterlichen Glashütten tatsächlich verwendeten Aschen näher als die reinen Aschen, von denen mittelalterliche/frühneuzeitliche Autoren in einer gewissen Idealisierung sprechen.
PLINIUS d. Ä. (Buch 31, Paragraph 107) erwähnt zwar Eichenholzasche, aber nur in der Abhandlung über Soda und mit den Hinweisen, dass sie niemals in großen Mengen hergestellt und dass die Methode schon lange völlig aufgegeben wurde.
THEOPHILUS (1123, 2. Buch, 1. Kapitel) fordert die Verbrennung von getrockneten Buchenscheiten, also von Buchenstammholz an einem sauberen Platz, so dass weder Erde noch Steine in die Asche geraten. AGRICOLA (1556, 12. Buch) beschreibt die Verbrennung von ganzen stehenden Bäumen im Freien (wobei bei Regen die Gefahr der Verunreinigung der Asche besteht) oder von zerteilten Bäumen unter Dach.
HERACLIUS (12./13. Jh., 7. Kapitel) erwähnt die Verbrennung von Farn und von kleinen Buchen und beschreibt die Verwendung eines Gemisches aus 2 Teilen Farnasche und einem Teil Buchenasche. Den Luxus der Verbrennung von guten, als teures Bauholz verkäuflichen Baumstämmen wird man sich nicht lange geleistet haben, sondern bald zu billigeren Holzquellen übergegangen sein. GREINER (1957) zitiert aus einem Bericht von 1643, in dem die Verwendung von „kheinnützem“ Holz zur Ascheherstellung

erwähnt wird. Auch zitiert er die württembergische Forstordnung von 1495, nach der nur an unzugänglichen Stellen wachsendes Holz an Ort und Stelle verbrannt werden darf.
Hinzu kommt noch die Verwendung von gesammelter Hausbrandasche, die von reisenden Händlern aufgekauft wurde. Auch die Asche, die bei der Beheizung der Glasöfen anfiel, kann als Rohstoff verwendet worden sein, sofern sie nicht zu stark verunreinigt war. Ein weiterer Lieferant für Holzasche waren die Salinen, die eine mit Steinsalz verunreinigte Holzasche lieferten.
Die Glasherstellung wurde somit durch die Verwendung von Holzasche unabhängig vom Import der natürlichen Soda oder von Halophytenasche bzw. „Glas-Salz" aus dem Mittelmeergebiet.
Eine Besonderheit der Asche ist das große Volumen, das sie einnimmt. Das Schüttgewicht der oben erwähnten Mischasche betrug nach Siebung (1 mm Maschenweite) 170 g/l; anders ausgedrückt nimmt 1 kg dieser Asche das Volumen von etwa 6 Litern ein. Für Transport und Lagerung (hoher Platzbedarf, Schutz vor Regen) muss dies ein Problem gewesen sein, das jedoch nirgends erwähnt wird.
Bei der Durchsicht der Literatur fällt auf, dass bei den Aschen und den daraus gewonnenen Produkten große, die Nomenklatur betreffende Unklarheiten bestehen. Zur Verdeutlichung seien die wichtigsten Begriffe erläutert:
**Holzasche** ist das durch Verbrennen von Holz gewonnene Produkt, eigentlich fast weiß, jedoch in der Praxis durch Holzkohlestückchen und –flitter grau gefärbt.
**Salzpflanzen- oder Halophytenasche** ist das durch Verbrennen von Salzpflanzen (Halophyten) gewonnene Produkt. Je reiner es ist, desto weniger gefärbt ist es auch.
**Rohpottasche** ist das durch Auslaugen von Holzasche mit Wasser, Abfiltrieren und Eindampfen der Lösung gewonnene kristallwasserhaltige, durch Kohlenstoffflitter mehr oder minder grau gefärbte Produkt. Es besteht hauptsächlich aus Kaliumhydrogenkarbonat ($KHCO_3$), enthält aber noch andere wasserlösliche Salze wie Chloride und Sulfate sowie etwas Natriumhydrogenkarbonat, außerdem etwas Kohlenstoff, jedoch kein Kalziumkarbonat und keine Eisen- oder Manganverbindungen (die im Wasserunlöslichen zurückbleiben).
**Kalzinierte Pottasche** wird durch Glühen von Rohpottasche erhalten (wobei $H_2O$ und $CO_2$ entweichen und der Kohlenstoff verbrennt) und stellt eine wasserfreie, farblose, mikrokristalline Masse dar, chemisch Kaliumkarbonat $K_2CO_3$.
**Holzasche und Pottasche sind nicht zu verwechseln!**
**Halophytenaschensoda** ist das durch Behandeln von Salzpflanzenasche mit Wasser gewonnene Produkt. Es besteht aus Natriumhydrogenkarbonat, enthält aber noch andere Salze wie Kaliumhydrogenkarbonat, Chloride und Sulfate.
**Soda** ist in der alten Glastechnologie ein zweideutiger Begriff: Mit dieser Bezeichnung kann Soda aus Halophytenasche oder Soda aus natürlichen Vorkommen an den Soda-Seen gemeint sein. Wenn man sich exakt ausdrücken will, muss die Herkunft hinzugefügt werden: Halophytenaschensoda oder kurz Aschensoda bzw. natürliche Soda, Trona, evtl. ägyptische Soda oder Seen-Soda. Die Bezeichnung „Sodaasche" ist streng genommen falsch, wenig aussagekräftig und missverständlich; sie sollte daher vermieden werden. Falsch ist natürlich auch die Verwendung der Bezeichnung „Soda" für „Natrium".
Der schwedische Mönch Peder Månsson (um 1520) beschreibt eine interessante Variante der Aschegewinnung (JOHANNSEN 1932): Der Boden einer Erdgrube wird

dicht mit Lehm ausgestrichen. In die Grube wird frisches „Kalikraut“ (hiermit ist eine am Meeresstrand wachsende Salzpflanze gemeint) gelegt und obenauf ein kräftiges Feuer mit trockenem Holz entzündet. Wenn das Kraut „genug gebrannt“ ist, wird die Glut fortgenommen und die Asche durch Aufgießen von etwas Wasser verdichtet. Darauf wird wieder frisches Kraut in die Grube gelegt und mit Holz verbrannt. So wird fortgefahren, bis die Grube voller Asche ist. Obenauf liegt schwarze Asche (schwarz durch unverbrannten Kohlenstoff), unten in der Grube sammelt sich ein Salz, *sal alkali* genannt, wie ein grauer Stein (entstanden durch Extraktion der Asche mit Wasser und anschließendes Eintrocknen, bestehend hauptsächlich aus Natrium- und Kalium-hydrogenkarbonat). Das *sal alkali* kann durch Umkristallisieren gereinigt werden (Auflösen in Wasser und wieder Einengen der Lösung, wobei das Salz in reinerer Form auskristallisiert). Dieser Vorgang kann öfter wiederholt werden, wobei das Salz immer reiner wird. Dieses Salz pflegten die Ärzte zu benutzen; für die Glasherstellung musste man es nicht so oft reinigen. Anschließend beschreibt Månsson das Herstellen eines Glasvorproduktes aus der schwarzen Asche – die Stelle ist etwas unklar. Deutlich wird jedoch, dass bei diesem Veraschungsprozess eine Mischasche aus Holz- und Halophytenasche entsteht, die Kalium- und Natriumoxid in das Glas einbringt. Daneben erwähnt Månsson auch die Verwendung von *sal alkali*, das aus Spanien, Alexandria, Frankreich oder anderen Ländern nach Rom gebracht wird.

Diese Veraschungsmethode für das schlecht brennende feuchte Kraut liefert eine mögliche Erklärung für das Vorkommen von Kalium-Natrium-Kalzium-Gläsern.

BIRINGUCCIO (1540) beschreibt – wie schon erwähnt - das Gewinnen von *sal vetro* oder *sal alcali* durch Auslaugen von Kali-Pflanzenasche (auch von Farn- oder Flechtenasche) mit siedendem Wasser, Filtrieren und Eindampfen der Lösung. Am Ende seines Kapitels über Glas erwähnt Biringuccio noch, dass die Glasherstellung mit „Alkalisalz“ die beste Art ist, dass man aber auch Arbeit und Kosten sparen und Glas aus Flusskieseln oder Sand und gewöhnlicher Asche sowie etwas Braunstein erschmelzen kann, und zwar ohne vorherige Herstellung einer Fritte. Das so hergestellte Glas sei nicht so schön und leicht zu bearbeiten wie das mit dem „Alkalisalz“ hergestellte. - Hier liegt eine klare Parallele zu den Rezepturangaben bei Agricola vor.

KUNCKEL (1679, Erinnerungen über die Merrettischen Anmerkungen, 347-50) beschreibt ebenfalls die Auslaugung von Aschen aller Art (von Bäumen, Sträuchern, Hecken, Kräutern, gekauft von Bürgern oder Bauern, aus Kachelöfen, Feuerherden oder der Feuerung unter Braupfannen – „wanns nur Aschen ist“) mit Wasser in einem Faß über Stroh zur Filtration, das Eindampfen der Lauge in eisernen Kesseln und das Kalzinieren des noch grauen Salzes. Zur Herstellung eines besonders guten Glases kann der Auslaugungsprozeß wiederholt werden; das Salz wird dadurch weiter gereinigt und „gibt ein weit schöner und klärer Glas oder Crystall als aus allen fremden Pulvisculis, sodis und dergleichen“.

KUNCKEL (1679, C. Merrets Anmerkungen in das 1. Buch Neri, 249) beschreibt auch, wie eine Asche beim Einkauf auf ihre Qualität hin zu überprüfen ist: Ein Teil der Asche wird gewogen, in einer abgewogenen Menge Wasser aufgeschlemmt und abfiltriert. Die Gewichtszunahme der Lösung entspricht dem Gewicht der gelösten Alkalimenge; sie wird auf die Ascheneinwaage bezogen. – Hier wird also eine quantitative Bestimmung des Alkali-Gehaltes, also des für das Glasmachen relevanten Charakteristikums der Asche, beschrieben.

BEZBORODOV (1975, 47) schreibt: "In der Geschichte der Glaserzeugung ging die Ent-0wicklung nicht vom Glase zur Asche, sondern umgekehrt von der Asche zum Glase." Er nimmt damit Bezug darauf, dass sich beim Brennen von Tongefässen direkt in einem Feuer bei ausreichend hohen Temperaturen eine Glasurschicht („Anflugglasur") auf dem Gefäss bilden kann. Bei richtiger Beobachtung und Interpretation wird man auf den Gedanken gekommen sein, Holzasche und lehmiges Material zusammenzuschmelzen und so ein Glas zu erhalten.

Eine interessante Frage ist, wie die Eignung der natürlichen Soda zum Glasmachen entdeckt wurde. Eine Hypothese geht von Eignung und Anwendung der Asche und der natürlichen Soda als Waschmittel aus: die Waschlaugen fühlen sich gleichartig seifig an. Uns heutzutage verwundert dies nicht, weil wir wissen, dass diese „Seifigkeit" ihre Ursache in den gelösten Alkalikarbonaten hat. In der Antike und im Mittelalter war dies natürlich unbekannt; ein scharfer Beobachter und fähiger Empiriker konnte jedoch aus dem gleichen Verhalten beim Waschprozess den Schluss ziehen, dass die Stoffe „natürliche Soda" und „Asche" sehr ähnlich oder sogar gleich sind, dass man also vielleicht aus beiden Glas machen kann. Angestellte Versuche werden den Beweis hierzu erbracht haben: der neue Glasrohstoff begann seinen Siegeszug.

Hier muss jedoch noch vermerkt werden, dass das Glas im alten Ägypten bis etwa 500 v. Chr. mit Halophytenasche hergestellt wurde und nicht – wie man unwillkürlich annimmt – mit der natürlichen Soda aus den Soda-Seen (JACKSON et al. 1998, WEDEPOHL 2000; 2003a, 142).

Bei der Behandlung des Kapitels „Pflanzenasche" darf nicht übersehen werden, dass der chemische Unterschied zwischen Soda und Pottasche bis zur Entdeckung der beiden Elemente Natrium und Kalium durch Davy im Jahre 1807[12] unbekannt war. Bis dahin kannte man den eigentlichen Unterschied zwischen Kalium-Kalzium-Gläsern und Natrium-Kalzium-Gläsern nicht, sondern wusste nur, dass man von verschiedenen Rohstoffen ausging, und man merkte sicher auch, dass die erhaltenen Gläser sich im Verarbeitungsverhalten unterschieden.

Ein Problem bilden noch die sog. Mischgläser. Man versteht hierunter Gläser, die Natrium und Kalium zu etwa gleich großen Anteilen enthalten. Solche Gläser sind z. B. aus keltischer Produktion bekannt (KURZMANN 2000a), sind aber auch im Mittelalter anzutreffen. Eine mögliche Erklärung liegt in der Verwendung von Mischasche, deren unwillentliche Herstellung Peder Månsson (JOHANNSEN 1932) durch Verbrennen von Halophyten mit Hilfe von Holz beschreibt. Eine andere Erklärungsmöglichkeit liegt in der Annahme der Verwendung von feldspathaltigen Sanden, die je nach Feldspattyp (Kali- oder Natronfeldspat) Kalium oder Natrium einbringen können, oder im Zusatz von Bruchglas verschiedener Zusammensetzung.

WEDEPOHL et al. (2001) und Wedepohl (2003a, 94) berichten über das Vorkommen von Natrium-Kalium-Kalzium-Mischglas aus karolingischer Zeit in den Klöstern Lorsch und Fulda. Insgesamt wurden 9 solcher Glasfragmente gefunden, deren Zusammensetzung auf das Mischen verschiedener Natrium- und Kalium-Kalzium-Gläser zurückgeht. Antimon-, Blei- und Kupfergehalte weisen darauf hin, dass auch mit römischen *tesserae* gefärbtes Glas zum Mischen verwendet wurde.

Nach FREESTONE et al. (1999) wird nach den Grabungen in Israel immer klarer, dass etwa um das 8. bis 9. Jahrhundert n. Chr. im Nahen Osten ein Rohstoffwechsel von

[12] Auf Davy gehen übrigens auch die englischen Bezeichnungen für diese Elemente zurück: sodium für Natrium, potassium für Kalium.

natürlicher Soda zu Halophytenasche stattfand. Dies ist auch die Zeit, in der in Europa das Holzascheglas aufkam, was kaum ein zufälliges Zusammentreffen sein dürfte. Vielmehr wird sich dahinter eine Verknappung und/oder Verteuerung der natürlichen Soda verbergen, über deren Ursache noch spekuliert werden muss.

## 3.6. Bleioxid

Bleioxid fällt in großen Mengen bei der Gewinnung von Silber aus silberhaltigem Blei im Treibprozeß an. Hierbei wird das geschmolzene silberhaltige Blei an der Luft zu Bleioxid oxidiert, das abgezogen und z. T. von der Wandung der hierbei verwendeten Gefäße aufgenommen wird. Handelt es sich dabei um Keramikgefäße, reagiert das geschmolzene Bleioxid mit den Silikaten unter Bildung von Bleisilikat, das auf Grund seiner Zugehörigkeit zu den Gläsern ein glasartiges Aussehen besitzt[13]. Diese Beobachtung führte wahrscheinlich zu dem Gedanken, Bleioxid bei der Herstellung von Glas einzusetzen und so Holzasche einzusparen. Ein großer Vorteil der Bleigläser ist, dass sie zur Herstellung – je nach Bleioxidgehalt – nur Temperaturen von etwa 750 bis 900 °C benötigen, während die sonstigen Gläser Temperaturen von etwa 1150 bis 1350 °C erfordern. Die Folge ist eine erhebliche Brennholzeinsparung; der Nachteil der Bleigläser liegt in ihrer Korrosionsempfindlichkeit. Hierauf ist noch zurückzukommen.

Auch metallisches Blei kann zur Herstellung von Bleiglas herangezogen werden: es wird vor dem Einsatz zum Oxid oxidiert, was z. B. KUNCKEL (1679, Neri 4. Buch, 62. Kapitel) beschreibt („Das Bley zu calciniren"). Ebenso kann Mennige $Pb_3O_4$ eingesetzt werden, die aus Bleioxid durch Erhitzen an der Luft auf etwa 500°C entsteht und sich oberhalb von 550°C unter Sauerstoffabspaltung wieder zersetzt.

THEOPHILUS (2. Buch, 31. Kapitel) beschreibt allerdings die Herstellung von Fingerringen durch Zusammenschmelzen von „Asche, Salz, Kupferpulver und Blei" (wobei mit „Salz" sicher Steinsalz gemeint ist). Hier muss der Luftsauerstoff das Kupfer und das Blei im Glasofen oxidieren, bevor es zur Glasbildung kommen kann. Das Salz beschleunigt durch seine korrodierende Wirkung diesen Prozess.

Bleigläser wurden in erheblichem Umfang in Norddeutschland hergestellt, wo bei der Verarbeitung der silberhaltigen Bleierze, besonders von denen im Harz, große Bleioxidmengen anfielen. Auch England ist bekannt für die Herstellung sehr bleireicher Gläser. Die bei BEZBORODOV (1975, Tab. XXI und XXII) aufgeführten Analysen zeigen, dass Bleiglas und Kalium-Blei-Glas (kalziumarm; eine Besonderheit in Russland, auch in Polen) in der Zeit 8. – 13. Jahrhundert in Osteuropa eine große Rolle spielten. Im mittleren und südlichen Deutschland wurde mittelalterliches Bleiglas bis jetzt nur relativ selten nachgewiesen; geringe Bleigehalte in Gläsern sonst üblicher Zusammensetzung weisen auf den Einsatz von Fremdglasbruch hin. Auf dem Gelände einer der Glashütten im Hils, die LEIBER (1990/91) beschreibt, wurde Bleiglas gefunden. SIX et al. (1989) beschreiben diesen Fund bei der Glashütte A 7 am Unterlauf des kleinen Glasebaches. Besonders interessiert hier, dass bei dieser Glashütte auch der Rohstoff gefunden wurde: Bleikarbonat (Cerussit) $PbCO_3$, das im Harz vorkommt und dorther stammen könnte. STEPHAN et al. (1992) erwähnen Bleiglasfunde bei der Glashütte Steimcke.

---

[13] Chemisch gesehen handelt es sich um die gleichen Vorgänge wie bei der Herstellung von Bleiglasuren auf Keramik-Gefäßen.

## 3.7. Braunstein

Braunstein (Mangandioxid) wird seit alten Zeiten der Schmelze bei der Glasherstellung zugesetzt, um die durch das fast allgegenwärtige Eisen verursachte Grünfärbung des Glases zu beseitigen. Bereits PLINIUS d. Ä. (Buch XXXVI, Paragraph 192) erwähnt die Zugabe von *magnes lapis*: „dies soll die Glasflüssigkeit anziehen wie das Eisen". Plinius gibt diese Erklärung mit Vorbehalt wieder („*creditur*"); sie ist vom damaligen Unverständnis der Zusammenhänge geprägt. Immerhin ist die Annahme berechtigt, dass unter *magnes lapis* (Magnetstein) Braunstein zu verstehen ist. AGRICOLA (1557, 12. Buch) wird schon deutlicher: „Dazu (zu den Rohstoffen) gibt man kleine Stücke von Magnetstein. Wie in früheren Zeiten glaubt man nämlich auch in unseren Tage an die außerordentliche Fähigkeit des Magnetsteins, die flüssige Substanz des Glases an sich zu ziehen, wie er das Eisen anzieht. Und diese Substanz, die er anzieht, reinigt er auch und macht aus grünem und gelbem Glas weißes. Der Magnetstein selbst wird dann vom Feuer verzehrt." KUNCKEL (1679, Anmerkungen über das 1. Buch Neri, 55) schreibt schon ganz klar, dass man „Magnesia" zusetzen soll. „Magnesia aber ist eben diß / was die Glasmacher Braunstein nennen / und unter diesem Nahmen ihnen allen genugsam bekannt ist; sie solte billig des Glases Seiffe genannt werden. Es thut diejenige / die in denen Meißnischen Ertzgebirgen / sonderlich bey Schneeberg häuffig gefunden und gegraben wird / ingleichen eine Art so aus Böhmen kommt / auch beyderley umb sehr billigen Preiß zu haben seyn / ebenmäßig und ja so wohl das ihrige / als die Piemontanische; können derowegen wir Teutschen derselben / nemlich der Piemontanischen Magnesiae gar wohl und füglich entrathen. So man demnach ein Glas / das sich zur Grüne neiget / mit der Magnesia oder unserm Braunstein versetzet / so sticht solche Farbe / nach dem der Braunstein wieder vergangen / etlicher massen nach der Schwärtze / erlangt also eine hellere Farbe und verliert die Grüne; doch / dass solches deßwegen einem rechten Crystall solte ähnlichen / wie wir Teutschen ietzund an unterschiedenen Orten machen / ist noch umb ein gutes gefehlet."

Sieht man von der für die heutige Kenntnis falschen Bezeichnung des Braunsteins als Magnesia ab, findet man eine Fülle von richtigen Beobachtungen, auf die noch zurückzukommen sein wird. Bemerkenswert ist auch die Kritik an der Qualität des deutschen (grünen) Glases.

Die chemische Wirkungsweise des Braunsteins wurde erst gegen Ende des 20. Jahrhunderts, also 300 Jahre später, geklärt; auch hierüber wird noch berichtet.

Zu bemerken ist noch, dass der analytische Nachweis von Mangan in einem Glas nicht unbedingt beweist, dass bei seiner Herstellung Braunstein zugesetzt wurde. Sande und Aschen enthalten gewöhnlich Mangan in der Oxidationsstufe +2, so dass man bei der Interpretation von Analysenergebnissen sehr vorsichtig sein muß. Entgegen einer Bemerkung bei WEDEPOHL (2003, 27) stören solche Mangan(II)-Gehalte nicht die Wirkung des Braunsteins.

## 3.8. Borsäure

Das Element Bor ist zusammen mit Aluminium der wesentliche Bestandteil der modernen hitzebeständigen Borosilikat-Gläser, weil diese beiden Elemente zusammen den thermischen Ausdehnungskoeffizienten des Glases erheblich herabsetzen. Bor spielt

jedoch in der europäischen antiken und mittelalterlichen Glaserzeugung keine Rolle, was aber nicht besagt, dass Borsäure überhaupt nicht als gutes Flussmittel angewandt wurde. Sie wird von den Fumarolen der Toskana geliefert, und NEUMANN (1932) wies tatsächlich Bor in römischer *terra sigillata* nach. WINTER (2003, passim) konnte jedoch mit extrem feinen, durch sorgfältiges Schlämmen gewonnenen Fraktionen geeigneter Tone ebenfalls solch schöne, rot brennende Engoben erzielen. Borsäure ist also nicht zwingend für die Herstellung von *terra sigillata* erforderlich.
In einem syrischen Manuskript, wahrscheinlich aus dem 9. bis 11. Jahrhundert, werden zwei verschiedene Gemenge erwähnt: Sand und Alkali sowie Sand und Borax (GASPARETTO 1967). Da Borax chemisch Natriumtetraborat ist, kann damit sicher ein Natrium-Borosilikat-Glas erschmolzen werden.

## 3.9. Glasbruch

Glasscherben stellten zu allen Zeiten ein wertvolles Rohmaterial dar. Glasbruch wurde aufgekauft (MATHESIUS 1587, 177v) und zusammen mit den üblichen Rohstoffen eingeschmolzen. Er erleichtert das Niederschmelzen des Gemenges, wirkt also als Flussmittel.
Glasbruch war ein begehrtes Handelsgut. Die Stadt Bologna erhob gemäß ihren Statuten von 1288 einen Exportzoll auf Glasbruch, der halb so hoch war wie der für intaktes Glas (NEPOTI 1987).
Ein Problem stellt die Heterogenität seiner Zusammensetzung dar. Viele Ungereimtheiten bei der Auswertung chemischer Analysen von Gläsern können auf den erfolgten Zusatz von Glasbruch zurückgeführt werden, so z. B. die Gegenwart von wenigen Prozenten Bleioxid.

## 3.10. Holz für die Feuerung

Holzasche als Gemenge-Komponente für die Glasherstellung wurde bereits behandelt. An dieser Stelle sollen daher noch die Aspekte „Feuerholz“ und „Holzverbrauch allgemein“ betrachtet werden.

Holz stellte in der Antike und im Mittelalter praktisch den einzigen für die Befeuerung der Glasmacheröfen infrage kommenden Brennstoff dar. Alle Autoren betonen die Bedeutung der Verwendung von gut getrocknetem Holz.
THEOPHILUS (1123, 2. Buch, 4. Kapitel) schreibt: *...accipe ligna faginea omnino in fumo exsiccata et accende ignem copiosum in maiori furno ex utraque parte* („...nimm im Rauch völlig ausgetrocknetes Buchenholz und zünde ein kräftiges Feuer im größeren Ofen auf beiden Seiten an“). Theophilus schreibt auch, wie das Holz getrocknet wird, nämlich im Rauch, wohl über dem Glasmacher-Ofen.
HERACLIUS (12./13. Jh., 5. Kapitel) schreibt: *...levibus enim et aridis lignis concoquitur...* („...wird erhitzt mit leichtem und trockenem Holz...“). Wesentlich ist hier die Erwähnung von leichtem Holz, das eine hohe, heiße Flamme gibt.
Bei MEYER (1848, 1. Abt. XII, Stichwort „Glas“, 1133) heißt es: „Das beste lufttrockene Holz würde, seines Wassergehalts (von 15 – 20 Procent) wegen, bei Weitem

hinter der gewünschten Wirkung zurückbleiben. Deshalb hat man von alten Zeiten her das lufttrockene Holz in besonderen Oefen gedorrt, d. h. bis zum beginnenden Braunwerden, mithin bis zur gänzlichen Verflüchtigung des Wassers erhitzt. Selbst diese Vorsicht ist nicht ausreichend, wenn man nicht – wie es dann geschieht – weiche und wasserstoffreiche Hölzer wählt und diese sehr klein spaltet."

Besondere Öfen zum Trocknen des Holzes sind für das Mittelalter nicht bekannt; dies scheint eine für spätere Zeiten gültige Aussage zu sein. Wesentlich ist auch hier die Forderung nach völlig trockenem, leichtem Holz, also z. B. Holz von Fichte, Kiefer, Tanne, Weide, Pappel, nicht dagegen von Buche, Eiche oder Esche.

Holz ist ein nicht sehr energiereicher Brennstoff; sein Brennwert ist nur knapp halb so hoch wie der von Steinkohle. Die Ursache hierfür liegt darin, dass Holz etwa 44 % Sauerstoff enthält, der - verbrennungstechnisch gesehen – nur Ballast ist[14].

Versuche, die im experimentellen Teil beschrieben werden, ergaben, dass eine Trocknungstemperatur von etwa 150 bis 200°C ausreichend ist. Bei etwa 250°C verkohlt das Holz bereits.

Die Länge der Holzscheite lässt sich anhand der Abbildungen bei Mandeville, in der Kapelle S. Rocco in Altare (CALEGARI et al. 1975) und in der jüngeren Abschrift des Manuskriptes von Hrabanus Maurus zu etwa einem halben bis einem dreiviertel Meter abschätzen.

WEDEPOHL (1998) hat eine eingehende Abschätzung des Holzbedarfs von Glashütten vorgenommen und in Beziehung zu anderen Holzverbrauchern (Hausbrand, Bau- und Schiffsholz, Salinen, Metallgewinnung) gesetzt. Solche Abschätzungen sind naturgemäß sehr problematisch und stark fehlerbehaftet; sie müssen von einer Reihe reiner Annahmen ausgehen (z. B. Zahl der Glashütten, Holzbedarf für die Beheizung der Glasmacheröfen, Anteil der verwendeten Asche aus der Glashütte selbst, aus Haushalten oder aus Salinen) und gelten immer nur für einen bestimmten Zeitraum. In der folgenden Tabelle 4 wird versucht, diese Ergebnisse kurz wiederzugeben.

Tab. 4. Holzverbrauch der Glashütten um 1300. Die Zahlen gelten für Deutschland (350000 km$^2$) und pro Jahr.

| | | |
|---|---|---|
| Holznachwuchs | $230 \cdot 10^5$ t | 100 % |
| Holzverbrauch für Hausbrand | $160 \cdot 10^5$ t | 70 % |
| Holzverbrauch der Salinen | $12 \cdot 10^5$ t | 5 % |
| Holz für Bau und Schiffsbau | $12 \cdot 10^5$ t | 5 % |
| Holz für die Metallverhüttung | $12 \cdot 10^5$ t | 5 % |
| Holzverbrauch von 90 Glashütten (die jeweilige Jahresproduktion von 10 t Glas erfordert 1900 t Holz zur Ascheherstellung und 600 t Holz zum Heizen, insgesamt also 2500 t Holz) | $2{,}25 \cdot 10^5$ t | 1 % |

WEDEPOHL (2003a, 125; ) korrigierte die Zahl für den Glasverbrauch; er schätzt jetzt die deutsche Flachglasproduktion in der Zeit um 1300 auf 120 t jährlich, was einem

[14] Die Bemerkung bei SEIBEL (1998, 25-6) „Gut getrocknetes Laubholz verbrennt raucharm mit langer, heißer Flamme bei geringem Luftbedarf" mit Fußnote: „Holz enthält hohe Anteile gebundenen Sauerstoffs" ist entweder völlig mißverständlich oder chemischer Unsinn. Der im Holz gebundene Sauerstoff besitzt die Oxidationszahl –2 und ist somit nicht in der Lage, eine Verbrennung zu unterhalten.

Holzbedarf von 120 x 250 = 30000 t entspricht. Diese Holzmenge beträgt nur 0,14 % des jetzt auf $220 \cdot 10^5$ t geschätzten jährlichen Holznachwuchses. Nach einer mit Vorbehalten versehenen Schätzung beträgt der Hohlglasbestand im späten Mittelalter etwa ¼ der Flachglasmenge.

Der Holzverbrauch der Glashütten stellt sich also in beiden Fällen als fast marginal dar, selbst wenn man für die angeführten geschätzten Zahlen einen Fehler von 50 oder 100 % annimmt. Wie kommt es nun zu dem bekannten Eindruck vom katastrophal hohen Holzverbrauch der Glashütten, der sogar ein Einschreiten der jeweiligen Obrigkeit zum Eindämmen des Holzverbrauchs erforderte? Des Rätsels Lösung: der Holzverbrauch der Glashütten darf nicht „global" über ganz Deutschland verteilt gesehen werden, sondern nur lokal, und da wirkte er sich in einem begrenzten kleinen Gebiet durchaus katastrophal aus. Die Verlegungen der Glashütten, z. B. im Hils, sprechen eine deutliche Sprache wie auch die Schriftquellen.

Der Holzverbrauch für die Köhlerei (außer der Holzkohlegewinnung für die Metallverhüttung) und die Teergewinnung durch Verschwelung (Wagenschmiere!) sowie für Holzasche als Waschmittel bzw. für die Seifensiederei dürfte, soweit er nicht in den oben genannten Zahlen enthalten ist, im marginalen Bereich weit unter 1 % liegen.

## 3.11. Kohle für die Feuerung

In der Literatur sind einige, sich allerdings widersprechende Angaben über den erstmaligen Einsatz von Kohle zur Beheizung von Glasmacheröfen zu finden; auch wird nicht immer zwischen Stein- und Braunkohle unterschieden.

MAURACH (1934) erwähnt den in England durch ein Gesetz im Jahre 1615 erzwungenen Einsatz von Steinkohle zur Befeuerung der Glasmacheröfen. TROITZSCH (1997, 176) erwähnt, dass in England seit 1635 für die Glashütten die ausschließliche Verwendung von Steinkohle vorgeschrieben war. Bei POPPE (1811, 332) findet sich die Angabe, dass der Engländer Robert Mansell als Erster in Glashütten die Feuerung mit Steinkohle einführte und dafür von König Jakob I. von England (1603-1625) ein Privilegium erhielt (Zitat bei LANDAU 1843, 20).

CROSSLEY (1983) schreibt, dass in England der Wechsel von Holz zur Kohle als Brennstoff innerhalb der bemerkenswert kurzen Zeit von 1610 bis 1620 erfolgte. Die Öfen mussten wegen der kurzen Flammen beim Verbrennen der Kohle dazu in Bezug auf die Zuluftführung anders konstruiert werden, z. B. durch den Einbau eines Rostes mit Aschenfall und eines hohen Kamins.

Diese Quellen stimmen also darin überein, dass die Verwendung von Steinkohle in Glashütten in England im ersten Drittel des 17. Jahrhunderts ihren Anfang nahm. Im Folgenden wird beschrieben, dass diese Technologie schon früher in Hessen eingeführt wurde, allerdings mit weniger andauerndem Erfolg.

LANDAU (1843, 20-46) berichtet von Versuchen, die von Landgraf Wilhelm IV. von Hessen zur Verwendung von Braunkohle in Glashütten veranlasst wurden. Vorgeschlagen wurden die Versuche vom Entdecker der Braunkohlevorkommen am Hohen Meißner, dem Allendorfer Pfarrer Johann Rhenanus. Wilhelm erkannte die Tragweite des Vorschlages und ließ Rhenanus im Jahre 1579 in Kassel einen Glasmacherofen bauen. Die Versuche gestalteten sich recht schwierig; man erkannte bald, dass eine neue Ofenkonstruktion erforderlich ist. So musste ein Rost eingeführt und der Ofen wegen der kürzeren Flammen insgesamt niedriger gebaut werden. Aber auch nach diesen Verbesserungen wurden die notwendigen Temperaturen nicht erreicht, und die Versuche wurden an einem neuen Ofen auf dem Hohen Meißner im Jahre 1580 fortgesetzt. Wilhelm war jedoch so gerissen, eine zweite Gruppe in Kassel mit den gleichen Versuchen zu beauftragen, nämlich seinen Oberst v. Schollei und seinen Baumeister Müller. Müller nun war es, der den rettenden Gedanken hatte: er trocknete die Kohle in einem Dörrofen (Landau oder seine Quelle verwechselt hier Steinkohle mit Braunkohle. Da am Meißner nur Braunkohle vorkommt, kann aber auch nur diese gemeint sein). Die Glasherstellung mit Kohlefeuerung gelang ab 1580, und bis 1585 wurden einige Hütten mit dieser Technologie errichtet. Natürlich kam es zu einem Streit um die Priorität der Erfindung zwischen Rhenanus und Müller, den der Landgraf nur mit Mühe schlichten konnte.

Im Jahre 1585 endete dieser Abschnitt der Technikgeschichte, vermutlich auf Grund von Absatzschwierigkeiten für das erzeugte Glas, und geriet in Vergessenheit.

LANDAU (1843, 57) berichtet noch von einer 1635 für den Betrieb mit Schaumburger Kohle eingerichteten Glashütte bei Rinteln an der Weser.

Allmählich setzte sich die Kohlefeuerung natürlich durch, zunächst in England, dann mit einiger Verspätung auch auf dem Kontinent. In neuester Zeit wurde die Kohlefeuerung von der Öl- oder Gasbefeuerung abgelöst.

## 3.12. Wasser

Ergrabene mittelalterliche Glashütten liegen immer in der Nähe eines Baches; die Glashütte Jamestown, Va. verfügte über einen Brunnen. Wasser ist zwar kein eigentlicher Rohstoff für die Glaserzeugung, aber unentbehrlich für den Betrieb der Hütte. Es wird benötigt zum Befeuchten der Holzwerkzeuge, zum Abkühlen zu heißer Werkzeuge (Pfeife, Hefteisen), zum Abschrecken von glühenden Quarziten zur Zerkleinerung, zum Anpasten des Tones für die Häfen und zum Ofenbau, ggf. zum Antrieb von Pochwerken zur Zerkleinerung von Rohstoffen und schließlich als Trinkwasser.

## 3.13. Ton bzw. Lehm

Ton wird für die Herstellung der Häfen und Lehm für das Mauern der Öfen gebraucht. Diese Materialien müssen extrem feuerfest sein, sie dürfen bei den in den Öfen erreichten Temperaturen von bis zu etwa 1350°C nicht schmelzen. BIRINGUCCIO (1540) schreibt sogar, dass der gleiche Ton wie für die Häfen auch für die Herstellung der Ziegel für den Ofen und als Mörtel verwendet werden soll. Der Ton muss sehr sorgfältig vorbereitet werden und insbesondere frei von Luftblasen und Steinchen sein.

Er nennt zwei Tone, die die Voraussetzungen erfüllen: Tone aus „Valentia und Treguanda“, also Tone spanischer Herkunft.

GREINER (1957) zitiert einen Bericht aus dem Jahr 1643, in dem von „niederländischer Erde“ die Rede ist. Er berichtet auch, dass der Hüttmeister Greiner im Jahr 1592 um die Genehmigung zur Errichtung einer Stampfmühle nachsuchte: „Zu stampffung der Tügel erde ist er einer Stampffmühlin nodtürftig.“ Zur Verringerung der Kosten bat er auch darum, einen Mahlgang zum Mahlen des Mehls „zue Haußnodtdurft“ mitbauen zu

dürfen, was ihm auch genehmigt wurde. Hier wird ein Stück Infrastruktur einer Glashütte erkennbar, wozu auch die Erwähnung einer Schankwirtschaft für Gäste zählt.
STEPHAN (1997/98) zitiert aus Archivalien, die die Spessarthütten des frühen 18. Jahrhunderts betreffen, dass der Ton „in Schollen durch Schiffer auf Rhein (Westerwald) und Main (Klingenberg) herangeschafft“ wurde. Ein bedeutendes anderes Vorkommen hochfeuerfester Tone ist aus der Gegend von Großalmerode (Hessen) bekannt, das seit 1503 bis heute abgebaut wird (WICHERT-POLLMANN 1963, 50).
LANDAU (1843, 78-88) widmet den „Thongruben von Großalmerode“ eine eigene Abhandlung. Seit dem 16. Jahrhundert (älteste gefundene Nachricht aus dem Jahre 1503) liegen nähere Nachrichten darüber vor, dass die meisten deutschen Glashütten ihren Ton für die Häfen oder fertige Häfen oder feuerfeste Steine zum Ofenbau aus Großalmerode mit seinem unerschöpflich erscheinenden Tonlager bezogen. Tatsächlich muss die Nutzung schon früher begonnen haben. Die Bedeutung dieses Tonlagers war so immens, dass der Glaserbund von 1537 seinen Sitz aus dem Spessart nach Großalmerode verlegte. Da die Mitglieder dieses Bundes über verschiedene Herrschaftsgebiete verstreut waren, war das Zugriffsrecht auf den Großalmeroder Hafenton eine viel wirksamere Klammer als der Eid auf den Bundesbrief, dem wegen der fehlenden Oberherrschaft nur eine mehr oder minder moralische Wirkung zukam. Das Auffinden von Hafentonlagern an anderen Orten Deutschlands erschütterte natürlich die Monopolstellung von Großalmerode; auch der Export nach Amerika ging im beginnenden 19. Jahrhundert erheblich zurück, da dort ebenfalls Hafentonlager entdeckt wurden. Die Großalmeroder Gruben sind jedoch noch heutzutage in Betrieb.
Es ergibt sich also, dass geeigneter Ton weithin verhandelt wurde. Zu diesem Aspekt der Glasherstellung besteht jedoch noch einiger Forschungsbedarf.
Wesentlich für einen hochfeuerfesten Ton ist ein hoher Gehalt (18 bis 27 %) an Aluminiumoxid (BEZBORODOV 1975, 86; WEDEPOHL 2003, 102).

## 3.14. Archäologische Funde von Rohstoffen

Bei Ausgrabungen von Glashütten sind Rohstofffunde recht selten.
Bei der Ausgrabung der Glashütte bei Bebenhausen wurde an der nördlichen Längsseite des großen Glasschmelzofens in der Wärmeeinflusszone ein von Steinplatten gebildeter, geringfügig gegenüber dem Außenniveau eingetiefter rechteckiger Behälter entdeckt, der noch etwas Sand enthielt. Obwohl es sich hierbei nicht um das Rohstofflager für Sand zum Ansetzen des Gemenges handeln wird, kann man in diesem Material doch mit einiger Wahrscheinlichkeit den Sand sehen, der auch zum Glasmachen benutzt wurde. Es handelt sich um einen rundkörnigen, kalkhaltigen, leicht bräunlichen, also eisenhaltigen Sand.
Ein anderer Rohstofffund gelang bei der Begehung des wieder zugeschütteten Geländes der Glashütte „Moldawa 2“ in Nordböhmen. Dort wurden als Lesefunde zwei weiße, von roten Adern durchzogene Silex-Stücke gefunden, die sofort als geglüht angesprochen wurden. Kurz darauf wurden auch graue Stücke gefunden, die offenbar das Ausgangsmaterial darstellten. Die Ausgräberin E. ČERNÁ (1999) berichtete von den aufgedeckten Resten eines Pochwerkes an dem unterhalb des Glashüttenareals vorbeifließenden Bach, das der Zerkleinerung derart vorbereiteter Materialien gedient haben wird.

MAUS et. al. (1999) erwähnen Rohstoff-Lesefunde (Milchquarz, Quarz aus hydrothermalem Gang, Kalkstein aus Muschelkalk) an nicht ausgegrabenen Schwarzwälder Glashüttenstandorten.
Holzaschereste lassen sich schwer als Rohstoffreste deuten, da sie auch beim Befeuern der Öfen anfallen. FOY (1989, 156) erwähnt die Aufdeckung einer Aschenschicht auf einer Fläche von etwa 300 $m^2$ bei der Glashütte von Planier (Gemeinde Signes-Var), die jedoch wegen der vielen darin enthaltenen Verunreinigungen als Abfallablagerung interpretiert wird. Weiterhin erwähnt FOY (1989, 41) den Fund von Braunsteinbrocken mit 0,49 % Eisen und 52,74 % Mangan auf dem Gelände der mittelalterlichen Glashütte von La Seube (Hérault).
LEIBER (1990/91) beschreibt den Fund von „kleineren Pottasche-Konzentrationen", einigen Brocken Gangquarz, Bleiplättchen und zusammengeschmolzenen Bleiresten sowie in einem Falle vermutlich einem „Manganerzbrocken".
SIX et al. (1989) erwähnen den Fund eines graubraunen Materials auf dem Gelände der Glashütte A 7 im Hils, der sich bei der Analyse als Bleikarbonat (Cerussit) $PbCO_3$ erwies.
RUNSCHKE (1994) erwähnt Tonklumpen, die auf dem Gelände einer der Glashütten im Nassachtal in einer Grube gefunden wurden. Einige von ihnen trugen Abdrücke von Textilien. Es wird sich also um Ton handeln, der in Tücher eingeschlagen zur Reifung gelagert wurde (Mauken des Tones vor der Verarbeitung).
Zum Thema „Rohstoffe" sind die Arbeiten von TURNER (1956), HENDERSON (1985) und MAUS et al. (1999) zu nennen, die viele Feinheiten, auf die hier nicht näher eingegangen werden kann, behandeln. Die hier ebenfalls zu nennende, sehr gründliche Arbeit von LOIBL (1996) über „Asche, Pottasche und Soda" umfasst den Zeitraum 17. bis 19. Jahrhundert.

# 4. Die Glashütten und ihre Öfen

Es gibt im Wesentlichen zwei Quellen, auf die das heutige Wissen um die Konstruktion der antiken und mittelalterlichen Glasmacher-Öfen zurückgeht: Die schriftliche Überlieferung und archäologische Befunde.
Die schriftliche Überlieferung ist recht mager, nur einige Zeichnungen, meist in Miniaturform, und wenige Beschreibungen, die noch dazu zum großen Teil unvollständig und missverständlich sind. Auch die Zeichnungen sind nicht so klar, wie man sich das wünscht. Weitere Bildquellen sind zwei Gemälde (beide datiert in die 2. Hälfte des 16. Jahrhunderts, Calegari et al. 1975; Charleston 1978 a) sowie ein geschliffenes Trinkglas (datiert 1680, Charleston 1978 a).
Als Kuriosum, auf das noch eingegangen wird, ist die Abbildung eines römischen Glasmacher-Ofens auf einer Öllampe anzuführen, immerhin die älteste bekannte bildliche Darstellung einer solchen Anlage. Eine Goldschmiedearbeit in der Form eines kleinen Kästchens (datiert um 1700, Charleston 1978 b) und das Majolica-Modell eines Ofens (datiert in die 2. Hälfte des 18. Jahrhunderts, Charleston 1978 a) seien als weitere Kuriosa genannt.
Die Aussagekraft der archäologischen Befunde krankt daran, dass praktisch nur die mehr oder minder gut erhaltenen Fundamente der Glasmacher-Öfen ausgegraben werden können, ganz selten Andeutungen des Aufgehenden. Zusammen mit einer nicht immer zufriedenstellenden Dokumentation der Befunde ergeben sich Schwierigkeiten bei der Deutung. Immerhin ist die Anzahl der ausgegrabenen Öfen beträchtlich, und durch Vergleiche kann man doch zu gewissen Aussagen gelangen. Dabei trüben die Vielfalt der Einzelheiten, die Vielzahl der Fundamentformen das nur sehr ungenaue Wissen um den Sinn der einzelnen Ofenstrukturen das Bild.

## 4.1. Ausgewählte Glashütten bzw. Öfen.

Im Folgenden soll eine Auswahl von Öfen bzw. Hütten kurz vorgestellt und anschließend diskutiert werden, die die technologische Entwicklung von der Antike an erkennen lassen. Es ist nicht Ziel der vorliegenden Arbeit, alle ergrabenen Ofenanlagen aufzuzählen und zu beschreiben. Arbeiten über verschiedene Ofenanlagen, die natürlich auch nicht vollständig sein können, liegen von Charleston (1978 a), Horat (1991), Foy et al. (1991), Černá (1995), Seibel (1998) vor. Hier sollen vielmehr nur einige technologisch wichtige, typische Beispiele gegeben werden, anhand derer sich das Charakteristische und als wesentlich Empfundene darstellen lässt oder die aus einem speziellen Grund besonders interessant sind. Zugegebenermaßen wird die Auswahl der behandelten Öfen und Glashütten dadurch in gewissem Umfang subjektiv, was jedoch bei der Fülle des Materials nicht zu vermeiden ist. Die Datierungen sind den Originalarbeiten entnommen; davon abweichende Meinungen anderer Autoren wurden, so weit bekannt, mit aufgeführt.

### 4.1.1. Eine Glashütte in Tell el-Amarna (14. Jh. v. Chr.)

Pharao Amenophis IV. setzte in einer gewaltsamen Reform den monotheistischen Kult der Sonnenscheibe Aton an die Stelle der vorherigen polytheistischen Kulte Ammons und der übrigen althergebrachten ägyptischen Gottheiten, nahm den Namen Echnaton anstelle seines bisherigen Namens an und erbaute in der Wüste Mittelägyptens seine neue Residenzstadt Achetaton. An ihrer Ausschmückung waren viele Handwerker beteiligt, darunter auch Glasmacher. Der Schutthügel heißt heute Tell el-Amarna.
FLINDERS PETRIE (1894, 25-27 Taf. 13) beschrieb das Auffinden der Standorte von drei oder vier Glasfabriken (jedoch keiner Glasmacheröfen) und zweier Betriebe für die Herstellung von Glasuren, allerdings nicht der Bauten, sondern nur von Abfallhaufen, im Falle der Glasurbetriebe jedoch auch eines nur zum Teil zerstörten Werkofens. Aus den Abfallhaufen konnten runde und flache Glasstäbe, missglückte Glasperlen, mit einer Pinzette der Glasschmelze entnommene Glasproben sowie Gefäßfragmente und in Gefäßen erstarrte Glasschmelzen geborgen werden. Bemerkenswert ist die Vielfalt der Farben, die Petrie aufzählt: „purpur, opak violett, blau, grün, gelb, opak rot, braun, schwarz, und weiß. Die meisten liegen klar und opak vor, und die blauen und grünen in unendlicher Vielfalt."
Abbildung 3 gibt in einer Umzeichnung die von Petrie anhand der Funde rekonstruierte Anordnung von flachen Schalen auf zylinderförmigen, mit der Öffnung nach unten aufgestellten Keramikbechern sowie den Glasabdruck des Inneren eines kleinen steilwandigen Hafens wieder.
NICHOLSON (1995) unterzog anlässlich einer erneuten Grabung in Amarna den (zugleich dokumentierenden und interpretierenden, daher verwirrenden) Grabungsbericht Petries einer kritischen Durchsicht und stellte verschiedene Fehler und Fehlinterpretationen fest; u. a. ist die in Abbildung 3 gezeigte Rekonstruktion falsch.

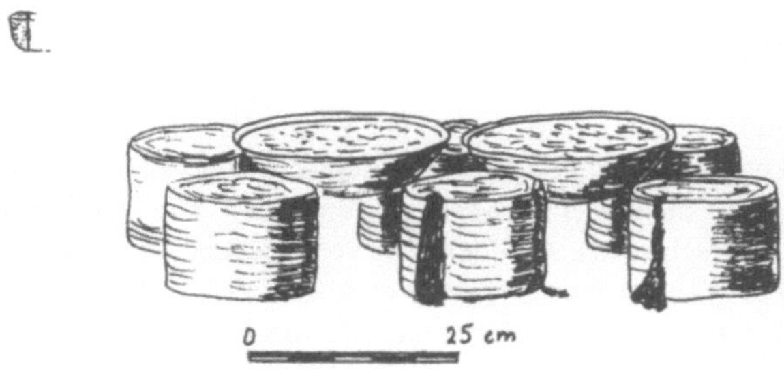


Abb. 3. Von Flinders Petrie falsch rekonstruierter Fund aus Amarna in einer Umzeichnung des Autors: Flache Schalen als Häfen für die Fritte-Herstellung auf umgekehrten Bechern. Links oben im gleichen Maßstab der Glasabdruck des Inneren eines Hafens, der dem Erschmelzen von Rohglas aus der Fritte gedient haben soll.

Die Interpretation der flachen Schalen als Häfen für die Fritte-Herstellung ist jedoch richtig, da eine der flachen Schalen tatsächlich ein unvollständig umgesetztes, schwammartig aussehendes Gemenge enthielt. Das nach Petrie eine dritte Art von

„Tiegeln“ anzeigende Fragment des im „Tiegel“ erstarrten Glasflusses passt nach Nicholson umgekehrt in die „Becher“ von Abbildung 3, die also die Glashäfen darstellen. Angaben zu den Fundorten werden vermisst. Bei der erneuten Grabung im Jahre 1993 konnten die Fundorte Petries nicht wiedergefunden werden.
Durch magnetometrische Prospektion 1992 wurden Anomalien festgestellt, die bei der Grabung 1993 zur Auffindung zweier runder Glasöfen führten. Im Jahre 1994 erfolgte die vollständige Freilegung der Öfen (JACKSON et al. 1998) (Abb. 4).

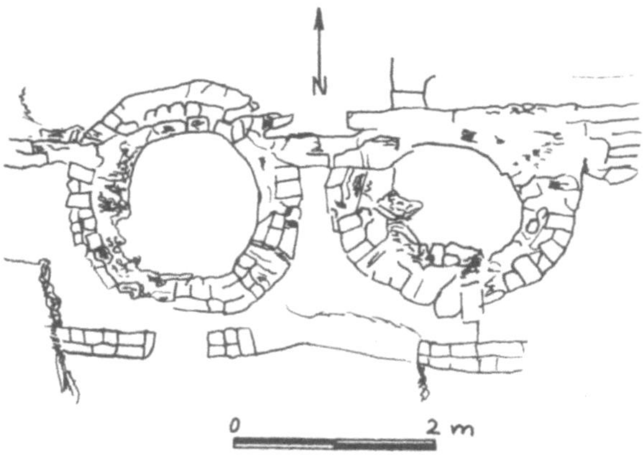


Abb. 4. Eine Ofenanlage aus Amarna
(links Ofen 2, rechts Ofen 3. Genordete Umzeichnung nach einem Foto: Autor)

Die in den Boden eingetieften Öfen waren aus Schlammziegeln erbaut und besaßen einen inneren Durchmesser von etwa 1,5 m. Die Schürlöcher befanden sich vermutlich im Norden. Funde von bei hohen Temperaturen verglastem Schlamm und Glas erlauben die Interpretation als Glasofen und nicht als Keramik-Brennofen oder Ofen für metallurgische Prozesse. Weiterhin wurden viele Fragmente von zylindrischen Häfen mit anhaftendem blauem Glas gefunden.
Um die Verwendbarkeit dieser Öfen zum Erschmelzen von Glas zu überprüfen, wurde von Jackson et al. der besser erhaltene Ofen 3 (rechts in Abbildung 4) aus luftgetrockneten Nilschlammziegeln und mit Nilschlamm als Mörtel nachgebaut, und zwar als zylindrischer Ofen (innerer Durchmesser 1,5 m) mit Kuppel. Der gesamte 0,9 m hohe zylindrische Teil war in den Boden eingetieft, darüber erhob sich die 0,7 m hohe Kuppel mit einer oberen mittigen Öffnung von 0,3 m Durchmesser. Das Schürloch wurde entsprechend dem allerdings nicht ganz klaren archäologischen Befund in Übereinstimmung mit der Hauptwindrichtung im Norden angeordnet. Zur Aufnahme die Häfen wurden im oberen zylindrischen Teil des Ofens drei Konsolen angebracht, eine im Osten und eine im Westen (diese beiden durch verschließbare Öffnungen in der Kuppel zugänglich) und eine im Südosten (durch das Schürloch zugänglich). Als Häfen dienten moderne Porzellantiegel (eine hohe konische Form mit der Höhe 9,0 cm und dem Randdurchmesser 7,5 cm sowie eine flachere zylindrische Form mit der Höhe 5,5 cm und einem Durchmesser von 18,5 cm), die wegen ihrer dünnen Wandungen außen

mit Nilschlamm verschmiert wurden. Das Gemenge wurde aus Asche von Seegras aus Südwales und Amarna-Sand aus einer tieferen Schicht im Gewichtsverhältnis 2 : 1 (wie bei Theophilus) hergestellt; zur Blaufärbung wurde eine „Prise pulverisiertes Kobalt" (sic!) zugesetzt. Als Heizmaterial dienten Palmrippen und Holz; das Material wurde nicht besonders getrocknet. Petrie beschrieb den Fund eines Ofens, der vermutlich zur Holzkohleherstellung diente; er konnte allerdings nicht wiedergefunden werden. Die Möglichkeit der Verwendung von Holzkohle zum Beheizen der Öfen wurde jedoch ausgeschlossen, weil in dem ausgegrabenen Ofen 3 lange Scheite von verkohltem Sykomorenholz (*ficus sycomorus*) gefunden wurden, die nicht von einer Holzkohleproduktion herrühren können.

Vier Häfen wurden in den Ofen eingebracht (ein hoher mit dem Gemenge und ein hoher mit rezentem Natrium-Kalk-Glas zu Temperaturkontrollzwecken auf das westliche Bord sowie zwei flache Häfen mit dem Gemenge auf die beiden anderen Borde).

Zwei Thermoelemente (eines im Westen, eines im Südosten in der Nähe der Häfen angebracht) dienten der Temperaturmessung.

Bereits zwei Stunden nach dem Anfeuern war die Temperatur auf 1000° gestiegen, nach 5 Stunden waren 1100° und nach 6 Stunden 20 Minuten waren 1150° erreicht – schneller und einfacher als gedacht. Kurz danach brach das südöstliche Bord mit einem flachen Hafen aus ungeklärtem Grund ab. Die hohen Häfen wurden zur Begutachtung aus dem Ofen genommen: das rezente Glas war geschmolzen, das Gemenge in dem hohen Hafen hatte das Aussehen einer Fritte angenommen. Dieser Hafen wurde wieder in den Ofen gestellt. Der Ofen wurde weitere 8 Stunden 50 Minuten lang beheizt, wobei etwa vier Stunden lang eine Temperatur von 1100° aufrechterhalten wurde. Dann wurde der hohe Hafen aus dem Ofen genommen, der flache blieb während der Abkühlphase noch darin. Nach dem Zerschlagen des hohen Hafens fand sich darin oben eine kristalline blaue Fritte, die nach unten immer glasartiger wurde. Die oberste Schicht war blau mit weißen Körnern, die untere dunkelgrüngrau mit vielen Blasen durchsetzt. Die obere Schicht war der üblicherweise beschriebenen blauen Fritte sehr ähnlich, während das untere Glas von sehr schlechter Qualität war und nicht den Glasfunden bei der Grabung ähnelte. Am nächsten Tag wurde der noch verbliebene flache Hafen aus dem nun erkalteten Ofen genommen und untersucht. Unerwarteterweise fand sich darin ein dünner tief kobaltblauer Barren, frei von Blasen und weißen Körnern. Der Grund für den Erhalt eines guten Glases in diesem Hafen mag in seiner großen Oberfläche, der längeren Verweildauer im Ofen und vielleicht auch in einer lokal höheren Temperatur zu suchen sein. Die geringe Dicke des Barrens hätte sicher durch ein Nachfüllen des Hafens erhöht werden können.

Der Brennmaterialverbrauch (Holz, Palmblattrippen) für den Versuch belief sich auf 380 kg.

Der Versuch zeigt, dass in einem Ofen wie dem ergrabenen bei Temperaturen von 1100 bis 1150° ein gutes Glas erschmolzen werden kann. Der Einwand, dass die zylindrischen Häfen aus Amarna bekanntermaßen bei Temperaturen oberhalb von 1150° zu schmelzen beginnen, lässt sich also nicht als Argument gegen eine Glasproduktion in Amarna aufrechterhalten.

Die chemische Analyse des erschmolzenen blauen Glases ergab, dass der Alkaligehalt mit dem des antiken blauen Glases aus Amarna recht gut übereinstimmt. Andere Analysen von Glasproben aus Amarna zeigten eine ähnliche Zusammensetzung an wie die der Glasbarren aus dem Schiffswrack von Uluburun (GÜLÇUR 1995), auch besitzen diese Barren eine ähnliche oder sogar die gleiche Form, wie sie sich aus den zylindrischen Amarna-Häfen ergibt. Wenn dies auch noch kein Beweis ist, so ist es doch sehr wahrscheinlich, dass es sich bei dem blauen Glas aus dem Wrack um ägyptisches Glas handelt.

Diskussion
Der Versuch wurde so eingehend referiert, weil er in vielen Punkten höchst bedeutsam ist. Er räumt auf mit der Vorstellung, dass in einem oben offenen Kuppelofen keine genügend hohen Temperaturen erreicht werden können. Er räumt auf mit der Vorstellung, dass in Amarna kein Glas hergestellt wurde, weil die Häfen bei etwa 1150°C zu schmelzen beginnen. Der Versuch zeigt, dass ägyptisches Glas in einem einstufigen Prozess erschmolzen werden kann. Bei dem von HENDERSON (2000, 40) erwähnten „geschmolzenen Lehm" im Ofen wird es sich um das geschmolzene Reaktionsprodukt aus Lehm und verdampftem Alkalioxid handeln – was ein Beweis für das Erschmelzen von Rohglas wäre.
Der Versuch trägt auch zum Verständnis der runden römischen Glasöfen bei, die allerdings nur als Arbeitsöfen verwendet wurden, nicht zum Erschmelzen von Rohglas. Die Analysenergebnisse werden leider sehr konfus angegeben.

#### 4.1.2. Die Glashütte in Rhodos Stadt (2. Hälfte 3. Jh. v. Chr.)

Diese viel erwähnte Glashütte konnte leider nur indirekt erschlossen werden (DAVIDSON WEINBERG 1983). In einem in der Antike verlassenen Haus wurde eine große Menge an Produktionsabfall aller Art (Glasgefäßfragmente, auch von Goldglasgefäßen, Glasröhren, Rohglasbrocken, Glashäfen, Werkzeuge) gefunden. Von dem Ofen fand sich keine Spur. Leider gibt es bis jetzt keinen vergleichbaren Fund.

Diskussion
Aus dem Vorhandensein von Rohglasbrocken kann man mit einiger Vorsicht schließen, dass hier ein Betrieb arbeitete, der eingekauftes, wohl importiertes Rohglas einschmolz und verarbeitete.

Aus Materialfunden kann die Existenz von Glaswerkstätten auf Delos in hellenistischer Zeit erschlossen werden (NENNA 1993). Hier fanden sich neben einer Vielzahl fragmentierter Produkte nur unvollständig umgesetztes Gemenge (Hinweis auf Rohglaserzeugung?), vollständig erschmolzenes Rohglas sowie Halbprodukte, jedoch keine Öfen, Werkzeuge oder Häfen. Auf Grund der Funde konnten drei Perlenwerkstätten lokalisiert werden, jedoch keine Werkstatt zur Herstellung von Glasgefäßen.
Auch die Grabung von Tel Anafa in Obergaliläa erbrachte Glasfunde aus der Zeit 150-75 v. Chr., jedoch keinen Hinweis auf einen Ofen (DAVIDSON WEINBERG 1970).

#### 4.1.3. Die Öfen von Köln (1. – 2. Jh. n. Chr.)

##### 4.1.3.1. Eigelstein (1. Jh. n. Chr.)

In Köln wurden ab 1929 auf einer Seite der nach Neuss führenden Römerstraße auf dem Grundstück Eigelstein 14 in drei aufeinander folgenden, durch Erdaufschüttungen getrennten Horizonten Glashüttenreste gefunden, die in Übereinstimmung mit der

Stratigraphie der Straße in vorclaudische, claudische und flavische oder spätere Zeit datiert werden können. Die Zeichnungen sind im Kriege verbrannt, nur die Beschreibungen mit Zahlenangaben blieben erhalten. 1964 konnte auf der gegenüber liegenden Straßenseite auf dem Grundstück Eigelstein 35-39 ein weiterer Komplex von Glasöfen aufgedeckt werden, die in die vorclaudische Zeit datiert werden müssen (DOPPELFELD 1966, 11-16). Abbildung 5 zeigt diesen aus zwei gegenüberliegenden Ofenreihen bestehenden Komplex: eine Reihe runder und eine Reihe rechteckiger Öfen. Die runden Öfen sind bis zu viermal übereinandergebaut, indem unbrauchbar gewordene Öfen abgerissen und neue über den verbliebenen Resten errichtet wurden. Es wurden nur wenige Glasscherben gefunden, die aber einen bedeutsamen Hinweis geben: sie bestanden aus entfärbtem Glas. Die Öfen wurden aus römischen Ziegeln, darunter Leisten- und Hypokaustenziegeln, also aus Altmaterial mit Mörtel gemauert. Bei den rechteckigen Öfen scheint ein schräg gestellter Ziegel an der Südwand die Stelle des Luftabzuges zu bezeichnen. Schürlöcher u. ä. Einzelheiten waren nicht mehr zu erkennen; beide Ofentypen scheinen nach Ausweis der Rötung des Bodens auf gleich hohe Temperaturen erhitzt worden zu sein.

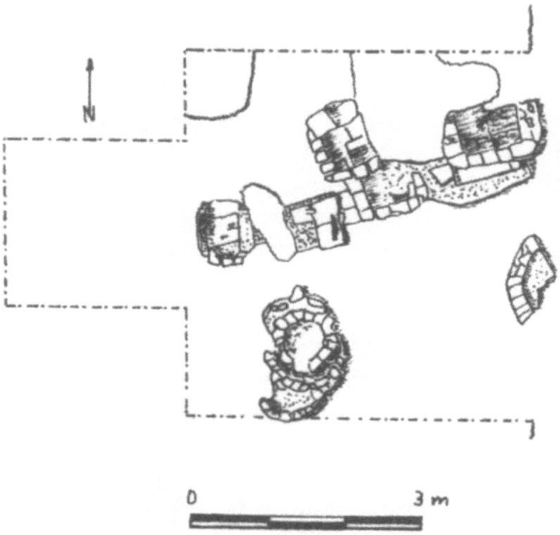


Abb. 5. Die Öfen von Köln-Eigelstein
(Umzeichnung unter Einfügung eines Maßstabes: Autor)

Diskussion

Die mit Vorbehalten ausgesprochenen Deutungen der rechteckigen Öfen als Schmelzöfen zur Rohglasherstellung, der runden als Kühlöfen können nur zum Teil akzeptiert werden. Vielmehr werden die runden Öfen wie auch sonst bei römischen Anlagen als Arbeitsöfen für das Einschmelzen von Rohglas in Häfen zum Glasblasen zu deuten sein. Bei den rechteckigen Öfen scheint die Deutung als Wannenöfen zum Erschmelzen von Rohglas wahrscheinlicher zu sein als die als Kühlöfen.

**4.1.3.2. Waidmarkt (Wende 1. zum 2. Jh. n. Chr.)**
Im Jahre 1963 wurde auf dem Grundstück am Waidmarkt 18 ein Glasmacherofen entdeckt. Die Fundstelle lag im Süden vor der römischen Stadtmauer in einem Handwerkerviertel (HÖPKEN 1998). Es handelt sich um einen aus gebrannten Ziegeln und Lehm erbauten Doppelofen (Abb. 6). In dem nördlichen Ofen (60 cm hoch erhalten) waren in 30 cm Höhe zwei Absätze in der Wand zu erkennen: einer gegenüber dem Feuerungskanal, einer daneben. Die Wand darüber war rußgeschwärzt. Der südliche Ofen war nur bis zu einer Höhe von 25 cm erhalten. Der Doppelofen konnte anhand von Keramikfunden in die Zeit der Wende vom 1. zum 2. Jahrhundert n. Chr. datiert werden. Glasfunde sind nur spärlich vertreten: zwei Bruchstücke farbloser „Glasschmelze" sowie „Schlacke".

Diskussion
Es handelt sich offensichtlich um einen Ofenkomplex aus zwei aneinandergebauten Öfen des bekannten Typs der kleinen runden Arbeitsöfen zur Weiterverarbeitung von Rohglas. Im Falle des nördlichen Ofens ist erstmalig der Einbau zu erkennen, der den Glashafen oder auch mehrere Häfen trug. Die Rußspuren zeigen, dass die Häfen direkt in den Flammen standen, es sich also um einen Flammofen handelt. Die Gesamthöhe des Ofens mit der anzunehmenden Kuppel lässt sich zu etwa 1 m abschätzen. Dieser Befund passt hervorragend zu Abbildung 8 eines Glasofens auf der Öllampe von Split.
Es ist nicht verständlich, was unter „Schlacke" zu verstehen sein soll.

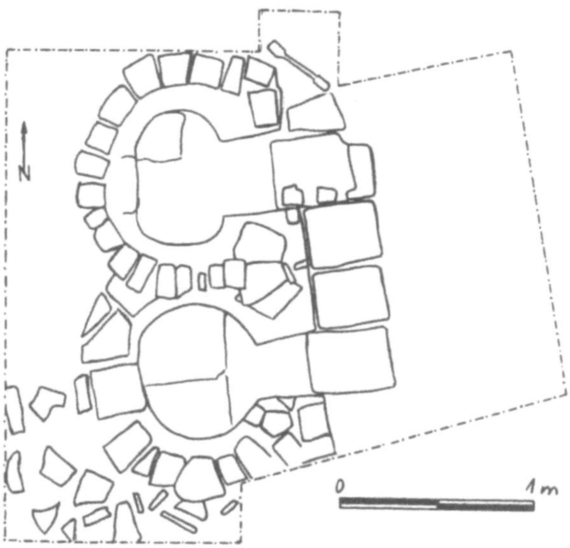


Abb. 6. Doppelofen Köln/Waidmarkt
(Genordete Umzeichnung: Autor)

**4.1.3.3. Helenenstrasse (Ende 2. Jh. n. Chr.)**

Im Jahre 1970 wurden bei Ausschachtarbeiten Spuren einer Glashütte entdeckt, die vor der Nordwestecke der römischen Mauer lag, in der Nähe eines schon früher entdeckten metallverarbeitenden Betriebes (HÖPKEN 1998). Die Fundstelle war durch einen neuzeitlichen Keller gestört und konnte wegen des Beginns der Bauarbeiten auch nicht vollständig untersucht werden. Es handelt sich um einen runden, aus Ziegelplatten erbauten Ofen (äußerer Durchmesser 2,26 m, erhaltene Höhe max. 32 cm), an den im Norden und Süden rechteckige Kammern angebaut waren (1,2 x 1,6 bzw. 0,8 x 1,3 m), die jedoch nur bis zu einer Höhe von 5 cm erhalten waren (Abb. 7).

Im Süden lag vor der Anlage eine „verschlackte" Ziegelplatte von 71 x 58 cm Größe mit einem Glasüberzug an der Unterseite. Die Ofenmauern, der anstehende Lehm herum und darunter zeigten Spuren großer Hitzeeinwirkung. Die Autorin vermutet in den rechteckigen Anbauten Hafenöfen und in dem runden Ofen einen Kühlofen. Östlich von diesem Glasofen fand sich ein Komplex aus zwei unterschiedlich großen und tiefen Becken, die vielleicht ein System von Überlauf- und Absetzbecken bildeten, vielleicht zur Behandlung von Rohstoffen. Bei den gefundenen Glasresten handelt es sich fast ausschließlich um Stücke türkisfarbenen Glases, vor allem Rohglas, aber auch Tropfen und Scherben. Ein bemerkenswerter Fund ist eine 7,8 x 8,8 cm große Marmorplatte mit einem eingravierten Muster (zwei konzentrische Kreise und in jeder Ecke ein Winkel), die als Bodenteil einer Form zur Herstellung von Glasflaschen mit rechteckigem Querschnitt interpretiert wird. Die Anlage wird auf Grund der mitgefundenen Keramik an das Ende des 2. Jahrhunderts n. Chr. datiert.

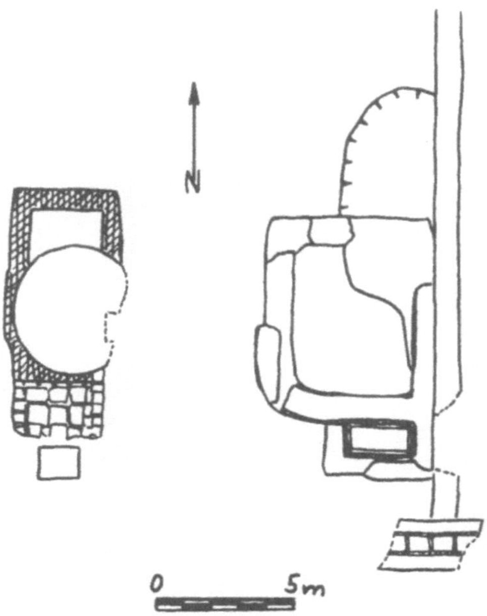


Abb. 7. Ofenanlage Köln/Helenenstraße
(Genordete Umzeichnung: Autor)

Diskussion

Die Interpretation des in dieser Form bisher einzigartigen Ofens ist problematisch. Es könnte sich auch um einen zentral beheizten Wannenofen mit zwei Schmelzwannen handeln, der hier erstmals beschrieben würde. Der runde Ofenteil wäre hiernach der Feuerungsteil, dessen Flammen von oben in die südlich und nördlich angeordneten Ofenteile strichen. Eine Kombination aus Wannen- und Kühlofen ist wegen der sehr unterschiedlichen erforderlichen Temperaturen unwahrscheinlich. Schließlich kann man auch an einen kombinierten Wannen-, Arbeits- und Kühlofen denken (Anordnung etwa: S Wannenofen, Mitte Arbeitsofen, N Kühlofen), eine Kombination, die allerdings wegen der sehr unterschiedlichen erforderlichen Temperaturen ebenfalls nicht unproblematisch ist. Die vor dem südlichen Wannenofen gefundene Ziegelplatte könnte ein ausgebauter Wannenboden in Zweitverwendung sein. Ein als rund anzunehmender einzeln stehender Arbeitsofen dieser Werkstatt scheint nicht gefunden worden zu sein.

### 4.1.4. Der Ofen auf der Öllampe von Split (1. Jh. n. Chr.)

Eine bisher einmalige, wenn auch grobe Abbildung eines römischen Ofens findet sich auf einer römischen Öllampe vermutlich aus der Gegend von Split, datiert in das 1. Jahrhundert n. Chr., die von ABRAMIĆ (1959) veröffentlicht wurde. Abbildung 8 zeigt das Bild in einer Umzeichnung. Der Glasbläser Trellus arbeitet sitzend vor seinem Ofen, sein Kollege Athenio hält ein Gefäß offensichtlich prüfend in die Höhe.
Ein zweites, weniger gut erhaltenes Exemplar dieser Öllampe, wahrscheinlich aus dem gleichen Model stammend, wurde bei Ferrara entdeckt (BALDONI 1987, FOY 1989a, 109).

Abb. 8. Die Öllampe von Split mit der Abbildung eines römischen Glasschmelzofens
(Umzeichnung einer Fotografie: Autor)

Diskussion

Eine ziemlich gute Übereinstimmung mit den kleinen runden römischen Glasöfen, z. B. von Köln-Eigelstein (innere Durchmesser etwa 50 – 100 cm) oder aus dem Hambacher

Forst (innere Durchmesser etwa 80 – 100 cm) ist unverkennbar. Interessant ist, dass die Flammen aus dem linken oberen Ofenteil herausschlagen, was einen gewissen Hinweis auf die Konstruktion gibt. Obwohl die Abbildung doch recht grob erscheint, sei versuchsweise, mit einigen Vorbehalten, eine Hypothese über den Aufbau des Ofens aufgestellt.

Die Feuerungsebene befand sich auf Höhe des Gehhorizontes. Der Ofen dürfte innen zweigeteilt sein, auf einem Gewölbe oder einem Absatz in der vorderen Hälfte des inneren Querschnittes etwa in Sitzhöhe dürften zwei Häfen hinter den jeweiligen links bzw. rechts von der Mitte angebrachten Arbeitsöffnungen stehen. In der Mitte darunter wird sich die Feuerungsöffnung befinden; direkt vor ihr kann natürlich wegen der Hitze kein Glasbläser sitzen. Diese Anordnung findet sich im Prinzip auch auf mittelalterlichen Darstellungen von runden Glasmacheröfen – sie ist funktional bedingt. In der hinteren Hälfte des Ofeninneren lodern die Flammen empor und werden z. T. vom Gewölbe auf die Häfen gelenkt. Darüber befindet sich dann hinten oben eine kaminartige Öffnung, wobei die genaue Anordnung nicht erkennbar ist.

Dass diese Anordnung das Erreichen von Temperaturen über 1100° gestattet, beweist der Versuch von JACKSON et al. (1998) in Amarna.

#### 4.1.5. Die Glashütten in Augsburg (1. und 8./9. Jh. n. Chr.)

##### 4.1.5.1. Der römische Ofen (1. Jh. n. Chr.)

Im Juli 1999 wurde in Augsburg, Äußeres Pfaffengässchen 13 a, also *intra muros* von Augusta Vindelicum, ein römisches Fachwerkhaus, datiert in das 1. nachchristliche Jahrhundert, aufgedeckt (Abb. 9).

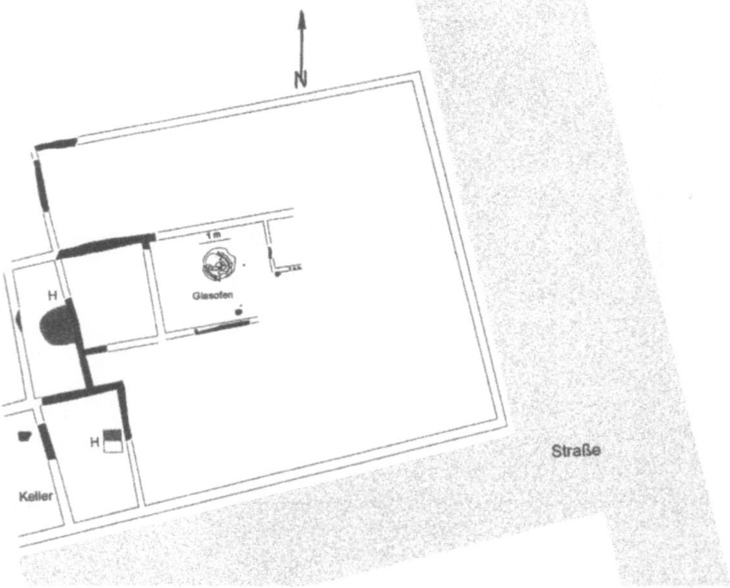


Abb. 9. Hausgrundriss mit zwei Herden H und dem Glasofen im Innenhof
(Plan: Römisches Museum Augsburg, mit freundlicher Genehmigung wiedergegeben)

In seinem zentralen Innenhof fand sich ein kleiner, runder Glasofen (SCHAUB 2000) (Abb. 10). Das Haus wurde im 1. Jh. n. Chr. durch einen Brand zerstört. Befund und Funde sind noch nicht publiziert[15].
Der aus in Lehm versetzten Dach- und Hypokaustenziegeln in Zweitverwendung erbaute Ofen steht in einer Grube; der Zwischenraum zwischen Ofen- und Grubenwandung wurde mit Lehm ausgefüllt. Der Lehm ist rot gebrannt. Der innere Durchmesser des Ofens beträgt etwa 60-65 cm, der äußere etwa 100 cm. Die Ofensohle liegt etwa 35 cm unter dem dazugehörigen Laufhorizont. Drei, stellenweise vier Ziegellagen der Ofenwandung sind noch erhalten. Die Feuerungsöffnung des Ofens ist nicht erkennbar; vermutlich lag sie an der Stelle, die im 2. Jahrhundert n. Chr. durch die Fundamentierung einer Mauer zerstört wurde.

Abb. 10. Foto des Glasofens. Links oben der eingreifende Fundamentbereich einer Mauer des 2. Jh. n. Chr., unten die ausgelaufene Glasmasse. Mitte ganz unten: eine Winddüse aus Keramik.
(Foto: Römisches Museum Augsburg, mit freundlicher Genehmigung wiedergegeben)

An einer Stelle des Ofens ist ausgelaufene Glasmasse zu erkennen. Auf dem den Ofen umgebenden Boden aus gestampftem Lehm fanden sich viele, sehr verschiedenartige Glasscherben (meist farblos oder grün, eine tief blaue, eine trübweiße), Glastropfen mit

[15] Der Autor dankt dem Ausgräber A. Schaub M. A. für gegebene Erläuterungen und die Gelegenheit zur Durchsicht der Funde.

Fäden, sehr feine, bis zu etwa 5 cm lange Glasröhrchen (um 1 mm Durchmesser) sowie ein kegelförmiger dunkelblauer Glasrest. Die Glasscherben scheinen als Rohmaterial zum Einschmelzen bestimmt gewesen zu sein; eine Produktion von Glasgefäßen ist nicht zu erkennen. Gefunden wurde auch eine Winddüse aus Keramik.
Etwa 1 m nordöstlich von diesem Ofen entfernt befand sich vielleicht noch ein zweiter, von dem jedoch nur ein sehr schmaler Rand angeschnitten werden konnte. Die Deutung ist unsicher.
Der Fundort ist bereits überbaut.

Diskussion
Der Ofen aus römischer Zeit ist der erste, der in Raetien aufgedeckt wurde. Bemerkenswert ist auch seine Lage im Zentrum der antiken Stadt. Bis jetzt wurde immer eine Lage *extra muros* wie in Köln erwartet. Es handelt sich um einen sehr kleinen Ofen, der vielleicht nur einer sehr begrenzten Produktion (von Röhrchenperlen?) diente. Vielleicht muss die Anlage auch als „Hobby-Werkstatt" interpretiert werden.
Interessant ist der Fund einer Winddüse. Offensichtlich war eine künstliche Luftzufuhr in dem engen Hof erforderlich.. Der kleine Glaskegel zeigte an seiner Unterseite eine Heftmarke, an seiner Spitze ein Loch. Die feinen Glasröhrchen wurden offenbar von ihm abgezogen.

Ein ähnlicher, anhand der Form des gefundenen Hafens mit Glasrückstand in die 2. Hälfte des 2. Jahrhunderts n. Chr. datierter kleiner, leicht ovaler Ofen wurde in Trier, Im Hopfengarten, also *intra muros*, gefunden (PFAHL 2000). Der Ofen war in den Boden eingetieft; seine Rekonstruktion ist allerdings falsch: der Glashafen kann nicht auf der Sohle des Feuerungsraumes stehen. Die Interpretation eines nahe gelegenen, nur z. T. erhaltenen rechteckigen Ofenbodens aus Ziegelplatten mit Wangenmauern aus Schiefer als Kühlofen muss mangels Hohlglasfunden als ungesichert betrachtet werden.

#### 4.1.5.2. Die Glasfunde bei St. Ulrich und Afra (8./9. Jh. n. Chr.)

Auf dem Gelände des ehemaligen Benediktinerstiftes St. Ulrich und Afra kamen in der Grube einer Hütte Glasfragmente, Glasflussreste, Reste einer Bleiverglasung, Tiegelfragmente und gebrannter Lehm zutage. Es handelt sich um „hineingeschüttete Reste einer Glaswerkstatt". Stratigraphisch und typographisch ist eine Datierung in das frühe Mittelalter (etwa 8./9. Jahrhundert) möglich. Ein Ofen wurde nicht gefunden (POHL 1977). Die hier gefundenen Gläser gehören dem Typ Natrium-Kalzium-Glas an; interessanterweise wurden auch die Erweichungspunkte der 65 untersuchten Fragmente bestimmt. Sie liegen zwischen 795 und 1300°C, hauptsächlich zwischen 800 und 900°C (POHL et al.1972).

Diskussion
Die Erweichungspunkte (eigentlich handelt es sich nicht um Punkte, sondern um Intervalle) liegen erstaunlich hoch. Sie geben einen Hinweis auf die Verarbeitungstemperaturen, nicht auf die Herstellungstemperatur des Glases, allerdings nur dann, wenn bei der Bodenlagerung keine Alkalien ausgetragen wurden. Da dieser Verdacht jedoch besteht, sind besonders die hohen Temperaturen mit großer Vorsicht zu bewerten.

### 4.1.6. Die Glashütten im Hambacher Forst (Mitte 4. Jh. bis Anfang 5. Jh. n. Chr.)

Im Hambacher Forst, etwa zwischen Jülich und Köln, wurden im Zuge des Braunkohleabbaus sechs Glashüttenkomplexe entdeckt, die in einem Kontext mit römischen *villae rusticae* mit Gräberfeldern stehen (RECH 1982; GAITZSCH 1999). In verschiedenen Kombinationen fanden sich vier Typen von Ofengrundrissen: **A**. rund bis birnenförmig; **B**. halbrund mit rechteckigem oder quadratischem, wohl höher gelegenem Anbau; **C**. quadratisch bis rechteckig, wannenförmig (nur zwei Befunde); **D**. rechteckig. Dieser 4. Typ ist bisher nur einmal aus der Hütte HA 111 bekannt; seine Maße betragen außen ungefähr 2,1 x 1,7 m.

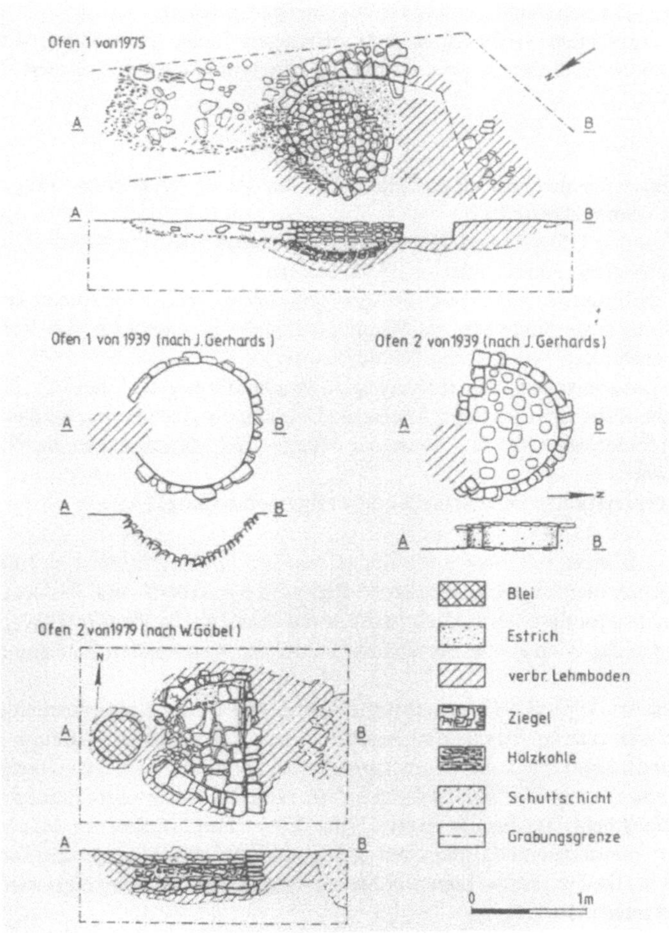


Abb. 11 a. Drei Öfen der Glashütte HA 75 (2 halbrunde und 1 runder; oben im Bild) und ein halbrunder Ofen der Glashütte HA 500 (unten im Bild) nach Rech

Abbildung 11 a zeigt drei Öfen der Glashütte HA 75 (zwei „halbrunde" Öfen 1 von 1975 und 2 von 1939 sowie einen runden Ofen 1 von 1939) und einen „halbrunden" Ofen 2 von 1979 der Glashütte HA 500 mit einem Bleiklumpen davor. Der letztere Ofen ist zweiphasig, d.h. über einem abgerissenen 1. Ofen wurde ein zweiter gebaut.
Die häufig gefundenen Glashäfen waren meist schüsselförmig (Form Alzey 28 nach UNVERZAGT 1916, 12 Taf. II), auch mit steilerer Wandung, manchmal topfförmig (Form Alzey 27), innen mit Glas überzogen und außen vielfach mit einer Lehmschicht bedeckt. Der maximal erhaltene Gefäßdurchmesser lag bei bis zu 40 cm, die Höhe bei bis zu 17 cm, die Wandstärke bei bis zu etwa 2 cm. In einem Falle scheint der Topfrand abgeschlagen worden zu sein, um ein Gefäß mit weiterer Mündung zu erhalten. Die Lehmschicht wird als Lehmmantel interpretiert, in den die Häfen im Ofen gesetzt worden seien; sie seien dadurch nicht frei zu bewegen gewesen.
Die bisher ergrabenen sechs Glashütten arbeiteten nicht unabhängig voneinander, sondern standen in direkten, produktionsbedingten und chronologischen Abhängigkeiten.

Diskussion
Im Folgenden seien die bisherigen Deutungen für die verschiedenen Öfen bzw. ihrer Grundrisse zusammengestellt:

- Die runden Öfen A: es handelt sich recht sicher um Arbeitsöfen (Öfen für das Einschmelzen von Rohglas zum Glasblasen)
- Die „halbrunden" Öfen mit rechteckigem, höher gelegenen Anbau B: es liegen Deutungen als Kühlöfen, als Wannenöfen zum Erschmelzen von Rohglas oder als kombinierte Arbeits- und Kühlöfen vor.
- Die quadratischen bis rechteckigen wannenförmigen Öfen C: sie werden Wannenöfen gewesen sein. Auch eine Deutung als Arbeitsofen wird erwogen.
- Der rechteckige Ofen D: er wird als Arbeits- und Kühlofen oder als Wannenofen gedeutet.

Über die Interpretationen besteht noch keine allgemeine Einigkeit.

Abbildung 11 b zeigt eine Fotografie des Ofens Typ D (GAITZSCH et al 2000). Dieser nur als rot gebrannter Unterbau erhaltene Ofen wird als Arbeits- und Kühlofen oder als Wannenofen interpretiert; vermutlich besaß er ein Tonnengewölbe (GAITZSCH 1999).
Die Deutungen der Öfen A als Arbeitsöfen und C als Wannenöfen dürften recht sicher sein.
Bei den Öfen des Typs B fällt es schwer, sich für eine Deutung zu entscheiden. Da die Kühlöfen zu den runden Arbeitsöfen A fehlen (bzw. keine anderen Kühlmöglichkeiten erkennbar sind), kann man an eine Interpretation als Kühlöfen denken. Unterstützt wird diese Annahme durch die von BECKER et al. (2001)[16] mitgeteilte Entdeckung eines ähnlichen Ofens bei Lyon aus der ersten Hälfte des 1. Jahrhunderts, der aus einer runden überwölbten Feuerungseinheit und einer etwas versetzt darüber liegenden rechteckigen Wanne besteht. Da die Wanne keinerlei Spuren einer Glasschmelze trägt, wird der Ofen als Kühlofen interpretiert.
Der nur einmal gefundene Typ D nimmt sich etwas fremdartig aus; wahrscheinlich stellt er einen Wannenofen dar, weniger wahrscheinlich einen Arbeits- und Kühlofen. Auffällig ist seine Ähnlichkeit mit dem Fundament des großen Keramik-Brennofens

[16] Der Autor dankt Frau Dr. Fünfschilling, Römermuseum Augst, für diesen Hinweis.

von La Graufesenque (VERNHET 1981) in Südfrankreich, der in das 1. Jahrhundert n. Chr. datiert ist. Vielleicht wurde in Hambach ein bewährter Ofentyp nachgebaut – allerdings mit abgeänderter Lage der Feuerung zu einer anderen Verwendung. Es fanden sich keine Anzeichen für eine Keramik-Produktion auf dem Glashüttengelände (GAITZSCH 2001).

Abb. 11 b. Massiver Unterbau eines rechteckigen Ofens der Hütte HA 111
(Foto: Rhein. Amt für Bodendenkmalpflege, mit freundlicher Genehmigung)

Es bleibt die Hoffnung auf Klärung durch weitere Grabungsergebnisse an dieser oder an einer anderen Stelle.
Auf die Gefäßformen Alzey 27 und 28 ist noch zurückzukommen.
Die an der Außenwand der Häfen haftende Lehmschicht diente dem Schutz der Gefäße vor der ungleichmäßigen Erwärmung durch direkte Flammeneinwirkung und beeinträchtigte nicht die Möglichkeit, die Häfen im Ofen zu bewegen. Auf diese Maßnahme ist noch zurückzukommen. Das Überziehen der Hafeninnenwand mit einer Glasschicht ist eine Schutzmaßnahme, die heute noch angewandt wird.
Der Bleifund von offenbar erheblicher Größe (als „Bleiklumpen" beschrieben) ist schwer zu deuten. Ein Zusammenhang mit der Herstellung von Bleiglas ist nicht anzunehmen: römisches Bleiglas ist - im Gegensatz zur Bleiglasur von Keramik - unbekannt; nach ROTTLÄNDER (2001) und WEDEPOHL (2001) sind nur wenige kleine Teile mit Bleioxidgehalten von einigen Prozent bekannt, nicht jedoch mit Bleioxidgehalten um 70 %, wie sie für ein echtes Bleiglas typisch sind. Die von GAITZSCH (1999) mitgeteilten Analysenergebnisse von Hambacher Glasfunden weisen Blei nur im ppm-Bereich aus[17]. Es ist außerdem nicht sinnvoll, erst Blei zu gewinnen, dieses Blei in die Glashütte zu transportieren, um es dort wieder zu oxydieren und so Bleioxid für die Bleiglasherstellung zu erhalten. Bleioxid stand vielmehr in großen Mengen aus der

[17] Nach GAITZSCH et al. (2000) zeigte die Isotopenanalyse, dass das Blei aus Lagerstätten in der Eiffel stammt, dass also lokaler (bleihaltiger) Sand für die Glasherstellung in den Hambacher Hütten verwendet wurde.

Silbergewinnung zur Verfügung. GAITZSCH (1999) weist auf römischen Erzabbau in der nördlichen Eifel hin, darunter auch von Bleierz. Vielleicht wurde in Hambach an einem Glasofen ein Verhüttungsversuch durchgeführt.

### 4.1.7. Wannenöfen in Israel (6. bis 9. Jh. n. Chr.)

#### 4.1.7.1. Die Öfen von Bet Eli'ezer (6. bis 7. Jh.)

Bei Bet Eli'ezer[18], in der Nähe von Hadera (zwischen Tel Aviv und Haifa bei Caesarea gelegen) wurde eine große Rohglasproduktionsstätte ausgegraben (GORIN-ROSEN (1995[19]; 2000). Es handelt sich um 17 in den Boden eingetiefte gemauerte Wannen (2 x 4 m) mit einem an einer Schmalseite vorgelagerten trapezförmigen Heizungsteil mit zwei Heizkanälen. Abbildungen 12 a, b zeigen einen Ausschnitt aus der Grabungsstelle und die Rekonstruktion eines Ofens anhand vieler Befunde.

Abb. 12 a. Grabung von Bet Eli'ezer: Einige Öfen
Zwischen den Profilstegen sind im Planum 2 schräg zu diesen verlaufend fünf Ofengrundrisse zu erkennen. (Foto J. Rosen, Courtesy Israel Antiquities Authority)

Die Anlage wird anhand der Keramik- und Glasfunde in das späte 7. bis 8. Jahrhundert datiert (spätbyzantinisch bis frühislamisch). In den Wannen wurde jeweils ein Glasblock erschmolzen (Dauer geschätzt 10 bis 14 Tage; Temperatur etwa 1100°C), der nach dem Abbau des Gewölbes über der Wanne in handliche Stücke („chunks") zerschlagen wurde. Das grüne, blaue, blaugrüne, seltener gelblich-grüne oder gelblich-

[18] Bet = Beth bedeutet im Hebräischen „Haus, Heim". Vgl. deutsche Ortsnamen auf –hausen oder –heim. Freundlicher Hinweis von Y. Gorin-Rosen, Jerusalem.

[19] Der Autor dankt Frau Dr. Fünfschilling, Römermuseum Augst, für diesen Hinweis.

braune klare Natrium-Kalzium-Glas war von hervorragender Qualität, es enthielt nur wenige Gasblasen und Verunreinigungen. Die Glasbruchstücke wurden weithin verhandelt, auch über das Mittelmeer per Schiff, wie Funde in Schiffwracks entlang der Küste nördlich von Caesarea belegen. Die Anlage scheint nur eine Saison, vielleicht auch zwei Saisons, lang gearbeitet zu haben und dann an eine andere Stelle verlegt worden zu sein. Solche Stellen wurden bereits lokalisiert. Die Glasproduktion von Bet-Eli'ezer wird auf „Hunderte von Tonnen Glas" geschätzt.
Dieses Glas wurde sicher in der Region verarbeitet; die Frage ist, ob es auch nach Europa gelangte. FREESTONE et al. (2000) haben auf Grund analytischer Ergebnisse daran einige Zweifel, verweisen aber auf die Notwendigkeit weiterer analytischer Untersuchungen. WEDEPOHL (2000) verweist auf den geringeren Eisengehalt des levantinischen Glases gegenüber dem europäischen.

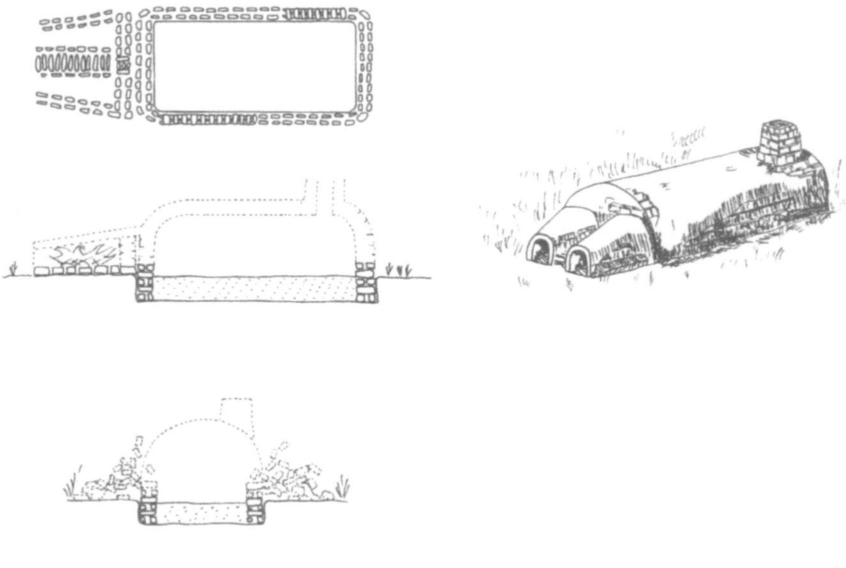

Abb. 12 b. Rekonstruktionsskizzen eines Ofens anhand vieler Einzelbefunde
(Umzeichnungen der Zeichnungen von M. Miles: Autor)

### 4.1.7.2. Der Ofen von Bet She'arim (frühes 9. Jh.)

In einer Höhle bei Bet She'arim, 12 Meilen südöstlich von Haifa im Norden Israels, fand sich *in situ* ein extrem großer Glasblock. Er wurde von BRILL (1967) beschrieben und zunächst in das 4. bis frühe 7. Jahrhundert n. Chr., jetzt von FREESTONE et al.(1999) jedoch in das frühe 9. Jahrhundert datiert. Er besteht aus einem Natrium-Kalzium-Glas, hat die Abmessungen 1,95 x 3,40 x 0,45 m und wiegt etwa 8000 kg. Leider wurde die Wanne, in der er erschmolzen wurde, bei der Auffindung aus Unkenntnis undokumentiert abgeräumt. Sie wurde vermutlich in einem flachen Ofen durch seitlich erzeugte Flammen von oben erhitzt. Die erforderliche Zugluft kann durch einen Kamin

und ein noch erkennbares Loch in der Höhlendecke erzeugt worden sein; auch Blasebälge sind denkbar.
Der Glasblock ist purpurfarben bis auf ein grünliches Band, das ihn durchzieht. Er ist nicht ausreagiert. Auffällig sind der hohe Kalziumoxid-Gehalt von 15,9 % sowie höhere Kaliumoxid- und Magnesiumoxid-Gehalte als in Gläsern, die unter Verwendung von ägyptischer Soda erschmolzen wurden. FREESTONE et al. (1999) vermuten daher, dass in der Höhle von Bet She'arim ein Schmelzversuch mit kalziumreichem Sand und Halophytenasche durchgeführt wurde, der jedoch wegen des hohen Kalzium-Gehaltes und der dafür erforderlichen, jedoch nicht erreichten höheren Temperatur misslang und daher abgebrochen wurde.

Zusammenfassende Diskussion
Nach diesen Funden kann kein Zweifel mehr bestehen, dass Glas in solch großen Wannenöfen mit daneben befindlicher Feuerung erschmolzen werden kann. Die beschriebenen Wannenöfen ähneln den römischen Wannenöfen zum Erschmelzen von Rohglas, wenn diese auch nicht die gewaltigen Ausmaße der in Israel ausgegrabenen Wannenöfen hatten. Hinweise auf römische, früher datierte rechteckige Wannenöfen sind aus dem Legionslager Bonna (Bonn) (FOLLMANN-SCHULZ 1989), Köln und dem Hambacher Forst bekannt.
Unklar ist, wie bei diesen Öfen das Problem der Glasgalle behandelt wurde. Vermutlich wurde sie abgeschöpft oder bei bzw. nach dem Zerschlagen des Rohglasbarrens entfernt.
Wesentlich ist die Erkenntnis von FREESTONE et al. (1999), dass in spätbyzantinischer Zeit (6.-7- Jahrhundert) offenbar natürliche Soda knapp und teuer wurde und dass daher versucht wurde, auf Halophytenasche auszuweichen. Da der bisher verwendete kalziumoxidreiche Sand weiterverwendet wurde, reichten die in den großen Wannenöfen erreichbaren Temperaturen nicht mehr aus, und die traditionelle römische Art der Glasherstellung in dieser Region fand wahrscheinlich mit dem misslungenen Versuch bei Bet She'arim ihr Ende.
Interessant ist, dass dieser Prozess in Deutschland seine etwa gleichzeitige Entsprechung findet mit der allmählichen Abkehr vom Natrium-Kalzium-Glas durch die Einführung der Holzasche als Rohstoff.

### 4.1.8. Die Glashütte von Torcello (7. bis 8. Jh. n. Chr.)

TABACZYNSKA (1965) und GASPARETTO (1965; 1967) beschreiben die auf der zu Venedig gehörenden Insel Torcello ausgegrabene, stratigraphisch in das 7.-8. Jahrhundert datierte Glashütte.
Nach TABACZYNSKA (1965) wird die Arbeit der Hütte kurz nach der zweiten Besiedlung der Insel im 6. bis 7. Jahrhundert durch spätrömische Siedler begonnen haben. Vielleicht folgten den Siedlern Glasarbeiter aus den zerstörten Glashütten im Hinterland, z. B. aus Aquileia, die ihre Kunst bewahrt hatten. Abbildung 13 zeigt den Steinplan, der mit Vorbehalten erläutert wird. Die (annähernd) rechteckige große Struktur rechts besteht aus einem ca. 6 m langen N-S verlaufenden Kanal mit bis zu 0,65 m hoch erhaltenen Wänden aus schräg verlegten römischen Ziegeln und Steinen, die einst ein Gewölbe trugen. Der Boden war primitiv gepflastert; in oder auf ihm wurden Holzkohlestückchen gefunden. An das nördliche Ende dieses Kanals schließt

sich von Westen her das Fundament eines rechteckigen Ofens aus Ziegeln und Steinen an; hier fanden sich zahlreiche Hafenfragmente mit Glasresten.

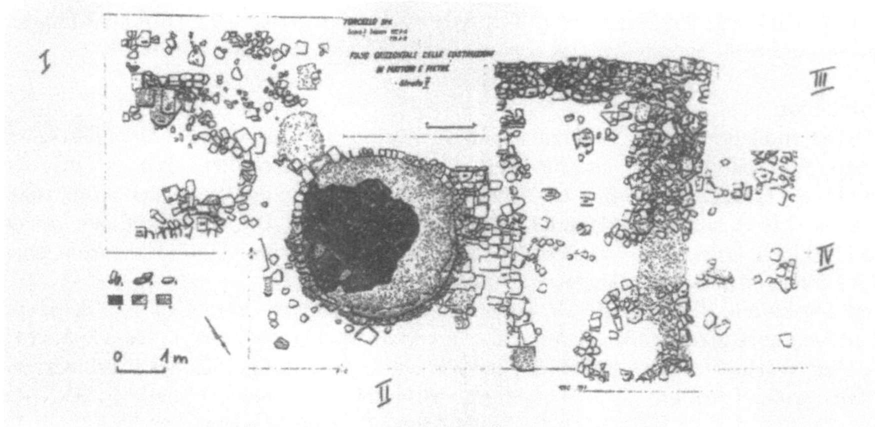


Abb. 13. Die Öfen von Torcello nach Tabaczynska
(Die römischen Ziffern und der Maßstab links unten wurden zugefügt)

Der N-S verlaufende Kanal wird als Kühlofen angesehen, der kleine im NW liegende sowie der große runde Ofen als Frittöfen und der im NO liegende Teil der großen rechteckigen Struktur als Arbeitsofen. Eine andere Möglichkeit ist, dass der große runde Ofen und der im NO liegende Teil der großen rechteckigen Struktur Arbeitsöfen darstellen. Die Konstruktion zwischen der großen runden und der großen rechteckigen Struktur wird als Wandverstärkung der runden angesehen.
Schließlich wird noch auf die Möglichkeit verwiesen, das die freigelegten Öfen zu zwei benachbarten Produktionskomplexen gehören, die nur zum Teil freigelegt wurden. Eine vollständige Klärung der offenen Fragen kann nur durch weitere Grabungen erfolgen.
Als Funde werden „über 20 Fragmente von Tiegeln, einen Tondeckel für die Ofenöffnung (und höchstwahrscheinlich ein Fragment eines zweiten Deckels), drei plattenförmige Stücke Frittmasse, zahlreiche dunkle Klümpchen aus erstarrter Glasschmelze, Schlacke und Glasmasse (auch Glaszapfen) aus verschiedenen Produktionsphasen sowie fertige Erzeugnisse in Gestalt von Gefäßfragmenten oder Mosaikwürfeln“ erwähnt. Chemische Analysen ergaben das Vorliegen von Natrium-Kalzium-Glas. Die Hafenfragmente lassen Randdurchmesser von ca. 15-24 cm, Bauchdurchmesser von ca. 19-27 cm und Bodendurchmesser von ca. 14-23 cm erkennen. Die Wandstärke liegt zwischen 0,3 und 1,0 cm, die Bodendicke zwischen 0,5 und 1,7 cm[20].
GASPARETTO (1965) ergänzt die Angaben zu den Häfen noch um die vermutete Höhe (30 bis 40 cm) und um die Angabe „kleine Tonne“ zur Form.

[20] Die Angabe zum Hafenmaterial ist leider unverständlich und geht vielleicht auf sprachliche Mißverständnisse oder Verwechslungen zurück: „Die Tiegel sind in Bohrtechnik fast ausschließlich aus Serizitschiefer hergestellt“. Serizitschiefer ist ein metamorphes Gestein, bestehend aus Kaliglimmer (Serizit), Quarz und evtl. Natronfeldspat. Er ist sicher ungeeignet für die Herstellung von Glashäfen.

Er interpretiert die von ihm mit römischen Zahlen bezeichneten Strukturen mit Vorbehalten wie folgt: Struktur I diente der Fritteherstellung und später, nach den Bau der Struktur II, als Abfallsammelstelle oder überhaupt nur als Gebäude für die Sammlung von Abfall. Struktur II diente zunächst der Ausarbeitung der Fritte, später zu ihrer Herstellung. Struktur III stellt den Arbeitsofen dar. Struktur IV wird als Kühlofen mit einem Feuerungskanal angesehen, der vielleicht auch Struktur III beheizte.

Diskussion

Die Interpretationen der Strukturen sind schwierig. Struktur I dürfte ziemlich sicher einen Wannenofen zum Erschmelzen des Rohglases darstellen, wie er aus den römischen Glashütten bekannt ist. Struktur II lässt an einen großen runden Arbeitsofen denken, wie er aus später datierten Glashütten bekannt ist. Die Aufteilung des großen rechteckigen Ofens in zwei verschiedene Strukturen III und IV mit verschiedenen Funktionen ist dem Befund schwer zu entnehmen.

Die Strukturen II sowie III+IV lassen einen spekulativen Vergleich mit dem von Agricola gezeigten großen Ofen zu, zumindest in der äußeren Form (Abb. 14). Problematisch erscheinen hierbei der tatsächliche Umriss des großen etwa rechteckigen Ofens von Torcello, die Übergangskonstruktion zwischen II und III+IV, die Unterteilung in zwei verschiedene Strukturen III und IV sowie der zeitliche Unterschied von etwa 8 Jahrhunderten.

Abb. 14. Der zweite Ofen nach Agricola (Ausschnitt)

Denkbar ist, dass es sich bei den Strukturen III und IV um den Kühlofen handelt, der vielleicht mit einem kleinen Arbeitsofen für besondere Arbeiten, z. B. die Herstellung von Mosaiksteinen, kombiniert ist. Die kleine Übergangskonstruktion zwischen der runden und der großen rechteckigen Struktur von Torcello könnte der thermischen Verbindung zwischen den Öfen dienen; bei Agricola sind die Öfen näher aneinander gerückt. Der rechte Ofen wird bei Agricola wie auch in Torcello außerdem zusätzlich direkt beheizt.

Die später hochberühmte Glastechnik Venedigs begann auf der etwas abseits liegenden Insel Torcello. Im 13. Jahrhundert wurde Torcello wegen der Malaria (war es die heute so genannte Infektionskrankheit oder „nur" die *mal'aria* der Lagune?) von den Einwohnern verlassen, und im Laufe dieser Abwanderung wurde Ende des 13. Jahrhunderts (nach POPPE 1811, 327: im Jahre 1291) die Glasindustrie auf die näher bei den venezianischen Hauptinseln gelegene Insel Murano verlegt, wo sie heute noch beheimatet ist. Als Agricola von etwa 1524 bis 1526 (PRESCHER 1985, 30-34) in Venedig weilte, bewunderte er sicherlich nicht nur die schönen Glasprodukte aus Murano (was er beschreibt), sondern er wird sich auch für deren Herstellung in den „allerbesten Glasfabriken" interessiert haben. Wenn er die Glashütten auf Murano besuchen konnte, hat er sicher auch die dortigen Glasöfen gesehen – und dann später in seinem Werk „*De re metallica*" zusammen mit Anregungen aus Biringuccios „*Pirotechnia*" dargestellt. Wenn man diesem Gedanken folgen will, muss man eine (ungefähre) Formkonstanz dieser Glasöfen über etwa 8 Jahrhunderte hinweg annehmen. Bei durch die Funktion bedingten und in der Funktion bewährten Formen und

Konstruktionen erscheint dies nicht unrealistisch. Zu erhoffende weitere Grabungsergebnisse können hier für Klarheit sorgen.
In diesem Zusammenhang soll schon auf eine Einzelheit des später genauer zu besprechenden Glasofens bei Biringuccio (1558) hingewiesen werden (Abb. 15).

Abb. 15. Der Ofen bei Biringuccio
(Wiedergabe mit freundlicher Genehmigung Universitätsbibliothek Tübingen)

Rechts hinten ist auf dem Bild ein merkwürdiger rechteckiger, an den Ofen angebauter, oben offener Kasten zu sehen. Vielleicht handelt es sich hierbei um die unbeholfene, missverstandene Andeutung des an den runden Glasofen angebauten rechteckigen Ofens wie in Torcello oder auch - gemäß der Hypothese - in Murano. Biringuccios Holzschneider zeigt ebenso durch seine unbeholfene, im Prinzip allerdings zeitgemäße Darstellung der Verbindung zwischen der zweiten und der dritten Ebene im Inneren des Ofens einiges Unverständnis. Eine große, evtl. mit Asche gefüllte gemauerte „Kiste" wäre als Erklärung zwar ebenfalls denkbar, aber doch sehr unpraktisch für den Zugriff auf die fertigen Gefäße. Unrealistisch ist die horizontale Oberkante der Arbeitsöffnung.
Die Form der Häfen aus Torcello entspricht der von Agricola mitgeteilten und für Biringuccio vermuteten Tonnenform; die Häfen sind allerdings kleiner. Erstaunlich ist ihre Dünnwandigkeit.
Interessant ist der geschilderte Fund von Mosaiksteinen, die offenbar in der Glashütte von Torcello hergestellt wurden.

### 4.1.9. Der Ofen von Paderborn (8. Jh. n. Chr.)

In den in das Jahr 778 datierten Zerstörungsschichten der karolingischen Pfalz Paderborn finden sich viele Scherben von Glasgefäßen in weiter Streuung sowie Fensterglas mit zugehörigen Stücken der Bleieinfassung. Nördlich der Bartholomäuskapelle kamen „Glaswürfel, Glasschmelz- und Glasbruchstücke" zum Vorschein. Später wurden auch „dicke rot verglühte Stücke von Herdböden und Ofenwandungen festgestellt: dicke, mit Lehm verstrichene und durch Glut versinterte Sandsteinbrocken und Granite. Der Befund war leider so verrissen, dass die alten Maße der Öfen nicht mehr sicher rekonstruiert werden können. Im vertretenen Boden lagen in unmittelbarer Nähe der verrissenen Ofenstellen viele kleine Glasbruchstücke von Gläsern, Glaswürfel, größere Brocken geschmolzenen Glases und mit dicker Glasschicht überzogene Herd- und Wandstücke vom Ofen." Der Ofen und damit die Glas-

macherwerkstatt sind in den Jahren der Erbauung der ersten Pfalzgebäude 776 und 777 angelegt worden. Es wird sich also um die Werkstatt von Handwerkern handeln, die in königlichem Auftrag arbeiteten (WINKELMANN 1977).
Bei GAI (2001) finden sich weitere Angaben hierzu. Sie zitiert aus dem Tagebuch Winkelmanns: „Der Brennkanal öffnete sich nach Osten zu einer rechteckigen Ummauerung, alles in Lehm verlegt, mit Rotlehm an den Innenwänden.“ Ihre Rekonstruktion des Ofendurchmessers anhand der erhaltenen Wandungsfragmente ergab „einen sehr kleinen Umfang“; der Ofen war also vermutlich nur zum Einschmelzen von Rohglas geeignet. Die Rekonstruktion eines Glashafens ergab nach Winkelmann ein Gefäß von etwa 4 l Inhalt. An dieser Stelle wurde nach der chemischen Analyse durch Wedepohl Natrium-Kalzium-Glas verarbeitet. Die gefundenen grünen, z. T. stark korrodierten Flachglasfragmente bestanden dagegen aus Kalium-Kalzium-Glas. Eine dritte Gruppe von Glasfunden aus der Gesamtanlage besteht aus kleinen rechteckigen, dreieckigen, rautenförmigen, runden oder länglichen sehr intensiv gefärbten Scheiben (smaragdgrün, grün, blau, rot, rötlich), die kaum Korrosionsspuren zeigen und ebenfalls aus Natrium-Kalzium-Glas bestehen, vielleicht mit einer etwas anderen Zusammensetzung als die erste Gruppe von Glasfragmenten.
WEDEPOHL et al. (1997) und WEDEPOHL (1998) beschreiben den Nachweis von Holzascheglas an vier Flachglasfragmenten und einem Hohlglasfragment. Dieses Glas wurde jedoch nicht in dem gefundenen kleinen Ofen erschmolzen, sondern vermutlich aus dem Frankenreich importiert. Der Vergleich der Titan-Gehalte des Natrium-Kalzium-Glases und des Holzasche-Glases zeigt, dass die beiden Glastypen unter Verwendung verschiedener Sande (mit unterschiedlichem Titan-Gehalt) hergestellt wurden, also an verschiedenen Produktionsorten. Für das Natrium-Kalzium-Glas wird ein Import aus dem mediterranen Raum angenommen. Das Holzascheglas wird durch den Fund im Brandschutt der im Sachsenaufstand 778 zerstörten Pfalz gut als das älteste bisher gefundene datiert.

Diskussion
Auf Grund des Fundspektrums und der gefundenen Ofenreste wird es sich um eine Glaswerkstatt mit einem kleinen runden Ofen zur Weiterverarbeitung von zugekauftem Natrium-Kalzium-Rohglas zu Hohlglas handeln. Die Werkstatt wird mit dem kleinen Ofen auch nicht in der Lage gewesen sein, Holzascheflachglas zu erzeugen.
Ein besonders wichtiges Ergebnis der Grabung ist der Nachweis des bisher erstmaligen Auftretens von Holzascheglas und darüber hinaus die recht genaue Datierung

### 4.1.10. Die Glashütte von Glastonbury (8.-11. Jh., wohl 9. Jh. n. Chr.)

RADFORD (1956) beschreibt die Aufdeckung eines Ofens in Glastonbury Abbey (SW von Bristol), der anhand der Funde in das 8.-11. Jahrhundert datiert wird. Der Befund besteht aus einer ovalen, 3 x 4 Fuß messenden Grube im anstehenden Lehm. Der Boden enthielt Fragmente römischer Dachziegel in Zweitverwendung, die Zeichen beträchtlicher Hitzeeinwirkung trugen. Im darüber liegenden Schutt fanden sich Fragmente der Lehmwände, Glasscherben und Hafenfragmente mit anhaftendem Glasfluss. RADFORD (1958) beschreibt die Entdeckung eines weiteren Ofens ähnlicher Bauweise, bei dem drei übereinander liegende Böden, entsprechend einem dreimaligen

Neubau, nachgewiesen wurden. Der Ofen wird stratigraphisch in das 10. oder wahrscheinlicher in das 9. Jahrhundert datiert.
Nach HARDEN (1978) wurden insgesamt drei Öfen freigelegt, ein Arbeitsofen und zwei, die bei niedrigerer Temperatur arbeiteten, also z. B. als Kühlöfen verwendet wurden. Die Glasfunde umfassten Hohl- und Flachglas, Stücke zweifarbiger Glasstäbe sowie ein Stück eines Glasstabes, von dem Mosaiksteinchen abgeschnitten wurden. Den gefundenen Glashafenfragmenten haftete grünes Glas an; die Abmessungen der Häfen konnten zu 18 cm Durchmesser und 15 cm Höhe rekonstruiert werden; ein abgebildetes Fragment zeigt einen deutlich ausgestellten Rand.

Diskussion
Die Publikationen Radfords befassen sich hauptsächlich mit der Abtei; die Beschreibung der Glasöfen nimmt nur einen kleinen Raum ein und enthält auch keine Zeichnungen. Aus der Größenangabe für die Grundfläche 3 x 4 Fuß (0,9 x 1,2 m) geht jedoch hervor, dass es sich um kleine, schwach ovale Anlagen ähnlich den kleinen runden Öfen „römischer Bauart“ handelt. Daraus kann geschlossen werden, dass in dieser Glashütte zugekauftes Rohglas weiterverarbeitet wurde. Es gibt keine Hinweise auf das Erschmelzen von Rohglas. Die gefundenen Glashäfen ähneln mehr den in römischen Glashütten verwendeten, wenig entwickelten Gefäßen als den spätmittelalterlichen Häfen.
Die Glashütte steht also noch in spätrömischer Tradition.

### 4.1.11. Die Glashütte Kordel bei Trier (8. bis 9. Jh. oder 1. Hälfte 13. Jh. n. Chr.?)

STEINHAUSEN (1939) und NN (1940) beschreiben einen Glasofenbefund in der Nähe des Dorfes Kordel auf einer Hochmark genannten wasserreichen Hochebene (Abb. 16).
Die bis zu einer Höhe von gut 0,5 m aufgefundenen Grundmauern eines Ofens bilden annähernd ein Rechteck mit einem in der Mitte verlaufenden, sich nach hinten verjüngenden, hinten abgeschlossenen Feuerungskanal. Der Ofen steht inmitten einer Anschüttung von lehmigem Sand. Acht Pfostenlöcher sind erkennbar. Die Steine des Ofens zeigten Spuren von Glasfluß. Beim Ofen, insbesondere in zwei Gruben und einem südlich verlaufenden Gräbchen, fanden sich nur Glashafenfragmente und „Schlacken“. Trichterbecherfragmente und Flachglasscherben wurden lediglich in der weiteren Umgebung gefunden. Hieraus wird geschlossen, dass sich die verarbeitende Glashütte an anderer Stelle befand. Wegen des dichten Baumbestandes konnte damals nicht geklärt werden, ob es an dieser Stelle nur diesen einzigen Ofen gegeben hat. Etwa 160 m südlich von dieser Stelle wurden Mauerzüge, römische „Scherben“ (wohl Keramik) und Scherben von frühmittelalterlichen Glashäfen gefunden. Vielleicht befand sich hier die Glasbläserei.
Die Datierung des gezeigten Ofens von Kordel wird noch immer kontrovers diskutiert. Nach der Arbeit von LOESCHCKE (1915) ist die Hütte nach Ausweis der Glas- und Hafenfragmente ohne Zweifel nachrömisch. Loeschke bildet auch die auf dem Gelände gefundenen Häfen ab. Es sind etwa halbkugelförmige Näpfe mit eingezogenem Rand, etwa 25 cm oberem Durchmesser, etwa 12-15 cm Höhe und einer Wandstärke von 2-2,5 cm nahe dem Boden.
Bei ARBMAN (1937, 26) findet sich der irritierende Hinweis, dass bei Kordel wenigstens drei Öfen gefunden wurden, „die aber leider nicht näher untersucht worden sind“.

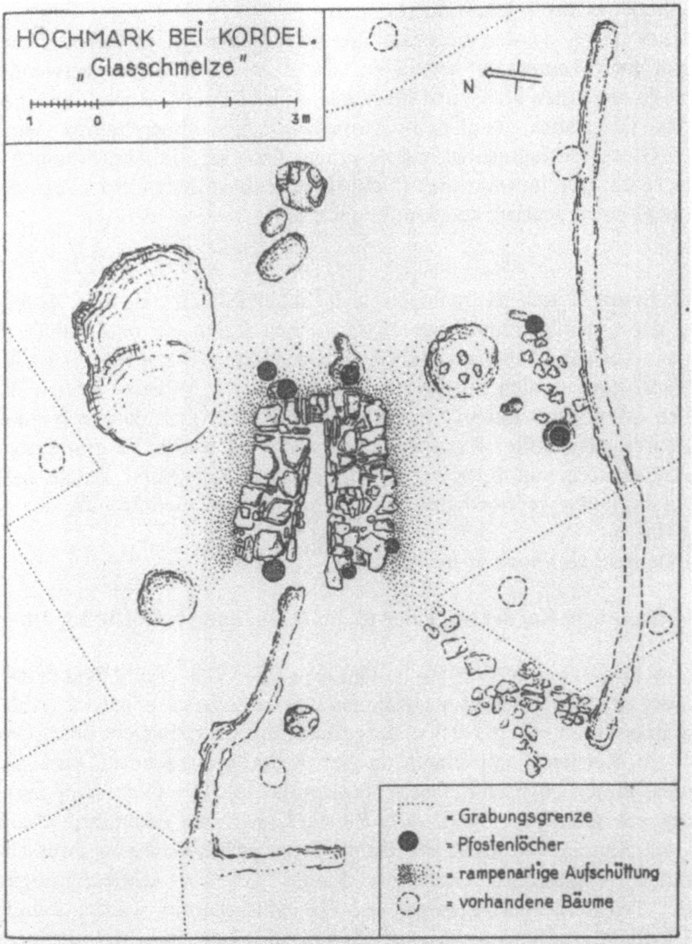


Abb. 16. Der Ofen von Kordel (nach NN 1940)

Vermutlich meint er hiermit jedoch die Reste römischer Glashütten. Bei Arbman finden sich auch die Ergebnisse der chemischen Analyse zweier Glasproben aus Kordel (neben Analysenergebnissen anderer Gläser). Tabelle 5 gibt die Ergebnisse im Auszug wieder.

Tab. 5. Analyse zweier Glasproben aus der Glashütte Kordel

| Glas Kordel | $Na_2O$-Gehalt (%) | $K_2O$-Gehalt (%) | CaO-Gehalt (%) | MnO-Gehalt (%) |
|---|---|---|---|---|
| Nr. 5 | 8,4 | 8,2 | 23,0 | 1,28 |
| Nr. 6 | 8,1 | 11,5 | 23,8 | 1,26 |

Leider liegen für den Phosphorgehalt keine Werte vor

Arbman nennt dieses Glas „Kali-Glas“. Er datiert den Beginn der Arbeit der Glashütte an das Ende des 8. oder den Anfang des 9. Jahrhunderts; das stark einheitliche Gepräge der Glasfragmente einer begrenzten Zahl von Becherformen (insbes. Trichterbecher) führt zu der Annahme einer relativ kurzen Lebensdauer der Hütte im 9. Jahrhundert. Zitat Arbmann: „Jedenfalls ist es nicht möglich, dass dieses Material von der Glashütte herrührt, die um 1200 bei Cordel im Güterverzeichnis des Erzbischofs von Trier erwähnt wird.“

Diskussion

Der Glasofen stellt (die frühe Datierung als richtig angenommen) den frühesten bisher aufgefundenen Ofen mit annähernd rechteckigem oder ovalem Grundriss und Feuerungskanal dar; es handelt sich um einen Hafenofen, der unter einem auf Pfosten ruhenden Dach stand. Bemerkenswert ist die im Vergleich zu später datierten Öfen geringe Länge von knapp 2,5 m. Die Anschüttung wird dem Schutz vor Wasser gedient haben, wie auch die erkennbaren kleinen Gräben.

Bei den von Arbman erwähnten drei Öfen bei Kordel mögen Öfen anderer Zeitstellung miterfasst worden sein. Bei dem von ihm erwähnten Kali-Glas handelt es sich in beiden Fällen nach heutiger Bezeichnungsweise um Natrium-Kalium-Kalzium-Gläser.

Der sich deutlich abzeichnende Ofengrundriss stützt Loeschckes und Arbmans Ansichten über die Datierung in nachrömische Zeit. Ein solcher Ofengrundriss ist aus römischer Zeit unbekannt; es handelt sich um eine neuartige Ofenkonstruktion, die hier vielleicht zum ersten Mal greifbar wird und eine Parallele überraschenderweise in Haithabu findet.

Die Datierung dieser Hütte wird jedoch äußerst kontrovers diskutiert.

Bei POHL (1977) findet sich der Hinweis, dass die Funde von Kordel denen ähneln, die in der zuverlässig in das frühe Mittelalter datierten Grubenhütte von Augsburg bei St. Ulrich und Afra gemacht wurden - nach der 1969 geäußerten Meinung von Haevernick.

1972 tendiert HAEVERNICK (1972) dann unter Berufung auf zwischenzeitliche Vermehrung des Materials aus Kordel zu einer späteren Datierung, vielleicht sogar in das 15./16. Jahrhundert. Sie rät zum Abwarten weiterer Grabungsergebnisse auf der Hochmark.

STEPHAN (1997/98) vertritt auf Grund seiner Untersuchungen eine Datierung der Glashütte in die Zeit 1200 bis 1250.

STEPPUHN (1998,109) bekennt seine Unsicherheit und referiert die bisherige Diskussion. Dem dabei fallenden Hinweis, dass die Gläser von Kordel wegen ihrer schwarzen, bröckeligen Korrosionskruste eher spät- als frühmittelalterlich zu datieren sind, kann jedoch nicht gefolgt werden. Den in Tabelle 5 wiedergegebenen Analysenergebnissen zufolge handelt es sich um Natrium-Kalium-Kalzium-Gläser mit einem recht hohen Mangangehalt (vermutlich Mischasche-Gläser), die leichter als Natrium-Kalzium-Gläser korrodieren. Der Mangangehalt führt bei der Korrosion zu den beschriebenen schwarzen Krusten (von Braunstein), wobei der Korrosionsgrad natürlich auch von den Lagerungsbedingungen bestimmt wird. Aus Paderborn ist in das 8. Jahrhundert zu datierendes Holzasche- bzw. Kalium-Kalzium-Glas neben Natrium-Kalzium-Glas bekannt. Es ist nicht einzusehen, warum für die Datierung des Kordeler Glases auf Grund der Korrosionserscheinungen das späte Mittelalter herangezogen werden muss. Es ist durchaus vorstellbar, dass im Frühmittelalter nicht nur mit Holzasche, sondern auch mit Mischasche experimentiert worden ist – und zwar an verschiedenen Orten.

Eine Datierung allein auf Grund der chemischen Zusammensetzung eines Glases ist äußerst problematisch, wenn nicht in vielen Fällen fragwürdig.
Merkwürdigerweise geht niemand bei den Diskussionen auf die Konstruktion des Kordeler Ofens ein, die ja, wenn die Hütte früh datiert werden muss, sehr erstaunlich ist. Die Ofenkonstruktion wurde bisher nicht als Argument gegen die Frühdatierung angeführt, obwohl sie zunächst doch eher spätmittelalterlich anmutet.
Die Frage der Datierung der Kordeler Glashütte ist mit Sicherheit nicht durch weitere Diskussionen zu lösen. Eine Datierung in das frühe Mittelalter ist nicht abzulehnen (sie muss ja nicht gleich karolingisch sein), wohl aber eine in das 15.-16. Jahrhundert. Eine Klärung ist nur durch die Auffindung und unvoreingenommene Auswertung weiterer relevanter Fakten, z. B. zur Frage weiterer Glasöfen aus anderer Zeit auf der Hochmark, zu erreichen. Auf keinen Fall darf der Grundriss des Ofens dazu verleiten, eine frühe Datierung abzulehnen. Die kurze Form spricht eher für eine frühe Datierung, wie das folgende Beispiel Haithabu zeigt.

### 4.1.12. Der Ofen von Haithabu (8. – 11. Jh. n. Chr.)

Bei den Grabungen auf dem Gelände der wikingerzeitlichen Siedlung Haithabu wurde schon sehr früh (1913) ein Glasmacherofen gefunden und auch als solcher erkannt. Neben einer kurzen Beschreibung existieren nur zwei Fotos ohne Maßstab von diesem Befund (STEPPUHN 1998). Abbildung 17 zeigt eines davon, vom Ausgräber Knorr 1913 aufgenommen.

Abb. 17. Der Ofen von Haithabu in einer perspektivisch verzerrten Fotografie von 1913
(Wiedergabe mit freundlicher Genehmigung des Archäologischen Landesmuseums und Wikinger-Museums Haithabu, Schleswig)

Im Bereich des Ofens wurden 37 Perlen, 6 Halbfabrikate, 4 Glasmassestücke, 2 Tesserae, 8 Glasstäbchen, 1 Schmelzkügelchen und 33 Scherben von angeschmolzenem Hohl- oder Flachglas gefunden. Die chemische Analyse ergab das Vorliegen von

Natrium-Kalzium-Glas (meist mit Pflanzenasche, weniger häufig mit natürlicher Soda hergestellt) sowie von Kalium-Kalzium-Glas; eine Probe bestand aus Bleiglas. Fragmente beutelförmiger Häfen sind nur sehr spärlich vertreten, was verwundert, da doch eine lokale Produktion nachgewiesen wurde.

Diskussion

Der Ofen wird von Steppuhn als eine „Zweikammer-Anlage" interpretiert, wobei unklar bleibt, was genau damit gemeint ist. Das Foto wird vielmehr perspektivisch und seitlich verzerrt einen verstürzten Hafenofen mit zentralem Feuerungskanal und zwei Hafenbänken zeigen. Da der Fotograf nicht in der Achse des Feuerungskanals stand, wurde die rechte Seite des Ofens nur unvollständig erfasst. Der besseren Erkennbarkeit halber wurde das Originalbild in Bezug auf Helligkeit und Kontrast bearbeitet und vergrößert. Das Ergebnis zeigt Abbildung 18.

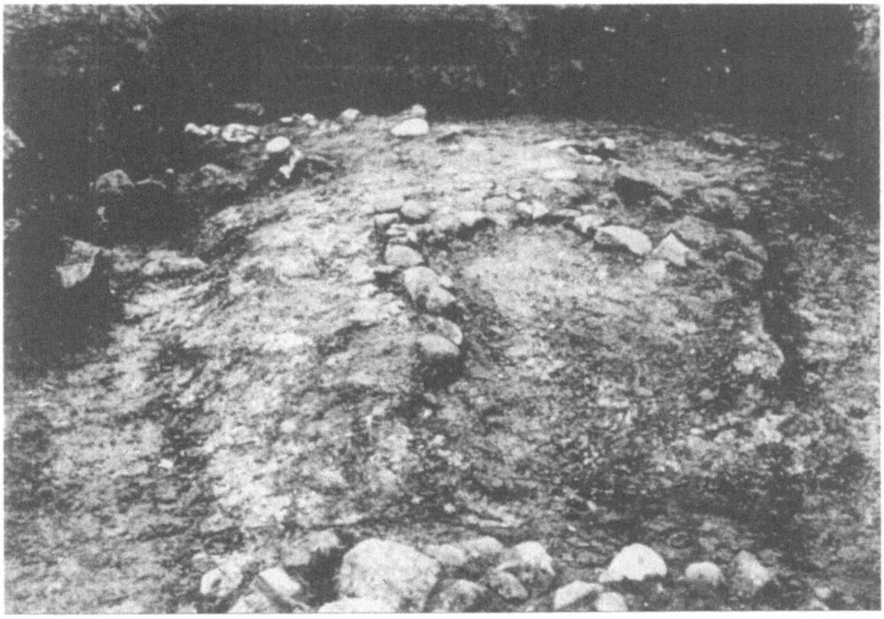

Abb. 18. Das in Bezug auf Helligkeit und Kontrast bearbeitete vergrößerte Originalfoto des Ofens von Haithabu

Versuch einer Interpretation: Auf einer Aufschüttung ist eine hufeisenförmige Erhebung zu erkennen, die die Lage der Hafenbänke angibt. Zwischen ihnen ist hinten der Abschluss des Feuerungskanals zu sehen. Die Aufschüttung wird zusätzlich durch das Versturzmaterial des Ofens erhöht. Der so entstandene Hügel wurde rechts vorn angegraben. Der Ofen war auffallend kurz; die Hafenbänke werden jeweils nur einen Hafen, vielleicht auch zwei Häfen, getragen haben.
Klare Hinweise auf Funde von Glashäfen in Haithabu fehlen bis jetzt in der Literatur (JANKUHN 1943, JANKUHN 1956, STEPPUHN 1998).

### 4.1.13. Die Glaswerkstatt von Ribe (8.-9. Jh. n. Chr.)

Die Stadt Ribe an der jütländischen Nordseeküste geht auf die dritte Missionsstation Ansgars[21] zurück (nach Birka und Haithabu), die dieser in Skandinavien errichten durfte; sie wird erstmalig um 860 (also noch zu Lebzeiten Ansgars) in einer Schriftquelle erwähnt. 948 wird sie als Sitz eines Bischofs genannt, so dass man von einer städtischen Siedlung ausgehen kann, die bis heute ununterbrochen besteht. Wegen der Überbauung ist die Ausgrabung natürlich sehr erschwert; bis jetzt wurden etwa 600 m$^2$ ausgegraben (BENCARD 1978, BENCARD et al. 1990, 94-126). Neben Keramik ist Glas das am häufigsten auftretende Material: ganze oder fragmentierte Perlen, Stäbe, Tesserae, „Abfall" und Gefäßscherben. Die Grabungsergebnisse lassen eine rege handwerkliche Tätigkeit im 8. und 9. Jahrhundert erkennen. Im Garten des Kunstmuseums konnten in zwei Horizonten, nur durch eine Sandschicht getrennt, direkt übereinander die Werkplätze von Glasperlenmachern aufgedeckt werden. Eine Ausdehnung (Länge?) dieser Horizonte betrug 4,4 m, die andere (Breite?) konnte nicht bestimmt werden. In diesen Horizonten lag jeweils eine Feuerstelle mit maximalen Glas- und Holzkohlekonzentrationen. Die 50-60 x 25-30 cm messenden, teilweise rot gebrannten Feuerstellen zeigen ebene Oberflächen ohne Vertiefungen oder erhöhte Ränder, in einer konnte mit Schamotte vermischter Ton nachgewiesen werden. In der Ecke einer Feuerstelle wurde eine runde, gelochte, auf einer Seite teilweise mit Glasfluss überzogene Keramikplatte („tuyère") gefunden, die als Essestein oder Winddüse (Schutzschild aus Keramik für den Blasebalg) gedeutet wird. An Werkstattzubehör fanden sich eine niedrige Eisenpfanne (ca. 10 cm Durchmesser) mit nahezu ebenem Boden und kurzem Griff, ein faustgroßer Stein mit einer Vertiefung in der Mitte (Mörser?), ein Spatel aus Knochen; Druckstellen an Glasstäben deuten auf die Verwendung von Zangen hin. Auch ein als Streufund geborgener 29,5 cm langer eiserner Stab mit konischer Spitze und hölzernem Griff könnte zu dem Werkstattinventar gehören.

Ein Werkstattgebäude konnte nicht festgestellt werden, der Perlenmacher scheint im Freien, vermutlich am Marktplatz, gearbeitet zu haben, vielleicht als fahrender Handwerker.

Von den gefundenen Perlen sind 76 % einfarbig (hauptsächlich blau, grün und weiß) und 24 % mehrfarbig. Die auftretenden Glasfarben sind blau, grün, weiß, rot, orange, gelb, violett, schwarz und klar farblos. An Vor-, Zwischen- und Abfallprodukten fanden sich einfache Glasstäbe, Reticellastäbe, Millefiori-Stäbe, Tesserae und Glasfäden.

Im Vergleich zu den Perlen wurden nur wenige Glasscherben gefunden: 169 Stück (meist hellgrün), die hauptsächlich Reticella-Gläsern und Trichterbechern zugeordnet werden können. Es ist möglich, dass der Perlenhersteller die Scherben als Rohmaterial benutzt hat.

Der Befund beweist, dass es unter recht einfachen Bedingungen möglich war, sehr komplizierte Glasperlen im Lande selbst herzustellen.

Diskussion

Es ist anzunehmen, dass durch diese Grabung nur ein spezieller Ausschnitt aus der Glasproduktion Ribes sichtbar wurde. Die Vielfalt der angewandten Dekortechniken und die Qualität der Arbeit erstaunen ebenso wie die Einfachheit des Arbeitsplatzes.

---

[21] Ansgar (801-865), erster Bischof von Hamburg, ab 864 Erzbischof von Hamburg-Bremen. „Apostel des Nordens".

### 4.1.14. Die Öfen von San Vicenzo al Volturno (9. Jh.)

Bei der Ausgrabung des Benediktiner-Klosters von San Vicenzo al Volturno (Molise) nördlich von Neapel (HODGES 1985) wurde ein Werkstattkomplex ganz in der Nähe der eigentlichen Klostergebäude gefunden. Darin wurden die Reste von Öfen aufgedeckt, in denen nach Ausweis der Produktionsreste (Fragmente von Häfen und Glasgefäßen, ein Hafen mit einem Rest an blauem Glas, Reticellafadenfragmente, *tesserae*) Glas verarbeitet wurde.
MARAZZI et al. (1996) geben eine genauere Beschreibung. Die Glaswerkstatt befindet sich in einem etwa 5 x 8,5 m großen Raum neben anderen Werkstätten. Der Raum wurde erst zu weniger als der Hälfte ausgegraben. Es lassen sich zwei, vielleicht drei Nutzungsphasen erkennen:

1. Älteste Phase. Ein runder Ofen mit ca. 1,7 m Durchmesser kann nur durch eine Rundung aus gebranntem Lehm erschlossen werden. Auf einer Seite stehen damit zwei mögliche Feuerungsöffnungen oder Gruben zum Entnehmen der Asche in Verbindung, die viele Produktionsrückstände enthielten.
2. In der zweiten Phase wurden zwei Gruben ausgehoben, deren größte im Zentrum des ersten Ofens liegt. Sie war mit Ziegeln und Mörtel ausgekleidet; die Ziegel zeigten Spuren von Glas, der Mörtel Brandspuren. Die Grube war mit Holzkohle- und Ascheschichten sowie Abfall von der Glasproduktion gefüllt. Auch die zweite Grube war mit Mörtel ausgekleidet. Die Funktion dieser Befunde kann zur Zeit nicht gedeutet werden.
3. Der zuletzt arbeitende Ofen war in der größeren der beiden oben erwähnten Gruben errichtet. Er besaß eine dreigeteilte Struktur: zwei etwa quadratische Herde (?) 0,5 x 0,5 m aus Ziegeln und Lehm auf der Nord- und Westseite der Grube, dazu vielleicht eine dritte Struktur dieser Art im Süden. Es könnte sich um einen Ofen des „nordischen Typs“ handeln.

In die gleiche Zeit wie dieser Ofen wird eine halbrunde Ofenstruktur aus Ziegeln datiert, die in der Nordwestecke des Werkstattgebäudes aufgefunden wurde. Sie könnte einen Luftzufuhrkanal und einen Kamin besessen haben. Dieser Ofen wird als „Hilfsofen“ interpretiert.

Diskussion
Die Ofenstrukturen sind leider zu stark zerstört, als dass man feste Schlüsse daraus ziehen könnte. Die Erwähnung von *scorie di lavorazione del vetro* (“Glasschlacken”) lässt vermuten, dass in dieser Werkstatt zumindest zeitweise auch Rohglas erschmolzen wurde. Neben Anzeichen für einen runden Ofen gibt es vage Hinweise auf einen mehr oder minder rechteckigen Hafenofen, was überrascht und an die unklare rechteckige Struktur III der Glashütte von Torcello denken lässt, vielleicht auch an andere frühe mehr oder minder rechteckige Ofenstrukturen.

### 4.1.15. Die Öfen von Korinth (11./12. Jh.; neue Datierung 13./14. Jh.)

Die mittelalterliche Agora von Korinth nahm nur einen Teil der antiken Agora ein; so wurde ein Teil des früheren offenen Platzes mit Gebäuden, u. a. für Werkstätten, bebaut. Nachgewiesen wurden drei Töpfereien, mehrere Schmieden und zwei glasverarbeitende Werkstätten (DAVIDSON 1940).

Von der Glaswerkstatt im Nordosten der Agora fanden sich nur Hafenfragmente (darunter Fragmente mit Resten von opakem rotem Glas) und Produktionsabfälle. Von der 75 m entfernten Werkstatt im Süden fand sich ein Ofen mit den Außenmaßen 2,4 x 2,4 m bei einer Wandstärke von höchstens 0,3 m; die Wände waren 0,4 m hoch erhalten. Der Innenraum war ebenfalls quadratisch mit abgerundeten Ecken ausgebildet. Der Ofen stand auf drei Seiten recht beengt (Abstand zu den Wänden kaum 0,5 m) in einem kleinen Raum (Abb. 19).

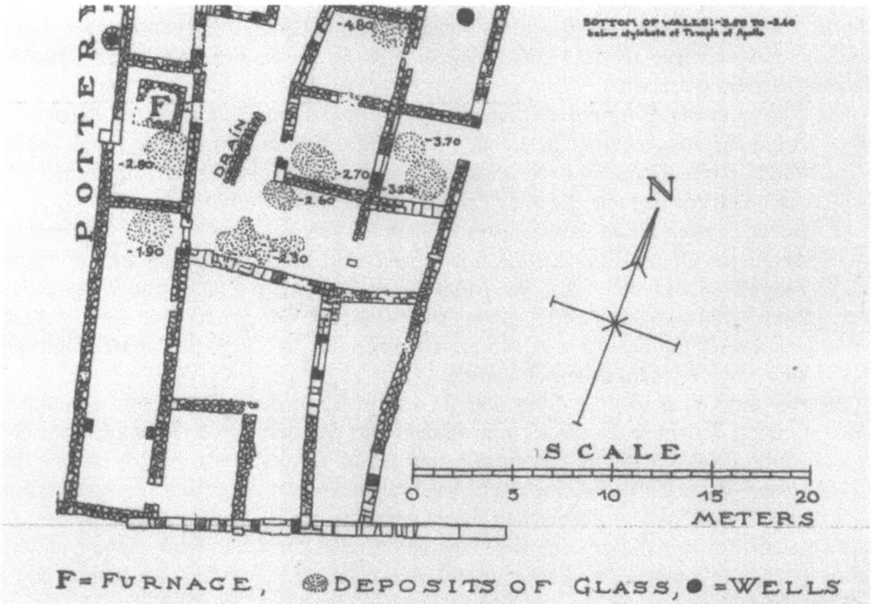


Abb. 19. Korinth: Ofen der südlichen Werkstatt nach Davidson
(Die nordöstliche Werkstatt befindet sich weit außerhalb des Planausschnitts)

Da kein zweiter Ofen in unmittelbarer Nähe gefunden wurde, wird er als ein Ofen mit drei Ebenen interpretiert. Mit Glasfluss bedeckte Ziegelfragmente weisen z. T. zwei zueinander senkrecht stehende Ebenen auf, so dass die Existenz eines Wannenofens erschlossen werden kann, insbesondere auch, da an dieser Stelle keine Hafenfragmente zu Tage kamen. Glasmacherwerkzeuge fanden sich nicht, dagegen Rohstoffe für die Glaserzeugung wie Kalkbrocken, Quarzstücke sowie Kupferspäne und Eisenschlacke zur Herstellung von farbigem Glas. Neben Produktionsabfällen fand sich eine ungewöhnliche Vielzahl von Glasfragmenten qualitätsvoller, häufig farbiger oder farbig dekorierter Glasgefäße, wobei es sich aber um Scherben als Zuschlag zum Gemenge handeln kann. Davidson nimmt dabei eine Gleichzeitigkeit der nordöstlichen und der südlichen Arbeitsstelle an.

DAVIDSON WEINBERG (1975) ergänzt und korrigiert angesichts neuer Funde teilweise die Publikation von 1940. So geht sie nicht mehr von einem Wannenofen in der südlichen Werkstatt aus, sondern von rechteckigen Fächern („compartments"), in die

der Boden der bisher angenommenen Wanne eingeteilt war. In diesen Fächern sollen „container" mit geschmolzenem Rohglas gestanden haben. Auch beschreibt sie den Fund von Pfeifen- und/oder Hefteisenabschlägen. Die in der nordöstlichen Werkstatt gefundenen Hafenfragmente gehörten zu runden Häfen.
Die Thesen Davidsons betr. Auflassung der Glashütte (die Glaswerkstätten seien von Griechen, die aus Ägypten wegen der dort kurz nach der Jahrtausendwende einsetzenden Repressionen flohen, gegründet worden; im Jahre 1147 eroberten die Normannen unter Roger von Sizilien Korinth, plünderten die Stadt und verschleppten die Kunsthandwerker nach Sizilien) werden von WHITEHOUSE (1991) auf Grund neuer Glasfunde in Süditalien und Tarquinia verworfen: Diesem Autor zufolge arbeitete die Glashütte später unter der fränkischen Besatzung; die Handwerker seien nicht ägyptischer, sondern italienischer Herkunft gewesen. Whitehouse betrachtet nur die südliche Arbeitsstelle und datiert sie in das 13. – 14. Jahrhundert.
PAUSE (1996, 101) geht von zwei zu verschiedenen Zeiten arbeitenden Glashütten aus; die nordöstliche Werkstatt dürfte seiner Ansicht nach dem Hochmittelalter zuzuweisen sein.

Diskussion
Ein Wannenofen mit drei Ebenen ist äußerst unwahrscheinlich. Ein Ofen mit rechteckigen Fächern ist vorstellbar, rechteckige Häfen jedoch erscheinen aus Stabilitätsgründen unwahrscheinlich.. Es ist nicht zu erkennen, wie dieser Ofen beheizt wurde. Die geschilderten Rohstofffunde erscheinen sehr dürftig; Eisenschlacke ist völlig untypisch. Die Enge der Ofenumgebung gibt ein weiteres Rätsel auf. Die Pfeifen- bzw. Hefteisenabschläge deuten jedoch auf durchgeführte Glasblasearbeiten. Ein Kühlofen ist nicht unbedingt erforderlich; es gibt die Möglichkeit der Kühlung in Asche. Die Datierung bleibt unklar; die Annahme zweier zu verschiedenen Zeiten arbeitenden Werkstätten durch Pause erscheint angesichts der zu vermutenden unterschiedlichen Ofenkonstruktionen akzeptabel.

### 4.1.16. Zwei Öfen in Abschriften eines Manuskriptes von Hrabanus Maurus (etwa 600 bzw. 1023 und 1425)

In einer in das Jahr 1023 datierten Abschrift des Manuskriptes *De universo* von HRABANUS MAURUS (um 850 Erzbischof von Mainz) ist eine Miniatur eines vermutlich runden Ofens mit drei Ebenen (Feuerung, Glashafenebene und Kühlebene) wiedergegeben (Abb. 20), abgebildet z. B. auch bei CHARLESTON 1978 a; SCHENK ZU SCHWEINSBERG 1963).
Nach Schenk zu Schweinsberg geht der Text auf Isidor von Sevilla (um 560 - 636) zurück, der seinerseits kräftig auf Plinius zurückgriff; der Text ist also wesentlich älter als die Abschrift. Auch die Vorlage zu der Abbildung wird in die Zeit Isidors datiert. Der Ofen besitzt drei Ebenen; die Feuerungsebene ist durch die unten rechts gezeichnete Öffnung zugänglich. In der Arbeitsebene sind drei runde Öffnungen zu erkennen, davor links am Ofen eine Arbeitsfläche. Der gezeigte Ofen ist anscheinend rund zu denken, das Dach jedoch besitzt die Form eines Ziegeldaches, das zu einem rechteckigen Unterbau gehört. In der obersten Ebene, der Kühlebene, ist ein fertiges Gefäß zu erkennen, das seiner Form nach als Metallgefäß in die Zeit um 1000 zu datieren ist, als Glasgefäß jedoch erst in die Renaissancezeit gehört.

Abb. 20. Miniatur eines Arbeitsofens mit Kühlebene bei Hrabanus Maurus
aus einer frühen Abschrift des *De universo*
(Umzeichnung: Autor)

Eine spätere Abschrift von *De universo*, datiert 1425, zeigt eine andere Abbildung eines Glasmacherofens (SCHENK ZU SCHWEINSBERG 1963) (Abb. 21).

Abb. 21. Miniatur eines Arbeitsofens bei Hrabanus Maurus
aus einer späteren Abschrift des *De universo*
(Umzeichnung: Autor)

Der Ofen mit nur zwei Ebenen ist eindeutig rund, besitzt eine Kuppel, zeigt drei ∩-förmige Arbeitsöffnungen (eine vierte dürfte sich auf der Rückseite befinden) und unten eine größere Feuerungsöffnung gleicher Form. Die Flammen schlagen aus den Arbeitsöffnungen heraus; in der Feuerungsöffnung sind lange Holzscheite zu erkennen. Um den Ofen herum läuft ein Absatz. Die Höhe des Ofens kann mit der gebotenen Vorsicht zu etwas unter Mannshöhe, also etwa 1,5 m, abgeschätzt werden.

Diskussion
Bei der Interpretation der ersten Miniatur ist eine gewisse Vorsicht angebracht. So kann man wegen der Lage der Arbeits- und Feuerungsöffnungen nur annehmen, dass der erste Ofen rund ist; die Dachkonstruktion widerspricht dieser an sich plausiblen Annahme. Ganz klar ist dagegen die Kühlebene zu erkennen. Die Höhe der Unterkante der Arbeitsöffnung über dem Boden ist ergonomisch richtig für den davor sitzenden Glasbläser wiedergegeben. Somit kann die Höhe des Ofens zu etwa 2 m abgeschätzt werden. An den seitlich herausschlagenden Flammen ist zu erkennen, dass der Ofen keine kaminartige Öffnung im oberen Teil besitzt. Das Giebeldach führt zu der Annahme, dass der Zeichner wenig versiert war; auch der Anachronismus mit dem Glasgefäß spricht hierfür. Weiterhin erscheint die dermaßen frühe Datierung eines Ofens mit drei Ebenen in weit vorkarolingische Zeit nicht haltbar. Es ist anzunehmen, dass der Kopist sich hier eine doch sehr weitreichende Freiheit herausgenommen hat.

Die zweite Abbildung zeigt einen völlig anders aufgebauten Ofen mit nur zwei Ebenen. Auch die hier gezeigten Glasgefäße gehören nicht in die frühe Zeit, in die der Ofen gestellt wird. Auch hier wird man annehmen müssen, dass sich der Zeichner gegenüber dem Original (wenn es eines gab) einige Freiheiten herausgenommen hat. Auch diese Zeichnung ist also mit Vorsicht zu betrachten.
Im übrigen erinnert der gezeigte Ofen an den noch zu besprechenden von Cadrix, der in die 2. Hälfte des 14. Jahrhunderts datiert ist, und auch etwas an die Form der runden Öfen aus römischer Zeit, die allerdings über eine obere kaminähnliche Öffnung verfügten.

### 4.1.17. Die Öfen des Theophilus (1123)

THEOPHILUS (1123, 2. Buch, 1.-3. Kapitel) beschreibt eine rechteckige Ofenkonstruktion mit hintereinander angeordneten Öfen. Leider überlieferte er keine Zeichnung, so dass die Rekonstruktionen seines Ofens allein auf Grund der nicht immer klaren Beschreibung, die darüber hinaus auch noch Übermittlungsfehler enthalten kann, erfolgten. Die verschiedenen Vorschläge hierzu weichen demzufolge auch erheblich voneinander ab; am einleuchtendsten erscheint dem Autor die in Abbildung 22 wiedergegebene Rekonstruktion von BREPOHL (1999, 177-84).
Über einem rechteckigen Grundriss von etwa 2,9 x 4,3 m erhebt sich die 2,1 m hohe aus zwei übereinandergestellten Tonnengewölben bestehende Ofenkonstruktion. Der Ofen ist in der Längsachse im Verhältnis 2 : 1 geteilt: die vorderen 2 Drittel nehmen die in zwei Viererreihen angeordneten kegelförmigen Glashäfen in durch das Gewölbe gehenden Löchern auf, das hintere Drittel ist als Herd mit einem Flammloch ausgebildet und dient der Herstellung des Glasvorproduktes, der Fritte. Die Stirnseiten tragen je eine Öffnung für die Feuerung. Die beiden Teile des Ofens sind durch eine Quermauer abgetrennt, die jedoch im oberen Teil nicht bis zum Scheitel des Gewölbes aufgemauert ist. Das untere Gewölbe ist in der Längsachse mit Öffnungen versehen, durch die die Flammen in den oberen Teil des Ofens schlagen. Als Baumaterial dienen Natursteine und Lehm.

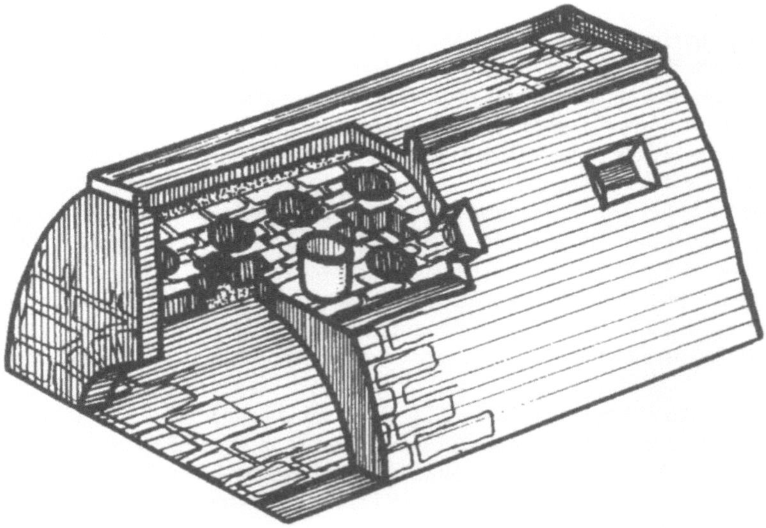

Abb. 22. Der Fritt- und Schmelzofen des Theophilus in der Rekonstruktion von Brepohl
(Wiedergabe mit freundlicher Genehmigung Prof. Brepohl)

Daneben wird noch der Bau eines Kühl- und eines Streckofens beschrieben, die ebenfalls aus Tonnengewölben aufgebaut gedacht sind (Abb. 23 a, b).

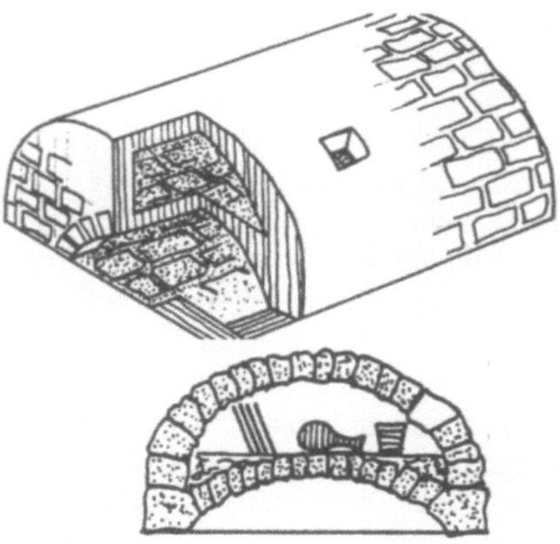

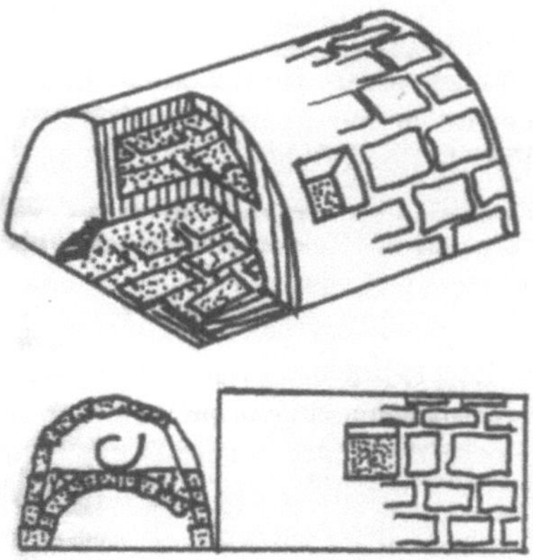

Abb. 23 a. Der Kühlofen des Theophilus    Abb. 23 b. Der Streckofen des Theophilus
Rekonstruktionen von Brepohl
(Wiedergabe mit freundlicher Genehmigung Prof. Brepohl)

Zusätzlich ist noch zu vermerken, dass Theophilus auch einen besonderen, einfachen Ofen (Breite und Höhe 1,5 Fuß, Länge wenig mehr als 2 Fuß) zum Einbrennen von Glasmalerei beschreibt (2. Buch, 22. Kapitel): dieser besteht aus einem Weidenrutengewölbe, das mit Fladen aus einem Ton-Pferdemist-Heu-Gemisch innen und außen bedeckt wird. Drei auf gleicher Höhe quer durch den Ofen geschobene Eisenstangen nehmen die Glastafeln mit der einzubrennenden Malerei auf.

Diskussion
Mit der auf Theophilus zurückgehenden Schriftquelle verfügen wir (trotz mehrerer Unklarheiten) über recht genaue Angaben aus einer frühen Zeit. Bis jetzt ist es allerdings nicht gelungen, eine eindeutig nach diesen Angaben errichtete Glashütte aufzudecken oder doch wenigstens einen der Beschreibung entsprechenden Ofen. Bis dies eines Tages vielleicht doch erfolgt, bleibt der Verdacht bestehen, dass Theophilus einen der Praxis mehr oder weniger fremden Idealzustand beschreibt, sozusagen als Lehrstück.
Technologische Einzelheiten, wie z. B. das Trocknen des Feuerholzes oder das Verfärben des Glases bei langem Erhitzen, verraten, dass Theophilus über genaue Kenntnisse verfügte, zumindest auf Teilgebieten. Seine noch zu behandelnde Beschreibung der Flachglasherstellung verrät jedoch, dass ihm nicht alle Einzelheiten vertraut waren. Die Benutzung zweier räumlich getrennter Öfen bei diesem Prozess weist auf einen noch wenig entwickelten technologischen Stand hin.

### 4.1.18. Die Glashütten im Hils (12.-14. Jh.; neue Datierung: ca. 1150-1250)

In der vom Hils, einem kleinen waldreichen Gebirge südlich von Hannover, gebildeten, von vielen Bächen durchzogenen Mulde wurden 18 hoch- und spätmittelalterliche sowie 14 frühneuzeitliche Glashüttenplätze entdeckt (LEIBER 1990/91). Einige dieser Hütten zeigen besonders interessante Eigenheiten, auf die hier eingegangen werden soll.
Nach WEDEPOHL (2003, 109) wurde hier neben Holzasche-Glas auch Holzasche-Blei-Glas hergestellt.
Zur Datierung: STEPHAN (1993) datiert „nahezu sämtliche Befunde aus dem Hils“ in die Zeit 1150-1250. In den Zitaten wird die von Leiber angegebene Datierung beibehalten.

#### 4.1.18.1. Glashütte A 2 Lemkenbrink unten (12. – 13. Jh.)

Dieser Hüttenplatz wurde von SIX (1976) relativ kurz untersucht und wieder zugeschüttet. Durch Vandalismus wurde danach der eine, noch relativ weitgehend erhaltene Ofen zerstört, so dass bei der später erfolgten ausführlichen Ausgrabung durch LEIBER (1990/91) nur die verbliebenen Spuren gesichert werden konnten, die aber die glücklicherweise von Six dokumentierten Befunde bestätigten. Im Folgenden wird daher auf diese Dokumentation zurückgegriffen. Six stellte zwei Öfen fest, einen im wesentlichen ovalen und einen nur schlecht erhaltenen rechteckigen.
Abbildung 24 gibt die Skizzen zu dem ovalen Ofen wieder. Es handelt sich um einen relativ kleinen Ofen mit einem rechteckigen Anbau, den Six aufgrund seiner starken „Verschlackung“ und dem gehäuften Aschevorkommen in diesem Bereich als Kamin deutete. Der gezeigte Querschnitt durch den Ofen lässt erkennen, dass es sich um einen relativ niedrigen Kuppelofen handelte.

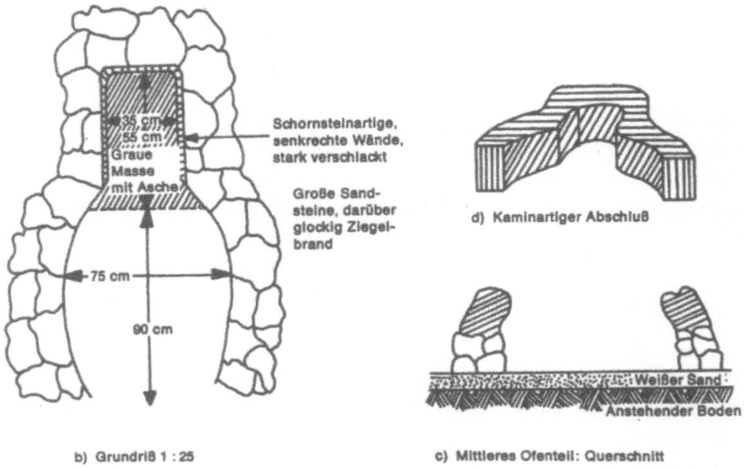


Abb. 24. Ofen der Hils-Glashütte A 2 Lemkenbrink unten nach Six

Den rechteckigen Ofen charakterisiert Six folgendermaßen: „Im Gegensatz zu diesen Funden war bei dem rechteckigen II. Ofen neben außerordentlich zahlreichen Hafenteilen, Gefäßtonscherben, Glasscherben und Glastropfen, Eisen- und Kupferteilen zwar mancherlei Mauerwerk aus Ziegelbrand und viel mit Glasfluss überzogenes Sandsteinhaufwerk festzustellen, auch Asche und Glasfritte und Glasgalle, jedoch ergab sich aus den Trümmern außer dem rechteckigen Grundriss kein Aufschluss über den Aufbau."
LEIBER (1990/91) erwähnt noch zwei weitere kleine Öfen mit Längen von 1,5 m und 0,35–0,45 m breiten Feuerungskanälen; einer dieser Öfen war aus sorgfältig bearbeiteten Steinen errichtet.

Diskussion

Die von Six geschilderten Befunde lassen an die bekannten kleinen runden Öfen zum Einschmelzen des Rohglases und zum Glasblasen sowie die rechteckigen Wannenöfen zum Erschmelzen des Rohglases denken. Die Erwähnung von „Glasfritte und Glasgalle", die beim rechteckigen Ofen gefunden wurden, stützt diesen Gedanken. Die äußere Höhe des ovalen Ofens lässt sich mit Hilfe der von Six angefertigten Schnittzeichnung zu etwa 0,6 bis 0,7 m rekonstruieren. Diese Höhe erscheint zu gering, sie kann auf eine ungenaue Wiedergabe der im Befund noch erkennbaren Wölbung in der Zeichnung von Six zurückgehen. Die Deutung des rechteckigen Anbaus als Kamin ist wohl falsch; es scheint sich vielmehr um den nach oben weisenden Kanal mit dem Flammloch zu handeln, durch das die Flammen die in der oberen Ebene stehenden Glashäfen erreichten.
Wenn diese Deutung richtig ist, liegt hier ein spätes Beispiel für eine Glashütte vor, die mit Wannenöfen und einem kleinen, praktisch runden Hafenofen arbeitete. Leider fehlen Angaben zur Zusammensetzung des hier erzeugten und verarbeiteten Glases.
Bei den beiden von Leiber erwähnten weiteren Öfen könnte es sich um frühe kleine längliche Hafenöfen handeln.

**4.1.18.2. Glashütte A 4 Köhlergrund (12. – 13. Jh.)**
LEIBER (1990/91) legte die Reste von drei Öfen frei. Ofen 1 besaß einen 2 m langen, bis zu 45 cm breiten Schürkanal; der Ofen scheint gezielt für eine Sekundärverwendung des Baumaterials abgetragen worden zu sein. Abbildung 25 zeigt die ergrabenen Reste der Öfen 2 und 3.

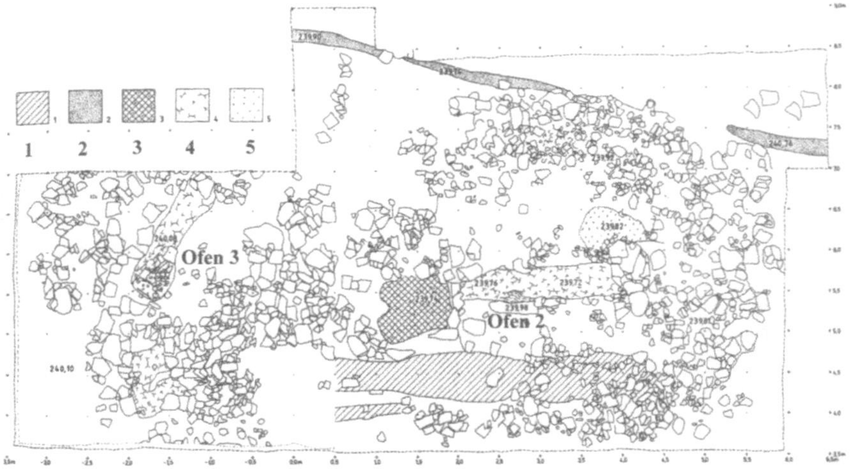


Abb. 25. Hils-Glashütte A 4 Köhlergrund. Öfen 2 und 3 nach Leiber. Plan genordet.
(1: Störung; 2: Grauer Boden (Grabenverfüllung); 3: Holzaschekonzentration; 4: Toniger Boden (Feuerungskanal); 5: Holzkohlekonzentration)

Im Ofen 2 schließt sich eine „0,5 m lange Pflasterung“ an den etwa 1,8 m langen Schürkanal an, die Leiber an ähnliche Befunde im großen Ofen der Glashütte Steimcke und im Ofen der Glashütte Schöllkrippen/Im Laudengrund denken lässt. Hierauf ist noch zurückzukommen.
Die Reste des Ofens 3 wurden durch einen Forstweg gestört. „Der sich aufgrund des Versturzes nur ungenau abzeichnende Grundriss hatte wohl eine rechteckige Form mit zwei auf die Ofenmitte zulaufenden Schürkanälen. Der zwischen den Steinen auftretende Lehm ließ nicht die intensive, durch Feuereinwirkung verursachte Rotfärbung wie bei Ofen 2 erkennen.“ Der eine Kanal war 1,5 m lang, der andere nur 0,85-0,9 m. Beide zeigten die gleiche Breite von 0,3-0,4 m. Sie waren durch eine Steinsetzung voneinander getrennt.

Diskussion
Durch die Störung ist der südliche Teil des Ofens 3 schwer zu erkennen. Es wird es sich um zwei gewinkelt zueinander stehende Teilöfen, also um einen Streckofen zur Flachglasherstellung handeln[22]. Typisch hierfür sind neben der leicht gewinkelten

[22] Wie auch von LANG (1994) angedeutet.

Aufstellung der beiden Teilöfen ihre unterschiedliche Länge sowie die geringere festgestellte Arbeitstemperatur.
Dieser Ofen wird in die Reihe der bekannten Strecköfen aufgenommen.

### 4.1.19. Die Öfen der Glashütte Steimcke (1. Hälfte 13. Jh.)

Die von STEPHAN (1988/89) publizierte Glashütte Steimcke im Bramwald östlich der oberen Weser weist einige bemerkenswerte Besonderheiten auf. Die in die 1. Hälfte des 13. Jahrhunderts datierte Anlage besteht aus drei Öfen, einem runden und zwei länglichen (Abb. 26).
Die noch erkennbare, 1-2 Lagen hohe Steinsetzung des runden Ofens (Durchmesser 6-7 m) zeigt an der Außenseite Verbreiterungen, ferner fällt ein Einbau im Feuerungskanal auf. Stephan gibt als mögliche Erklärungen für die Fundamentvorsprünge Versturz, Verstärkung der Fundamentierung, Pflasterung von Arbeitsplätzen, vielleicht auch Ofenannexe an. Der merkwürdige Einbau ist nach Stephan wahrscheinlich als Relikt einer Mittelsäule zur Stützung der Gewölbekonstruktion oder als Unterkonstruktion einer Hafenbank im hinteren, heißesten Ofenabschnitt zu deuten. Stephan weist auf ähnliche Befunde in den etwa gleichzeitig betriebenen Öfen vom Köhlergrund im Hils (LEIBER 1990/91) sowie von Schöllkrippen/Laudengrund (BOSS et al. 1984) hin. Der Ofen besaß eine Feuerungsöffnung im Norden, vielleicht eine (zweite ?) im Süden.
Die gefundenen Flachglasfragmente besitzen vielfach eine Dicke von 3-4 mm; Stephan et al. (1992) weisen jedoch darauf hin, dass dies zwar eine altertümliche Abmessung ist, dass es jedoch hier und auch in etwa zeitgleichen anderen Fundkomplexen (Corvey, Höxter) beträchtliche Funde von Flachglas der Dicke 2-3 mm gibt.
Auf dem Grabungsgelände wurde eine Vielzahl von glasierten, nur einige Zentimeter hohen, mehr oder minder fragmentierten (Spielzeug-)Tierfiguren (Pferde, Hunde, Kentauren, Widder, Fuchs, eine Hahnpfeife) gefunden, und zwar teils gut gebrannt, teils unterbrannt. Es kann sich hierbei um Produkte handeln, die dem Nebenerwerb des Hütteninhabers dienten (STEPHAN 2000).

Diskussion
Bei dem leider stark verstürzten Ofen 1 dürfte es sich um den einzigen bisher bekannten großen runden Ofen nördlich der Alpen handeln. Der Ofen wird nur zwei Ebenen besessen haben, da Nebenöfen vorhanden sind. Damit wird eine Deutung der nur undeutlich erkennbaren Vorsprünge der Fundamentierung als Reste der Fundamente von Stützpfeilern für das Gewölbe unwahrscheinlich. Der merkwürdige Einbau kann eine im Ofeninneren frei stehende Hafenbank darstellen. Wenn man allerdings an den Ofen von Peyremoutou denkt, gelangt man zu einer anderen Deutung: der Feuerungskanal (mit zwei Öffnungen) geht unter einer runden Ofenbank mit einem zentralen Flammloch hindurch. Die Kuppel erhob sich zwischen der Hafenbank und der runden, äußeren Steinsetzung, die der Abstützung diente. Der große zeitliche und örtliche Abstand zwischen den Öfen der Hütten Steimcke und Peyremoutou bereitet Schwierigkeiten, die aber vielleicht nur auf den Forschungsstand zurückgehen. Der Ursprung dieser Konstruktion wäre natürlich in Südfrankreich zu suchen, wobei noch offen ist, wie die Kenntnis davon in den Bramwald gelangte. Die These von der Langlebigkeit guter technischer, funktional bedingter Konstruktionen scheint auch hier zuzutreffen. Eine Ähnlichkeit dieses Ofens mit den Öfen vom Köhlergrund bzw.

Laudengrund kann nach heutigem Kenntnisstand jedenfalls nicht nachvollzogen werden.

Abb. 26. Die Öfen der Glashütte Steimcke
(verkleinerte und beschriftete, sonst unveränderte Umzeichnung: Autor)

Die beiden länglichen Öfen weisen die üblichen Fundamentformen auf; auffällig ist jedoch beim Ofen 2 eine im Norden seitlich der Feuerungsöffnung gelegene kastenförmige mit „SK“ bezeichnete Steinsetzung, wie sie auch in Bebenhausen und in Planier gefunden wurde. Sie wird im Zusammenhang mit dem Produktionsvorgang zu sehen sein.

### 4.1.20. Der Ofen von Planier (Ende 13. Jh.)

Bei Planier im Département Var, Südfrankreich, wurde ein einzeln stehender Ofen aus dem Ende des 13. Jahrhunderts aufgedeckt (FOY 1989, 148-58), der einen länglichen Grundriss aufweist (Abb. 27).
Der Ofen wurde aus dem anstehenden Felsgestein und im Bereich der Öffnungen des Feuerungskanals aus Basaltblöcken erbaut. Vor der südlichen Öffnung des Feuerungskanals wurde in einer kleinen Vertiefung im Felsen Asche gefunden, so dass diese Öffnung des Kanals dem Entfernen der Asche gedient haben wird und entsprechend die nördliche dem Einführen des Brennholzes. Die beiden Gruben im Norden könnten Pfostenlöcher sein oder der Aufnahme von Wasserkübeln gedient haben. Die Tatsache, dass kein weiterer Ofen gefunden wurde, wirft das Problem seiner Interpretation auf. Zahlreiche Hafenfragmente mit Glasfluss wurden gefunden, jedoch spricht die fast völlige Abwesenheit von Produktionsabfällen gegen die Interpretation als Arbeitsofen.
Ein ähnlicher, ebenfalls früh (in die 1. Hälfte des 14. Jahrhunderts) datierter länglicher, aber kurzer Ofen (Länge der Kammer etwa 2 m) wurde bei La Seube ( etwa 30 km nördlich von Montpellier) ausgegraben (FOY et al. 1989a, 79-82). In diesem Falle fand sich jedoch auch ein großer, wenn auch nur schlecht erhaltener runder Ofen (Innendurchmesser 4,5 m), der als Arbeitsofen anzusehen ist. Er diente den Funden zufolge auch dem Erhitzen von Kieseln zur Zerkleinerung.

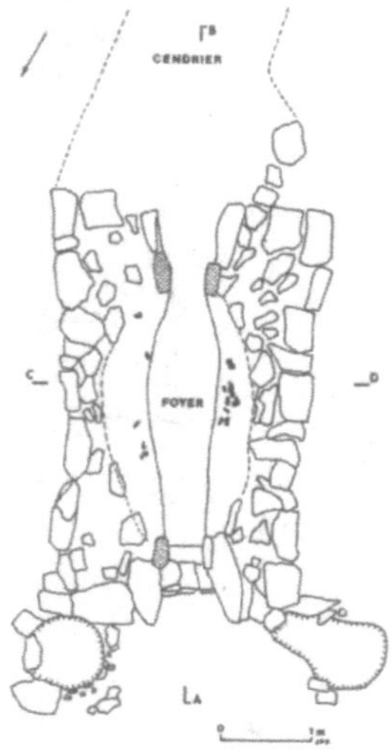


Abb. 27. Der Ofen von Planier nach Foy

Diskussion
Es handelt sich um einen recht früh datierten länglichen Hafenofen mit einem in der Längsachse liegenden Feuerungskanal. Das Fehlen eines Arbeitsofens irritiert. Der Vergleich mit der Anlage bei La Seube spricht für einen Nebenofen. Vielleicht deutet

sich bei Planier eine arbeitsteilige Produktionsweise an (hier die alleinige Herstellung von Rohglas oder Fritte).

### 4.1.21. Die Glashütte von Germagnana (Ende 13. – Mitte 14. Jh.)

MENDERA (1991) beschreibt eine im Elsa-Tal bei Gambassi (im Südwesten von Florenz gelegen) ausgegrabene Glashütte. Im Elsa-Tal gibt es etwa 20 Glashütten, von denen auch Schriftquellen berichten, die soziologische Untersuchungen zu den Glasmachern, ihrer Mobilität, der Arbeitsorganisation (Herstellung der Fritte nur an wenigen Orten und Verkauf an Verarbeiter!), Produktionszahlen und Preisen ermöglichen. Die Hütte von Germagnana wurde in einer 400 $m^2$ umfassenden Flächengrabung freigelegt. Die wahrscheinliche Lage des zugehörigen Wohnkomplexes ist bekannt; eine Grabung in diesem Bereich ist geplant.

Auf dem Hüttengelände (Abb. 28) wurden fünf Ofenanlagen ergraben, drei davon innerhalb eines steinernen Gebäudes. Ein rechteckiger Ofen A (2,3 x 2,7 m) mit zentralem Feuerungskanal ist in den Felsen eingeschnitten und mit Ziegeln ausgekleidet. Die chemische Analyse der in dem Ofen gefundenen Rückstände ergab, dass er nicht, wie gedacht, zum Erschmelzen von Fritte, sondern zum Brennen von Kalk verwendet wurde. Da die Form des Ofens keineswegs einem mittelalterlichen Kalkofen entspricht, wird angenommen, dass die ursprünglich als Frittofen gedachte Anlage mit einer Grube davor zum Kalkofen umgewidmet wurde, und zwar im Zusammenhang mit der bereits erwähnten Arbeitsteilung: Erzeugung der Fritte nur in wenigen Hütten. In der Grube vor diesem Ofen wurde ein kleiner, stark zerstörter, aus Ziegeln erbauter Ofen B entdeckt, der wegen der in seiner Nähe gefundenen Hafenfragmente und Glasreste als Glasofen interpretiert wird. Wegen des schlechten Erhaltungszustandes können keine weiteren Angaben gemacht werden. Ein Graben dient der Entwässerung der Grube.

Innerhalb des steinernen, etwa 16 x 9 m messenden Gebäudes wurden drei Öfen entdeckt: Ein runder, überwölbter Ofen E mit einem Durchmesser von 2,3 m, der den Funden zufolge (Hafenfragmente, geblasenes fragmentiertes Glas, geschmolzenes Glas und Frittestücke) als Arbeitsofen für die Glasbläser diente. Die beiden anderen Öfen C und D sind dagegen fast quadratisch (etwa 1 m im Quadrat) und in den Lehm eingeschnitten. Sie besitzen eine Plattform aus Ziegeln, auf der sich die Wände erheben und auf der eine Schicht von Kalk, Holzkohle und Asche gefunden wurde. Die Öfen werden von hochkant stehenden hitzebeständigen Steinen abgeschlossen. In den Zerstörungsschichten wurden mit Glas überzogene Steine gefunden, ferner verstreut Glas- und Hafenscherben, so dass man von Arbeitsöfen ausgehen kann. Eine Funktion als Kühlöfen ist wegen der Größe unwahrscheinlich.

Die Analyse der Glasreste ergab das Vorliegen von natriumreichem Natrium-Kalium-Glas.

Diskussion

Überraschend ist das Auftreten von rechteckigen Ofenstrukturen. Ofen A ähnelt der Zeichnung zufolge mehr einem Hafenofen mit zwei Hafenbänken und zentralem Feuerungskanal als einem Wannenofen. Er diente der Beschreibung zufolge nicht als Glasofen. Die Öfen C und D mit etwa quadratischen Grundrissen (die rundlichen Linien stellen die Gruben dar) passen auch nicht so recht in das übliche Bild; den Funden zufolge sollen sie wie Ofen E als Arbeitsöfen gedient haben. Diese Interpretationen erinnern an die der Öfen von Torcello, wo auch neben einem runden Arbeitsofen eine rechteckige Ofenstruktur III (allerdings räumlich anders angeordnet, natürlich auch zeitlich entfernt) vermutet wird. Ein drittes Mal zeichnet sich vage eine rechteckige Ofenstruktur in der Werkstatt von San Vicenzo al Volturno ab.

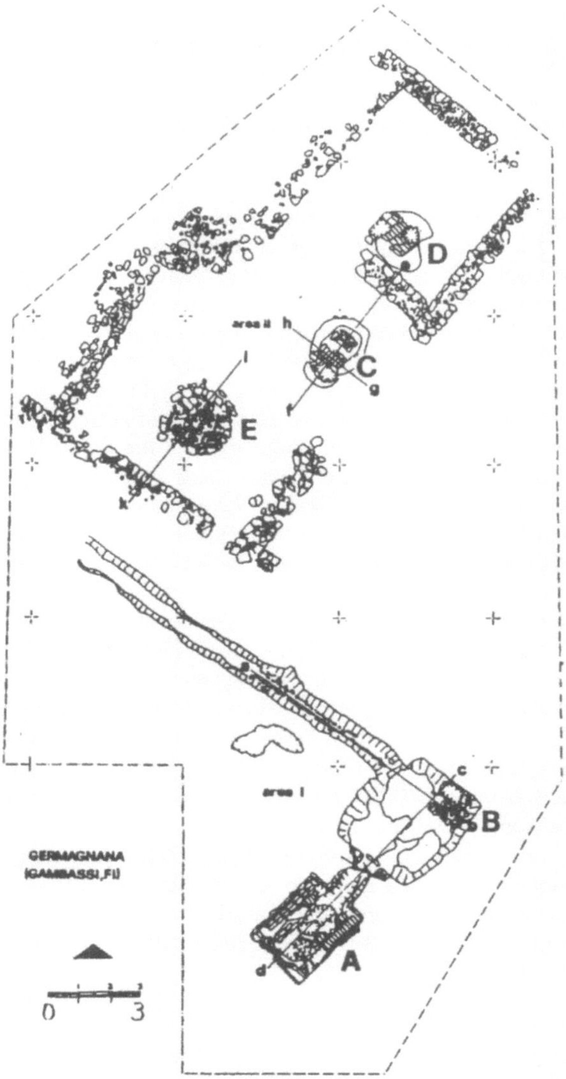


Abb. 28. Die Glashütte von Germagnana nach Mendera

Der Forschungsstand erlaubt noch keine Vermutungen darüber, ob die Kenntnis vom Bau etwa rechteckiger oder quadratischer Hafenöfen vom Norden über die Alpen südwärts gelangte oder ob diese Kenntnis aus dem Süden, d. h. Italien, stammt und nach Norden drang. Schließlich gibt es noch die Möglichkeit der Parallelerfindung.

### 4.1.22. Der Ofen von Cadrix (2. Hälfte 14. Jh.)

FOY (1989, 158-70) beschreibt einen Werkstattkomplex, der bei Cadrix (Département Var, Südfrankreich) ausgegraben wurde (Abb. 29).
Es handelt sich um einen runden Ofen mit zwei übereinander liegenden Ebenen: die Feuerungsebene ist mit der oberen Hafenebene (ca. 120 cm Innendurchmesser) durch eine zentrale Öffnung (ca. 20 cm Durchmesser) verbunden. Die Hafenebene war von einer Kuppel überwölbt, deren Ansatz bis zu einer Höhe von 40 cm erhalten ist und der die Rekonstruktion einer inneren Kuppelhöhe von etwa 60 cm erlaubt; die Kuppel setzt direkt auf der Hafenebene auf. Die Sohle des Ofens wird von einer flachen Mulde im Felsen gebildet; der Feuerungsraum weist zwei Zugänge auf: einen im Westen, einen im Osten. Als Baumaterial dienten Steine, Lehm und ein gemagerter Mörtel. Produktionsabfälle belegen, dass es sich um einen Arbeitsofen handelt, an dem Glas geblasen wurde. Es wurde kein weiterer Ofen gefunden, so dass die Frage des Kühlofens ungeklärt bleibt.
Der Ofen befand sich in einem Raum einer kleinen Gebäudestruktur.

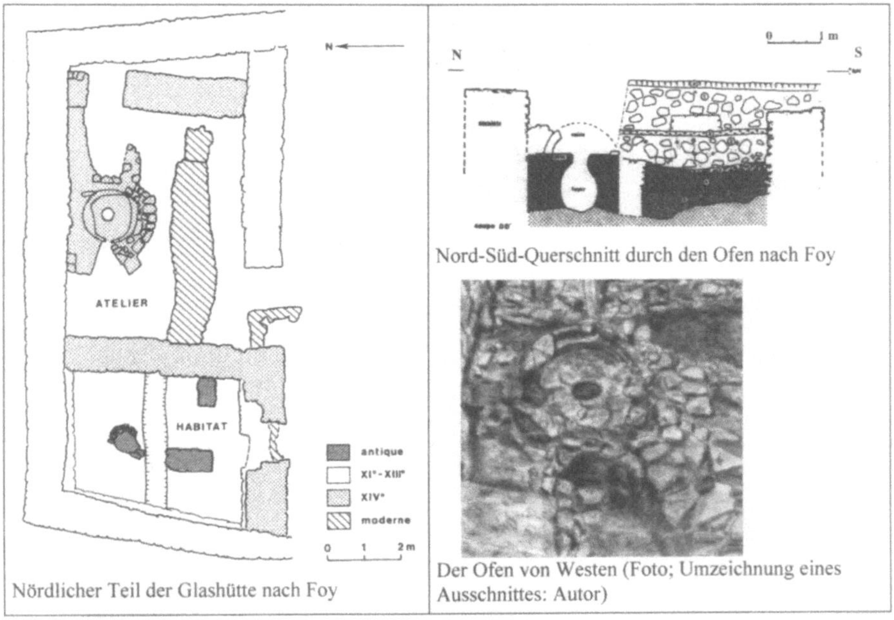


Nördlicher Teil der Glashütte nach Foy

Nord-Süd-Querschnitt durch den Ofen nach Foy

Der Ofen von Westen (Foto; Umzeichnung eines Ausschnittes: Autor)

Abb. 29. Die Glashütte von Cadrix nach Foy

Diskussion

Die Gesamthöhe des Ofens kann anhand der Angaben zu etwa 1,7 m abgeschätzt werden. Er weist eine starke Ähnlichkeit mit den runden römischen Arbeitsöfen und dem in der Manuskriptabschrift Hrabanus Maurus von 1425 abgebildeten runden Ofen mit zwei Ebenen auf. Der kleine, runde römische Ofentyp bestand offenbar bis in das späte Mittelalter. Das Abkühlen der Glasgefäße nach dem Blasen kann statt in einem besonderen Ofen auch in heißer Asche erfolgt sein.

### 4.1.23. Der Ofen bei Mandeville (Beginn 15. Jh.)

Sir John Mandeville verfasste wahrscheinlich um 1357 in Lüttich ein Reisetagebuch, das viele Elemente von Reiseberichten der vorausgegangenen 150 Jahre enthält und im Laufe der nächsten Jahrzehnte in viele Sprachen übersetzt wurde (POCHAT 1997, 111). Im vorliegenden Zusammenhang ist die viel zitierte (z. B. Baumgartner 1988, 22; HORAT 1991, 151; LANG 1994; 75; SCHOLKMANN 1999) Abbildung eines Glasmacherofens aus Böhmen interessant (Abb. 30).

Sie zeigt einen Ofen mit zwei hintereinander liegenden Kammern. Rechts geben zwei Arbeitsöffnungen, eingerahmt von ∩-förmigen Verkleidungen mit jeweils einer Ablage, den Blick auf zwei Häfen frei, von denen einer merkwürdig hoch oder weiter hinten steht. Die rechte Arbeitsöffnung ist merkwürdig (perspektivisch?) schief gezeichnet; man könnte annehmen, dass der vordere Ofenteil rund zu denken ist - wenn nicht die Grundlinie so gerade wäre.

Abb. 30. Der Ofen bei Mandeville
(Ausschnitt)

Ein Glasbläser arbeitet mit der Pfeife (Formen des Kölbels auf dem Marbel), der andere wohl mit dem Hefteisen. Die Pfeife besitzt eine Holzummantelung als Wärmeschutz im Griffbereich. Der linke, niedrigere Teil des Ofens dient als Kühlofen. Vor ihm steht ein großes, mit Glasgefäßen angefülltes Keramikgefäß, dessen Deckel daneben auf der Erde liegt. Ein Arbeiter bewegt gerade mit Hilfe eines Stockes offenbar noch recht heiße Glasgefäße in der Öffnung des Kühlofens. Ein weiterer Arbeiter sieht ein Gefäß prüfend an. Ganz rechts ist in der Frontseite eine Feuerungsöffnung zu erkennen, in die ein junger Arbeiter (Junge?) gerade ein (Schür?)-Werkzeug einführt. Oben in der Frontseite ist ein kleines Loch zu erkennen. Ganz links ist gerade noch eine verzeichnet wirkende, erhöht liegende bogenförmige Öffnung zu sehen. Über der Feuerungsöffnung lagern auf einem Gestell Holzscheite, offenbar zum Trocknen. Der Ofen wird von einem auf Holzpfosten stehenden Dach überdeckt.

Diskussion

Obwohl viele Einzelheiten verblüffend mit Grabungsergebnissen (Grundriss, Einrahmung der Arbeitsöffnungen, stabiles Gestell für die Holztrocknung über dem Schürloch, weithalsiges Keramik-Gefäß für die Zwischenlagerung oder den Glastransport) oder der schriftlichen Überlieferung (Ablageschale, Holztrocknung „im Rauch") übereinstimmen - was für eine vertrauenswürdige Darstellung spricht - , gibt dieses Bild doch auch viel diskutierte Rätsel auf.

Eine wichtige Frage ist, wo die Feuerungsöffnung liegt, links oder rechts. Bei der bogenförmigen Öffnung links könnte man wegen ihrer Höhe über dem Gehniveau an eine Zugangsöffnung zur Kühlofenebene denken. Eine andere, plausibler erscheinende Möglichkeit stellt die Deutung als Abzugsöffnung dar, wie sie von den Glashütten bei Bebenhausen oder an der Emsbachschlucht bekannt ist. Die hier etwas erhöht liegende Öffnung (sie ähnelt im Übrigen der vorderen, im Bild rechten) ermöglicht eine Regulierung des Luftzuges: während der Phase des Niederschmelzens des Gemenges wird diese Öffnung verschlossen, die Häfen stehen im senkrechten Zug zu den Arbeitsöffnungen, direkt in den Flammen, der hintere Ofenbereich dagegen kühlt ab – wie es zum Abkühlen (Tempern) der fertigen Gefäße erforderlich ist. Während der Phase des Glasblasens wird die hintere Öffnung freigegeben (und vielleicht werden die Arbeitsöffnungen verkleinert), die bei der Glasentnahme störenden Flammen werden nach hinten abgelenkt (die erhöhte Lage dieser Öffnung fördert den Zug!), die Temperatur der Häfen sinkt (wie zur Glasentnahme erforderlich), der hintere Ofenbereich wird zur erneuten Aufnahme frisch geblasener, heißer Gefäße aufgeheizt. Ein entsprechendes Schüren des Feuers kann natürlich diese Temperaturregulierung unterstützen.

Die Länge des Brennholzes auf dem Gestell bei Mandeville vermag keinen rechten Hinweis zu geben. LOIBL (2000) weist zwar auf verschiedene Längen des Brennholzes hin, die je nach Ofengröße für erforderlich gehalten wurden, allerdings erst mit einer Schriftquelle von 1695 belegt: über 2 m für Großöfen, ¾ bis 1 m für kleinere Öfen. Hiernach wäre das Holz bei Mandeville für einen kleineren Ofen geeignet – oder für einen Ofen mit einer geringen Distanz zwischen Feuerungsöffnung und eigentlicher Brennstelle, was für die Interpretation der rechten Öffnung als Feuerungsöffnung sprechen würde. Auch könnte hier das Holz in der aufsteigenden heißen Luft getrocknet werden.

Kann der „Junge" rechts für das wichtige Schüren des Feuers verantwortlich sein? – Ein Gegengrund ist nicht einzusehen, er kann ja nach Anweisung Feuerholz nachlegen oder das Feuer niedrig halten. MATHESIUS (1587, 177v) spricht von „Schürbuben" (wobei „Bube" Lehrjunge oder auch Knecht bedeuten kann), die auf der Glashütte tätig sind, bei ihm allerdings die Fritte „rhüren und umb wenden".
Der Autor bekennt, dass er seine Ansicht zur Lage der Feuerungsöffnung mehrmals gewechselt hat. In Anbetracht der oben besprochenen Punkte wagt er jetzt die Aussage, dass die Feuerungsöffnung des Ofens bei Mandeville auf der rechten Seite zu suchen ist und die linke Öffnung der Regulierung der Zugrichtung dient. Der Ofen macht damit einen feuerungstechnisch gut durchdachten Eindruck.
Wozu dient das kleine Loch in der rechten Frontseite? Vermutlich kann man dadurch das Ofeninnere in der Hafenzone beobachten, was durch die rechte Öffnung des Feuerungskanals oder die Arbeitsöffnungen hindurch nicht oder nur schlecht möglich ist. Ein Ofen im Manuskript Chigi F. VIII 188 zeigt eine ähnliche Öffnung.
Was bedeutet die niedrige, aber breite Erhebung auf dem rechten Ofenteil? Vielleicht handelt es sich um ein zweistufiges Gewölbe (was ziemlich aufwendig wäre), vielleicht aber auch um eine Ablage, wie sie Theophilus beschreibt. Allerdings liegt sie ziemlich hoch dafür.
Welche Arbeit verrichtet der Arbeiter an der Kühlofenöffnung? Stapelt er Glasgefäße ein oder aus? Der Deckel neben dem großen Keramikgefäß legt die Vermutung nahe, dass es sich dabei um ein Behältnis zur Lagerung von heißen Glasgefäßen handelt, und zwar nach der Lagerung im noch recht heißen Kühlofen zur weiteren langsamen Abkühlung. Die Deutung als Transportgefäß im Rahmen des Vertriebs erscheint weniger wahrscheinlich.
Die Arbeitsöffnungen erscheinen zu hoch angebracht. Bei dem rechts stehenden Glasbläser kann man allerdings annehmen, dass er ein Gefäß an der Pfeife oder am Hefteisen zum erneuten Aufwärmen in den Ofen hält; er könnte in dieser Weise schwerlich dem Hafen kontrolliert Glas entnehmen.
Die Abbildung bei Mandeville ist die einzige bisher bekannte, die einen länglichen Ofen zeigt - oder etwa doch einen schlecht gezeichneten runden mit angebautem Kühlofen? Diese Frage muss (noch) offen bleiben.
ČERNA (1993 a) berichtet über den Nachbau eines Glasmacherofens in Anlehnung an das Ergebnis der Ausgrabung der Glashütte Moldawa II, Kreis Teplice im böhmischen Erzgebirge (Datierung: Ende 14./Anfang 15. Jh.) und an die Abbildung bei Mandeville. Der mit einem Schmelz- und einem Kühlteil rekonstruierte Ofen erreichte nicht die zum Erschmelzen von Holzascheglas erforderliche Temperatur von etwa 1300 bis 1350°C, was vermutlich auf zwei Gründe zurückgeht: Das Schüren von der Kühlofenseite her und die Verwendung von nur luftgetrocknetem, nicht zusätzlich gedarrtem Holz. Nach einem Ofenumbau und mit modifizierter Rezeptur wurde schließlich auch Glas annähernd spätmittelalterlicher Zusammensetzung erschmolzen und an Ort und Stelle zu Glasgefäßen verarbeitet.

**4.1.24. Der Ofen vom Monte Lecco (15. Jh.)**

Am Monte Lecco, 30 km nördlich von Genua, wurde eine Glashütte aus dem 15. Jahrhundert ausgegraben (FOSSATI et al. 1975). Ein (annähernd) runder Ofen steht in einer aus Steinmauern gebildeten etwa rechteckigen Struktur. Der Grundriß (Abb. 31)

weist einen runden Ofen mit vier Vorsprüngen und nach Norden weisender Feuerungsöffnung aus. Der Ofen ist aus dem anstehenden Gestein unter Verwendung von Lehm errichtet; innen ist er mit feuerfesten Ziegeln und Mörtel verkleidet.
Auf einem Haufen nahe dem Ofen fanden sich etwas verteilt auf die Zerstörungsschichten zahlreiche pyramidenstumpfförmige Ziegel, die Kurvenradien von vorwiegend 0,5, 1,0 und 1,5 m entsprechen. Hieraus wird eine polyzentrische, wahrscheinlich abgeflachte Kuppel erschlossen.

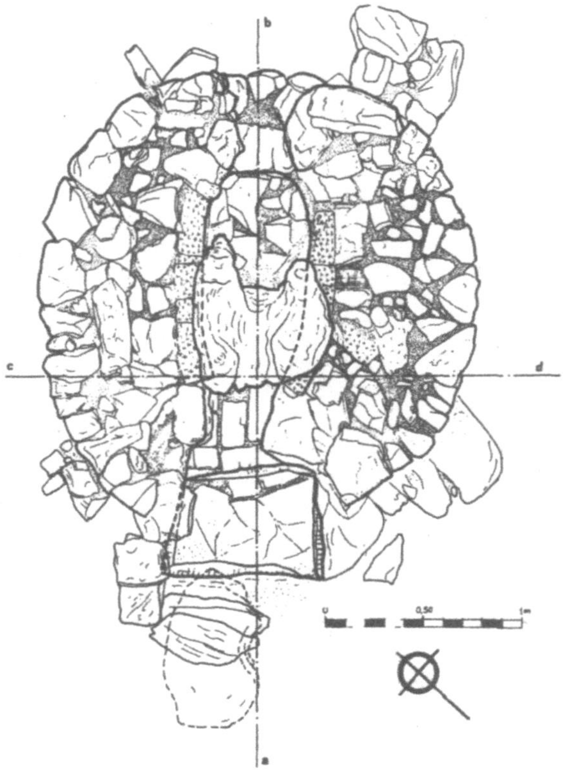


Abb. 31. Der Ofen vom Monte Lecco nach Fossati et al.

Ebenfalls in Ligurien, etwa 10 km westlich von Savona, befindet sich im Ort Altare in einem Kirchlein S. Rocco ein um 1590 datiertes Altarbild, das eine Glashütte zeigt (Abb. 32) (CALEGARI et al. 1975).
Der runde (oder ovale?) Ofen mit einer abgeflachten Kuppel besitzt Stützpfeiler, zwischen denen sich die Öffnungen zum Entnehmen des geschmolzenen Glases befinden. Ob eine zweite Reihe kleiner Öffnungen darüber eine dritte Ebene zum Abkühlen der hergestellten Gefäße andeutet, erscheint zweifelhaft. Es wird sich nur um Löcher zum Beobachten des Ofeninneren handeln. Im Scheitel der Kuppel scheint sich ein Loch zu befinden, aus dem Flammen herausschlagen und Rauch abzieht.

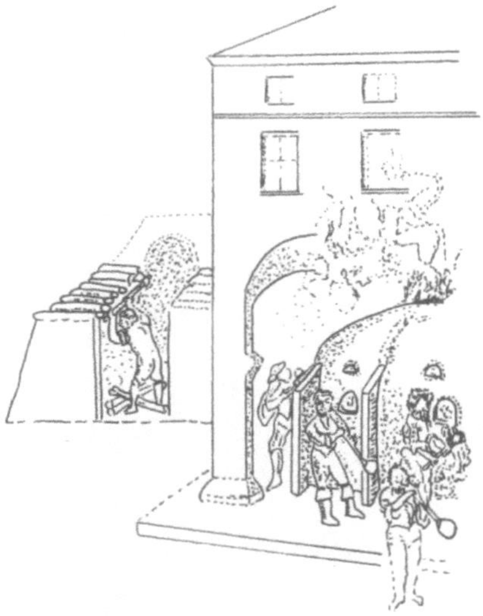

Abb. 32. Altarbild in S. Rocco in Altare
(Umzeichnung: Autor)

Diskussion
Die vier Fundamentvorsprünge des Ofens vom Monte Lecco sind als Stützpfeilerfundamente zu deuten. Der (ovale) Ofen wäre also als Kuppelofen mit einiger Höhe (etwa analog dem Bild von S. Rocco) zu rekonstruieren. Die Ofenbank ist schwer zu erkennen, vielleicht hat sie den Feuerungskanal zum Teil überwölbt.
Auf dem Altarbild ist das (leider nur undeutliche) Loch im Scheitel der Kuppel erwähnenswert, das sich nur selten auf einer bildlichen Darstellung eines mittelalterlichen Kuppelofens findet: nur auf der etwas unwirklich erscheinenden Abbildung bei Dioskurides sowie in der Zeichnung eines Ofens, um 1600 datiert, im cod. 10935, fol.141 verso der Österreichischen Nationalbibliothek, Wien ( abgebildet bei HORAT 1991, 33).
Die Höhe des Ofens auf dem Altarbild ist zu etwa 2,5 m über dem Gehniveau abzuschätzen.

### 4.1.25. Die Glashütte Salzwiesen im Nassachtal (Mitte 15. Jh.)

Im Nassachtal bei Uhingen wurden zwei deutlich erkennbare und zwei sich nur undeutlich abzeichnende Ofenstrukturen der Glashütte „Salzwiesen" aus dem 15. Jahrhundert freigelegt (LANG 1985, 1986, 1994, 2001) (Abb. 33). Vom im Norden gelegenen Arbeitsofen I sind die Fundamente der Hafenbänke (bei C) zu erkennen, direkt davor ein Teil des Schürkanals (B) und davor liegend eine Erweiterung des Schürkanals (bei A). Bei C wurden eine intensive Rötung und Verziegelung sowie Glasflussreste festgestellt, bei B eine nach Norden zu rasch abklingende Verziegelung und unter den Sandsteinplatten bei A immer noch eine deutliche Rotfärbung und Verziegelung. Der Ofen wurde also von Norden aus befeuert (der Richtung des

gewöhnlich hangaufwärts wehenden Windes); im Süden befindet sich nur eine kleine Öffnung von etwa 30 cm Durchmesser. Teil B und vielleicht auch Teil A werden überwölbt gewesen sein; vielleicht befand sich darüber eine Zone zum Kühlen der geblasenen Gefäße.
Südöstlich von diesem Ofen steht ein als Streckofen für die Flachglasproduktion interpretierter gewinkelter Ofen II und III.
Die Feuerung erfolgte von beiden Seiten; der nördliche Teilofen wird dem Aufwärmen der Glaszylinder gedient haben. Der im Osten an der Außenseite des stumpfen Winkels stehende Strecker zog die vorgewärmten Zylinder auf die im Winkel liegende, vom nördlichen Ofen aus beheizte Streckplatte, streckte und bügelte sie und schob sie dann in den südlichen Kühlofen. Strukturen von gewinkelten Strecköfen sind aus anderen Grabungen bekannt (Schöllkrippen/Eppstein, Jamestown, Hils/Köhlergrund).
Die beiden kaum erhaltenen Öfen IV und V im Süden des Arbeitsofens werden als Nebenöfen interpretiert; in ihren Bereichen wurde bei niedrigeren Temperaturen gearbeitet, und es fanden sich keine Glasflussreste. LANG (2003) weist darauf hin, dass beim Aufschneiden der noch heißen Glaszylinder für die Flachglasherstellung mit einer Schere ein Tempern nicht notwendig ist; ein Kühlofen für diesen Prozess wird also nicht benötigt und wurde auch nicht gefunden.

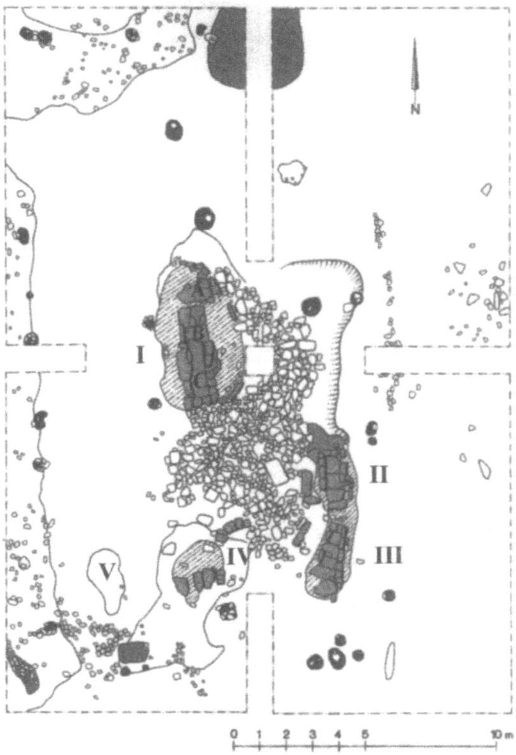


Abb. 33. Glashütte Salzwiesen/Nassachtal nach Lang
(Zahlen und Buchstaben eingefügt)

Außer Pfostenlöchern und einer ausgedehnten Abfallhalde fanden sich auch mehrere Gruben. Eine durch Sandentnahme entstandene, vom Arbeitsofen nur etwa 7,5 m entfernte Grube diente vielleicht der Sammlung von Asche, eine andere, in gleicher Weise entstandene vielleicht der Sammlung von Bruchglas.
Hangaufwärts konnte ein Gebäudegrundriß 6 x 9,5 m aufgrund von Pfostenlöchern und Schwellbalkenspuren rekonstruiert werden. In einem der drei erkennbaren Räume wurde die unterste Steinlage eines Kachelofens freigelegt.
Die chemische Analyse der Glasfunde ergab das Vorliegen von Holzasche-Kalk-Glas sowie von Natrium-Kalzium-Glas. Bemerkenswert sind die vielen Flachglasfragmente, die vorgefundene Farbenvielfalt (gelb, rot, blau, manganviolett sowie natürlich grün) von Glasfragmenten, der Fund von farblosen Butzenscheibenfragmenten aus Natrium-Kalzium-Glas und die relativ vielen gefundenen Model und Werkzeuge, auf die an anderer Stelle eingegangen wird.

Diskussion
Die außergewöhnlich gut publizierte Grabung lässt eine Reihe von bedeutsamen Einzelheiten erkennen. Es ist das Verdienst des Ausgräbers, sich erstmals mit der Problematik der Strecköfen befasst zu haben.
Ein Vergleich des Arbeitsofens mit dem von Mandeville gezeigten ist problematisch, weil bei der Glashütte im Nassachtal eine Kühlzone (etwa bei B) im Norden des Hafenbereichs C von Ofen I nicht sicher nachgewiesen ist.
Die postulierte Stellung des Streckers links vom Aufwärmofen an der Außenseite des stumpfen Winkels erscheint diskussionswürdig. Der Strecker muss bei dieser Anordnung den vorgewärmten und aufgeschnittenen Glaszylinder von rechts, also wohl mit der linken Hand, aus dem heißen Tunnel holen, ihn mit der rechten Hand glatt bügeln und in den Kühlofen schieben. Diese Anordnung (Aufwärmofen rechts, Kühlofen links) erscheint dann ergonomisch günstig, zumindest für Rechtshänder, wenn man das Einbringen der gestreckten Glastafel in den Kühlofen als den schwierigeren Vorgang gegenüber dem Herausholen des aufgeschnittenen Zylinders aus dem Aufwärmofen ansieht.

### 4.1.26. Die Glashütte an der Emsbachschlucht/Taunus (um 1450)

Der Hüttenplatz mit den frei liegenden Hafenbänken war schon seit langem bekannt; um 1900 sah man in ihm die Überreste einer römischen Glashütte. Im August 2000 wurde die Anlage schließlich ausgegraben; der bis zur Hafenbankhöhe erhaltene Arbeitsofen und die übrigen Öfen wurden etwas grob, dafür aber dauerhaft konserviert. Die Publikation erfolgte durch STEPPUHN (2000/2001); Abbildung 34 zeigt die ergrabene Anlage, die in die Zeit um 1450 datiert wird.
Im Plan sind der Arbeitsofen 1 und vier Nebenöfen zu erkennen. Ofen 5 wird als Streckofen interpretiert, Ofen 2 als Kühlofen für Hohlglas, Ofen 3 und Ofen 4 als Kühlöfen für die Flachglasproduktion. Der Arbeitsofen besitzt einen Annex, wie er auch von anderen Glashütten her bekannt ist. Der Annex des Arbeitsofens „An der Emsbachschlucht" zeigt noch als Besonderheit, dass er an seinem südlichen Ende durch eine Flügeltür verschlossen werden konnte. Im Boden vor der Ofenöffnung wurde eine steinerne Pfanne gefunden, in der sich der Türpfosten drehte. Die Westseite des Arbeitsofens wird der Hohlglas-, die Ostseite der Flachglasproduktion gedient haben.

Produziert wurde grünes bis blaugrünes Flach- und Hohlglas, wie die vielfach gefundenen Fragmente zeigen. Weiterhin fanden sich Fragmente von Glashäfen; eines lässt einen Hafen mit einem Volumen von etwa 15-20 Litern vermuten, ein anderes einen mit etwa 35 Litern.

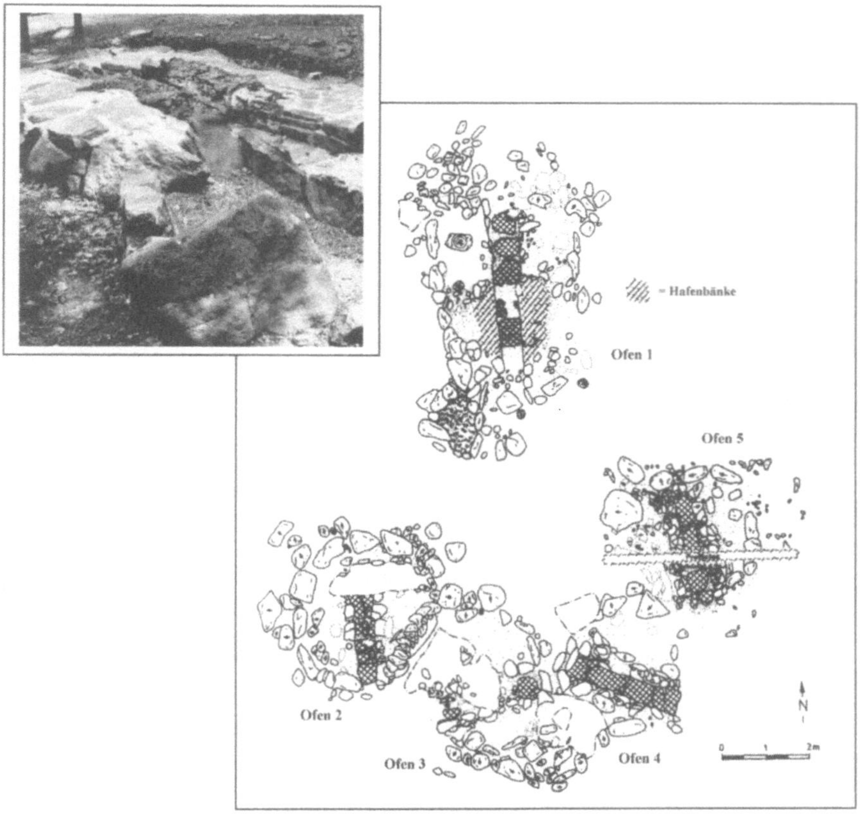


Abb.34. Glashütte „An der Emsbachschlucht" mit einem Foto des Arbeitsofens (Ofen 1) über den Annex in den Schürkanal hinein.
Die dunklen Stellen am Schürkanal sind die verschieden langen Hafenbänke
(Foto: Autor. Wiedergabe von Zeichnung und Foto mit freundlicher Genehmigung Kulturkreis Glashütten e. V.)

Diskussion

Der Arbeitsofen ähnelt sehr dem der Glashütte Bebenhausen mit einem langen Schürkanal, einer längeren Hafenbank und einer kürzeren, hinter der ein Annex zu erkennen ist. Was sich über dem vorderen (nördlichen) Teil des Schürkanals befand (überhaupt ein Ofen, ein Kühlofen, eine Art Vorwärm- oder vielleicht Frittofen), ist nicht zu erkennen. Die Interpretation des Ofens 5 als Streckofen kann nicht akzeptiert werden. Der Aufwärm- und Streckofen im 15. Jahrhundert gibt sich dem derzeitigen

Wissensstand zufolge vielmehr durch die typische gewinkelte Aufstellung der Öfen 3 und 4 zu erkennen. Der westliche Teil ist leider stark zerstört; es ist nicht sicher zu sagen, ob sich die Achsen der beiden Ofenteile in der Mitte zwischen ihnen schneiden oder ob der Schnittpunkt zum östlichen Aufwärmofen hin verschoben ist, was vielleicht den ergonomischen Vorteil einer besseren Zugänglichkeit bieten würde. Der stumpfe Winkel zwischen den Ofenteilen beträgt 146°. Die beiden Nebenöfen 2 und 5 sind - wie immer - nicht genau zu interpretieren. Neben einer Verwendung als Kühlöfen ist auch eine multifunktionale Verwendung anzunehmen.
Auf den Annex ist bei der Behandlung der Glashütte Bebenhausen zurückzukommen und auf den gewinkelten Aufwärm- und Streckofen im Kapitel über die Entwicklung der Öfen.

### 4.1.27. Die Glashütte bei Bebenhausen (2. Hälfte 15. Jh.)

Bei Bebenhausen nördlich von Tübingen[23] wurde eine Glashüttenanlage mit drei Öfen aus der 2. Hälfte des 15. Jahrhunderts freigelegt (SCHOLKMANN et al. 1993; SCHOLKMANN 1995; SCHOLKMANN et al. 1999; SCHOLKMANN et al. 2000; KOTTMANN 2000; FROMMER 2001) (Abb. 35).
Die Grabung zeichnet sich durch einen außerordentlichen Fundreichtum aus: Hafenfragmente (darunter vermutlich auch welche von großen ovalen Häfen), Hohl-, aber überwiegend Flachglasfragmente (darunter auch nur schwach gelb gefärbte Butzenscheibenfragmente), wenig farbiges Glas, Fragmente von Keramikgefäßen (z. T. außen mit einer Lehmschicht versehen), Model, Verkleidungen von Arbeitsöffnungen, die z. T. Läuterungsringfragmente vortäuschen, Fragmente von eisernen Werkzeugen (darunter Pfeifen), eine Ablagegabel für Pfeifen o. ä., Stücke von gebranntem Lehm (z. T. mit Abdrücken von Holzruten), Produktionsabfälle wie nicht ausreagiertes Gemenge, teilweise zu Glas umgesetzter Lehm, Glastropfen und -fäden sowie mit Glasfluss überzogene Steine.
Der Arbeitsofen A wird durch einen Drainagekanal (aus unbehauenen Sandsteinen ohne Mörtel) gegen das von Hang abfließende Wasser geschützt. Der Ofen war in ein Sandbett gesetzt, konstruktive Elemente sind bis zu einer Höhe von 50 cm erhalten. Er besitzt zwei parallele, unterschiedlich lange Hafenbänke. Die Schürkanalpflasterung bestand aus Sandsteinen; im NW erweiterte sich der Schürkanal zu einer etwa quadratischen gepflasterten Fläche mit Begrenzungssteinen, im SO befindet sich eine etwas tiefer gelegene halbkreisförmige Steinlage mit Randsteinen. Die Fläche im NW lag noch im Ofeninneren und ist vielleicht mit dem Einbringen von Glashäfen durch das hier anzunehmende Hafentor in Verbindung zu bringen. Die Fläche im SO befindet sich vor dem Schürloch und diente der Aufnahme der aus dem Schürkanal herausgeholten Asche und deren Schutz vor Verunreinigungen.
Die Hafenbänke waren vorwiegend aus Stubensandstein-, aber auch aus Rätsandsteinblöcken errichtet. Die Ofenwände schlossen sich mit hoher Wahrscheinlichkeit nicht direkt an die Hafenbänke an, sondern beließen Zwischenräume („Kanäle"), wie auch von WOOD (1965) für den Ofen von Blunden's Wood angenommen.

[23] Die Glashütte liegt am Kleinen Goldersbach auf dem „Glaswasen", der zur Gemarkung Altdorf gehört, aber näher bei Bebenhausen im Schönbuch bei Tübingen liegt.

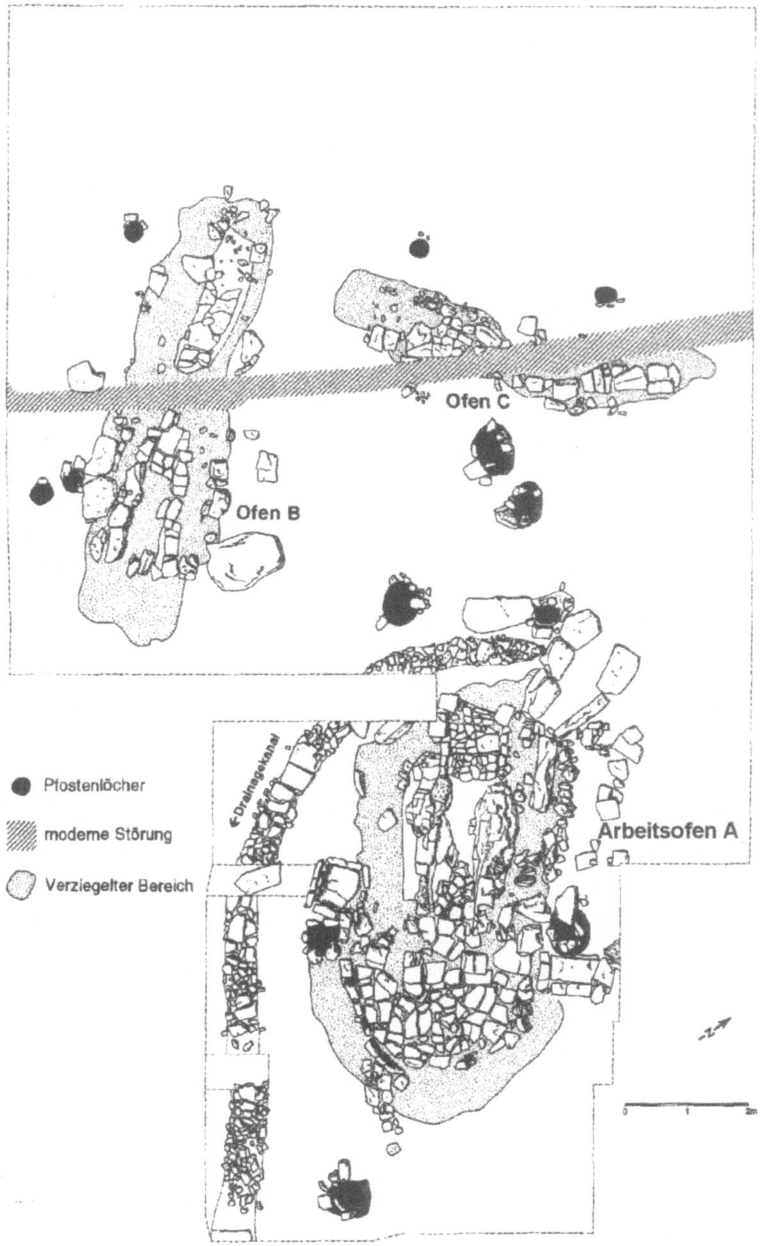


Abb. 35. Die Glashütte bei Bebenhausen
(Zeichnung H. J. Frey, Institut für Ur- und Frühgeschichte und Archäologie des Mittelalters, Universität Tübingen)

Es wurden drei Typen von Arbeitsöffnungsrahmen festgestellt, zwei verschiedene Innendurchmesser der Öffnungen konnten ermittelt werden: etwa 14 und über 21 cm Durchmesser. Diesen Durchmessern können drei verschiedene Hafengrößen gegenübergestellt werden, darunter vielleicht auch eine große ovale Form. Der Sinn dieser verschiedenen Größen wird in einer Koordination der Arbeitsabläufe bei der gleichzeitigen Flach- und Hohlglasproduktion gesehen.
Der Boden unter dem Ofen war stark verziegelt.
An der SW-Wand des Ofens befindet sich eine vom Arbeitshorizont aus etwa 50 cm eingetiefte, auf drei Seiten mit Sandsteinplatten ausgekleidete Grube (die vierte Seite wird vom Ofenfundament gebildet), die mit der Flachglasproduktion in Verbindung gebracht wird. Es kann sich um eine Grube handeln, in die hinein die länglichen Glasballons geblasen wurden oder die dem Tempern von höchstens vier Glaszylindern diente. In ihr wurden eine dunkelbraune, holzkohlereiche Schicht und Fragmente von Glaszylindern gefunden.
An der NO-Seite des Ofens befindet sich eine ähnliche Grube, die jedoch Sand enthält. Sie kann als Lager für den Rohstoff Sand, für fertiges Gemenge oder vielleicht zur Aufstellung der Model beim Blasen gedient haben.
An das nordwestliche Ende des Arbeitsofens A war außermittig schräg in nördlicher Richtung ein kleiner länglicher Ofen („Annexofen“, besser: Annex) aus großen Steinblöcken in der Art der Flügelöfen angebaut; sein Unterbau ist gut erhalten. In seinem fundleeren Bereich zeigt der Boden keine Hitzeeinwirkung, hier befand sich keine Feuerstelle. Dieser Ofenanbau war offenbar im Luftraum mit der Glashafenebene des Hauptofens verbunden, dessen Hafenbank an der Anbaustelle um 70 cm, also etwa um einen Hafenstellplatz, verkürzt ist. An der Anbaustelle vorgefundene verkippte Steine können der zeitweiligen Absperrung gedient haben. Dieser kleine Anbauofen nutzte offenbar die Abwärme des Hauptofens für Prozesse, die bei niedrigerer Temperatur durchgeführt wurden, wie das Erwärmen von Häfen, Tempern, Fritten; daneben hatte er die Funktion des Rauchabzuges.
Im NO-Zwickel zwischen Hauptofen und Ofenanbau wurden zwei kleine Gruben gefunden, die einen mit vielen haarfeinen Glasfäden durchsetzten Sand enthielten. Da in diesem Bereich auch viele Fragmente von Pfeifen gefunden wurden, kann es sich hier um einen Arbeitsplatz handeln, an dem die Pfeifen von den anhaftenden Glasresten befreit wurden. Frommer bringt diese Stelle mit der Flachglas-Produktion, und zwar den unten beschriebenen Zangenheftungen, in Verbindung.
Westlich des Hauptofens wurde ein länglicher Ofen B ergraben, der weniger gut erhalten ist und zudem eine moderne Störung ausgerechnet in der Ofenmitte aufweist. Der Schürkanal besaß an beiden Seiten Öffnungen, wobei am SO-Teil des Ofens eine höhere Temperatur erzielt wurde als am anderen Ende. Der Ofen weist eine recht stabile Wandgestaltung auf und muss auf Grund der Verziegelung des Bodens bei einer insgesamt niedrigeren Temperatur betrieben worden sein als der Hauptofen. Die Wandgestaltung lässt eine Arbeitsfläche in etwa 90 cm Höhe vermuten. Zusammen mit einem sich im zerstörten Bereich unklar abzeichnenden Knick der Ofenlängsachse und der niedrigeren Temperatur kann eine Verwendung dieses Ofens als Streckofen angenommen werden.
Der dritte Ofen C liegt im NW des Hauptofens, wobei seine Achse quer zu denen der beiden anderen Öfen verläuft. Der Boden ist in seinem Bereich nur in geringem Ausmaß verziegelt, und zwar im NO noch geringer als im SW. Auch dieser Ofen wurde durch

die moderne Störung schwer in Mitleidenschaft gezogen, auch hier ausgerechnet im mittleren Bereich. Ein Knick der Ofenachse ist jedoch erkennbar. Der Ofen erscheint als Streckofen zu klein und bei zu niedrigen Temperaturen betrieben; es wird für ihn die Funktion eines Temperofens für Hohlglasprodukte angenommen.
An weiteren funktionalen Besonderheiten fanden sich Löcher für die Pfosten des Hüttendaches und des Gestells zur Holztrocknung über dem Schürloch des Hauptofens. Zwischen den Öfen bestand eine Arbeitsfläche von etwa 5 x 5 m, die aber durch Pfostenstellungen unterbrochen war.
Die Zahl der in der Glashütte Arbeitenden schätzt Kottmann zu mindestens 18 direkt an der Produktion Beteiligten und etwa der gleichen Personenzahl für die übrigen Arbeiten, zusammen also zu etwa 30-40 Mann. Befunde zur nichttechnischen Infrastruktur der Glashütte (Unterkünfte, Lagerhäuser, Verwaltung) sind leider nicht zu verzeichnen.
Neben vielen Fragmenten unglasierter Ofenkacheln wurde eine fragmentierte gelb glasierte Ofenkachel gefunden, die vielleicht am Arbeitsofen angebracht war und eine „religiös motivierte Darstellung“ (Frommer) trug. Die unglasierten Ofenkacheln könnten darauf hindeuten, dass auf der Glashütte Glasuren angebracht wurden. Eindeutige Beweise für die Vornahme von Glasurarbeiten konnten jedoch nicht gefunden werden.
Die mittlere Dicke der Flachglasfragmente wurde zu 2,21±0,57 mm ermittelt und der Dicke der bei der früher datierten Glashütte Steimcke gefundenen Flachglasfragmente von 3-4 mm gegenübergestellt.
Der Fund von Glasfragmenten, die offenbar mit dem Hefteisen aufgenommene und dann abgesprengte Böden der Zylinder für das Flachglas darstellen, lässt eine Arbeitsweise erkennen, die das Aufweiten nach dem Absprengen nicht erfordert: man sprengte den ganzen Boden ab. Sehr interessante Funde, die gehäuft an den Produktionsstellen für Flachglas auftreten, sind sog. Zangenhalbrunde (Kottmann), kleine, mit einer Zange abgezogene Glasposten. Ihre genaue Deutung steht aus. Weitere, mit dem Gebrauch einer Zange in Zusammenhang stehende Funde hauptsächlich, aber nicht nur aus dem Bereich nördlich des Annexofens sind kreissegmentförmig mit einer Schere abgeschnittene Flachglasstücke, die ein angeheftetes Glasstück und den Abdruck einer Zange zeigen. Von einem Zusammenhang mit der Zurichtung und dem Transport im Rahmen der Flachglasproduktion am Annexofen ist auszugehen.
Interessant ist weiterhin der Fund von zwei rot-opaken Glasfragmenten und einem Hafenbodenfragment mit einem roten inhomogenen Glasrest darin. Die Analyse ergab das Vorliegen von Kupfer, Eisen, Blei und einen erhöhten Natriumgehalt.
GAI (2001a, 378) teilt die Ergebnisse der chemischen Analyse einiger Glasfunde mit. Danach handelt es sich um ein Holzasche-Kalk-Glas, und zwar bei den untersuchten Flach- und Hohlglasscherben. Eine blaue Scherbe weicht in der Zusammensetzung deutlich davon ab; da dieses Fragment auch Blei enthält, dürfte es sich hierbei um Fremdglas handeln. - Die gefundenen Butzenscheibenfragmente bestehen aus Natrium-Kalzium-Glas (SCHÜSSLER 2003).
Schon bei der Grabung fiel die große Menge an Lehmbröckchen auf, die z. T. mit einer schwärzlichen Glasschicht bedeckt waren. Sie wurden zunächst als im Ofen verspritzte Glasgalle betrachtet. Frommer hatte dann den Gedanken, dass es sich dabei um herabgetropften Lehm von der Kuppel des Hauptofens handeln könnte. Dieser Frage wurde auf analytischem und experimentellem Wege nachgegangen. Die oben erwähnten „Kanäle“ zwischen den Hafenbänken und den Ofenwänden dienten der Aufnahme dieses herabfließenden oder –tropfenden Materials.

Unter der als „nicht ausreagiertes Gemenge" bezeichneten Materialgruppe befindet sich eine Gruppe von größeren und kleineren Agglomeraten, die Frommer als Fritte (also ein nicht ausreagiertes intentionell hergestelltes Zwischenprodukt) interpretiert. Die kleineren Agglomerate sollen die eigentlich erwünschte Fritte darstellen, die größeren dagegen unerwünscht bei zu hoher Temperatur der Frittkammer entstanden sein.
Frommer schließt aus dem Fund von als Fritte angesprochenem nicht ausreagiertem Gemenge an zwei verschiedenen Stellen am Arbeitsofen (im NW und im SO) auf die Existenz zweier Frittkammern im Arbeitsofen, und zwar über dem Schürkanal bzw. im Bereich des Annexes.
Einige der vorkommenden größeren Fritte-Fladen weisen Abdrücke eines Werkzeuges auf.
Daneben wird der Fund von „porösem Glas" und „kantigen glasfreien Fragmenten" beschrieben, deren Entstehung auf eine längere Verweilzeit in Häfen im Ofen meist mit nachfolgender Korrosion zurückgeführt wird.
Zwei weitere besonders erwähnenswerte Funde sind ein in fast vollzähligen Fragmenten erhaltener Kreuzrippenbecher und das Fragment eines Doppelmodels. Auf diese beiden Funde ist noch zurückzukommen.

Diskussion

Einen bedeutenden, neuen Aspekt stellt die Interpretation des großen Ofens A als kombinierter Fritt- und Arbeitsofen dar. Hiermit ergibt sich ein wesentlicher Unterschied zu dem bei Mandeville gezeigten Ofen, was jedoch kein Ablehnungsgrund für die vorgeschlagene Deutung ist.
Die Abdrücke auf einigen größeren Fritte-Stücken („Fladen") dürften auf die Frittkrücke (Werkzeug zum „Umrühren") zurückgehen. Beim Durchkrücken erhielt man einen ausreichenden Hinweis auf den Reaktionsfortschritt.
Auf das Fritte-Problem wird bei der Behandlung der Produktionsprozesse noch näher eingegangen..
Wesentlich ist der Fund von Fritte an zwei verschiedenen Stellen, was allerdings noch nicht die Existenz **zweier** Frittkammern beweist. Plausibel wäre dies, wenn die zwei Fritten eine wesentlich verschiedene chemische Zusammensetzung hätten, was leider noch nicht untersucht wurde.
BRINKER et al. (2003) schließen aus dem Vorliegen „schneeflockenähnlicher" Kristalle von Wollastonit ($Ca_3[Si_3O_9]$) in der Fritte auf einen Abschreckungsprozess, wohl durch Eintragen der Fritte in kaltes Wasser. Diese Beobachtung lässt nun einen neuen Schluss in Bezug auf die Funktion des Anbauofens zu: durch das Abschrecken wird zwar ein unerwünschtes nachträgliches Zusammenbacken des Zwischenproduktes vermieden, das abgeschreckte Material kühlt allerdings dabei stark ab und wird feucht. Da es in diesem Zustand nicht in die weißglühenden Häfen eingetragen werden kann, muss es vorher getrocknet und erwärmt werden. Dies kann gut in dem Anbauofen vorgenommen worden sein und somit das Vorkommen von Fritte in diesem Bereich erklären – als verstreutes Material.
Zu der Verbindung zwischen Hauptofen und Anbau (Annex) sei eine Hypothese ähnlich wie beim Ofen nach Mandeville gewagt: Die Steine an der Anbaustelle zwischen Haupt- und Anbauofen können der Temperatureinstellung durch Regelung der Kaminwirkung gedient haben. Beim Niederschmelzen des (gefritteten) Gemenges werden hohe Temperaturen benötigt, die Flammen sollen um die Häfen herum hoch auflodern.

Dies wird erreicht, wenn die Luft von der Schüröffnung zu den Arbeitsöffnungen zieht, wenn also die Absperrung zwischen Hauptofen und Anbau geschlossen ist. Die Flammen werden zu den Arbeitsöffnungen herausschlagen, wie das auch manchmal abgebildet wird. Beim Glasblasen sind die Flammen und der Rauch natürlich extrem unangenehm und störend. Durch Öffnen der Absperrung wird der Zug umgelenkt, die Arbeitsöffnungen sind frei zugänglich, die Temperaturen in den Häfen sinken. Das Kaltschüren durch das verringerte Nachlegen von Holz unterstützt natürlich diesen Vorgang.

Einen weiteren neuen Aspekt stellt die Deutung des Ofens C als Kühlofen dar. Sie ist nicht von der Hand zu weisen. Interessanterweise ist auch bei dieser Deutung der Knick in der Ofenachse sinnvoll: an seinem Scheitel kann der Arbeiter stehen, der die zu tempernden Glasgefäße vom wärmeren linken Ofenteil in den kälteren rechten verschiebt. Er hätte einen Arbeitsplatz ähnlich dem an der Streckplatte des Streckofens. Auch dies wäre ein Argument dafür, von der strengen Unterscheidung der Funktionen der Nebenöfen abzugehen und in ihnen mehr universal verwendbare Öfen zu sehen.

Die festgestellte Lehmschicht auf der Außenseite der Fragmente großer Keramikgefäße kann auf eine Labortechnik zurückgeführt werden, die unter der Bezeichnung „Verlutieren“ (übersetzt: Verlehmen) im alchemistischen Schrifttum bekannt ist und auch häufig an kleineren Glashäfen bei anderen Grabungen wie Hambach oder Arles (Foy 1989) zu beobachten ist: Zum Schutz gegen punktuell einwirkende Wärme, die insbesondere dünnwandige Gefäße leicht zum Reißen bringt, wird auf der dem Feuer zugewandten Seite eine Lehmschicht aufgebracht, die örtliche Überhitzungen verhindert. Die Anwendung dieser Technik bei den vorliegenden großen Keramikgefäßen lässt den Schluss zu, dass diese sehr stark erwärmt werden mussten. Sie können dann der Aufnahme heißer Glasgefäße (oder auch Glaszylinder) gedient haben, die sie so vor einem Temperaturschock bewahrten. Das Ganze kühlte dann langsam ab. Ob die fertig geblasenen Glasgefäße vorher in einem (heißen) Kühlofen standen, muss offen bleiben. Diese Erklärung ergänzt die bereits bei der Besprechung der Abbildung bei Mandeville und der Öfen von Agricola gegebene.

Die Interpretation der Grube in der Wärmeeinflusszone im NO des Hauptofens als Depot für den Rohstoff Sand oder ein gebrauchsfertiges Gemenge erzeugt wegen der Verschmutzungsgefahr einiges Unbehagen, ist jedoch nicht auszuschließen. Man müsste eigentlich annehmen, dass die Rohstoffe und fertigen Gemenge in einem besonderen Lager, zusammen etwa mit neuen Glashäfen, aufbewahrt wurden; die Gemenge sollten in sauberen Gefäßen transportiert worden sein. Andere Deutungen als Aufstellungsort für die Model oder als Grube zur vorübergehenden Aufbewahrung von Halbfertigprodukten in der Wärme (Theophilus (1123, 2. Buch, 31. Kapitel) beschreibt eine solche Grube für die Ablage von Glasringen) müssen auch mit Fragezeichen versehen werden: die Stellung eines Pfostens direkt daneben zwischen der Grube und den Standplätzen der Glasbläser irritiert.

Eine gepflasterte Erweiterung des Schürkanals an seinem der Feuerungsöffnung entgegengesetzten Ende findet sich auch bei anderen ergrabenen Glasöfen, z. B. bei der Glashütte Köhlergrund im Hils oder vielleicht auch bei der Glashütte Salzwiesen im Nassachtal. Es kann sich hierbei, wie oben angedeutet, um eine Fläche handeln, die mit dem Einbringen neuer Glashäfen in Verbindung steht, also wohl als Vorwärm- und „Rangierbereich“; vielleicht erfolgte hier auch das Brennen neuer Häfen. Eine ähnliche Funktion wird auch der von Crossley et al. (1972) erwähnte große Stein am Ende des

Feuerungskanals des ersten Ofens der Hütte Hutton gehabt haben. Die Häfen im vorderen Bereich des Ofens sind vermutlich von der Feuerungsöffnung aus bewegt worden.

Ein Zwischenraum zwischen Hafenbank und Ofenwand wird auch von Wood - wie oben erwähnt - bei einem Ofen der in das zweite Viertel des 14. Jahrhunderts datierten Glashütte bei Blunden's Wood (WOOD 1965) für wahrscheinlich gehalten. Allerdings schlugen ASHURST et al. (1973; zitiert bei HARDEN 1978, Anmerkung 95) später eine andere Interpretation vor: Die Ofenwände sitzen direkt auf den Hafenbänken auf, und außerhalb des Ofens läuft eine zweite, niedrige Wand um, die mit der Ofenwand durch eine Abdeckung über dem Zwischenraum verbunden ist. Die Häfen stehen so näher an den Arbeitsöffnungen, und der gebildete Absatz kann einen Teil des Gewölbeschubes aufnehmen sowie als Tritt oder Ablage nützlich sein. Das Argument, dass der Zwischenraum dem Aufstellen des Gerüstes zum Abstützen des Gewölbes während des Ofenbaues diente, ist nicht einsichtig: das Gerüst kann auch auf den Hafenbänken errichtet worden sein. Die Kenntnis der Bauweise des Ofens von Peyremoutou erlaubt eine weitere Deutung: Das Gewölbe sitzt direkt auf dem Erdboden auf, die äußere Steinmauer umgibt es im unteren Teil und nimmt den Gewölbeschub auf. Die Hafenbänke schließen an die Innenseite der Gewölbewand ohne Zwischenraum an.

Bei dem nachgewiesenen bleihaltigen Glas wird der (rel. geringe) Bleigehalt auf Bleiglas-Beimengungen zurückgehen. Eine Bleiglas-Produktion ist nicht erkennbar.

Die Gegenüberstellung „Flachglas der Hütte Steimcke 3-4 mm, Flachglas der Hütte Bebenhausen 2-3 mm dick“ ist in dieser einfachen Form nicht richtig. STEPHAN et al. (1992) weisen darauf hin, dass zwar die „altertümliche“ Stärke 3-4 mm überwiegt, jedoch hier wie auch in anderen etwa zeitgleichen Fundkomplexen (Corvey, Höxter) daneben Flachglasfragmente der Stärke 2-3 mm in z. T. erheblichem Umfang vorliegen. Die Hütte Steimcke scheint also Flachglas in beiden Stärken produziert zu haben. Keinesfalls kann die Glasstärke zu Datierungszwecken herangezogen werden.

Die beschriebenen Zangenhalbrunde und Zangenheftungen, auch die Zylinderböden mit Heftmarken, werfen ein neues Licht auf die Flachglasherstellung nach dem Zylinderverfahren zumindest auf dieser Hütte. Hierauf ist in Zusammenhang mit der Besprechung der Methode nach Theophilus noch zurückzukommen.

Auf den „geschmolzenen“ (verglasten) Lehm wird im experimentellen Teil der vorliegenden Arbeit näher eingegangen.

Ein Unterschied zwischen dem Bebenhausener Ofen und dem Ofen bei Mandeville liegt darin, dass der Erstere keine angebaute Kühlzone aufweist, sondern eine Frittzone. Beide Öfen besitzen jedoch eine Öffnung im hinteren Teil, die eine Zugumleitung ermöglicht.

Die Ausgrabung der Glashütte Bebenhausen führte wegen ihres Reichtums an Funden und Befunden zusammen mit den ausführlichen Bearbeitungen zu einer Fülle von neuen Gedanken und Interpretationen, die Ergebnisse anderer Grabungen und Beschreibungen in spätmittelalterlichen Schriftquellen in z. T. neuem Licht erscheinen lassen.

### 4.1.28. Der Ofen aus dem Manuskript *Tractatus de herbis* (1458)

Bei FOY et al. (1989a, IV) findet sich eine Abbildung eines Glasofens aus dem *Tractatus de herbis* des Dioscurides (Abb. 36).

Es handelt sich um einen Ofen mit drei Ebenen und einem Giebeldach. Die Feuerungsöffnung ist nicht zu sehen. Im Dach schlagen in seltsamer Weise aus einer seitlichen spaltförmigen Öffnung Flammen heraus, ebenso aus den drei sichtbaren Arbeitsöffnungen. Der auf einem Hocker sitzende Glasbläser hält ein Gefäß, das man für einen Nuppenbecher halten möchte, an einem stabförmigen Werkzeug, das er neben dem Mund mit der anderen Hand zu halten scheint. In der Öffnung der Kühlkammer sind zwei ähnliche Gefäße sichtbar; eines davon wird von einem Arbeiter wohl mit einem Hefteisen und einer Hand bewegt, vermutlich zum Abkühlen abgelegt.

Diskussion
Hier liegt eine in Einzelheiten merkwürdige Zeichnung vor. Für die Interpretation des stabförmigen Werkzeuges des Glasbläsers als Hefteisen sprechen die fehlende Holzummantelung, wie sie für eine Pfeife typisch ist, sowie die Tatsache, dass das bereits mit Nuppen versehene Gefäß offensichtlich mit seinem Boden am Werkzeug fixiert ist. Der Glasbläser wird also nicht wie sonst mit der Pfeife dargestellt, sondern mit dem fertigen Gefäß am Hefteisen.

Abb. 36. Der Ofen des Dioskurides
(Umzeichnung: Autor)

Ein Giebeldach auf einem Glasmacherofen ist unrealistisch. Ferner wird ein Ofen mit oben herausschlagenden Flammen gezeigt, eine seltene und hier ungeschickt gezeichnete Darstellung. Immerhin könnte hier ein weiterer Hinweis darauf vorliegen, dass es nicht nur in römischer Zeit, sondern auch später Öfen mit einer oberen Öffnung gab, aus der Flammen schlugen (vgl. Ofen vom Monte Lecco).

### 4.1.29. Der Ofen aus dem Manuskript Chigi F. VIII 188 (Spätes 15. Jh.)

Bei CHARLESTON (1978) findet sich eine Abbildung aus einem Manuskript des 15. Jahrhunderts aus der Vatikanischen Bibliothek, die wegen zweier Einzelheiten besonders interessant ist (Abb. 37).

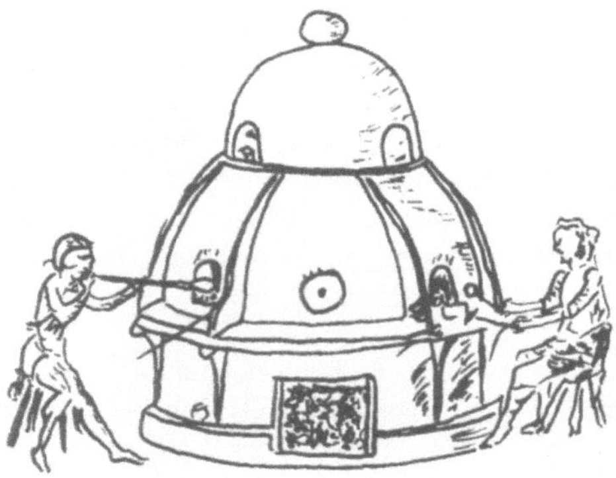

Abb. 37. Der Ofen aus dem Manuskript Chigi F. VIII 188
(Umzeichnung: Autor)

Es handelt sich um einen runden Gewölbeofen mit Stützpfeilern und drei Ebenen, die voneinander markant abgesetzt sind. Unter den Arbeitsöffnungen der zweiten Ebene läuft ein Bord herum. Die Glasbläser arbeiten im Sitzen davor. Über dem großen Feuerungsloch befindet sich auf der Höhe der Arbeitsöffnungen eine runde Öffnung.

Diskussion
Das umlaufende Bord des in seiner Gestalt etwas seltsam anmutenden Ofens dient offenbar als Unterlage („Marbel") beim Formen der beim Glasblasen zunächst entstehenden kleinen und sehr dickwandigen Glasblase („Kölbel"). Die runde Öffnung in der Ofenwand erinnert an das kleine Loch in der rechten Seite des Ofens nach Mandeville. Sie wird hier wie dort dem Beobachten der Häfen und des Feuers gedient haben.

**4.1.30. Die Öfen bei Peder Månsson (Anfang 16. Jh.)**

Der schwedische Mönch[24] Peder Månsson (um 1460 – 1534) sammelte während seines Aufenthaltes in Rom von 1508 bis 1524 Schriften des praktisches Wissens und übersetzte sie ins Schwedische, darunter auch eine 16 Seiten umfassende Schrift „Glaskonst" über die Glastechnik, von der jedoch heute 4 Seiten verschollen sind. Die Schrift zeigt große Ähnlichkeiten mit Biringuccios Pirotechnia (JOHANNSEN 1932; MAURACH 1934). Månsson beschreibt darin das Brennen der Asche, das Reinigen des erhaltenen Salzes, den Bau der zwei erforderlichen Öfen, die Häfen und das Erschmelzen des Glases. An dieser Stelle interessieren seine Beschreibungen (leider gibt er keine Abbildungen) der zwei Öfen. Abbildung 38 zeigt die Rekonstruktionen von Johannsen und Maurach.
Der Arbeitsofen ist ein genau beschriebener runder Ofen mit drei Ebenen. Abbildung 38 zeigt eine Umzeichnung der Rekonstruktion von Johannsen. Drei übereinander angeordnete Gewölbe bilden ein Gesamtgewölbe, das von sechs Pfeilern gestützt wird.

[24] Peder Månsson war Mönch des Birgittin-Ordens und wurde später nach seiner 1524 erfolgten Rückkehr aus Rom Bischof. Sein lateinischer Name war Petrus Magni.

Der Ofen ist für sechs Glashäfen ausgelegt, jedoch sind sie nicht alle zum Niederschmelzen des Gemenges bestimmt. Das im Frittofen gebrannte Asche-Sand-Gemisch wird nur in einige Häfen gefüllt und niedergeschmolzen. Diese Schmelze wird vor der Verarbeitung „mit einem großen starken Eisenlöffel" in die zunächst stehenden Häfen umgefüllt, wodurch die Qualität des fertigen Glases gesteigert wird. Hier liegt also ein dreistufiger Prozess vor.

Der zweite, weniger gut beschriebene Ofen „dient zur Vorbereitung der Masse", also der Fritte. Die unvollkommene Beschreibung schildert einen Ofen mit niedrigem Gewölbe, längs in zwei Teile geteilt, wobei die Sohle der einen Hälfte etwa 0,4 m höher liegt als die der zweiten Hälfte. Die höher liegende Sohle besitzt einen gemauerten Rand. In der tiefer gelegenen Sohle „soll Feuer von trockenem Holz angezündet werden". Abbildung 38 gibt eine Umzeichnung der Rekonstruktion von Maurach nach diesen dürftigen Angaben wieder.

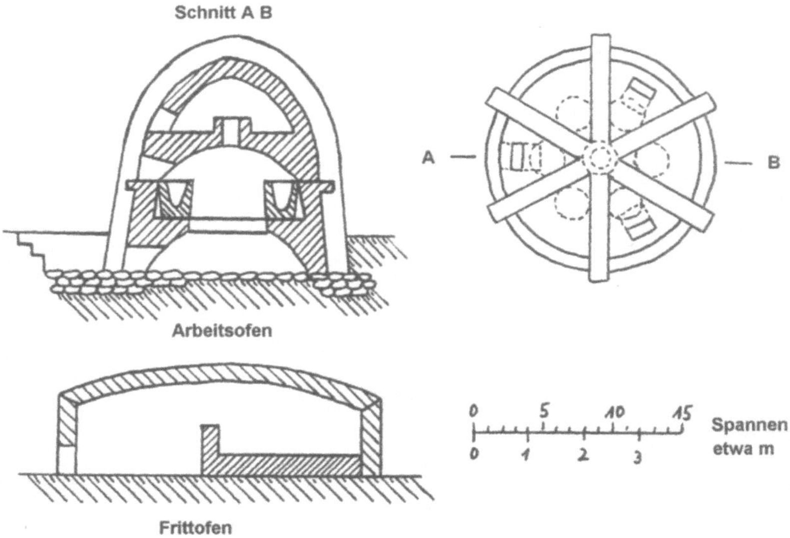


Abb. 38. Die Öfen nach der Schilderung von Peder Månsson
(Umzeichnung: Autor; Lage der Aufsicht gedreht)

Diskussion

Die Beschreibung des Arbeitsofens bietet nichts wirklich Neues. Man muss der Schilderung entnehmen, dass die dritte Ebene zur Aufnahme der zu tempernden Gefäße ausreicht. Die genaue Arbeitsweise, beispielsweise das Übergehen vom Heißschüren auf das Kaltschüren betreffend, wird nicht erläutert.

Der Frittofen ist ein Flammofen mit niedrig gelegenem Feuerungskanal. Das Gemenge wird auf einer ebenen Fläche erhitzt, wobei unklar bleibt, wie weit die Masse reagiert. Aus der Beschreibung, dass die „Asche" (gemeint ist das erhitzte Gemenge aus Sand und Kalikrautasche = Halophytenasche!) zerstoßen, gemahlen und gesiebt wird, kann man folgern, dass die Masse noch nicht zu einem massiven Glas zusammenge-

schmolzen ist, sondern erst ein Vorprodukt darstellt. Die Ofenkonstruktion und die Vorgehensweise erinnern also an die Beschreibung von Theophilus, nur dass dieser einen Verbundofen beschreibt. Das Ofenprinzip ist das der römischen Wannenöfen, bei denen auch die Flamme auf das ausgebreitete Gemenge einwirkt, allerdings bei so hohen Temperaturen, dass es zum Schmelzen kam. Ob eine Tradierung vorliegt, kann zur Zeit wegen des lückenhaften Forschungsstandes noch nicht entschieden werden.
Praktisch die gleiche Konstruktion eines Frittofens findet sich noch bei LOYSEL (1802, 168-71, Tafel IX, Abb. 75-77).
Im Ganzen gesehen schildert Månsson einen dreistufigen Prozess. Den Prozess des Niederschmelzens der „Asche" (des gebrannten Asche-Sand-Gemenges) in Häfen muss man wohl für die Interpretation einiger Ofenanlagen in Italien im Gedächtnis behalten. Hier scheint sich im Vergleich zur römischen Technologie ein Wandel abzuzeichnen, der vielleicht schon zur Betriebszeit der Glashütte von Torcello ablief. Bei Biringuccio allerdings findet sich kein entsprechender Hinweis. Vielleicht muss dies als Indiz dafür gesehen werden, dass verschiedene Technologien nebeneinander bestanden.
Besonders zu beachten ist, dass Månsson die Verwendung von Halophytenasche beschreibt.

**4.1.31. Die Öfen bei Biringuccio (1540)**

BIRINGUCCIO (1540) beschreibt u. a. die Glasherstellung und erwähnt dabei die Verwendung zweier verschiedener Öfen: Der erste (leider nicht abgebildete) Ofen ist rechteckig und besitzt die Maße 3 Ellen lang, 2 Ellen breit und eine Elle hoch (zur Umrechnung 1 Elle ≈ 0,6 m, s. u.). Er wird *per via di riuerbero* (also als Flammofen) beheizt. Er dient der Herstellung des Rohglases und dem Glühen der leeren Häfen.
Die Rohglasschmelze wird nach dem Erstarren in Stücke zerschlagen; diese werden in einem runden Ofen (Abb. 39) in Häfen zur Verarbeitung erneut eingeschmolzen. Die Häfen hierzu werden, nachdem sie ebenfalls in dem rechteckigen Ofen zur Hellrotglut erhitzt und auf Festigkeit geprüft wurden, glühend mit Zangen oder anderen geeigneten Werkzeugen in den runden Ofen eingesetzt. Dieser Ofen besitzt 5 oder 6 gemauerte Bögen, eine Höhe der Glashafenebene über dem Boden von 1 Elle, über der Hafenebene eine Kuppel mit dem Durchmesser von 4 Ellen und einer Höhe von 6 Ellen. Über der Kuppel für die Glashafenebene befindet sich eine weitere 2 Ellen hohe Kuppel für die Kühlebene.

Diskussion
Biringuccio beschreibt also die „klassische" Arbeitsweise der Rohglaserschmelzung in einem rechteckigen Wannenofen und die anschließende Verarbeitung des erschmolzenen Rohglases an einem runden Ofen, hier mit drei Ebenen.
Die Umrechnung in das metrische Maß ist problematisch, weil aus dem Text nicht hervorgeht, welche Elle (*braccio*) gemeint ist. Es könnte sich um die Florentiner Elle handeln; diese maß 0,584 m. Die *braccia* anderer norditalienischer Städte bewegen sich zwischen 0,578 und 0,648 m. Wenn für die Umrechnung vereinfachend mit 1 *braccio* ≈ 0,6 m gerechnet wird, entsteht zwar ein Fehler, der aber nichts an der grundsätzlichen Bedeutung dieser Betrachtung ändert. Die angegebenen Maße, vermutlich die Außenmaße der Wanne, betragen also etwa 1,8 x 1,2 x 0,6 m. Die Heizung geschieht von oben *per via di riuerbero*; es handelt sich also um einen wannenförmigen Flammofen (mit

einem alten Ausdruck Reverberierofen). Diese Beschreibung lässt an die quadratischen bis rechteckigen Öfen des römischen Typs z. B. in Köln oder im Hambacher Forst denken.

Abb. 39. Der Arbeitsofen bei Biringuccio
(Wiedergabe mit freundlicher Genehmigung Universitätsbibliothek Tübingen)

Die Gesamthöhe des runden Ofens errechnet sich zu 9 Ellen ≈ 5,4 m.
CHARLESTON (1978 a) weist auf eine merkwürdige Einzelheit („a curious convention") hin: Das in der Frontseite erkennbare Loch mit den herauslodernden Flammen soll das Loch im Inneren des Ofens darstellen, durch das die dritte Ebene beheizt wird. Hier liegt also kein Zeichenfehler vor, sondern die alte Darstellungsweise mit einer durchsichtig zu denkenden Wand. Weiterhin bemängelt er zu Recht die Darstellung der Arbeitsöffnungen: sie sind als einfache rechteckige Öffnungen gezeichnet, ohne Entlastungsbögen zur Aufnahme des Gewölbeschubes.
Eine Deutung für den merkwürdigen rechteckigen Anbau rechts am runden Ofen wurde bereits im Zusammenhang mit dem Ofen in der Glashütte von Torcello gegeben: Vielleicht soll der seltsame „Kasten" einen Kühlofenanbau wie in Torcello und später wahrscheinlich in Murano wiedergeben; er wäre dann falsch dargestellt. Gegen diese Deutung kann man allerdings anführen, dass der Ofen von Biringuccio bereits eine Kühlebene hat, wenn auch mit merkwürdig kleinen Öffnungen. Rechts neben dem „Kasten" ist übrigens eine Bank zu sehen, wie sie Agricola erwähnt und die den Arbeitern den Zugriff erleichtern soll.
Der Verdacht erhebt sich, dass die ganze Darstellung nicht allzu genau genommen werden darf und vielleicht auch gar nicht einen Ofen wie in Murano darstellen soll.

### 4.1.32. Die Öfen bei Agricola (1556)

AGRICOLA (1556, 12. Buch, 500-508) beschreibt als maximal ausgestattete Glashüttenanlage eine mit drei Öfen.

Abb. 40. Der erste Ofen nach Agricola
„Ähnlichkeit mit einem Backofen"
(mit freundlicher Genehmigung Universitätsbibliothek Tübingen)

Der erste Ofen (Abb. 40) hat „Ähnlichkeit mit einem Backofen" und dient der Herstellung des Rohglases sowie dem Brennen der Häfen. Das Gemenge scheint in länglichen muldenförmigen Gefäßen erhitzt zu werden.

Abb. 41. Der zweite Ofen nach Agricola
Ein Arbeitsofen mit angebautem Kühlofen
(mit freundlicher Genehmigung Universitätsbibliothek Tübingen)

Der zweite Ofen (Abb. 41) ist ebenfalls rund, aber höher und durch fünf Bögen (entspr. zehn Stützstreben) stabilisiert. Er besitzt eine Feuerungs- und eine Glashafenebene, in die die Flammen durch eine große runde Öffnung in der Mitte hineinschlagen. Acht der Zwischenräume zwischen den Stützstreben besitzen je eine fensterähnliche Arbeitsöffnung, durch die die im ersten Ofen auf Rotglut erhitzten Glashäfen eingebracht werden. Sobald sie wieder heiß geworden sind, werden sie mit Roh- oder Bruchglas gefüllt. Alle Arbeitsöffnungen werden danach mit Lehm und Ziegeln bis auf jeweils zwei kleine Öffnungen verschlossen: die eine dient zum Hineinsehen und dem Entnehmen von geschmolzenem Glas mit der Pfeife, die andere ermöglicht das Durchstecken der Pfeife zum Erhitzen der Spitze. Die Pfeifen bestehen aus Messing, Bronze oder Eisen und sind drei Fuß lang. Vor den kleinen Öffnungen ist auf der Ofenmauer eine Marmorplatte angebracht, auf der etwas zusammengehäufte Erde und darauf ein Eisenstück liegen. Die Marmorplatte schützt die Augen der Arbeiter vor der Strahlung der Glut, das Eisenstück hält die in den Ofen geschobene Pfeife. An die Stelle des 9. und 10. Fensters, gegenüber der Schüröffnung, ist die Querseite eines rechteckigen zwei-etagigen Ofens mit Tunnelgewölbe angebaut; die beiden oberen Ebenen dieser Öfen sind durch eine rechteckige Öffnung miteinander verbunden. Der zweite, runde Ofen ist der eigentliche Arbeitsofen, der angebaute dritte, rechteckige ist ein Kühlöfen, der noch die Besonderheit zweier verschiedener Kühlzonen hat. Er besitzt eine eigene Feuerung mit zwei benachbarten Räumen in der unteren Ebene und eine obere Ebene, die zusätzlich vom runden Ofen her durch die schon erwähnte rechteckige Öffnung beheizt wird. Die abzukühlenden Gefäße werden in länglichen tunnelförmigen Keramikgefäßen zunächst in der heißeren oberen Kammer heruntergekühlt, dann zum weiteren Abkühlen in die unteren Kammern verbracht.

Agricola beschreibt aber auch Möglichkeiten des Arbeitens mit nur zwei Öfen:

Man kann auf den backofenähnlichen ersten Ofen verzichten und im zweiten Ofen das Rohglas erschmelzen sowie das Rohglas zur Verarbeitung wieder einschmelzen. Die Gefäße werden im rechteckigen Ofen heruntergekühlt.

Eine weitere Möglichkeit besteht im Erschmelzen des Glasvorproduktes im ersten, backofenähnlichen Ofen sowie dem Erschmelzen des Glases, dem Verarbeiten und Kühlen der fertigen Gefäße in einem „anderen zweiten", jetzt aber drei-etagigen Ofen (Abb. 42).

Dieser Ofen besitzt eine Feuerungsebene, eine Hafenebene und eine Kühlebene, in die die Flammen durch eine viereckige Öffnung in der Mitte hineinschlagen. Die Kühlebene hat an der hinteren Seite eine Öffnung, durch die die länglichen Keramikgefäße mit der Glasware in den Ofen eingebracht werden können. Der Werkstattboden ist auf dieser Seite erhöht oder es ist eine Bank aufgestellt, damit die Arbeiter einen guten Zugriff haben.

Schließlich beschreibt Agricola auch das Arbeiten mit nur einem, dem in Abbildung 42 dargestellten drei-etagigen Ofen: Über Nacht wird das Rohglas erschmolzen, am Tage das Glas hergestellt und verarbeitet. Die Kühlung der hergestellten Gefäße erfolgt in der dritten Ebene.

Das Baumaterial für die Öfen sind Ziegel und Lehm. Der besondere, feuerfeste Produkte liefernde Lehm für die Ziegel ist dabei der gleiche wie für die Häfen und die länglichen tunnelförmigen Keramikgefäße. Die geformten Gefäße werden im Schatten getrocknet.

Abb. 42. Der andere zweite Ofen nach Agricola
Ein Ofen mit drei Ebenen
(mit freundlicher Genehmigung Universitätsbibliothek Tübingen)

Zur Qualität der hergestellten Glaswaren macht Agricola folgende Angaben:
Neben den Rohstoffen bestimmen Art und Dauer des Schmelzens die Qualität des Glases. Wird das Gemenge nur eine Nacht geschmolzen, und dann sofort verarbeitet, erhält man ein wenig reines und durchsichtiges Glas. Ein besseres Glas wird erhalten, wenn man zuerst ein Rohglas herstellt, es erstarren lässt, zerkleinert und die Stücke einen Tag und eine Nacht lang einschmilzt. Noch besser ist das Glas, das durch zwei Tage und zwei Nächte langes Schmelzen erhalten wird. Die Glasmacher entnehmen während des Schmelzens öfter Proben mit der Pfeife, um die Qualität der Schmelze zu überprüfen.
Eine weitere Abbildung bei Agricola (Abb. 43) zeigt Einzelheiten der Glasbläserarbeit am Ofen sowie links oben die Bewirtung der Kundschaft und rechts oben den Abtransport der fertigen Gefäße. Auf dem Boden liegen Holz, zwei Pfeifen, eine Zange, zwei einteilige Model sowie Glasbruch.

Abb. 43. Die Arbeit am Ofen mit offenbar drei Ebenen,
Bewirtung der Kundschaft, Abtransport der Gefäße
(mit freundlicher Genehmigung der Universitätsbibliothek Tübingen)

Diskussion

Agricola schildert drei verschieden aufwendige Betriebsarten für Glashütten, die z. T. auch beim Ausfall eines Ofens zur Überbrückung von Notsituationen angewandt werden konnten und insofern sehr modern anmuten. Seine geschilderte Anlage mit dem drei-etagigen Ofen zeichnet sich durch eine hohe Produktivität aus, was sich in der Zahl von 5 gleichzeitig arbeitenden Glasbläsern in Abbildung 43 zeigt. In dem rechteckigen Kühlofen wird ein sehr durchdachtes zweistufiges Kühlsystem angewandt.

Die Holzschnitte zeigen einige Mängel. Leider fehlt in den Abbildungen 41 und 42 jeder Hinweis auf die Anwendung der Keramikgefäße zum Abkühlen der Glasware. Auch sonst fehlen einige Einzelheiten auf den Abbildungen: so sind die im Text erwähnten Eisenplatten, die die ins Feuer gelegten Pfeifen halten sollen, nicht zu sehen.

Die Herstellung des Rohglases im gezeigten ersten Ofen („Ähnlichkeit mit einem Backofen") erstaunt. Da ein Backofen einen durchgehenden Herd besitzt, muss bezweifelt werden, dass die darin erreichbaren Temperaturen zum Erschmelzen von Rohglas ausreichen: die Flammen können das Gemenge nicht direkt erreichen. Des weiteren erstaunt die Form des erschmolzenen Rohglases, das der Arbeiter gerade mit einem Hammer zerschlägt. Es hat den Anschein, dass als Form ein muldenförmiges Gefäß diente, wie es ebenfalls abgebildet ist. Diese Mulden sind jedoch entweder Backmulden oder Transportgefäße z. B. für Erze; auf jeden Fall handelt es sich um typische Holzgefäße, die natürlich nicht als Schmelzgefäße geeignet sind. Hier liegen einige Ungereimtheiten vor.

Die von Agricola angegebene Vorgehensweise: Einbringen der im ersten Ofen auf Rotglut erhitzten Häfen in den Arbeitsofen (die Häfen kühlen dabei ab) und Beschickung mit Roh- oder Bruchglas erst nach dem Wiedererreichen der Rotglut erscheint nicht sinnvoll. Beim Beschicken der glühenden Häfen mit kaltem Material besteht die Gefahr des Hafenbruches.

Die großen Abmessungen der Kuppelöfen (Höhen zwischen 2,5 und 4 m) verlangen die erwähnten Stützstreben bzw. Bögen, die den Schub der Kuppeln aufnehmen.

Ob Agricola seine Anregung zur Darstellung der Öfen in Venedig erhalten hat, muss zur Zeit noch Gegenstand einer Vermutung bleiben. Eine Ähnlichkeit seines großen Ofens mit dem von Torcello ist jedenfalls gegeben. Bei Agricola fehlt der etwa rechteckige Verbindungstrakt zwischen dem runden und dem rechteckigen Ofen, der in Torcello erkennbar ist. Der kleine, erste Ofen stellt bei Agricola einen runden Kuppelofen dar und unterscheidet sich somit von dem rechteckigen Ofen zur Herstellung des Glasvorproduktes auf Torcello. Hierbei handelt es sich jedoch um eher unwesentliche Einzelheiten, die leicht mit dem großen zeitlichen Abstand zu erklären sind.

Die Darstellung eines drei-etagigen Ofens bei Agricola geht jedoch auf eine andere, wohl auch italienische Quelle zurück, vermutlich Biringuccio. Auch die Abmessungen der Häfen bei Agricola und Biringuccio zeigen eine bemerkenswerte Übereinstimmung. Hierauf wird noch eingegangen.

Im Ganzen gesehen stehen Agricolas Angaben zu den Öfen doch merkwürdig isoliert in der deutschen Glaslandschaft. Seine Angaben zur Durchführung des Prozesses sind in vielen Einzelheiten sinnvoll und richtig, soweit sich das heute noch überprüfen lässt. Sie beziehen sich jedoch mehr auf das Erschmelzen von Natrium-Kalzium-Glas als auf die Herstellung von Holzascheglas.

Bei GREINDL (1984) finden sich Abbildungen aus „*L'Arte vitraria*“ von Antonio Neri (1612) aus Florenz, die bis in viele technische Einzelheiten mit den Abbildungen bei Agricola übereinstimmen. Christopher Merret (London 1662) übernahm sie in sein Werk „The Art of Glass“ (eine Übersetzung Neris *L'Arte vitraria* mit Kommentar), und schließlich gelangten die Abbildungen dann auch in die „Ars vitraria experimentalis” von KUNCKEL (1679, C. Merrets Anhang 326-34, Fig. N, O, P, Q) – ordentlich zitiert und kommentiert. Allein schon diese Tatsache zeigt die ungeheure Nachwirkung des Werkes von Agricola ebenso wie der Nachbau des „anderen zweiten Ofens“ in vielen Museen, wobei allerdings nicht darauf hingewiesen wird, dass dieser Ofen fremd in der deutschen Glaslandschaft steht.

### 4.1.33. Die Glashütte von Rosedale (Ende 16. Jh.)

In Rosedale (Yorkshire) wurde eine Glashütte ausgegraben, die vermutlich von (französischen) Immigranten gegründet wurde und ihre Arbeit im Zeitraum 1590-1600 einstellte. Die hier hergestellten Glasgefäße waren von hoher Qualität und wiesen kontinentale Merkmale auf. Der Arbeitsofen mit mittigem Feuerungskanal war sehr kompakt für zwei Häfen gebaut. An den vier Ecken war ursprünglich je ein Flügel angeordnet, einer wurde jedoch im Laufe der Betriebszeit abgebaut. Die Flügel zeigten keine Anzeichen einer direkten Befeuerung; sie erhielten ihre Wärme von dem Hauptofen (CROSSLEY et al. 1972; CROSSLEY 1983). Abbildung 44 zeigt den ergrabenen Hüttenplatz. Neben dem Arbeitsofen sind noch zwei Nebenöfen zu erkennen, die als Kühlöfen gedeutet werden, sowie zwei weitere Stellen, an denen bei niedrigeren Temperaturen gearbeitet wurde. Im Westen bewahrt eine Setzung von Felsblöcken den Hang vor dem Abrutschen; ein Drainagegraben umgibt den Arbeitsofen auf drei Seiten.

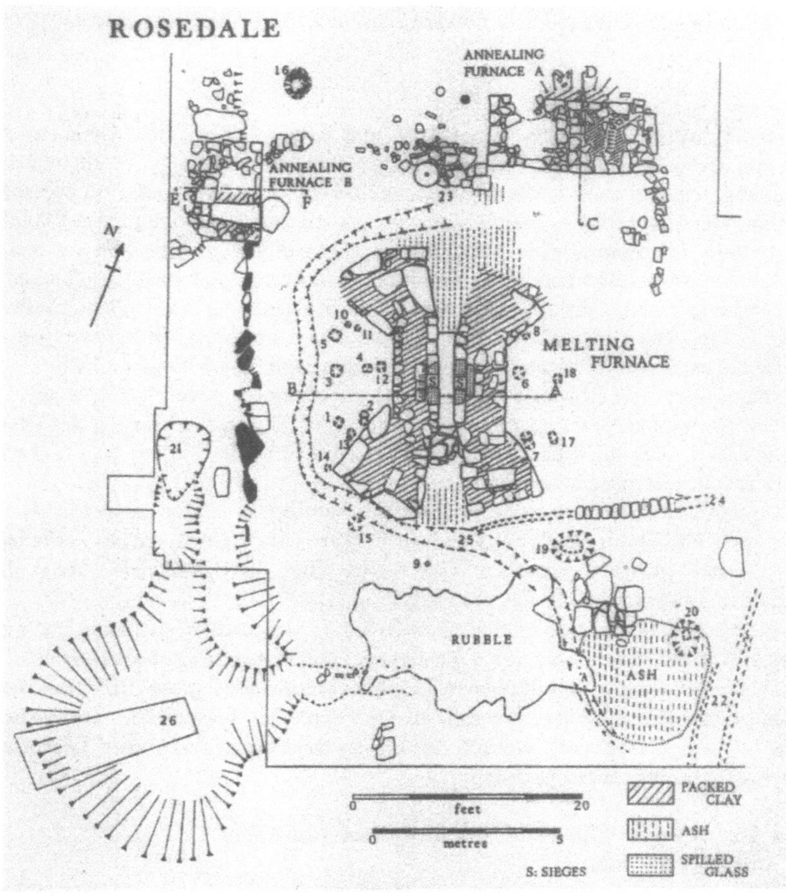


Abb. 44. Die Glashütte von Rosedale nach Crossley et al.

Nur sechs Meilen von Rosedale entfernt wurde bei Hutton eine weitere Ofenanlage ausgegraben, die drei Bauperioden erkennen ließ. Die Befunde lagen direkt übereinander. Der erste Ofen war rechteckig und besaß keine Flügel, während die zwei nächsten, darüber gebauten Öfen jeweils zwei Flügel besaßen, die einander diagonal gegenüberlagen. In der letzten Phase (datiert in das späte 16. Jahrhundert datiert) wurde der nordöstliche Flügel unabhängig vom Hauptofen beheizt.

Analysendaten für die Gläser aus den beiden Hütten werden angegeben. Das Glas von Rosedale ist alkali- und magnesiumreicher, dafür kalziumärmer als das von Hutton.
Das Glas von Rosedale ist in Farbe und Qualität auffallend einheitlich und dem von Hutton qualitativ überlegen, was vielleicht auf die bessere Ofentechnik in der Hütte von Rosedale zurückzuführen ist.
Die gefundenen steilwandigen Hafenfragmente weisen Höhen von 39 bis 46 cm und Wandstärken von 2 bis 4 cm auf.

In der Nähe der Hütte von Rosedale steht die Ruine eines Wohnhauses mit angebautem Stall (Allen House), das vielleicht mit den Glasmachern in Verbindung gebracht werden kann.

Diskussion
Die an die Arbeitsöfen angebauten Flügel sind vermutlich mit den Anbauten an die Öfen von Bebenhausen oder der Emsbachschlucht zu vergleichen, nicht nur in der Anordnung, sondern auch in der noch unklaren, aber wohl doch vielseitig zu sehenden Funktion. Hervorzuheben ist der Befund der gesonderten Beheizung eines Flügels des letzten Ofens von Hutton. Eine direkte Entwicklungslinie der Flügelöfen aus den Öfen mit „Annex" ist (noch) nicht nachzuweisen; ein klares ingenieursmäßiges Denken kann zur Parallelerfindung dieser sicher der Energieeinsparung dienenden Einrichtung geführt haben. Die Grabung von Hutton lässt den ungefähren Zeitraum erkennen, in dem die Flügelbauweise vermutlich aus Lothringen nach (Nord-)England kam.
Auch beim Ofen von Rosedale ist nicht klar zu erkennen, welchen Zweck die Flügel erfüllten. Sie können wie die zwei Nebenöfen ebenfalls dem Abkühlen der Produkte gedient haben, aber auch dem Brennen bzw. Aufheizen der Häfen, dem Vorwärmen oder Fritten des Gemenges oder anderen Zwecken.
Die Zusammensetzung der in den Hütten erschmolzenen Gläser entspricht der eines Holzasche-Kalk-Glases nach WEDEPOHL (1998a), also einem relativ alkaliarmen, kalzium- und magnesiumreichen Glas. Das Glas von Rosedale dürfte besser verarbeitbar gewesen sein als das von Hutton.
TERLINDEN et al. (1981) publizieren einen in das 17. Jahrhundert datierten, nur weniger als zur Hälfte erhaltenen Flügelofen aus Savanel bei Nethen in Brabant/Belgien. Die im Bereich des (einzigen) gut erhaltenen Flügels vorgefundene große Hohlglasscherbenkonzentration erlaubt die Interpretation dieses Flügels als Temperofen. Terlinden et al. weisen auf die personellen, vielfach familiären Beziehungen zwischen Glashütten in Lothringen, Flandern und England hin.

### 4.1.34. Der Ofen der Glashütte Mittelfischbach (um 1600)

In Mittelfischbach, Gemeinde Grosserlach, Rems-Murr-Kreis wurde eine Glashütte entdeckt, die um 1600 produzierte (ARNOLD 1994) (Abb. 45).
Der Ofengrundriss ist erkennbar und zeigt den Feuerungsraum (I), den Schürkanal (II), den Bedienungsraum (III), den „Schmelzofen" (IV) und die Standplätze (V) der Glasbläser. Im Bereich IV wurden völlig versinterte Sandsteine angetroffen, jedoch keine Holzkohle. Die dick ausgezogene Linie zwischen den Zonen I und II folgt der Begrenzungslinie eines Steines.

Ein wichtiger Fund ist der eines „Tondeckel"-Fragments zum Verschließen einer Ofenöffnung.

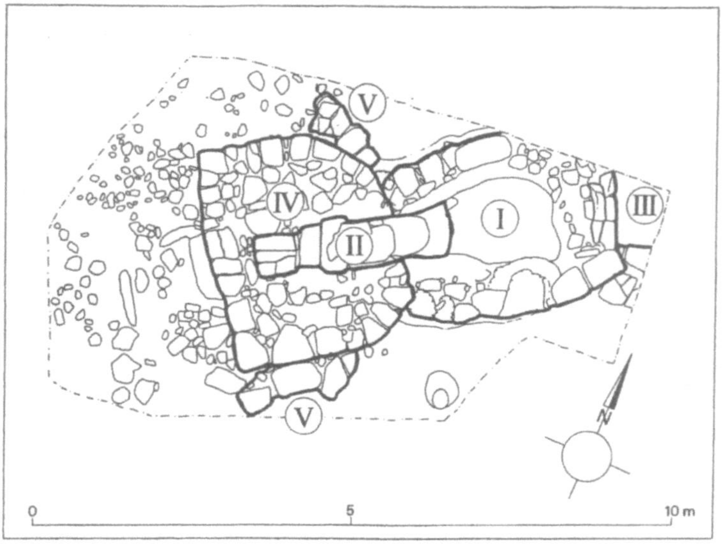


Abb. 45. Der Ofen der Glashütte Mittelfischbach nach Arnold

Der durch eine Baustelle gefährdete Bereich wurde innerhalb von zwei Wochen freigelegt und dokumentiert. Über weitere Öfen ist nichts bekannt.

Diskussion
Es handelt es sich hier um einen relativ kleinen Hafenofen mit vermutlich nur zwei Arbeitsöffnungen und zwei Arbeitsplätzen für Glasbläser. Ob in der ebenfalls erhitzten Zone über dem mit I bezeichneten Feuerungsraum weitere Wärme erfordernde Prozesse (Fritte-Herstellung, Kühlung) durchgeführt wurden, lässt sich aus dem Grundriss nicht sicher ableiten. Es ist jedoch denkbar. Der „Tondeckel" („Vorsatzkuchen nach BENRATH 1880, 165) stellt einen technologisch interessanten Fund dar.
Leider konnte dieser kleine Ofen nur flüchtig, sein Umfeld gar nicht untersucht und dokumentiert werden.

### 4.1.35. Die Glashütte von Reiditz/Rejdice in Böhmen (um 1600)

HEJDOVÁ (1965) publizierte eine in mancher Hinsicht bemerkenswerte Glashütte aus dem nordöstlichen Böhmen, die in das späte 16. bis frühe 17. Jahrhundert datiert wird (Abb. 46). Es handelt sich um eine Hütte, die in einem sehr abseits gelegenen Gebiet „Im Bärenloch" errichtet wurde, wahrscheinlich heimlich, um den Hüttenzoll zu umgehen. Sie lag in der Nähe einer gut zugänglichen Glashütte, so dass sich die zusätzliche Produktion gut kaschieren ließ. Auf einem Areal von 16,5 x 21 m wurden die Reste von drei Öfen aufgedeckt.

Ofen 1 stellt den Arbeitsofen dar. Er wird von einigen aus flachen Steinen gesetzten Kanälen umgeben und berührt, die zum einen als Luftzufuhrkanäle, zum anderen als Wasserzuleitungskanäle gedeutet werden. Vier Kanäle führen in den westlichen Ofenabschnitt (auch in der Originalzeichnung kaum erkennbar), zwei nach außen offene im Süden, zwei mit Luftzufuhrkanälen verbundene im Norden. Der gesamte westliche Ofenabschnitt diente mit Hilfe dieser Kanäle der Temperaturregulierung und möglicherweise auch als Temperofen für einen ersten Abkühlungsschritt.

Abb. 46. Die Glashütte von Reiditz: Übersichtsskizze nach Hejdová und Steinplan
(Steinplan: aus Einzelzeichnungen zusammengesetzte Umzeichnung des Autors)

Ofen 2 wird als Temperofen interpretiert. Sein steinernes Gewölbe war im mittleren Teil erhalten, die Höhe wird nicht angegeben. Es wird vermutet, dass das Steingewölbe

von einem zweiten Gewölbe aus Lehm überwölbt war und dass der Raum dazwischen dem Tempern diente.
Ofen 3 stellte den „Frittofen" dar. Er besitzt zwei verschieden lange, jedoch gleich tiefe Kanäle, von denen der nördliche als Heizkanal diente, der südliche dem Einstellen von Tiegeln mit dem Gemenge. Dieser Ofen wird mit dem von Peder Månsson beschriebenen verglichen, nur dass bei diesem der Feuerungskanal tiefer lag als der zweite Kanal.
Die ganze Anlage war von einer in Abschnitten nachgewiesenen Mauer umgeben.

Diskussion
Entsprechend der relativ späten Datierung liegt eine recht gut entwickelte Glashütte vor, die durch die abgelegene Lage noch dazu relativ gut erhalten ist. Manche Einzelheiten der Deutungen erscheinen jedoch überprüfungsbedürftig. Insbesondere scheinen verschiedene Ausbaustadien nicht getrennt worden zu sein, wodurch sich ein sehr ungeordnet erscheinendes Gesamtbild ergibt.
Die ungewöhnliche Form des Hauptofens (1) kann man nur zur Kenntnis nehmen, erstaunlich ist die Vielzahl der Kanäle in seiner Umgebung. Die um ihn herum führenden Kanäle wären wohl eher als Dränagen zu interpretieren, die den Hauptfeind der Öfen, das Wasser, abhalten sollen. Sie werden nicht der Wasserzuleitung gedient haben. Schwieriger zu verstehen sind die Kanäle, die in den westlichen Ofenteil einmünden und darin eine Fortsetzung erfahren. Es ist schwer einzusehen, dass die zusätzliche Luft so weit und in solchen Kanälen herbeigeführt werden muss. Ein Vergleich mit der Konstruktion des Ofens von Hüti (der freilich später zu datieren ist) lässt eher an Rauchabzüge denken, die den Rauch aus dem Hüttenareal ableiten sollten. Vielleicht liegt hier ein erster Versuch in dieser Richtung vor; die ganze Konstruktion macht ja einen merkwürdig primitiven und ungelenken Eindruck. Vermutlich ist diese verwirrende Vielfalt von Bauelementen aber auf verschiedene Umbauten zurückzuführen, deren chronologische Abfolge nicht geklärt wurde.
Bei dem als Kühlofen interpretierten Ofen 2 liegt der seltene Glücksfall vor, dass noch ein Teil des Gewölbes steht. Leider enthält die Publikation keine Querschnittszeichnung, so dass es schwierig ist, die gefolgerte zweite Überwölbung mit einem Lehmgewölbe nachzuvollziehen.
Der dritte, als Frittofen interpretierte Ofen weist die interessante Besonderheit zweier Kanäle auf: einer diente der Feuerung, der zweite der Aufnahme von Tiegeln. Man kann diese Anordnung als eine Variante der üblichen Hafenöfen mit dem Feuerungskanal zwischen zwei Hafenbänken ansehen, nur dass hier die Häfen in einer Reihe und tiefer standen. Der Vergleich mit dem von Månsson beschriebenen Ofen hinkt etwas, weil dieser nicht für die Aufnahme von Tiegeln gedacht ist und somit den römischen Wannenöfen näher steht. Solche Vergleiche sind äußerst problematisch.

### 4.1.36. Die Glashütte Schöllkrippen/Eppstein III (Anfang 17. Jh.)

Im Forstbezirk Schöllkrippen im Landkreis Aschaffenburg wurde die Eppstein-Glashütte III freigelegt (WAMSER 1982), die von 1619 bis 1629 bezeugt ist (Abb. 47). Die Anlage zeigt 7 Öfen, die teils zusammengebaut sind, teils einzeln stehen. Zwei Öfen stehen im stumpfen Winkel zueinander.

Diskussion
Der Arbeitsofen (rechts im Bild) besitzt im Westen einen Annex, ähnlich wie der Arbeitsofen der Glashütte bei Bebenhausen. Die dort gegebene Deutung gilt wohl auch für diesen Ofen, obwohl zwischen beiden Anlagen 1½ Jahrhunderte liegen. Der Ofen muss also von Osten her befeuert worden sein. Die zwei in stumpfem Winkel zueinander stehenden, zusammengebauten Öfen (links im Bild) können als Streckofen für die Flachglasproduktion interpretiert werden. Die Öfen sind relativ kurz gebaut, vielleicht wurde aus diesem Grunde ein dritter Ofen angebaut, um die gewünschte Produktionskapazität zu schaffen. Auch die beiden zusammengebauten kleinen Öfen im Norden können nach LANG (2001, 54) in diesem Zusammenhang gesehen werden. Sie können einen neuen Typ von Strecköfen bilden, bei dem die beiden Ofenachsen etwa parallel zueinander liegen.

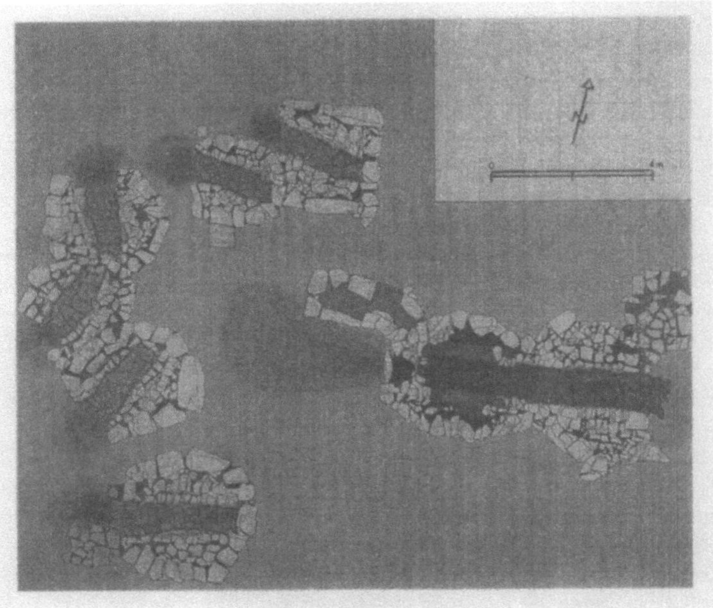

Abb. 47. Die Glashütte Schöllkrippen/Eppstein III nach Wamser

Angesichts der relativ späten Datierung der Hütte wäre hier ein Übergang zu den neuzeitlichen Strecköfen fassbar. Man kann in dieser Hütte eine erhebliche Flachglas-Produktionskapazität erkennen; jedoch werden auch für die Hohlglasproduktion erhebliche Kapazitäten zur Verfügung gestanden haben. Im Ganzen gesehen handelt es sich hier um eine große Produktionsstätte für ein weites Produktspektrum.

**4.1.37. Die Glashütte von Jamestown, Virginia (Anfang 17. Jh.)**

KENYON (1967, 67-73) beschreibt eine bei Jamestown, Virginia, USA, gefundene Glashütte, die „nicht vor 1608 errichtet“ worden ist (Abb. 48). Nach LANMON et al. (1976) arbeitete die Hütte mit Unterbrechungen nur wenige Jahre bis 1624, da sie mit

schlechtem Management, Krankheiten, Hunger und feindlichen Indianern zu kämpfen hatte.
Die Anlage besteht aus vier Öfen, die vom Ausgräber Harrington als Arbeitsofen A, Brennofen für Häfen B und ein kombinierter Ofen C und D interpretiert wurden. Zunächst interpretierte er C als Kühlofen und D als Ofen zur Herstellung der Fritte, später deutete er auch den Ofen D als Kühlofen. Der Zeichnung (vgl. auch HORAT 1991, 107-109) ist zu entnehmen, dass die Achsen der Öfen C und D einen stumpfen Winkel einschließen und sich nicht in der Mitte zwischen den Teilöfen schneiden.

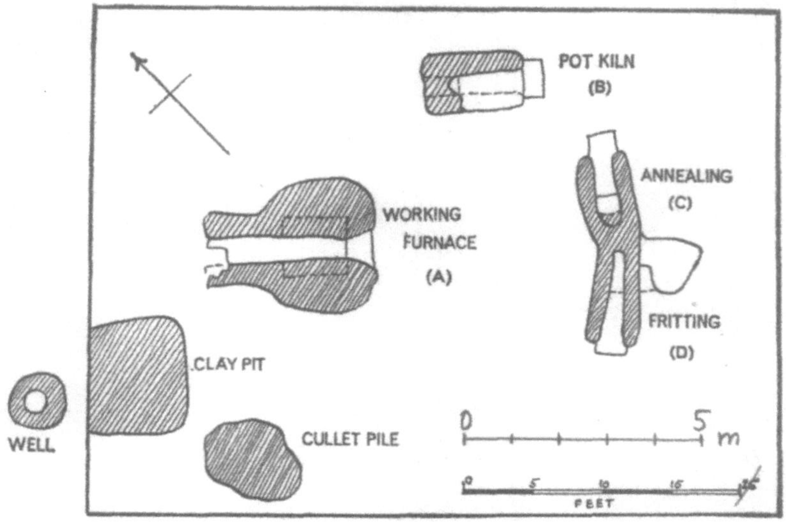


Abb. 48. Die Glashütte von Jamestown, Virginia, USA nach Kenyon
(Der Fuß-Maßstab wurde umgezeichnet)

Diskussion
Der Doppelofen C und D ist mit seiner geknickten Anordnung natürlich besonders interessant, und LANG (1994) erkannte in ihm einen Streckofen für die Herstellung von Flachglas. Dieser Ofen besitzt über den charakteristischen Knick hinaus noch - eine korrekte Zeichnung vorausgesetzt - die Besonderheit, dass die Achsen der beiden Teilöfen gegeneinander verschoben sind, wodurch die Arbeitsplatte zwischen ihnen ergonomisch besonders günstig im Sinne einer erhöhten „Ellenbogenfreiheit" gestaltet ist.
Interessant ist natürlich auch, dass die Kolonisten in Amerika schon früh begannen, ihr eigenes Flachglas herzustellen, und zwar nach spätmittelalterlicher Technologie, die sie mitbrachten.

### 4.1.38. Die Glashütte von Peyremoutou (2. Hälfte 17. Jh.)

FOY et al. (1983) beschreiben eine bei Peyremoutou (Dép. Tarn, im südlichen Zentralmassiv) gelegene Glashütte aus dem 17. Jahrhundert.

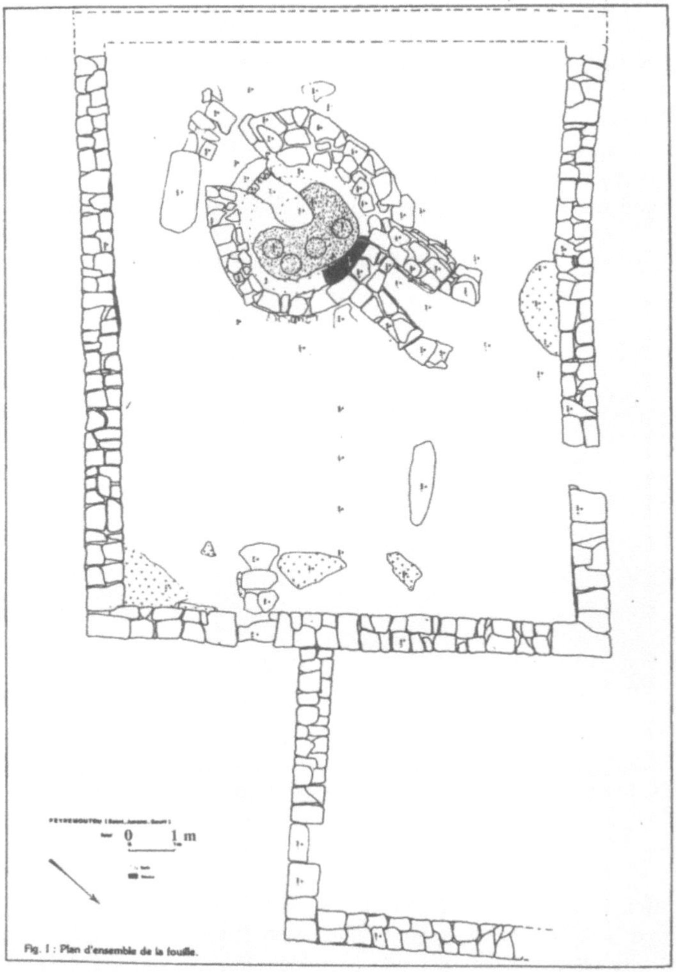


Abb.49. Die Glashütte von Peyremoutou nach Foy et al.
Ein Kuppelansatz ist schwarz gefüllt eingezeichnet

Die Grabung legte einen runden Ofen inmitten einer rechteckigen Baustruktur mit den Maßen 29,70 x 23,85 m frei. Der Ofen ist N-S-orientiert und besitzt in dieser Richtung eine Länge von 6,4 m. Im Norden schließt sich an den runden Ofen ein Aschenkanal an, im Süden befindet sich das Feuerungsloch. Der Ofen ist bis zur Höhe der Hafenebene so gut erhalten, dass sein Aufbau sicher rekonstruiert werden kann. Der Feuerungskanal besitzt einen kegelstumpfförmigen Querschnitt. Seine Wände wurden aus Hafenfragmenten und hitzebeständigem Lehm gebaut; sie verengen sich nach oben hin und bilden in 0,88 m Höhe einen „Kamin, der die Wärme des Feuerungskanals auf die Höhe der Ofenbank leitet“. Entsprechend den vorgefundenen Abdrücken konnte die Ofenbank 8 Glashäfen von jeweils 40 cm Durchmesser aufnehmen. Die aus Lehm und dünnen

Schieferstücken aufgebaute Kuppel ist noch in Ansätzen erhalten. Sie erhob sich zwischen der Ofenbank und der ohne Bindemittel aufgebauten äußeren Steinsetzung, die der Abstützung im unteren Teil diente. Die Innenseiten der gefundenen Kuppelfragmente sind verglast.
Im Süden könnte ein weiterer Ofen gestanden haben. Das Areal ist noch nicht vollständig ausgegraben. Die Hütte wurde vermutlich von der adligen Glaser-Familie de Robert betrieben.
In einigen 100 m Entfernung ist eine ähnliche Anlage mit einem Ofen des beschriebenen Typs, jedoch weniger gut erhalten, bekannt.
An eisernen Werkzeugen fanden sich Pfeifenfragmente und eine intakte Pinzette von 21 cm Länge. Eine zweifach gekerbte Schieferplatte diente – senkrecht angebracht – als Halterung für Pfeifen oder Hefteisen.
Die großen Glashäfen besaßen unten einen Durchmesser von 40 cm und eine Höhe von 20 bis 30 cm. Daneben gab es auch kleinere Häfen mit einem unteren Durchmesser von 20 cm bei einer Höhe von 15,5 cm. Der Scherben der Häfen ist grau und sehr kompakt.
Neben faden- und „tränen-"förmigen Glasabfällen fanden sich Glasreste, die das hochwertige Produktionsspektrum der Hütte erkennen lassen: Perlen und Hohlglas, anscheinend kein Flachglas.

Diskussion
Es handelt sich um einen großen, runden Arbeitsofen mit kreisförmiger Ofenbank und zentralem Flammloch. Ein „vom Einfeuerungsloch her geöffneter Feuerschlitz", wie er von Horat (1991,74) beschrieben wird, ist weder der Beschreibung noch der Zeichnung zu entnehmen. Der Ofen erinnert stark an den von Cadrix, der allerdings dreihundert Jahre früher datiert und nur etwa halb so groß ist. Weiterhin erinnert er an die Abbildung eines Arbeitsofens in der späteren Abschrift des *De universo* von Hrabanus Maurus. Ein etwas kühnerer Bogen lässt sich zu dem großen runden Ofen der Glashütte Steimcke schlagen, der bemerkenswerte übereinstimmende Einzelheiten aufweist. Der Hafenbank-Einbau dieses Ofens wäre in Analogie zum Ofen von Peyremoutou zu interpretieren: eine runde Ofenbank mit zentralem Flammloch und darunter durch den Ofen hindurch verlaufendem Feuerungskanal.
Angesichts der einige Jahrhunderte auseinanderliegenden Datierungen sind diese Parallelen noch mit Vorsicht zu betrachten, bis sie durch weitere Funde erhärtet oder widerlegt werden. Die offenbar gute Funktionalität dieser Öfen lässt den Gedanken an eine Tradierung jedoch nicht völlig abwegig erscheinen. Die Frage nach dem Ursprung ist noch nicht zu beantworten; vermutlich ist er in Südfrankreich zu suchen. Auch zum Zeitpunkt der Entstehung dieses Typs lässt sich noch nichts sagen; er liegt sicherlich weit vor dem 17. Jahrhundert.

### 4.1.39. Die Glashütte von Hüti/Estland (17. Jh.)

Roosma (1969; 1977) untersuchte die Glashütten in Estland, darunter auch die zu den ältesten zählende in Hüti auf der Insel Hiiumaa (Dagö) in der Ostsee vor der estnischen Küste. Die Hütte arbeitete von 1628 bis 1664, wurde von einem deutschen Glaser errichtet und von ihm vier Jahre lang betrieben. Ihm folgten zwei schwedische Glaser und zum Schluss wieder ein Glaser aus Deutschland oder Böhmen.

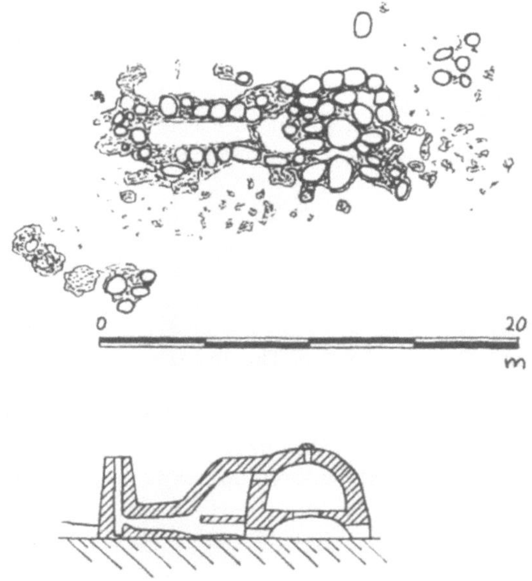


Abb. 50. Der Arbeitsofen mit angebautem Kühlofen von Hüti
(Umzeichnung: Autor)

Abbildung 50 zeigt den nach einer sehr kleinen Skizze in der Veröffentlichung von 1977 vergrößert umgezeichneten Steinplan und eine Rekonstruktionszeichnung des ergrabenen Ofens aus der Arbeit von 1969. Der Ofen besitzt links einen angebauten Kühlofen, der vom rechten Arbeitsofen mitbeheizt wird. Der Befund erlaubte die Feststellung eines Kamins. Im Ganzen wurden auf dem Areal der Hütte sechs Ofenstrukturen festgestellt, die auch den verschiedenen Erbauern zugeordnet werden können. Der Ofen mit dem Kamin wurde 1634 von dem schwedischen Glaser Pauell Gauwkunkell errichtet, der hier von 1634 bis 1648 arbeitete. Die übrigen Öfen werden in der Arbeit nicht weiter diskutiert; es werden nur drei „Ein-Hafen-Öfen" erwähnt, die der schwedische Glaser Jürgen Kelpien errichtete.
Die Glashütte produzierte Flachglas und Hohlglas (Trinkgläser, Flaschen, Kolben, Apotheken- und medizinische Gefäße). Die Hütte verwendete zunächst lokal vorkommenden Sand und erzeugte ein Glas, das dem deutschen „Waldglas" ähnlich war. Das spätere Glas wurde unter Verwendung von Quarz erschmolzen und war von höherer Qualität. In einer Fußnote weist Roosma darauf hin, dass in Estland viele Glaser mit dem Namen Kunckel[25] arbeiteten.

[25] Der bedeutendste Träger dieses Namens, Johann Kunckel, einer der berühmtesten Chemiker seiner Zeit und Autor der *Ars vitraria experimentalis*, stammt aus einer alten Glasmacherfamilie. Er lebte von 1630 (1638?) bis 1703 (1702?). 1693 wurde er vom schwedischen König Karl XI nach Stockholm gerufen und zum Bergrat ernannt. Er wurde geadelt und hieß fortan Kunckel von Löwenstern. Wenn eine Verbindung zwischen ihm und den Glashütten Estlands bestehen sollte, dann höchstens mit den späteren. Der Name Gauwkunkell weist darauf hin, dass hier schon früher Verbindungen mit der Familie Kunckel (Kunkel) bestanden haben können.

Diskussion

Der Nachweis eines hochgezogenen Kamins wäre natürlich von besonderem Interesse, muss aber doch mangels anderer Belege mit Vorsicht behandelt werden. Auch muss gefragt werden, ob die Feuerungsöffnung tatsächlich rechts lag: die kleine Steinsetzung rechts im Anschluss an den Hafenbankteil des Ofens könnte einen Annexofen darstellen. Angesichts der späten Datierung muss man jedoch schon mit technischen Verbesserungen im Ofenbau rechnen. Die Ausgrabung weiterer Glashütten ähnlicher Datierung könnte hier Klarheit schaffen. Interessant ist auch die aufscheinende Verbindung zwischen deutschen, evtl. böhmischen Glasern und den Glashütten in Estland.

### 4.1.40. Die Flügelöfen

Eine wichtige Entwicklung der Ofentechnik stellten die Flügelöfen dar, die vermutlich zuerst in Lothringen erschienen und sich dann insbesondere nach England ausbreiteten. Die Entwicklung dieser Öfen anhand von Befunden ist schwer darzustellen.

Bekannt und gut dokumentiert sind die schräg zur Arbeitsofenachse stehenden Anbauöfen („Annexe", Beispiele: Bebenhausen, An der Emsbachschlucht). Ihre Weiterentwicklung zu den Flügelöfen muss noch als ausgesprochene Hypothese betrachtet werden; z. B. fehlen Arbeitsofenbefunde mit zwei oder mehreren „Annexen" mit ihren charakteristischen ovalen Grundrissen.

Einen frühen Flügelofen beschreibt GERBER (2003), der die neuzeitliche Glashütte von Court-Chaluet im Schweizer Jura, Kanton Bern, ausgrub. Sie arbeitete in der Zeit 1699 bis 1714 und besaß einen „Flügelofen" und zwei Nebenöfen. Das besondere an diesem Flügelofen ist, dass die vier Flügel zwar 2,5 m lang, aber nur 1,25 m breit waren. Die Länge liegt etwa im auch später üblichen Rahmen, die Breite ist jedoch recht gering. Man könnte sogar zweifeln, ob es sich bei diesen Flügeln um Öfen handelt oder vielleicht nur um (allerdings recht dicke) Wände zum Leiten des Windes und zum Schutz der Glasbläser vor der Wärme an den Öffnungen des Feuerungskanals. Vielleicht liegt hier noch ein frühes Entwicklungsstadium vor; die Flügel erweiterten sich dann zu breiteren Öfen.

Frühe, d. h. in das 16. bis 17. Jahrhundert datierte Öfen der Bauweise mit den ausgeprägten fächerförmigen Flügeln wurden häufiger in England ergraben als in Frankreich, Deutschland oder den Benelux-Ländern. HORAT (1991, 54-55; 76-77) vermag nur zwei entsprechende Befunde zu nennen (von Anlier, Luxemburg bzw. Savenel, Belgien), wobei der von Anlier schon 1911 aufgedeckt und nur schlecht dokumentiert wurde und der von Savenel nur teilweise erhalten ist (TERLINDEN et al. 1981). Ein schriftliches Zeugnis findet sich bei KUNCKEL (1679, C. Merrets Anmerckungen über die Bücher Neri, 240), bei dem es heißt: „Diese Oefen/davon wir jetzt gehandelt/sind rund/die andern Oefen aber zu dem grünen Glas/sind viereckicht/und haben in jedem Ecke ein Gewölb/darinnen die Gefässe erwärmet werden." Mit „Gewölb" sind die Flügel gemeint, deren Verwendung als Kühlöfen deutlich ausgesprochen wird. In das 18. Jahrhundert datierte Flügelöfen wurden dagegen häufiger nachgewiesen. CHARLESTON (1978 a) schreibt den Flügelöfen einen wahrscheinlich französischen Ursprung zu, weist allerdings auf Merretts Übersetzung (erschienen in London 1662) des Werkes von Antonio Neri (erschienen 1612) hin, das ja einen Hinweis auf Flügel oder zumindest flügelähnliche Ofenanbauten enthält (s. o.). Die Flügelöfen von Rosedale und Hutton sind in das letzte Viertel des 16. Jahrhunderts datiert und werden mit einiger

Wahrscheinlichkeit auf Einwanderer aus Lothringen zurückgeführt. CROSSLEY et al. (1972) begründen dies mit durch Schriftquellen belegten Beispielen aus dem Weald sowie einigen gefundenen Glasformen. Neris Hinweis auf das grüne Glas und die viereckigen Öfen kann Anlass zur Vermutung geben, dass er die Anregung zu seiner Bemerkung aus Deutschland oder den angrenzenden Gebieten erhielt. Man wird also den Flügelöfen einen Ursprung aus der Mitte Europas zuweisen müssen, ohne ihn zur Zeit genauer lokalisieren zu können. Aus Italien ist bis jetzt kein ergrabener früher Flügelofen bekannt.
Bekannt sind die Darstellungen bei DIDEROT (1762-77), von denen eine daher an dieser Stelle behandelt werden soll.

### 4.1.40.1. Ein Flügelofen bei Diderot (2. Hälfte 18. Jh.)

Es handelt sich um eine recht kompakte Ofenanlage, die eine effektive Ausnutzung der Wärme des Hauptofens gestattet. Abbildung 51 zeigt einen von DIDEROT (1762-77, IV 2620-21) dargestellten Vertreter, der mit Steinkohle beheizt wurde.

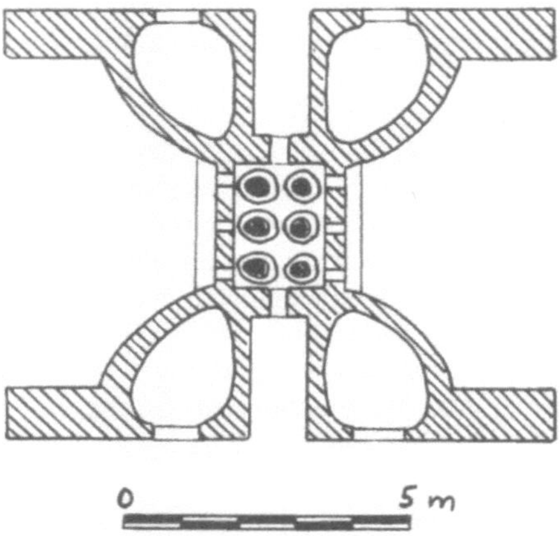


Abb. 51. Vierflügeliger Glasmacherofen bei Diderot
(Umzeichnung: Autor)

Die Nebenöfen sind an die vier Ecken des Hauptofens angebaut, stabilisieren diesen ggf. in Bezug auf seine Statik und partizipieren an seiner Wärme, vergleichmäßigen auch den Temperaturverlauf innerhalb des Ofens. Sie können dem Aufwärmen der Häfen oder der Fritte sowie als Kühlöfen dienen und evtl. über eigene Feuerungen verfügen.

### 4.1.40.2. Die Birkberghütte (2. Hälfte 18. Jh.)

In Deutschland wurde solch ein „französischer Ofen“ im Wiesener Forst (NO von Aschaffenburg, NO von Heinrichsthal) zusammen mit der ganzen Hüttenanlage, der Birkberghütte, ergraben und gesichert (WAMSER 1984). Bei KAMPFMANN et al. (1988, 164-65) finden sich wie bei Wamser nur kurze Angaben. Die Hütte arbeitete von 1765 bis 1770.

Da die Publikation dieses bisher in Deutschland nur einmal aufgedeckten Ofentyps unvollständig erschien, besuchte der Autor die Grabungsstelle[26]. Der bei Wamser gezeigte Steinplan erwies sich als Plan der konservierten Anlage. Da der Maßstab fehlte, wurden einige Nachmessungen vorgenommen, die zeigten, dass der Plan die Maße der Anlage z. T. nur ungefähr wiedergibt. Auch weichen die Angaben in den beiden Publikationen voneinander ab. Abbildung 52 zeigt den Steinplan des konservierten Hauptofengrundrisses.

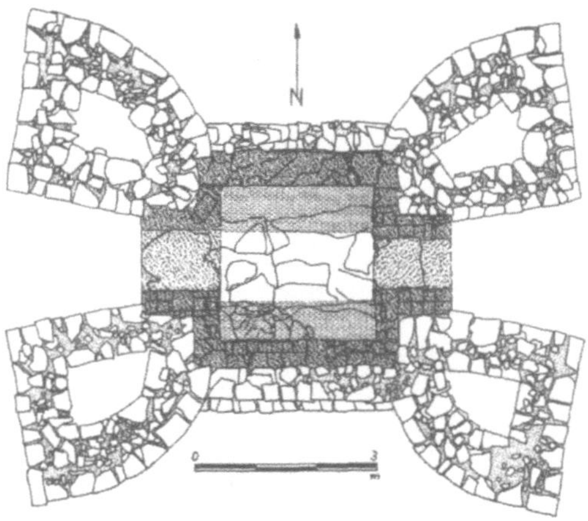


Abb. 52. Arbeitsofen der Birkberghütte nach Wamser
(Steinplan des konservierten Ofens, Maßstab und Nordpfeil eingefügt)

Der Ofen stellt sich als richtiggehender Flügelofen dar, wie er aus Frankreich und England bekannt ist. Die Feuerungsöffnung dürfte im Westen gelegen haben. Die Funktion der vier Flügel ist nicht zu erkennen; sie wurden offensichtlich nicht direkt beheizt (wenn die Rekonstruktion richtig ist).

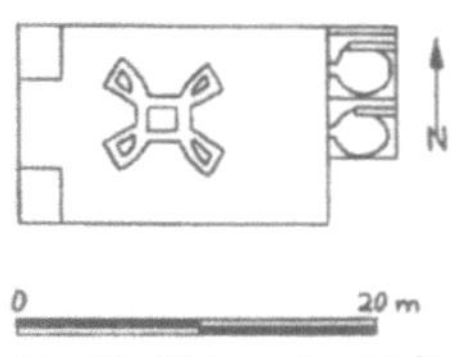


Abb. 53. Skizze der Halle
(Zeichnung: Autor)

Der Ofen stand in einer zumindest im unteren Bereich aus Steinen errichteten Halle der Größe 17 x 9 m, deren Grundriss ebenfalls konserviert wurde. In ihr sind außer dem in der Mitte stehenden Arbeitsofen zwei Nebenöfen (als Streck- oder Kalzinieröfen interpretiert) und zwei Nebenräume erkennbar. Abbildung 53 zeigt eine ungefähre Skizze der Halle.

Die Hütte steht auf einer Terrasse am Südhang des Birkberges, 4 m über der Talsohle mit einer Quelle. In der Nähe der Anlage konnten noch zwei weitere Gebäude (Magazin, Wohnung?) festgestellt werden. Abbildung 54 zeigt den konservierten Flügelofengrundriss von Norden aus gesehen.

[26] Herrn A. Fleckenstein, Wiesthal, sei für die freundliche Führung und die gegebenen Erläuterungen vielmals gedankt.

Abb. 54. Der rekonstruierte Flügelofengrundriss von Norden aus gesehen
(Foto: Autor)

Abbildung 55 zeigt den Blick von Westen auf die beiden Nebenöfen, deren Grundriss jedoch falsch rekonstruiert und konserviert wurde.

Abb. 55. Die falsch rekonstruierten Grundrisse der beiden Nebenöfen von Westen aus gesehen
(Foto: Autor)

Bei ihnen dürfte es sich um Herdöfen handeln; die zur Herstellung der Fritte dienten. Abbildung 56 zeigt einen solchen Ofen in Anlehnung an eine Abbildung bei LOYSEL (1802, I 168-71 Taf. 9, 75-77). Bei DIDEROT (1762-77, 2579) findet sich eine ähnliche Zeichnung, jedoch ohne den Vorbau. Der Feuerungskanal F und der Frittherd H unter dem Gewölbe liegen nicht auf einer Ebene; sie können nicht in der in Abbildung 55 wiedergegebenen Art verbunden sein.
Nach LOIBL (2002) handelt es sich bei dieser Hütte um eine von der Spiegelglashütte Lohr am Main aus vorgenommene Gründung, die eigentlich Rohglas fertigen sollte. Als wichtigste Funde sind Butzen von Mondglas anzusehen, die anzeigen, dass die Hütte zumindest auch ein Fertigprodukt herstellte. Da anzunehmen ist, dass dem Flügelofen eine Zone für die Fritte-Herstellung fehlt, werden die Nebenöfen diese Aufgabe erfüllt haben.

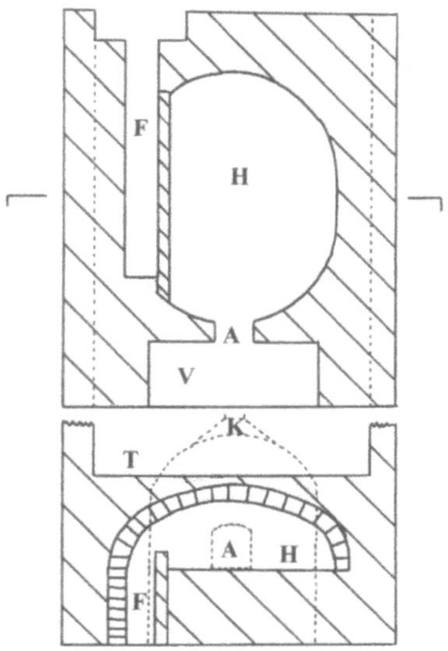


Abb. 56. Ein Kalzinierofen nach Loysel
H=Frittherd; F=Feuerungskanal, evtl. mit Rost; A=Arbeitsöffnung;
V=Vorbau mit Kamin K, scheint in der Birkberghütte zu fehlen;
T=Fläche zum Trocknen, z. B. von Sand
(Zeichnung: Autor)

Der in Deutschland bisher einmalige Nachweis eines Arbeitsofens mit vier Flügeln wirft die Frage auf, wie es zu seiner Errichtung kommen konnte. Kampfmann et al. bringen sie mit Hugenotten aus Hanau in Verbindung, die eine Produktionsstätte nach ihren aus Frankreich mitgebrachten Vorstellungen errichteten. Wahrscheinlicher ist jedoch die von Loibl (2003) geäußerte Ansicht, dass diese Bauart auf den Sohn Baltasar Georg Friedrich Henrici des Verwalters der Glashütte Lohr am Main, Johann Georg Henrici, als Erkenntnis einer Studienreise nach Frankreich zurückgeht.

#### 4.1.40.3. Die Glashütte New Bremen (letztes Quartal 18. Jh.)

Nur kurz sei nochmals auf die bereits erwähnte Glashütte New Bremen hingewiesen, die der deutsche Auswanderer John Frederick Amelung im letzten Quartal des 18. Jahrhunderts in Maryland, USA errichtete. Die Hütte verfügte über einen Flügelofen mit vier Flügeln (HUME 1976, 150).

### 4.1.41. Einige Öfen zum Vergleich

#### 4.1.41.1. Ein Kalzinierofen bei Kunckel (17. Jh.)

KUNCKEL (1679, Erinnerungen über die Merrettischen Anmerckungen, 347-50) zeigt im Zusammenhang mit der Pottaschensiederei einen „Calcionier-Ofen“ (Abb. 57) zum Kalzinieren (d. h. zum hohen Erhitzen, jedoch nicht bis zum Schmelzen) der rohen Pottasche.

Abb. 57. Ein Kalzinierofen bei Kunckel
Der Ofenmantel ist in alter Darstellungsart durchsichtig gezeichnet
(Wiedergabe mit freundlicher Genehmigung der Universitätsbibliothek Tübingen)

Es handelt sich um den in der Abbildung rechts gezeigten Ofen mit zwei Ebenen: der Feuerung unten und einem eingebauten, gemauerten Herd darüber, der etwa ¾ des Ofenquerschnittes einnimmt. Der freie Teil dient als Durchlass für die Flammen. Auf dem Herd liegt die Pottasche, die von den emporlodernden und von der Kuppel zurückgeworfenen Flammen bzw. ihrer Strahlung umspielt wird.
Es handelt sich also um einen Flammofen. Prinzipiell ähnliche Konstruktionen sind für die römischen kleinen runden Öfen sowie die Frittöfen anzunehmen.
Der links dargestellte Ofen interessiert in diesem Zusammenhang nicht; er dient dem Einengen der Pottaschelösung.

### 4.1.41.2. Der Spiegelglasofen von Crosfield (1840)

Im Zusammenhang mit der Frage der Beheizung der antiken (und mittelalterlichen) Wannenöfen ist die Zeichnung eines Spiegelglasofens, also eines Ofens für hochwertiges Glas, interessant, die bei STEIN (1954, 204) zu finden ist. Es handelt sich um die Zeichnung eines Ofens, der Joseph Crosfield im Jahre 1840 patentiert wurde (Abbildung 58).
Eine Wanne, in der sich das Gemenge befindet, wird von der Flamme eines auf gleicher Höhe brennenden Steinkohle-Feuers erhitzt; die Flammen werden durch das Ofengewölbe auf das Gemenge geleitet und streichen weiter über einen vorgelegten Glashafen in Richtung Kamin. Das erschmolzene Glas fließt in den vorgelegten Hafen, der von einem Hilfsfeuer auf Temperatur gehalten wird.
Es liegt ein Ofen vor, der auf der Entwicklungsstufe vom Hafen- zum Wannenofen steht, aber das ist hier bedeutungslos. Auch der Feuerrost ist für die vorliegende Betrachtung unwichtig. Was hier gezeigt werden soll, ist die Möglichkeit, das Gemenge von oben mit einem Feuer zu erhitzen, das seitlich davon brennt.

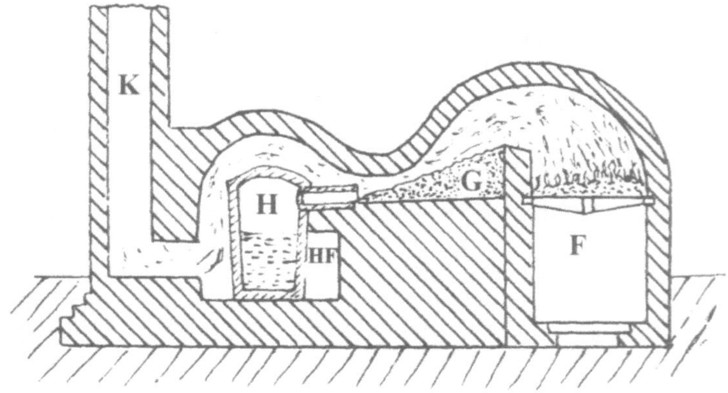


Abb. 58. Der Glasofen nach Crosfield (1840)
F: Feuerung auf einem Rost; G: Gemenge; H: Glashafen; HF: Hilfsfeuerung für den Glashafen; K: Kamin. (Umzeichnung: Autor)

Die Analogie zu den Öfen von Bet Eli'ezer, Bet She'Arim und den römischen Wannenöfen liegt auf der Hand: Auch hier ist die Feuerung seitlich, an der Schmalseite der Wanne, angeordnet und konnte ihre Spuren hinterlassen. Holz brennt mit längerer Flamme als Kohle, und so erreichten die heißen Flammenspitzen das Gemenge. Der Ofen von 1840 kann also einen Eindruck davon vermitteln, wie die antiken und frühmittelalterlichen Wannenöfen funktionierten.

### 4.1.41.3. Der Arbeitsofen der rezenten Glashütte Lamberts

Abbildung 59 zeigt einen Blick in die moderne, aber nach traditionellen Verfahren der Flachglasherstellung arbeitende Glashütte Lamberts in Waldsassen/Oberpfalz.

Abb. 59. Blick auf die Arbeitsöffnung eines modernen Ofens
(Foto Glashütte Lamberts, Waldsassen, mit freundlicher Genehmigung wiedergegeben)

Gezeigt ist der Blick auf eine Arbeitsöffnung des Arbeitsofens. Der Glasbläser erwärmt gerade einen Glasballon, um ihn noch weiter aufblasen zu können.
Zu beachten ist die geringe Höhe der Arbeitsöffnung über dem Gehhorizont – ein wichtiges Detail für die Rekonstruktion von Glasöfen. Dagegen ist die Abbildung bei Mandeville zu halten, in der die Öffnung unvernünftig hoch liegt. Auch die Rekonstruktion des Ofens von Theophilus bei HORAT (1991, 38) zeigt eine viel zu hohe Lage der Arbeitsöffnung.

### 4.1.42. Ungewöhnliche Archivalien aus der Spiegelfabrik in Spiegelberg (18. Jh.)

An dieser Stelle sei noch auf besondere Archivalien eingegangen, die sich im HAUPTSTAATSARCHIV STUTTGART befinden und dort von W. Loibl im Rahmen seiner Untersuchungen zu Spiegelglas- und Flachglashütten des 17. und 18. Jahrhunderts gefunden wurden. Es handelt sich um Unterlagen, die die Spiegelberger Glashütte betreffen.

Im Jahre 1699 errichtete der herzogliche Kirchenrat auf dem Juxkopf im Juxwald (in den Löwensteiner Bergen), der Eigentum des Klosters Steinheim war und nach dessen Aufhebung vom Kirchenrat verwaltet wurde, eine Glashütte, die unter ihrem ersten Pächter H. J. Greiner mit schlechtem wirtschaftlichen Erfolg Hohlglas herstellte. 1705 wurde auf Vorschlag des Spiegelmeisters J. G. Gundelach diese Glashütte aufgegeben und stattdessen im Tal, wo die Wasserkraft der Lauter zum Glasschleifen zur Verfügung stand, eine Spiegelhütte errichtet. Ebenfalls 1705 wurde der Hütte mit der Ansiedlung der Arbeiter per Dekret des Herzogs der Name „Spiegelberg“ verliehen. Die zunächst gut florierende Hütte musste 1794 wegen mangelnden Geschäftserfolges geschlossen werden; der Ort Spiegelberg fiel in die Bedeutungslosigkeit (HAUPTSTAATSARCHIV STUTTGART 2001; LANDESARCHIVDIREKTION BADEN-WÜRTTEMBERG 1978, 556-57; GREINER 1971, passim). Die „Spiegelfabrik in Spiegelberg im Württembergischen“ wird auch von POPPE (1811, 359) erwähnt, was auf eine gewisse, inzwischen allerdings vergangene Bedeutung hinweist.
Die Akten über die Glashütte blieben erhalten, darunter auch 4 Kästchen (drei aus Holz mit Zwischenfächern, eines aus Pappe) mit Materialproben, die im Zusammenhang mit der vorliegenden Arbeit von besonderem Interesse sind[27]. Der Autor durfte diese Kästchen eingehend in Augenschein nehmen[28]. Sorgfältig verpackt, meistens in sauber beschrifteten kleinen Fächern (einige Beschriftungen sind leider unleserlich geworden), befanden sich darin:

- stückige Schmirgelmaterialien (darunter Eisenoxidrot)
- *„Poteé“* (ein Polierpulver)
- „Trippel“ (ein sehr feines Polierpulver; auch Tripel, *terra tripolitana* genannt)
- Zinnfolienstücke
- „Wischlumpen“

[27] Ursprünglich waren 6 Kästchen vorhanden; 3 gingen also verloren, darunter Kästchen Nr. 1 mit Proben der Rohstoffe Sand, Pottasche und Kalk. Das Glasproben enthaltende Pappkästchen wurde offenbar später zugefügt.

[28] Der Autor dankt Frau P. Schön und Herrn Dr. Rückert vom Hauptstaatsarchiv Stuttgart für die bereitwillige Unterstützung.

- „Gelbwax“
- „Pfeiffenschnur zu Handgriffen der Glaspfeiffen und pontil“ (die Schnur war nicht mehr vorhanden, statt dessen befand sich ein Stück Kreide in dem Fach)
- Polierfilz
- „Schwarzwullenes Tuch, worauf das polierte Glas gepuzt wird“
- ein beutelartig zusammengebundenes Flanellstück, gefüllt mit Polierpulver „zum Glaspuzen“
- zwei Schwammstücke
- „Greide“ und „Rödel“ zum Anzeichnen
- drei Kupferscheibchen zum „Zieratschleifen“
- Mineralien mit darauf erstarrtem trübem Glasfluss
- „Glasgalle“ (beigefarbene, weiche, bröckelige Klumpen mit 1-5 cm Durchmesser)
- zwei Stücke „geronnenes Spiegelglas“ (deutlich grün, blasig, trübe bzw. braunschwarz, stark blasig. Es dürfte sich hierbei um noch ungeläutertes, rohes Glas handeln)
- eine blaue hohle, innen verspiegelte Glaskugel mit ca. 5 cm Durchmesser und 1-2 mm Wandstärke (in der Art der Weihnachtsbaumkugeln)
- sehr klare kleine Glasstücke
- ca. 1-2 mm dicke Flachglasfragmente, trüb
- 2 mm dicke Flachglasronden (35 mm Durchmesser), klar, mit den Färbungen gelbgrün, hellblaugrün, grau, braungelb, offenbar mit dem Diamanten geschnitten
- rechteckig zugeschnittene Flachglasproben (Maße: 3-7,5 x 8-13 cm groß, 3-11 mm dick, klar, Färbungen: grün, gelbgrün, braun, farblos)
- zwei dreidimensional verformte klare, farblose Glasfragmente (eines davon mit einem wellenförmig geschnittenen Rand)
- zwei rechteckige Flachglasstücke (4 bzw. 13 mm dick) mit matter, unebener Unterseite
- vier klare, leicht bräunlich gefärbte Flachglasfragmente mit glatter Oberseite und nur von einigen kleinen Kratern unterbrochener, sonst glatter Unterseite sowie beidseitig matte Flachglasstücke.

Abbildung 60 zeigt das „Sechste Kästgen“.
Es handelt sich also um eine Materialsammlung, die verschiedene Glasqualitäten zeigen und den Produktionsgang bei der Spiegelherstellung verdeutlichen sollte, und die in der Mitte der 1780er Jahre dem herzoglichen Kirchenrat als zuständiger Aufsichtsbehörde übergeben wurde. Damals stand die Entscheidung an, ob die Hütte renoviert und ausgebaut oder angesichts zunehmender Verluste geschlossen werden sollte. Rohstoffmuster für die Glasherstellung fehlen leider. Besonders interessant sind natürlich die Glasgalle, die verschiedenen Färbungen der Glasproben, die kleine „Weihnachtsbaumkugel“ und die einseitig matten oder unebenen Glastäfelchen und Fragmente, die z. T. auf vermutlich verschiedenen Flächen gegossenes Spiegelglas mit noch unpolierter Rückseite darstellen. Die beidseitig matten Stücke sollen wohl ebenfalls den Schleif- und Polierprozess verdeutlichen. Die Zinnfolie sowie ein mit „Quecksilber“ beschriftetes Fach, in dem sich jetzt aber verschiedene Flachglas-fragmente befinden, zeigt an, dass die Spiegel mit Zinnamalgam verspiegelt wurden.

Abb. 60. Das „Sechste Kästgen“ mit der Glasgalle
(Abmessungen des Kästchens: 37,5 x 23,5 x 9 cm)
(Foto: Hauptstaatsarchiv Stuttgart, mit freundlicher Genehmigung wiedergegeben)

Im Laufe der Zeit sind die Inhalte mehrerer Fächer etwas durcheinander geraten, so dass sich die Frage erhob, ob das mit „Glasgalle“ beschrifteten Kästchen tatsächlich Glasgalle enthält, die natürlich von besonderem Interesse wäre. Eine vorgenommene chemische Analyse bestätigte dies[29]. Da Glasgalle auf Grund ihrer Zusammensetzung nicht im Boden überdauert, ist dies der bis jetzt einzige bekannte Fund eines solchen Materials, wenn auch nicht aus dem Mittelalter oder der frühen Neuzeit, sondern aus dem 18. Jahrhundert. Die chemische Analyse ergab[30]:
Hauptbestandteile: Aluminium, Kalium, Chlor
Nebenbestandteile: Silizium, Schwefel
Spuren: Kalzium, Mangan, Eisen, Arsen, Antimon
Flammenfärbung: viel Kalium, Spuren von Natrium
Quantitative Analyse: Kalium-Gehalt: 17,5 %; Natrium-Gehalt 0,7 %.
Interpretation: Aluminium und Silizium stammen aus dem Gemenge und z. T. wohl auch aus dem Hafenmaterial. Kalzium ist ebenfalls ein Gemengebestandteil. Arsen geht auf Arsen(III)-oxid zurück, das dem Gemenge als Läuterungsmittel zugesetzt wurde. Antimon ist ein Begleitelement des Arsens.
Kalium und Schwefel (als Sulfat) gehen auf Pottasche zurück, die durch Extraktion von Holzasche mit Wasser gewonnen wurde. Die Glasgalle ist sehr hell gefärbt. Das nachgewiesene Mangan ist mit hoher Wahrscheinlichkeit auf zur Entfärbung zugesetzten Braunstein zurückzuführen.

[29] Der Autor ist Frau K. Bunk, Frau C. Schmidt und Frau C. Reindl, Werkstofftechnik Labor der DaimlerChrysler AG, Werk Sindelfingen, zu großem Dank für die sorgfältige Durchführung der Analysen verpflichtet.
[30] Die analytische Untersuchung wird eingehend im experimentellen Teil dieser Arbeit besprochen.

Natrium und Chlor zeigen den Zusatz von Kochsalz zum Gemenge an.
Zusammenfassend lässt sich sagen, dass die Glasgalle auf ein natriumarmes Kalium-Natrium-Kalzium-Glas zurückgeht. Dem Gemenge wurden zur Läuterung Arsen(III)-oxid und zur Entfärbung Braunstein beigegeben. Die Glasgalle ist erstaunlich eisenarm (daher ihre sehr helle Farbe), was auf die Verwendung sehr reiner Rohstoffe, u. a. auch gereinigter Pottasche, zurückgeht. Ein hoher Chlorid-Gehalt zeigt einen Zusatz von Kochsalz zum Gemenge an.
Bei MEYER (1848, Stichwort „Glas",1. Abteilung XII, 1146) findet sich ein Rezept für Spiegelglas, das so oder so ähnlich diesen Produkten zu Grunde gelegen haben könnte:

100 Pfd. Sand
75 Pfd. gereinigte Potasche[31]
33 Pfd. Kalk
3 Pfd. Kochsalz
7 Pfd. Salpeter
1½ Pfd. Arsenik
½ Pfd. Braunstein

Verwunderlich ist der immer noch andauernde Zusatz von Kochsalz. Hier scheint sich altes Gedankengut erstaunlich lange erhalten zu haben. Rezepturen des 20. Jahrhunderts weisen diesen eher schädlichen Zusatz nicht mehr aus: der an sich erwünschte Natriumgehalt im Glas wird durch Zusatz von Soda und Natriumnitrat erreicht.
Genauere Informationen zur Zusammensetzung der in dieser Hütte hergestellten Gläser wären natürlich von ihrer Analyse zu erwarten; was jedoch den Rahmen der vorliegenden Arbeit gesprengt hätte.

### 4.1.43. Anmerkungen zu einigen interessanten Plätzen

#### 4.1.43.1. Dorestad

Die Grabungen auf dem Areal der im 8. und 9. Jahrhundert bestehenden Stadt Dorestad (in der Nähe des heutigen Utrecht an der Rheinmündung gelegen) erbrachten zwar verschiedene Glasgegenstände (Gefäße, Spinnscheibe, Kamm, Glättsteine, Spielsteine), jedoch bisher keinen Hinweis auf eine Glasmacherwerkstatt oder einen Glasmacherofen (ROES 1965).

#### 4.1.43.2. Birka

Birka war ein bedeutender befestigter Handelsplatz der Wikinger auf der Insel Björkö im Mälarsee (westlich von Stockholm gelegen). Die Stadt bestand im 9. und 10. Jahrhundert. Die Grabungen erbrachten reiche und bedeutende Funde (darunter auch viele Glasgegenstände) aus den etwa 3000 Gräbern, jedoch noch keinen Hinweis auf eine Glasmacherwerkstatt oder einen Glasmacherofen (ARWIDSSON 1984).
Die Bedeutung der Glasfunde liegt darin, dass hier viele aus Westeuropa importierte Gläser als Grabbeigaben gefunden wurden, die in ihrem Ursprungsgebiet nur in viel geringerem Umfang fassbar sind. Der Grund liegt in der im Vergleich zu Westeuropa späteren Christianisierung Skandinaviens: die Sitte der Grabbeigaben lebte hier länger fort als im Westen.

---

[31] alte Schreibweise!

#### 4.1.43.3. Kloster Zwiefalten

Schriftquellen zufolge (HEHLE 1911, 12; LANDESARCHIVDIREKTION BADEN-WÜRTTEMBERG 1997, 982; PRETSCH 1986, 43) besaß das Kloster Zwiefalten im 18. Jahrhundert eine Glashütte, die im Jahre 1709 von Abt Wolfgang gegründet wurde. Eine bei Pretsch wiedergegebene Landkarte, die zwischen 1773 und 1778 gezeichnet wurde, zeigt eine Eintragung „Glashüt“ nordwestlich von Zwiefalten; auch Flurnamen wie Glastal, Glashöhle lassen auf einen Glashüttenstandort in dieser Gegend schließen.
Wegen ihrer späten Datierung wäre eine archäologische Untersuchung der Überreste dieser Hütte sehr interessant, aber leider konnte ihr Standort trotz der Bemühungen des Autors und einiger Studenten im Gelände noch nicht lokalisiert werden.

## 4.2. Zusammenfassende Diskussion

Wenn man die dargestellte Vielfalt von Glasmacheröfen aus den verschiedensten Zeitabschnitten überblickt und mit dem Wissen um technologische Zusammenhänge interpretiert, gelangt man zu einer Reihe von bemerkenswerten Erkenntnissen. Sie seien im Folgenden dargestellt.

### 4.2.1. Zum Ofenstandort

Die betrachteten Glasmacheröfen standen im städtischen, klösterlichen und ländlichen Bereich. Kleine Öfen, die lediglich Rohglas einschmolzen, können ohne weiteres im städtischen oder klösterlichen Bereich betrieben worden sein, ohne ihre Umgebung unzulässig zu beeinflussen. Größere Anlagen, die auch dem Erschmelzen von Rohglas dienen, sind in dieser Hinsicht problematisch: Rohstoffzufuhr in erheblichen Mengen, Abtransport der Produkte, große Feuerungsanlagen. Solche Anlagen wurden folgerichtig im ländlichen Bereich errichtet, wegen des Holzbedarfes bevorzugt in den Wäldern. Bei der Wahl eines Hüttenstandortes waren jedoch noch andere Punkte zu beachten: Die Verfügbarkeit von Wasser war unabdingbar: in der Regel befindet sich in unmittelbarer Nähe der Hütte ein Bach. Die beobachtete Hanglage der meisten Hütten sorgt für einen guten Zug und damit für hohe Temperaturen im Ofen: die Feuerungsöffnung zeigt in die bevorzugte Windrichtung. Die Öfen mussten gegen Wassereinwirkung von unten geschützt werden: dies geschah durch die häufig beobachteten Dränagegräben um die gefährdeten Seiten des Ofens herum (Beispiel: Bebenhausen) oder – anscheinend besonders in früher Zeit - durch den ebenfalls beobachteten Bau des Ofens auf einer künstlichen Aufschüttung (Beispiele: Kordel, Haithabu).
Die Errichtung des Ofens auf einer Anschüttung hat eine für den Archäologen äußerst nachteilige Konsequenz, wenn später, nach Auflassung der Glashütte, das Land unter den Pflug kommt: Der Hügel wird mit den Ofenfundamenten total zerstört; höchstens Produktionsreste, gebrannte Steine, gebrannter Lehm und Holzkohle künden dann noch von der einstigen Produktionsstätte. CHAMBON et al. (1952) erwähnen diese Möglichkeit des totalen Verschwindens von Ofenanlagen in ihrer Veröffentlichung über die merowingische Hütte von Macquenoise (Belgien), deren zwei Öfen leider nur indirekt erschlossen werden konnten.

### 4.2.2. Technologische Zusammenhänge

Ein Grundsatz für erfolgreiches Industrie-Design lautet: Die Form folgt der Funktion. Verstöße gegen diesen Satz führen zu schlecht funktionierenden Geräten oder Anlagen. Daneben gilt, dass eine ihre Funktion gut erfüllende Form sehr lange überdauern kann. Zunächst muss also nach den erforderlichen Funktionen gefragt werden. Wegen der Eigenart der archäologischen Befunde ist dies schwer, aber es ist die einzige Möglichkeit, im Sinne einer vernünftigen Typographie der Öfen weiterzukommen und sich von den Zufälligkeiten und der wenig bedeutsamen Vielfalt der Erscheinungen freizumachen. Die folgende Tabelle 6 gibt eine Übersicht über die zur Glasherstellung erforderlichen Wärmeprozesse und die sich daraus ableitenden Funktionen der Öfen.

Tab. 6. Funktionen der Öfen: Wärmeprozesse im Zusammenhang mit der Glasherstellung

| Prozess | Prozess-schritt | Eingesetztes Material | Produkt | Erforderliche Temperatur | Bemerkungen |
|---|---|---|---|---|---|
| Holz für die Feuerung trocknen | Holz erwärmen | naturfeuchtes Holz (ca. 15 % Wasser) | trockenes Holz (0 % Wasser) | etwa 150 bis 200 °C | Abwärme über den Öfen nutzen |
| Quarzitische Rohstoffe zerkleinern durch Erhitzen, Abschrecken und Mahlen | Quarzitische Rohstoffe erhitzen | Flusskiesel Silices auch Sand | mechanisch leicht zu zerkleinerndes Material | etwa 800 bis-1000 °C | Abschrecken in kaltem Wasser Mahlen in Mörsern, Pochwerken |
| Glashäfen herstellen | Häfen vorbrennen | sorgfältig an der Luft getrocknete Häfen | vorgebrannte Häfen | etwa 500 °C | Vorheriges Trocknen an der Luft dauert Monate |
| Glashäfen zum Einsetzen in den Hafenofen zur Rotglut erhitzen | Häfen glühen | vorgebrannte Häfen | rotglühende Häfen | etwa 900 °C | erfolgt unmittelbar vor dem Einsetzen in den Hafenofen (immer?) |
| Fritte (ein Glasvorprodukt) herstellen | Erhitzen des Gemenges auf Temperaturen < 1000 °C, dabei umrühren | fertiges Gemenge | Fritte (aggregiertes, aber nicht ausreagiertes Gemenge) | etwa 800 bis 1000 °C | Keine Fritte im modernen technischen Sinne! |

Forts. Tab. 6. Funktionen der Öfen: Wärmeprozesse im Zusammenhang mit der Glasherstellung

| Prozess | Prozess-schritt | Eingesetztes Material | Produkt | Erforderliche Temperatur | Bemerkungen |
|---|---|---|---|---|---|
| Fritte trocknen und erhitzen | Trocknen; ggf. Erwärmen auf etwa 500 bis 800 °C | nasse oder feuchte, kalte Fritte | trockene, ggf. heiße Fritte | Bis etwa 500 bis 800 °C | Prozess nötig wg. Einbringens in die glühenden Häfen |
| Ein-schmelzen der Fritte und Läutern | eingesetztes Material nieder-schmelzen | Fritte | verarbeitungs-fähiges Rohglas | etwa 1100 bis 1300 °C | Läutern durch ca 12 Std. langes Halten auf Schmelztempera-tur |
| Nieder-schmelzen des Ge-menges und Läutern | eingesetztes Material nieder-schmelzen | Gemenge | verarbeitungs-fähiges Rohglas | Etwa 1150 bis 1350 °C | Läutern durch etwa 12 Stunden langes Halten auf Schmelztempera-tur |
| Ein-schmelzen von Glas-bruch oder Rohglas | eingesetztes Material nieder-schmelzen | Glasbruch Rohglasbro-cken | verarbeitungs-fähiges Rohglas | Etwa 1000 °C | |
| Flachglas herstellen | Strecken des angewärmten und aufge-schnittenen Glaszylinders | Glaszylinder | flache Scheibe | Etwa 500 bis 800 °C | anschließend tempern |
| Tempern der fertigen Glasteile | gezielte Lagerung bei fallenden Temperaturen | fertiges geblasenes oder gestre-cktes Teil | fertiges Teil, frei von inneren Spannungen | etwa 500 °C bis Umge-bungstem-peratur | Abbau der bei der Fertigung eingebrachten Spannungen |

Es zeigt sich, dass es eine ganze Reihe von Prozessschritten bei erhöhter Temperatur gibt, die vor und während der Glasherstellung durchgeführt werden müssen. Wenn man von der Holztrocknung bei etwa 150-200°C absieht - für die keine besonders konstruierten Öfen benötigt werden - , liegen die erforderlichen Temperaturen im Bereich 500 bis etwa 1350°C. Diese Temperaturen ergeben sich in verschiedenen Kombinationen aus den zu verarbeitenden Rohstoffen, den erstrebten Produkten und den gewählten Fertigungsverfahren. Die Ofenkonstruktionen hängen selbstverständlich nicht nur von den benötigten Temperaturen, sondern auch von der Art der durchzuführenden Prozesse ab. Ferner gibt es viele Wege, die zum Ziel führen: in der Technik muss immer mit verschiedenen Realisierungsmöglichkeiten gerechnet werden. Der gewählte Weg hängt von den Ansichten, Erfahrungen, Kenntnissen und Möglichkeiten der Beteiligten ab; die Gründe für eine bestimmte Vorgehensweise sind nicht immer nachvollziehbar.

Im Folgenden sollen die Einflüsse der Rohstoffe, der erstrebten Produkte und der Fertigungsverfahren auf die Ofenkonstruktion untersucht werden.

### 4.2.3. Ofentypen

#### 4.2.3.1. Frittöfen

Unter dieser Bezeichnung können die Öfen zusammengefasst werden, in denen die Rohstoffe zu einer Fritte verarbeitet werden. Ihr Temperaturbereich liegt je nach Glastyp bei etwa 800 bis 1000°C. Das Gemenge kann den Schriftquellen zufolge in einem Herdofen auf einem Herd, evtl. in einer von Steinen gebildeten Art Wanne, in Häfen oder flachen Schalen gefrittet werden. Zur Erreichung der notwendigen Temperaturen werden die Flammen jedoch auf das Gemenge direkt eingewirkt haben müssen. Der Frittofen kann in einen Arbeitsofen integriert sein.

#### 4.2.3.2. Wannenöfen

Die Wannenöfen besitzen unter einem Gewölbe eine gemauerte Wanne, deren Inhalt durch seitlich erzeugte und vom Gewölbe umgelenkte Flammen erhitzt wird. Öfen, die in dieser Weise beheizt werden, heißen mit einer alten Bezeichnung, die sich auch in frühneuzeitlichen alchemistischen Schriftquellen findet, „Reverberieröfen" (von lat. *reverberare* – zurückschlagen); die moderne Bezeichnung ist „Flammöfen". Die Heizung durch die Wärmestrahlung der glühenden Holzkohle spielt bei Flammöfen nur eine untergeordnete Rolle.[32]
Direkt in der Flamme können höhere Temperaturen erreicht werden als auf der nur von unten erwärmten Herdplatte.[33]
Es mag Schwierigkeiten verursachen, sich die Anordnung der Feuerung bei den quadratischen bis rechteckigen Wannenöfen z. B. in römischen Glashütten vorzustellen. Fest steht, dass die Wanne nicht von unten erhitzt wurde. Zum Verständnis kann der bereits in Abbildung 57 gezeigte Spiegelglasofen von Crosfield aus dem Jahr 1840 hilfreich sein. Hier befindet sich der Feuerrost auf gleicher Höhe mit dem Wannenboden; die Flamme wird durch das Gewölbe auf das Gemenge geleitet. Wenn man den Rost für die Steinkohlefeuerung durch den aufgemauerten Boden für die Feuerung mit Holz ersetzt, hat man eine Anordnung, die bei den antiken und frühmittelalterlichen Wannenöfen anzunehmen bzw. nachgewiesen ist. Eine hoch gelegene Sohle der Feuerung kann erklären, warum im Boden keine Verziegelung gefunden wurde: Die Wärme gelangte einfach nicht dorthin.
Die Wannenöfen haben auch den Vorteil, dass ihre Wandungen wegen der von oben erfolgenden Beheizung relativ (!) kalt bleiben. Dies hat zur Folge, dass sich an ihnen eine Schutzschicht aus erstarrtem oder zumindest zähflüssigem Glas ansetzt, die das keramische Material vor dem Angriff der aggressiven dünnflüssigen Glasschmelze schützt[34]. Das gleiche Prinzip liegt auch dem bereits erwähnten Auskleiden der Häfen mit einer dünnen Glasschicht zu Grunde.

---

[32] An dieser Stelle sei D. Löhndorf, Tübingen für seinen kritischen Diskussionsbeitrag gedankt.

[33] Die höchsten Temperaturen werden in der freien Flammenspitze erreicht, die nicht mit den aufzuheizenden Gegenständen in Berührung kommt, sondern ihre Energie nur durch Strahlung überträgt. Anwendung durch August Friedrich Siemens bei der Konstruktion seines verbesserten Glasofens (GEHRINGER 2000, 40-41).

[34] Dieses Prinzip wurde im 19. Jahrhundert von Carl Wilhelm Siemens entdeckt und beim Bau seiner großen, von unten mit Luft gekühlten Wannenöfen ausgenutzt (BENRATH 1880, 150).

Die Wannenöfen sind typische Öfen für die Herstellung eines Rohglases. Sie waren in römischen Glashütten der Kaiserzeit und noch danach, z. B. in Palästina, üblich.

**4.2.3.3. Hafenöfen**

In den Hafenöfen stehen die das zu schmelzende Gut enthaltenden Häfen auf Ofenbänken auf beiden Seiten des tiefer liegenden, nach oben offenen Heizkanals; sie werden direkt von den Flammen umspielt, die auch noch vom Gewölbe auf die Häfen zurückgelenkt werden.. In runden Hafenöfen stehen die Häfen (evtl. steht auch nur ein Hafen) auf einer ringförmigen Ofenbank, die ein zentrales Loch oder einen vom Rand ausgehenden Schlitz umgibt. Durch das Loch bzw. den Schlitz lodern die Flammen empor. Eine andere Stellmöglichkeit für die Häfen ergibt der Einbau von Herdgewölben, Podesten oder Vorkragungen, die nur einen Teil des Ofenquerschnitts einnehmen. Auch hierbei handelt es sich um Reverberier- oder Flammöfen.
In der heute noch in der alten Weise produzierenden Glashütte Lamberts in Waldsassen/Oberpfalz werden die Häfen von seitlich oben auf sie gerichteten Flammen, allerdings von Ölbrennern, erhitzt.
Hafenöfen sind in Bezug auf ihre Einsatzmöglichkeiten sehr flexibel; sie können verschiedene Funktionen ausgeübt haben: Fritte-Herstellung, Niederschmelzen des Gemenges in einem Arbeitsgang, Einschmelzen des Rohglases auch in kleinen Mengen (farbige Gläser!), Halten der Glasschmelze auf der Verarbeitungstemperatur. Die Temperatur muss dabei entsprechend dem jeweils aktuellen Prozess eingestellt und gehalten werden. Dies kann durch entsprechendes Schüren des Feuers und durch Umlenkung des Luftzuges im Ofen durch Verschließen oder Verengen der entsprechenden Ofenöffnungen erreicht werden. Die von STEPHAN (1997/98, 123-25) und ARNOLD (1994) beschriebenen „Vorsatzkuchen“ werden bei dazu passenden Ofenöffnungen diesem Zweck gedient haben.
Eine interessante Frage ist die nach dem Grund und Zeitpunkt des Übergangs vom Wannenofen zum Hafenofen. Der Hauptgrund liegt nach Ansicht des Autors im Übergang vom Natrium-Kalzium-Glas zum Kalium-Kalzium-Glas, das zu seiner Herstellung höhere Temperaturen verlangt. Diese höheren Temperaturen (es handelt sich immerhin um den Übergang von etwa 1100-1200 °C auf ca. 1250-1350 °C) konnten in großflächigen Wannenöfen nur noch mit Mühe, wenn überhaupt, erreicht werden. Die Fritte konnte die großen, zu zerkleinernden Rohglasblöcke ersetzen (auch im Falle des Natrium-Kalzium-Glases). In den länglichen Hafenöfen konnten mehrere Häfen (mehr als in den runden römischen Hafenöfen!) näher an die Flammen herangebracht werden: höhere Temperaturen wurden so leichter erreichbar.
Die allmähliche Umstellung von Natrium-Kalzium-Glas auf Kalium-Kalzium-Glas erfolgte in Mitteleuropa etwa im Zeitraum 8. bis 10. Jahrhundert (WEDEPOHL 1999). Etwa aus diesem Zeitraum sind auch die ersten länglichen Hafenöfen bekannt (Kordel etwa 8. bis 9. Jahrhundert oder (etwas) später, Haithabu etwa 8. bis 11. Jahrhundert). Die Umstellung erfolgte natürlich nicht schlagartig, es wird auch Übergänge gegeben haben, z. B. in der Form von Versuchen mit Natrium-Kalium-Kalzium-Glas, wie es bei der Glashütte Kordel gefunden wurde. In den länglichen Hafenöfen konnte natürlich auch Natrium-Kalzium-Glas erschmolzen werden. In Haithabu fanden sich Natrium-Kalzium- und Kalium-Kalzium-Gläser (WEDEPOHL 1999). Theophilus beschreibt um 1123 die Herstellung von Holzascheglas, also von Kalium-Kalzium-Glas, in einem Hafenofen über eine in einem Flammofen hergestellte Fritte.

Für die dargelegte Hypothese fehlen freilich noch weitere Belege in Form von archäologischen Funden weiterer früher länglicher Hafenöfen, aber sie ist zunächst einmal schlüssig. Es ist zu hoffen, dass sich der noch sehr schlechte Forschungsstand in Bezug auf früh- bis hochmittelalterliche Glashütten bessert.
Im Nahen Osten ist etwa in der Zeit 8./9. Jahrhundert der Wechsel von natürlicher Soda zu Halophytenasche erkennbar geworden (FREESTONE et al. 1999). Mit diesem Wechsel ging eine Erhöhung des Kalziumoxidgehaltes von etwa 7-9 auf 15,9 % einher, die eine erhöhte Schmelztemperatur erfordert. Der Wannenofen von Bet She'arim erwies sich dieser neuen Rezeptur gegenüber als ungeeignet, da er die jetzt erforderliche Temperatur von 1130 °C nicht mehr erreichte. Dieser Versuch misslang also und wurde abgebrochen, wodurch der unfertige große Glasbarren erhalten blieb. Welche Konsequenz dieser fehlgeschlagene Versuch für den Ofenbau im Nahen Osten hatte, ist noch zu klären. Der Forschungsstand erlaubt noch keine Aussagen hierzu.

#### 4.2.3.4. Sonderformen

An dieser Stelle muss z. B. der in Ribe gefundene Herd aufgeführt werden. Es handelt sich hierbei um einen kleinen Arbeitsplatz, an dem spezielle, qualitativ durchaus hochstehende Arbeiten durchgeführt wurden. Als Ausgangsmaterial diente zugekauftes, ggf. importiertes Rohglas oder Halbzeug wie *tesserae*.
Auch der von Theophilus beschriebene spezielle Ofen zum Einbrennen von Glasmalerei kann in diesem Zusammenhang genannt werden.

#### 4.2.3.5. Nebenöfen für verschiedene Prozesse

Bei der Beschreibung mittelalterlicher Glashütten hat sich für die kleinen, gesondert stehenden oder auch angebauten Öfen die Bezeichnung „Nebenöfen" eingebürgert, die sehr treffend den Gegensatz zum großen „Hauptofen" oder „Arbeitsofen" gut zum Ausdruck bringt. Diese Nebenöfen dienten verschiedenen Zwecken, wie sie in Tabelle 6 aufgeführt sind: der Zerkleinerung von Rohstoffen durch Glühen (mit nachfolgendem Abschrecken in Wasser), dem Brennen der Häfen, ggf. dem Herstellen einer Fritte sowie dem Kühlen bzw. Tempern. Es ist oft anhand der Grundrisse nicht einfach zu entscheiden, ob sie Bänke zum Aufstellen von Häfen oder eine Herdplatte hatten; es wird beide Typen gegeben haben.
Bei Theophilus besaß der angebaute Nebenofen eine Herdplatte mit Flammloch, auf der das Gemenge umgewälzt werden konnte. Månsson beschreibt einen zweigeteilten Ofen mit erhöhtem Herd und niedriger liegendem Feuerungskanal zum „Brennen" des Gemenges (noch nicht zum Niederschmelzen!). Beide Autoren erwähnen keine Verwendung von Häfen für die Fritteherstellung.
Agricola beschreibt einen backofenähnlichen Ofen zum Herstellen eines geschmolzenen Glasvorproduktes in flachen muldenförmigen Häfen, die auf dem Herd erhitzt wurden. Aus thermischen Gründen (Erreichen der notwendigen Temperaturen) erscheint dies jedoch eher unwahrscheinlich. Vielleicht liegt hier ein Fehler bei Agricola vor.
Generell ist schwer zu entscheiden, ob alle gefundenen Nebenöfen einer Glashütte gleichzeitig in Betrieb waren oder nicht. Ein Ofen konnte für verschiedene Prozesse eingesetzt werden (wie es z. B. auch Agricola beschreibt) – ganz im Sinne der Produktionssicherung in einem modernen technischen Betrieb. Nebenöfen haben den Vorteil der Entkoppelung des Gesamtprozesses, was bei Produktionsstörungen z. B. durch Ofenausfall von entscheidendem Vorteil sein kann.

#### 4.2.3.6. Kühl- oder Temperöfen

Die Bezeichnung dieser Öfen als „Kühlöfen“ ist etwas merkwürdig, da sie ja bei durchaus ansehnlichen Temperaturen arbeiten. Gemeint ist damit, dass sie dem langsamen Abkühlen der erzeugten Gefäße dienen, um die bei der Herstellung eingebrachten inneren Spannungen in den Gefäßen abzubauen. Solche Prozesse werden eigentlich besser als „Tempern“ bezeichnet, so dass die Bezeichnung „Temperöfen“ sachlich richtiger wäre. Die Bezeichnung „Kühlöfen“ hat sich jedoch allgemein eingebürgert und wird richtig verstanden, so dass man sie auch weiterhin anwenden kann.

Eigentlich müssen Temperöfen einen Temperaturgradienten aufweisen, d. h. ein heißes und ein kaltes Ende besitzen. Das zu tempernde Gut muß diesen Temperaturgradienten langsam durchwandern, um die inneren Spannungen abbauen zu können. Dieser technische Idealzustand ist mit den im Altertum und im Mittelalter üblichen Öfen kaum zu realisieren, denkbar ist höchstens ein Abkühlen in zwei oder vielleicht sogar mehreren Schritten in verschieden heißen Zonen oder in abkühlenden Öfen oder Gefäßen. Bei Ausgrabungen ist ein Kühlofen schwer zu erkennen; eine relativ geringe Betriebstemperatur kann einen Hinweis geben.

Eine viel beschriebene Möglichkeit der Anordnung einer Kühlzone in einem Arbeitsofen ist die oberhalb der Glashafenebene. Diese dritte Ebene ist naturgemäß niedriger temperiert als die zweite, wie es zum Abkühlen oder Tempern der Gefäße erforderlich ist. Problematisch erscheint jedoch die zur Verfügung stehende relativ geringe Fläche, die ja alle geblasenen Gefäße für einige Stunden aufnehmen soll. Auch ist ihre relativ hohe Temperatur an die der Glashafenebene gebunden, eine Erniedrigung mit der Zeit ist nicht darstellbar, solange Glas geblasen wird. Das Gleiche gilt auch für einen vor oder hinter dem Arbeitsofen so angeordneten Kühlofen, dass er von diesem mitgeheizt wird (sein Fassungsvermögen kann allerdings leichter vergrößert werden). Das Problem der weiteren Abkühlung ist auf verschiedene Arten lösbar: ein abgetrennt stehender Kühlofen, die zeitweise Verwendung eines ggf. vorhandenen Streckofens als Kühlofen für Hohlglas oder das Einbringen in vorgeheizte große Keramikgefäße, die dann mit Inhalt langsam abkühlen (Kühlgefäße, Kühlhäfen).

Bei Gorin-Rosen (2000) findet sich ein interessanter Hinweis auf eine Abkühltechnik, die in der in das späte 6. bis frühe 7. Jahrhundert datierten Glasbläserwerkstatt von Bet She'an (dem alten Scythopolis) angewandt wurde. Das <u>in</u> der Stadt stehende Gebäude stürzte zusammen und begrub die Werkstatt unter sich, so dass sich die Funde an ihrem ursprünglichen Standort befanden. Neben dem Ofen (mit erhaltener halbrunder Struktur der Heizkammer) fanden sich zwei schwarze, mit Olivenkernen durchsetzte Aschehaufen, auf jeder Seite einer. Auf diesen Aschehaufen lagen ordentlich aufgereiht, fertige Glasgefäße. Es wird vermutet, dass es sich um eine Art des Temperns handelt; die Olivenkerne könnten wegen ihrer wärmespeichernden Eigenschaften unter die Asche gemischt worden sein.

Ein Hinweis auf die Abkühltechnik im 17. Jahrhundert findet sich in einem von Lang (2001, 177-78) zitierten Bericht aus dem Jahre 1649, den der als „Industriespion“ ausgesandte ellwangische Hausmeister Gottfried Wehen seinem Auftraggeber, dem Probst Johann Jakob von Ellwangen, über einen Besuch der Glashütte Walkersbach gab. Darin wird die Lagerung der geblasenen Glasgefäße in der heißen Asche im Kühlofen beschrieben, gefolgt von dem Einlegen in große glühende Kühlgefäße im Kühlofen. Diese Kühlgefäße werden dann mit Inhalt aus dem Ofen herausgenommen und zum Abkühlen auf den Boden gestellt. Nach dem Erkalten werden die Glasgefäße heraus-

genommen und zur Abrechnung mit den verschiedenen Gesellen auf einer Bank ausgelegt.
In diesem Zusammenhang ist auch interessant, dass DIDEROT (1762-1777, IV, 2609) das Abkühlen des Mondglases auf Asche zeigt.
Es handelt sich also beim Abkühlen in Asche um eine weitere Tempertechnik, die archäologisch nur nachzuweisen ist, wenn die fertigen Produkte noch *in situ* in der Asche gefunden werden, was naturgemäß äußerst selten der Fall ist.

#### 4.2.3.7. Strecköfen

Die Herstellung von Flachglas erfordert neben den Öfen wie für die Hohlglasherstellung einen besonderen Ofen, den Streckofen.
THEOPHILUS (1123, 2. Buch, 3. Kapitel) beschreibt noch einen sehr frühen technologischen Stand: ein Ofen dient dem Streckprozeß, das Kühlen erfolgt in dem Ofen, in dem auch das Hohlglas gekühlt wird. Eine besser entwickelte Technologie wird zuerst im 15. Jahrhundert fassbar, ohne dass bisher Übergänge erkennbar sind. Nunmehr besteht der Streckofen aus zwei Öfen, dem Aufwärm- und dem Kühlofen, und einer sie verbindenden Arbeitsfläche, der mitbeheizten Streckplatte. Diese Öfen müssen über eine Feuerungs- und eine Herdebene verfügen. Im Aufwärmofen werden die aufgeschnittenen Glaszylinder bis zum Erweichen erwärmt, was beim Holzascheglas Temperaturen von etwa 1000°C erfordert. Die biegsam gewordenen Zylinder werden dann auf der glatten Arbeitsfläche etwas aufgebogen; sie legen sich danach unter ihrem eigenen Gewicht flach und können mit einem feuchten Holzwerkzeug vollends glattgebügelt werden. Anschließend müssen die Tafeln zum Tempern in den Kühlofen verschoben werden, um sie spannungsfrei zu erhalten. Spannungsfreiheit ist eine wesentliche Voraussetzung für die Schneidbarkeit im kalten Zustand; innere Spannungen führen beim Schneiden zum Zerspringen.
Die gewinkelte Aufstellung zweier Öfen (wie bei den Glashütten Hils/Köhlergrund, Salzwiesen/Nassachtal, Bebenhausen, An der Emsbachschlucht, Schöllkrippen/Eppstein III, Jamestown angeführt) wird dieser Aufgabenstellung gerecht: Ein Schenkel des gewinkelten Streckofens stellt den Aufwärmofen dar, der andere den Kühlofen. Das Strecken muss an der gut zugänglichen (überstumpfen) Seite des Winkelscheitels erfolgt sein.
Bei BENRATH (1880, 376-84) finden sich Stiche von Strecköfen des 18. Jahrhunderts, die kurz erwähnt werden sollen. Abbildung 61 zeigt die schematisierende Umzeichnung eines böhmischen Streckofens, wie er 1775 beschrieben wurde.
Aufwärmofen, Streckraum und Kühlofen sind hier in einem rechteckigen Bau auf geringer Fläche zusammengefasst, wodurch sich auch die ergonomischen Bedingungen verändern. Die links hereinkommenden Glaszylinder wurden aufgewärmt, vom Strecker mit dem Streckeisen in den Streckraum vorgezogen, auf dem Streckstein[35] gestreckt und mit der Streckkrücke (einer hölzernen Krücke mit eisernem Stiel) geebnet. Die Tafel wurde auf den zweiten Streckstein geschoben und nach dem Festwerden links davon zum weiteren Abkühlen mit der Scheibengabel aufgerichtet. Wenn der Kühlofen gefüllt war, wurde die gesamte Ofeneinheit auf Raumtemperatur abgekühlt, was etwa 3-4 Tage dauerte. Danach wurden die Tafeln einzeln von Hand herausgenommen.

---

[35] Die erste Glastafel blieb als recht glatte Unterlage auf dem Streckstein liegen, da dieser sehr leicht uneben wurde. Auch gab es wahrscheinlich schon früher dickere, besonders hergestellte Glastafeln zu diesem Zweck (KOTTMANN 2000 77f Taf. 9a; FROMMER 2001 Text 92).

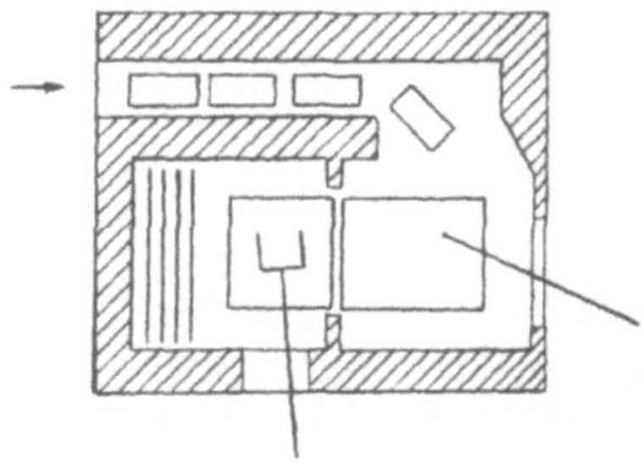

Abb. 61. Böhmischer Streckofen 1775
(Umzeichnung: Autor)

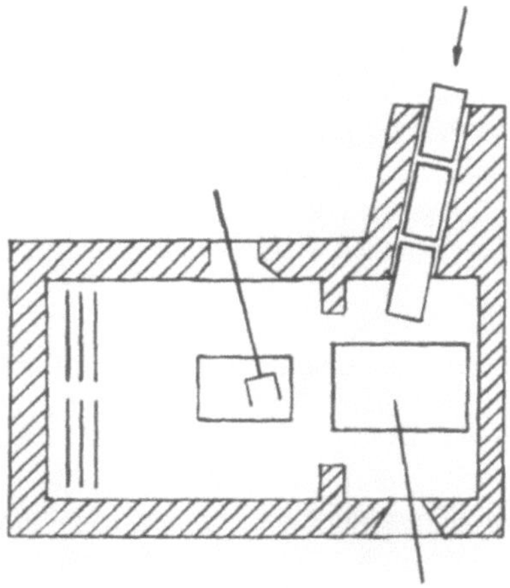

Abb. 62. Von Kirn weiterentwickelter Streckofen
(Umzeichnung: Autor)

KIRN[36] (1834) beschreibt seine Verbesserung dieses Ofens durch den Einsatz verbesserter keramischer Streckplatten (verbessert in Bezug auf Planheit und Wärmestandfestigkeit durch Entwicklung einer besonderen Keramik-Rezeptur und sorgfältiges Brennen im Streckofen) sowie durch Einrichten eines Gleitmechanismus für die Streckplatten. Dieser Mechanismus, bestehend aus einem eisernen Rahmen für jede der zwei keramischen Streckplatten, der auf zwei eisernen Gleitschienen verschoben werden konnte, ließ das gefährliche Verschieben der Glastafeln auf den Streckplatten entfallen. Die gestreckte Glastafel wurde auf der Streckplatte liegend in den Kühlofen geschoben, während die zweite Streckplatte nach dem Aufstellen der auf ihr abgekühlten Glastafel zum Strecken des nächsten Glaszylinders in den Streckraum gezogen wurde. Diese Arbeitsweise ermöglichte nach Kirn eine Kapazitätserhöhung der Anlage um 20 %.

[36] Nach GREINER (1971, 62) wurde der Hüttenschreiber Kirn vom Eisenwerk Wasseralfingen (er war also kein Glasfachmann) mangels eines geeigneten Fachmanns zum Verwalter der Glasmacherschule berufen, die in der vom württembergischen Staat gekauften stillliegenden Schönmünztaler (bei Kirn: Schönmünznacher) Glashütte eingerichtet werden sollte (gemeint ist jedenfalls die Hütte beim heutigen Schönmünzach zwischen Baiersbronn und Gernsbach im Schwarzwald). Ziel war, eine Ausbildungsstätte zu errichten, um mit Hilfe gut ausgebildeter Fachleute der daniederliegenden württembergischen Glasindustrie wieder aufzuhelfen. Kirn bereiste eine Reihe von Glashütten im Elsass, in Baden, im bayrisch-böhmischen Wald und in Sachsen, um technische Anregungen zu erhalten und Facharbeiter anzuwerben. 1832 musste dieses Vorhaben jedoch wieder aufgegeben werden, da nach Kirn „die bayrischen Hütten mit ihrem unerschöpflichen Holzreichtum, ihren Lagern mit reinem Quarz in der Nähe der Hütten, ihrem Stamm geübter Arbeiter und ihrem eigenen Zugvieh zum Warentransport und Warenvertrieb immer einen Vorsprung haben werden". Die württembergischen Glashütten wurden wieder ihrem Schicksal überlassen. Kirn veröffentlichte 1834 seine erarbeiteten Verbesserungen für die Strecköfen, die dann von verschiedenen Hütten eingesetzt wurden, in einer schönen, ingenieursmäßigen Arbeit. Einige weitere Einzelheiten zur Hütte bei Schönmünzach finden sich bei MAUS et al. (1999, 490).

Abbildung 62 zeigt die ebenfalls schematisierende Umzeichnung eines von Kirn weiterentwickelten Streckofens. Bei ihm konnten die drei Zonen gesondert beheizt werden; auch hier wurden die auf Gleitschienen verschiebbaren Streckplatten eingesetzt. Der Grundriss eines solchen Ofens wurde von MATISKAINEN (2003) auf dem Areal der Mariedal-Hütte in Sipoo, Finnland, ergraben.
Die Glashütte Lamberts in Waldsassen/Oberpfalz stellt noch heutzutage Flachglas nach dem alten Zylinderblas-Verfahren her. Aufwärm- und Kühlofen stehen im rechten Winkel zueinander; an der Frontseite des Aufwärmofens befindet sich die große Arbeitsöffnung zum Strecken der erweichten, vorher im kalten Zustand aufgeschnittenen Glaszylinder. Die gestreckten und gebügelten Glastafeln werden in den sich rechts anschließenden Temperofen geschoben. Beide Öfen sind mit Wanderrosten ausgestattet, was im Mittelalter natürlich nicht der Fall war. Das Problem des Transportes der Scheiben in den Öfen muss anders gelöst worden sein; sicherlich durch Verschieben mit eisernen gabelförmigen Werkzeugen.
In Tabelle 7 sind die in den Grabungsplänen bzw. Abbildungen gemessenen Winkel zwischen den Achsen des Aufwärm- und des Kühlofens zusammengestellt. Ein Winkel von 0° bedeutet, dass die beiden Teilöfen parallel liegen, ein (nicht realisierter) Winkel von 180°, dass sich die beiden Teilöfen an der Streckplatte genau gegenüber liegen.

Tab. 7. Winkel zwischen Aufwärm- und Kühlofen

| Glashütte | Zeitstellung | Winkel zwischen den Achsen des Aufwärm- und des Kühlofens |
|---|---|---|
| Hils/Köhlergrund Ofen 3 | 12. Jh. | 137° |
| Salzwiesen/Nassachtal | 15. Jh. | 162° |
| Bebenhausen Ofen C<br>evtl. Ofen B | 2. Hälfte<br>15. Jh. | 153°<br>knapp 180°, aber wegen Störung und starker Beschädigung unsicher |
| An der Emsbachschlucht/Ts | Um 1450 | 146°; die Achsen schneiden sich nicht in der Mitte zwischen den Öfen |
| Schöllkrippen/Eppstein III<br>evtl. 2. Ofen | Beginn<br>17. Jh. | 126°<br>≈ 0° (Öfen etwa parallel) |
| Jamestown (Virginia, USA) Öfen C und D | 17. Jh. | 166°; die Achsen schneiden sich nicht in der Mitte zwischen den Öfen |
| Böhmischer Ofen<br><br>Weiterentwicklung von Kirn | 18. Jh.<br><br>ca. Anf. 19. Jh. | 0° (Aufwärm- und Kühlzone liegen parallel, Zugriff aber bei etwa 90°)<br><br>100° |
| Rezente Glashütte Lamberts in Waldsassen | 20. Jh. | 90° |

Es zeigt sich, dass im späten Mittelalter bis in die Neuzeit hinein ein stumpfer Winkel zwischen den Achsen der beiden Öfen üblich war. Das häufige Auftreten gewinkelter Ofenstellungen kann nicht als Zufall gewertet werden, dahinter muss eine öfter realisierte technische Überlegung stehen (anderer Ansicht ist LOIBL (2003), der in den gewinkelten Öfen keine Strecköfen sieht). Erst im 17./18. Jahrhundert nimmt der

Winkel die energetisch und ergonomisch für den Zugriff auf den Glaszylinder günstigeren Maße von etwa 0° bzw. 90° an. Im Fall der Glashütte Schöllkrippen/Eppstein III wird vielleicht ein solcher technologischer Wechsel fassbar. Auf eine neue Technologie deutet auch eine Schriftquelle, der bereits erwähnte, von LANG (2001, 177-78) mitgeteilte Bericht über die Glashütte Walkersbach von 1649. In diesem Bericht beschreibt der „Industrie-Spion" Gottfried Wehen einen Ofen mit einem breiten Stein, auf dem das Glas flach gemacht wird; anschließend wird es mit einer Schaufel in den danebenstehenden Kühlofen gegeben.
Die Öfen An der Emsbachschlucht und von Jamestown sind ebenfalls stumpf gewinkelt, zeigen jedoch die Besonderheit, dass die Achsen sich nicht auf einem Dreieck zwischen den Öfen schneiden, sondern dass die Mündungen der linken (Aufwärm-) Öfen an der Streckplatte etwas vorgezogen sind[37]. Auch dies führt zu einem ergonomisch günstigeren Arbeitsplatz.

Abbildung 63 zeigt, wie man die Stellung des (rechtshändigen) „Streckers" am Ofen der Glashütte Salzwiesen/Nassachtal vermuten kann. Die Feuerungsöffnungen sind jeweils links und rechts außen anzunehmen. Die Rauchabzüge wären dann in dem spitzen Winkel zwischen den beiden Öfen auf der dem Strecker abgewandten Seite zu suchen, wo auch die Flammen die Streckplatte umspielen könnten. Eine hiervon abweichende Anordnung dürfte beim Ofen C in der Hütte Bebenhausen vorliegen: Aufwärmofen links und Kühlofen rechts vom Strecker aus. Hier besteht noch erheblicher Forschungsbedarf an weiteren Anlagen betreffend die Temperaturverteilung in den gewinkelten Strecköfen.

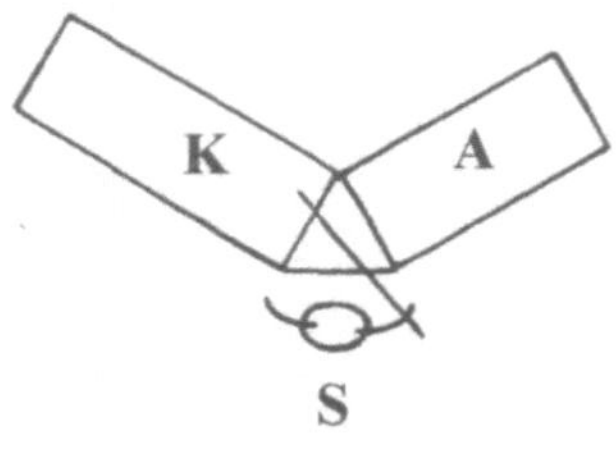


Abb. 63. Stellung des Streckers
K: Kühlofen; A: Aufwärmofen; S: Strecker. Zeichnung: Autor.

Rechts vom Strecker befindet sich der Aufwärmofen, aus dem er den zu streckenden, schon aufgeschnittenen oder noch aufzuschneidenden aufgewärmten Glaszylinder mit einem Werkzeug in der linken Hand holt. Er schneidet ihn ggf. auf und streckt ihn auf der im Winkel zwischen den beiden Öfen, vielleicht noch zum Teil im ausgehenden Ende des Aufwärmofens liegenden Streckplatte und schiebt die Scheibe dann mit der rechten Hand in den Kühlofen, wo sie nach einiger Zeit aufgerichtet wird, um Platz zu sparen. Der Raum über der Streckplatte ist als überwölbt anzunehmen.
Zusammengefasst kann man die Streckofenentwicklung wohl folgendermaßen sehen: Zunächst (bei Theophilus) wird in einem einzeln stehenden Ofen aufgewärmt und gestreckt; gekühlt wird in einem davon getrennt aufgestellten Ofen. Im späten Mittel-

[37] Dies gilt natürlich nur unter der Voraussetzung, dass die Zeichnungen die Orientierungen der Öfen richtig wiedergeben. Dem Autor ist bewusst, dass dies schwierig zu erreichen ist.

alter wird dann in einem gewinkelt aufgestellten Ofenpaar gearbeitet und schließlich (etwa in und ab dem 17. Jahrhundert) in einem nebeneinander aufgestellten Ofen-paar. Im 18. Jahrhundert zeichnet sich die Entwicklung zu leistungsfähigeren, kompakten Strecköfen ab.

#### 4.2.3.8. Verbundöfen

Ganz allgemein darf man sicherlich als einen sich allmählich entwickelnden Gedanken bei der Konstruktion der Öfen annehmen, dass die optimale Nutzung der zur Verfügung stehenden Wärme angestrebt wurde. Die in Tabelle 6 angegebenen unterschiedlichen erforderlichen Temperaturen kommen dieser Absicht entgegen. Dies führte zur Konstruktion von Verbundöfen, Ofenanbauten einfacher Art bis hin zu den markanten Flügeln, nebeneinander stehenden Öfen mit gemeinsamen Wänden, Öfen mit übereinander oder hintereinander angeordneten Wärmezonen u. ä.. Natürlich ergibt sich hier ein großer Spielraum für viele unterschiedliche Konstruktionen und Anordnungen, wie sie ja auch die archäologischen Befunde zeigen.
Es ist nicht leicht zu entscheiden, in welcher Weise horizontal verbundene Öfen beheizt wurden, da es dazu verschiedene Möglichkeiten gibt, die darüber hinaus zum Teil miteinander kombinierbar sind:

- Die zu beheizenden Zonen sind im Luftraum, d. h. in der Hafenebene, miteinander verbunden. Die in der Hafenzone erhitze Luft strömt mit dem Rauch in die nachfolgende, dadurch sekundär beheizte Zone. In diesem Falle liegt die Feuerungszone im Ofen relativ weit vorn.
  Beispiele: Agricolas 2. Ofen, Hüti, die Annexöfen in Bebenhausen, An der Emsbachschlucht.
  Der 2. Ofen bei Agricola besitzt noch die Besonderheit, dass die zweite beheizte Zone als deutlicher Anbau mit zusätzlicher eigener Feuerung ausgebildet ist. Die Annex-Öfen werden bei entsprechender Zugführung (geöffneter Abschluss dieser Öfen) aufgeheizt.
- Vor der eigentlichen Feuerungszone kann sich ein langer Schürkanal befinden, der der Ausbildung eines guten Zuges dient und durch den lange Holzscheite hindurchgeschoben werden. In ihm brennt also auch schon ein Feuer, das die darüber liegende Kammer erwärmt; dessen Flammen aber auch bei entsprechender Konstruktion in diese Kammer hineinlodern können. Die Scheite können hier noch weiterhin trocknen, ehe sie in die Hafenzone vorgeschoben werden. Diese Kammer kann dem Fritten (begründete Annahme bei FROMMER (2001 Text 75-76) für Bebenhausen) dienen.
  Bei dem von Mandeville beschriebenen Ofen ist eine höher gelegene Kühlzone **hinter** der Feuerungszone anzunehmen, die bei entsprechender Zugführung (hinten geöffneter Abschluss des Feuerungskanals) von unten aufgeheizt wird.

Es wird deutlich, dass es sehr verschiedene Ofenkonstruktionen gegeben hat.
Übereinander liegende bzw. über dem Schürkanal liegende Wärmezonen sind natürlich auf direktem archäologischem Wege kaum nachzuweisen, da in der Regel zu wenig vom Aufgehenden erhalten ist. FROMMER (2001 Text 75-76) kann eine Wärmezone über dem Schürkanal für den Arbeitsofen von Bebenhausen nur indirekt auf Grund von Materialfunden erschließen.

#### 4.2.3.9. Standzeiten der Öfen

Die Öfen hielten der hohen Beanspruchung nur eine begrenzte Zeit lang stand; je nach Stein- und Lehmqualität beim Bau sowie Temperaturbelastung im Betrieb werden die Öfen nur einige wenige Monate einsetzbar gewesen sein. Die Beanspruchung war zum einen thermischer Natur, zum anderen beim Hauptofen auch korrosiver Art durch die bei den angewandten hohen Temperaturen verdampfenden Alkalioxide, die mit dem Lehm unter Glasbildung reagieren. Der Lehm „fließt dann davon". GREINER (1957) zitiert einen Bericht aus dem Jahre 1643, in dem es heißt: „Ein Ofen möge 16-18 Wochen des Feuers Gewalt aushalten." WICHERT-POLLMANN (1963, 48) gibt nach verschiedenen Quellen für das 17. Jahrhundert Ofenstandzeiten von bestenfalls 15 bis 20 Wochen bzw. 12 bis 14 Wochen an. MEYER (1848, 1133) gibt eine Standzeit von selten mehr als 18 Monaten an. In dem von LANG (2001, 177-78) zitierten, bereits erwähnten Bericht von 1649 ist von einer Standzeit von 18 bis 20 Wochen die Rede.

Bei diesen Angaben ist jedoch unklar, ob unter „Ofen" nur das von der Korrosion bedrohte Gewölbe (das ggf. allein repariert werden kann) oder der gesamte Ofen mit den Hafenbänken zu verstehen ist.

Ein unbrauchbar gewordener Ofen wurde häufig durch einen Neubau an gleicher Stelle ersetzt. Im archäologischen Befund wird dies manchmal durch übereinander liegende Fundamente und/oder in Zweitverwendung verbaute Steine mit anhaftendem Glasfluss angezeigt. Solche Fälle sind z. B. aus dem Hambacher Forst (RECH 1982: Ofen 1, Ofen 7), Köln/Eigelstein (DOPPELFELD 1966, 14-15) oder Hutton (CROSSLEY et al. 1972) bekannt. Im Mittelalter wurde die Situation des Ofenbruches wohl auch zum Anlass einer räumlichen Verlegung der Glashütte genommen, wenn gleichzeitig Holzmangel auftrat.

### 4.2.4 Glashüttentypen

Grundsätzlich gibt es drei verschiedene Arten von Betrieben, die auch unterschiedliche Öfen benötigen:

- Betriebe zur Herstellung von Rohglas
- Betriebe zur Weiterverarbeitung von Rohglas
- Betriebe, die Rohglas herstellen und selbst sofort weiterverarbeiten

Unter „Betrieb" sei hier alles vom Einmann-Betrieb bis zur großen Produktionsstätte verstanden.

Die eindeutige Zuordnung einer Glashütte zu einer dieser Betriebsarten erweist sich als schwieriger als zunächst gedacht. So besteht öfter Anlass zur Vermutung, dass eine Hütte bei der Grabung nicht vollständig erfasst wurde. Auch ist denkbar, dass ein Betrieb, der Rohglas erschmolz und selbst weiterverarbeitete, auch Rohglas verkaufte. Weiterhin kann sich das Geschäftsfeld eines Betriebes im Laufe der Zeit ändern. Vor einer schematischen Einstufung muss also gewarnt werden.

DEKÓWNA (1987) unterscheidet nur zwei Arten von Betrieben:
Typ A: Betriebe, die Glasprodukte ausgehend von den Rohstoffen erzeugen
Typ B: Betriebe, die Glasprodukte ausgehend von Rohglas der Betriebe Typ A erzeugen
Diese Haupttypen werden wiederum in jeweils drei Varietäten eingeteilt, die durch die jeweils zuzuordnenden archäologischen Befunde und Funde definiert sind, so z. B. für den Typ A:

Varietät $A_1$: Charakterisiert durch Befunde und Funde aus dem gesamten Produktionsprozeß (vom Rohstoff bis zum Fertigprodukt)
Varietät $A_2$: Befunde und Funde wie $A_1$, jedoch nur Glasherstellung, keine auf Fertigprodukte zurückgehende Funde
Varietät $A_3$: Befunde und Funde, die sich auf die Herstellung von Halbfertigprodukten beziehen.
Die Autorin zwängt die Befunde und Funde in ein umfangreiches Dezimalklassifikationssystem ein, das wegen der aufgelisteten beeindruckenden Vielfalt der Erscheinungen bis zu neun Dezimalstellen aufweist.
Dieses sehr theoretische und unübersichtliche System hat so viele Mängel, dass es für die Praxis untauglich ist:

- Es ist extrem unhandlich.
- Es ist ungeschickt, dass Betriebe, die nur Rohglas erzeugen, lediglich als Untergruppe berücksichtigt werden.
- Die chemische Zusammensetzung der Glasfunde wird überhaupt nicht betrachtet. Korrosionserscheinungen an Funden werden nicht berücksichtigt.
- Es werden undefinierte Begriffe verwendet: so werden *scories* (Schlacken) aller möglichen Formen klassifiziert, ohne dass gesagt wird, was darunter zu verstehen sein soll.
- Eingestandenermaßen können Funde oft nicht nur einer Klasse zugeordnet werden.

Das System ist nicht nur untauglich, es birgt vielmehr darüber hinaus die Gefahr in sich, dass die Funde nur schematisch nach Äußerlichkeiten beurteilt und damit fehlinterpretiert werden. An dieser Stelle wird geradezu der Zwang zur interdisziplinären Zusammenarbeit mit fachkundigen Chemikern sichtbar. Die Zusammenarbeit kann durch kein System ersetzt werden!

#### 4.2.4.1. Betriebe zur Herstellung von Rohglas

In dieser Weise arbeitende Glashütten sind aus der Bronzezeit bis ins Mittelalter bekannt (insbesondere aus römischer Zeit) oder wenigstens mittelbar erschlossen. Das Glas wurde in vorrömischer Zeit – soweit bekannt – in Häfen, später in mehr oder minder großen Wannenöfen erschmolzen, in Barren verschiedener Formen gegossen und als Rohglas weithin verhandelt. Kennzeichnend für einen solchen Betrieb ist das Vorkommen von nicht ausreagiertem Glasfluss und von Rohglasbrocken sowie ggf. - mit der durch Zeitstellung und Erhaltungszustand gegebenen Einschränkung - das Fehlen von Hohl- oder Flachglasscherben.

#### 4.2.4.2. Betriebe zur Weiterverarbeitung von Rohglas

Das Aufschmelzen von Rohglas erfordert geringere Temperaturen als das Erzeugen von Glas. Die hierfür erforderlichen Öfen können also einfacher gebaut und vor allem kleiner sein – je nach der Anzahl der darin zu erhitzenden Häfen. Da sie ferner nicht die Infrastruktur der Öfen zur Rohglaserzeugung benötigen – keine Anlieferung großer Mengen an Rohstoffen - , können sie leicht in Wohn- und Werkstättenstrukturen integriert werden.
Charakteristische Befunde bzw. Funde sind relativ kleine, runde Öfen mit etwa 1 m Innendurchmesser und relativ kleine Glashäfen. Kennzeichnend ist das Fehlen von nicht

ausreagiertem Glasfluß, wobei natürlich der Erhaltungszustand zu Täuschungen führen kann.
Hier muss auch an Kleinstbetriebe wie die eines fahrenden Handwerkers gedacht werden, der an einem kleinen Herdfeuer arbeitete.

#### 4.2.4.3. Betriebe, die Rohglas herstellen und selbst sofort weiterverarbeiten

Solche Betriebe sind technologisch weit entwickelt und erfordern einen sorgfältig geplanten Produktionsablauf einschließlich der Logistik. Die Produktion kann in mehreren spezialisierten kleineren Öfen erfolgen oder in großen Öfen, die das Rohglas erschmelzen und die Schmelze während der Verarbeitung zu Hohl- oder Flachglas auf Verarbeitungstemperatur halten. Manche Öfen verfügen in der dritten Ebene noch über eine Kühlzone, andere Anlagen besitzen besondere Nebenöfen zum Abkühlen der Gefäße und für andere Teilprozesse.
Große Öfen führen zu hoher Produktivität und benötigen dementsprechende Ofenkapazitäten auch bei den Nebenöfen. So ist z. B. schwer vorstellbar, dass die kleine dritte Ebene in den runden Öfen immer zum Abkühlen der Gefäße ausreichte. Bei manchen Grabungen fehlt ein Kühlofen - oder wurde er nur nicht gefunden? Wurden andere Möglichkeiten des gezielten Abkühlens genutzt? Die Unklarheiten in diesem Punkt bestehen weiterhin.
Da Holzascheglas zu seiner Herstellung und Verarbeitung höhere Temperaturen als Natrium-Kalzium-Glas erfordert, müsste man im Ofenbau und im Betreiben des Ofens entsprechende Anzeichen erwarten. Mit den frühen Hafenöfen scheint sich dies ja auch in den Grabungsergebnissen zu zeigen, jedoch ist der Forschungsstand noch unbefriedigend.
Die Umstellung auf Holzasche ermöglicht wegen ihrer geringeren Verunreinigung eigentlich zumindest für weniger hochwertiges Glas den Verzicht auf die Zweistufigkeit. Mit Abstrichen mag dies auch für weniger salzhaltige Halophytenasche gelten. Biringuccio spricht die Möglichkeit des einstufigen Arbeitens bei Verwendung von „gewöhnlicher Asche“ für nicht so hochwertiges Glas deutlich aus. Vermutlich aus Gründen der Holzersparnis und wegen möglicher niedrigerer Betriebstemperaturen wurde die Fritte-Herstellung als erste Stufe jedoch zumindest in Bebenhausen weiterhin durchgeführt.
Es muss mit der Möglichkeit gerechnet werden, dass die hier erwähnten Betriebe auch Rohglas verhandelten, was mit archäologischen Methoden natürlich kaum nachzuweisen ist.
Černá (2003) spricht von sechs mittelalterlichen Glashüttenverbunden im böhmischen Grenzgebiet zu Sachsen: die jeweilige „Mutter-Glashütte“ verarbeitet das ihr von mehreren „Tochter“-Glashütten zugelieferte Rohglas. Für die Toskana ist eine solche arbeitsteilige Produktionsweise aus Schriftquellen bekannt (vgl. Glashütte von Germagnana).

## 4.3. Die Entwicklung der Glasmacheröfen

Einige Gedanken zur Entwicklung der technischen Öfen seien vorangestellt. Urmutter aller Öfen ist die offene Feuerstelle. Allmählich lernte der Mensch, die erzeugte Wärme durch das Umgeben der Feuerstelle mit Steinen oder einer Ummauerung oder durch das

Versenken in den Boden zu konzentrieren, wobei natürlich für den Luftzutritt gesorgt werden musste. Schon früh konnten Kupfererze in einfachen Schachtöfen verhüttet werden; die dabei anfallende Schlacke stellt wahrscheinlich das erste, wenn auch nicht intentionell, erzeugte Glas dar.
Keramik lässt sich schon in den einfachsten Feuerstellen oder in meilerartigen Öfen brennen, wenn auch mit mäßiger Qualität der Erzeugnisse: unvollständiger und ungleichmäßiger Brand, Fleckigkeit durch direkte Flammeneinwirkung und ungeregelten Luftzutritt. Qualitativ hochwertige Keramik lässt sich sicher in großen Öfen mit Tennen oder in liegenden Öfen, jedenfalls ohne direkte Einwirkung der Flammen auf die Keramik, erzeugen. Zum Brennen guter Keramik werden in Abhängigkeit von der Zusammensetzung des Tones Temperaturen zwischen 800 und 1050 °C benötigt. Ein diesen Bedingungen in jeder Hinsicht entsprechender technisch hochentwickelter gallorömischer Keramikofen aus dem 1. Jahrhundert n. Chr. wurde z. B. in La Graufesenque (Südfrankreich) ausgegraben (VERNHET 1981).
Die im späten Mittelalter allmählich beginnende Herstellung von Protosteinzeug, dann etwa ab dem 15. Jahrhundert von Steinzeug erfordert Brenntemperaturen von bis zu 1200 °C und noch darüber, die nur in besonders konstruierten Öfen mit Diagonalzug erreicht werden konnten (WEISER 2003, 30-32).
Knapp oberhalb des von den üblichen Keramikbrennöfen noch erreichbaren Temperaturbereiches liegen die Temperaturen, bei denen man mit der Glaserzeugung, und zwar von Natrium-Kalzium-Glas, beginnen kann. Hierzu mussten also andere Öfen konstruiert werden: da in der direkten Flamme höhere Temperaturen erreichbar waren und die direkte (Holz-)Flammeneinwirkung bei Glas nicht stört, schlug die Stunde der Flammöfen.
Die frühesten Arbeitsöfen waren klein und rund (Amarna, römische Öfen). Bei römischen Glashütten kamen Wannenöfen dazu, die das Rohglas lieferten, sowie wahrscheinlich auch rechteckige Kühlöfen. Die runden Arbeitsöfen waren relativ einfach zu größeren runden Öfen weiterzuentwickeln, die auch eine dritte Ebene, die Kühlebene, besitzen konnten. Zumindest für die großen runden Öfen mit zwei Ebenen zeichnen sich zwei Konstruktionsmöglichkeiten ab, die für die erforderliche Stabilität der Kuppel sorgen: äußere Stützstreben oder eine äußere Stützmauer in etwa halber Höhe um den Ofen herum.
Im Nahen Osten entwickelten sich die Wannenöfen zu Anlagen fast riesiger Dimensionen (Wannenmaß 2 x 4 m), die aber nur Temperaturen von knapp 1100 °C erreichten. Für kalziumarme Natrium-Kalzium-Gläser war dies ausreichend, bei kalziumreicheren (beim Übergang von natürlicher Soda zu Halophytenasche) versagte solch ein Ofen.
Offenbar im Zusammenhang mit der Einführung des Holzascheglases setzten sich in Mitteleuropa Hafenöfen zum Erschmelzen des Rohglases durch, die viele technologische Vorteile boten: die für das Erschmelzen dieses Glases erforderlichen höheren Temperaturen von etwa 1250 bis 1350 °C waren leichter zu erreichen, es konnten verschieden gefärbte Gläser gleichzeitig erschmolzen werden, es war möglich, gleich aus diesen Häfen heraus das Glas weiterzuverarbeiten. Zunächst waren diese neuartigen Hafenöfen relativ kurz, ohne zweite Wärmezone, vermutlich wegen ihrer Entwicklung aus den runden Hafenöfen. Der Gedanke, Öfen zusammenzubauen, um Feuerholz einzusparen, führte zur Konstruktion der aus Arbeits- und Kühlofen kombinierten Öfen und der aneinander gebauten Öfen (Anbauöfen sowie der Annex- oder Verbundöfen).

Die von Theophilus und bei Hrabanus Maurus (älterer Ofen) beschriebenen Öfen (Bauweise „hintereinander liegend“ bzw. „übereinander stehend“) geben die beiden schon recht weit entwickelten Grundbauarten der Glasschmelzöfen des Mittelalters wieder. Theophilus kombiniert Fritt- und Arbeitsofen; insbesondere seine Angaben dürften auf ältere Quellen zurückgehen, die für uns nicht fassbar sind. Bei Hrabanus Maurus sind Arbeits- und Kühlofen kombiniert.

Beide Ofenbauarten haben sich in der Folge weiterentwickelt und finden sich weiterhin sowohl in der Literatur als auch bei Ausgrabungen. Die gelegentlich zu lesende Klassifizierung in „liegende“ und „stehende“ Öfen ist nicht korrekt. Sie geht auf die Bezeichnungsweise bei Keramik-Brennöfen zurück und bezieht sich hier richtigerweise auf die Anordnung von Feuerungsraum und Brennraum relativ zueinander. Da bei Glasöfen das Feuer immer (mit Ausnahme der seitlich beheizten Wannenöfen) unter der Hafenebene brennt, ist eine Übertragung der Begriffe „liegend“ und „stehend“ auf die Konstruktion der Glasöfen missverständlich und daher zu vermeiden.

Große Öfen mit rundem oder leicht ovalem Grundriss finden sich z. B. bei Agricola (hier auch ein angebauter rechteckiger Kühlofen), als früh datierter Grabungsbefund in Torcello (ebenfalls mit einem Anbau), in der Glashütte Steimcke, am Monte Lecco/Ligurien, als Altarbild in San Rocco in Altare/Ligurien, im Manuskript Chigi, bei Peyremoutou.

Ein Ofen mit annähernd rechteckigem oder jedenfalls langgestrecktem Grundriss findet sich schriftlich überliefert nur bei Mandeville (ein leiser Verdacht besteht, dass der rechte Teil des Ofens nicht „rechteckig“, sondern gerundet ist), häufig dagegen als Grabungsbefund, z. B. bei Bebenhausen, im Nassachtal, an der Emsbachschlucht, in Mittelfischbach, bei Schöllkrippen.

Aneinandergebaute Öfen weist z. B. die Eppstein-Glashütte III bei Schöllkrippen auf.

Annex- oder Verbundöfen besitzen z. B. die Hütten Bebenhausen und An der Emsbachschlucht. Ein fortgeschrittenes Entwicklungsstadium stellen die Flügelöfen besonders in Frankreich und England dar.

Die Einführung der Kohlefeuerung erforderte neue Ofenkonstruktionen. So muß die Kohle auf einem Rost liegend verbrannt werden; die große zur Verbrennung erforderliche Luftmenge muss von unten durch die Kohleschicht hindurch geführt werden. Die Luftzufuhr erfolgt durch den unter dem Rost liegenden, zur Reinigung des Rostes begehbaren Aschenkanal. An die Stelle einer einfachen Überdachung des Hauptofens tritt ein winddicht abzuschließender, um 30 m hoher kegelförmiger Aufbau mit einer Öffnung an der Spitze. Dieser Aufbau erzeugt einen gewaltigen Zug, der eine gute Verbrennung der Kohle gewährleistet. Diese „englischen Öfen“ wurden in England im ausgehenden 16. Jahrhundert entwickelt und setzten sich dort wegen der Holzverknappung und eines den Holzeinsatz verbietenden Gesetzes im 17. Jahrhundert rasch durch. Der Einsatz von Steinkohle verzögerte sich auf dem Kontinent bis in das frühe 19. Jahrhundert hinein. In der von 1825 bis 1898 arbeitenden Glashütte Schmidsfelden (SCHREG 1998, 1999) wurde auf archäologischem Wege an einem Nebenofen der Übergang von Holz- auf Kohlefeuerung nachgewiesen.

Die Entwicklung lässt sich folgendermaßen skizzieren:

- Rohglas-Herstellung: In der römischen Antike und zumindest im Nahen Osten auch im frühen Mittelalter wurde das Rohglas in rechteckigen Wannenöfen unterschiedlicher Größe erschmolzen. Es wurde in verschiedener Form (Barren, Stücke) auch über weitere Entfernungen verhandelt. Archäologische Belege für das noch frühere Verhandeln von Rohglas liegen vor.
- Glasverarbeitung: In der Antike und im frühen Mittelalter, gelegentlich auch im späten Mittelalter, dienten kleine runde Öfen (Innendurchmesser um 1 m) dem Aufschmelzen des vorgefertigten Rohglases. Da diese Öfen Rohstoffanlieferungen nur in geringem Maße erforderten, bei nicht so hohen Temperaturen arbeiteten und relativ klein waren, konnten sie leicht in Haus- oder Werkstattstrukturen integriert werden. Die Glasmacher arbeiteten im Sitzen vor ihren relativ niedrigen Öfen.
- Auch die Verarbeitung von fertigem Glas an einem einfachen Herd ist belegt.
- Unter den römischen Glashütten der Kaiserzeit sind jedoch schon Betriebe bekannt, die die Erzeugung von Rohglas und seine Weiterverarbeitung in organisatorisch zusammenhängenden Betriebskomplexen durchführten.
- Bemerkenswert sind kleine mittelalterliche Betriebe mit nur einem kleinen Ofen (Cadrix, evtl. Korinth). Sie können Rohglas zugekauft haben; unklar ist, wie hier die geblasenen Gefäße getempert wurden.
- Bei Kordel und in Haithabu, d. h. etwa im 8. bis 11. oder 12. Jahrhundert, werden erstmalig längliche, aber noch relativ kurze Öfen mit zentralem Feuerungskanal und seitlich davon angeordneten Hafenbänken ohne zweite Wärmezone greifbar. Ein Zusammenhang mit der in dieser Zeit aufkommenden und sich ausbreitenden Holzascheglasherstellung dürfte gegeben sein.
- Im hohen und späteren Mittelalter bildeten sich größere Öfen in zwei Bauarten heraus, zum einen runde oder leicht ovale mit übereinander angeordneten Kammern, zum anderen mehr oder weniger rechteckige oder längliche mit hintereinander angeordneten Kammern. Daneben gab es andere, kleinere Öfen mit unterschiedlichen Grundrissen für verschiedene Teilprozesse, die bei niedrigeren Temperaturen durchgeführt wurden („Nebenöfen").

  Das Glas wird in einstufigen oder zweistufigen, auch dreistufigen Prozessen erschmolzen.
- Im Spätmittelalter werden recht komplexe Betriebsanlagen greifbar, z. B. mit speziellen Öfen für die Flachglasproduktion. Allerdings gibt schon Theophilus einen einfachen speziellen Streckofen an.
- In der frühen Neuzeit entstehen gewaltige Ofenanlagen z. B. mit rechteckigem Hafenofen, bei dem an alle vier Ecken jeweils ein Ofen angebaut ist (die Flügelöfen in Frankreich und England, auch Deutschland).
- Die Einführung der Feuerung mit Kohle, im späten 16. Jahrhundert von England ausgehend, erforderte technische Neuerungen: hohe kegelförmige Hüttenbauten, Feuerung auf Rosten mit darunter liegendem, begehbarem Aschenkanal.

Es gibt Beispiele für das Verhandeln von Rohglas schon in sehr früher Zeit. Verschieden gefärbte Rohglasbarren (blau (vermutlich aus Ägypten), purpur, gelb) aus der Bronzezeit fanden sich im Schiffswrack von Uluburun (bei Kaş in Lykien). Das

Schiff ging – dendrochronologisch bestimmt – im Jahre 1303 v. Chr. unter (GÜLÇUR 1995).
Als Beispiel aus hellenistischer Zeit kann der Fund eines Schiffswracks bei Sanguinaire (bei Ajaccio, Korsika) angeführt werden, in dem sich über 500 kg Rohglas, davon 25 kg kobaltblaues Rohglas, fanden. Das Glas stammt wahrscheinlich aus Rhodes (DANNHEIMER 1993).
GORIN-ROSEN (2000) berichtet vom Verhandeln der riesigen in Bet Eli'ezer erzeugten Rohglasmengen im Mittleren Osten und über See ins Mittelmeer-Gebiet, wovon Rohglasfunde in Wracks von Schiffen entlang der israelischen Küste bei Caesarea und nördlich davon zeugen.
Die Diskussion um die „nordischen" rechteckigen und die südlichen runden (Arbeits-) Öfen (CHARLESTON 1978a; FOY 1989, 146-48) kann in der Weise beendet werden, dass man diese Aussage zwar als Regel, die aber als solche auch durchbrochen wird, betrachtet. Eine Ausnahme dürfte z. B. bei der Glashütte Steimcke vorliegen. Wanderung von Fachleuten, Informationstransfer, technologische Notwendigkeiten sowie Kenntnisstand und Vorlieben der Hüttenbetreiber spielen eine Rolle; auch ist der Forschungsstand noch nicht ausreichend.
Generell darf man nicht in zu starren Schemata für den Ofenbau denken und insbesondere nicht von typischen Öfen für eine bestimmte Zeit ausgehen. Die Kreativität der Ofenbauer und der Glasmacher führte sicher in verschiedenen Zeiten an verschiedenen Orten zu verschiedenen Lösungen für das gleiche Problem – wie auch noch heute auf allen Gebieten der Technik.
Dies gilt auch für die Arbeitsstellung der Glasmacher. An den relativ kleinen, runden Öfen wurde im Sitzen gearbeitet (Darstellungen auf der Öllampe, im Manuskript Hrabanus Maurus, im Manuskript Chigi), an den höheren Öfen im Stehen (Darstellungen bei Mandeville, bei Agricola, in S. Rocco in Altare). Auch hier wird man nicht in starren Schemata denken dürfen. Sicherlich wurde die jeweils günstigste Haltung gewählt; gegebenenfalls wurden Arbeitsgruben ausgehoben (Bebenhausen) oder Arbeitsplattformen errichtet (HORAT 1994). Die Arbeit am Streckofen ist z. B. nur im Stehen durchführbar.
In der Neuzeit wird weitgehend im Stehen gearbeitet; für schwierigere Hohlglasarbeiten sitzt der Glasbläser auf der Glasmacherbank, wie sie schon bei DIDEROT (1762-77 IV 2582-85; 2588) gezeigt wird. Diese besitzt links und rechts hohe, armlehnenartige Auflagen, auf denen die Pfeife oder das Hefteisen mit dem Glasgefäß daran hin- und hergerollt werden kann.
Neben den beschriebenen Öfen gab es auch weitaus einfachere Arbeitsplätze wie Herde, an denen aus Rohglas oder Halbzeug durchaus qualitätvolle Glasgegenstände hergestellt wurden. Als Beispiel hierfür seien die Befunde in Ribe angeführt.
In der folgenden Tabelle 8 sind die verschiedenen Ofentypen für die Roh- und Hohlglasherstellung nach technologischen Gesichtspunkten geordnet zusammengestellt. Hier wird noch einmal die große Vielfalt der Ofenkonstruktionen sowie das zeitliche Nebeneinander deutlich. Man darf die Ofenformen – um es zu wiederholen – nicht in ein starres Schema pressen und nur sehr grob und vorsichtig mit einer Chronologie verbinden, vor allem auch, weil die Entwicklung lokal völlig unterschiedlich verlaufen sein kann. Die weitere Forschung kann noch für erhebliche Überraschungen sorgen.
Die sog. Nebenöfen sind in dieser Tabelle nicht vertreten. Sie können als Flamm- oder Herdöfen gebaut sein und sind in ihrer Funktion (oder ihren Funktionen) kaum zu

interpretieren; höchstens Funde können einen Hinweis geben. Am ehesten gelingt eine Interpretation noch bei den gewinkelten Strecköfen aus dem 15. Jahrhundert und später. Ein Streckofen nach Theophilus z. B. wäre im Befund nicht direkt zu erkennen; höchstens würde ggf. eine erkennbare relativ niedrige Arbeitstemperatur des Ofens zu einer Spekulation in dieser Richtung führen können.

Tab. 8. Ofentechnologie: Öfen zur Fritte-/Rohglaserzeugung und Arbeitsöfen

| Form<br>Abmessungen | Ebenen | Hafenbank | Prozess | Bemerkungen<br>zur Chronologie<br>Beispiele |
|---|---|---|---|---|
| **Herdöfen** | | | | |
| rechteckig<br>oval<br><br><br>rechteckig | zwei übereinander<br><br><br>Feuerung tiefer<br>daneben | entfällt | Fritten | Mittelalter<br>Theophilus<br>Agricola<br><br>Månsson |
| **Hafenöfen** | | | | |
| rund<br>„Klein“: Innen-Durchmesser um 1 m | zwei:<br>Feuerungsebene<br>Hafenebene<br><br>eine 3. Ebene als Kühlebene sehr fraglich | Konsolen<br><br>Konsole halbkreisförmig vorn.<br>Flammöffnung:<br>hinterer Halbkreis<br><br>Flammloch in der Mitte einer (halb-) runden Hafenbank | Erschmelzen von Glas<br>Läutern<br>Glasblasen | altägyptisch<br>römisch<br>Mittelalter<br><br>Amarna<br>Köln<br>Cadrix |
| rund oder oval<br>„Groß“: Innen-Durchmesser um 2-3 m | drei:<br>Feuerungsebene<br>Hafenebene<br>Kühlebene<br><br>zwei:<br>Kühlofen evtl. angebaut | rund<br>Flammloch in der Mitte | Evtl. Erschmelzen von Glas<br>Läutern<br>Glasblasen<br>Kühlen | Mittelalter bis Frühe Neuzeit<br><br>Torcello<br>Agricola<br>Steimcke<br>Monte Lecco<br>Peyremoutou |
| rechteckig (evtl. mit gerundeten Ecken) oder oval.<br>Zunächst kurz, später länger, dann Fritt- oder Kühlöfen über dem Schürkanal.<br>Eckanbauten: „Annexöfen“, Flügel | zwei:<br>Feuerungsebene<br>Hafenebene<br><br>sowie ggf. Fritt- oder Kühlzone | zwei Hafenbänke parallel zum Feuerungskanal | Erschmelzen von Glas<br>Läutern<br>Glasblasen<br><br>Herstellen von Fritte<br>Kühlen<br>Trocknen<br>Erhitzen | Mittelalter bis Neuzeit<br>Kordel<br>Haithabu<br><br><br>Bebenhausen<br>Emsbachschlucht<br>Rosedale |

Forts. Tab. 8. Ofentechnologie: Öfen zur Fritte-/Rohglaserzeugung und Arbeitsöfen

| Form<br>Abmessungen | Ebenen | Hafenbank | Prozess | Bemerkungen<br>zur Chronologie<br>Beispiele |
|---|---|---|---|---|
| rund, um 30 m hoher kegelförmiger Hüttenbau | drei: Aschenkanal, Rost, Hafenebene | zwei Hafenbänke parallel zum Rost | Erschmelzen von Glas<br>Läutern<br>Glasblasen | Neuzeit<br>„englische Öfen“ für Kohlefeuerung |
| **Wannenöfen** | | | | |
| rechteckig oder quadratisch<br>Größte Kantenlänge der Wanne etwa 1-4 m | eine oder zwei<br><br>Feuerung auf gleicher Ebene wie die Wanne oder tiefer | entfällt | Erschmelzen von Rohglas | Römisch bis Mittelalter<br>Hambach (?)<br>Bet Eli'ezer<br>Bet She'Arim<br>Torcello<br>Germagnana (?) |

# 5. Gefässe und Geräte

Bei Grabungen werden gewöhnlich viele Keramik-Fragmente gefunden, und zwar Fragmente von Glashäfen und von großen, weithalsigen Gefäßen, die offenbar mit dem Produktionsprozeß in Zusammenhang standen, sowie von Haushaltsgefäßen und Ofenkacheln.
Die von den Glasbläsern verwendeten Geräte sind dagegen mehr aus der Literatur als aus Funden bekannt. Zum einen handelt es sich um hölzerne Geräte, die im Boden nicht überdauern, zum anderen wurden die wertvollen metallenen Geräte, soweit sie noch brauchbar waren, beim Auflassen der Hütte mitgenommen. Dennoch haben sich Fragmente einiger Geräte erhalten, die auf eine große Formenkonstanz schließen lassen.
Weiterhin werden fragmentierte Keramik-Bauteile der Öfen, Model aus Keramik sowie Keramik-Ringe, die in den Häfen zur Reinhaltung der Glasoberfläche auf dem Glas schwammen, gefunden.

## 5.1. Fritthäfen, Glashäfen, Hafenschuhe

Fritthäfen sind Gefäße, die der Fritteherstellung dienen. Sie sind – soweit überhaupt als besonderer Typ erkennbar – von flacher, schalenartiger Form.
Glashäfen sind die Gefäße, in denen eine flüssige Glasschmelze hergestellt werden soll.
Hafenschuhe sind keine Häfen, sondern flache Schalen, in denen Häfen stehen können. Sie dienen dem Auffangen überschäumender oder bei Hafenbruch ausfließender Schmelzen.
An dieser Stelle sollen nur einige Besonderheiten der in Frage kommenden Gefäße behandelt werden. Eine größere Übersicht mit Abbildungen in einheitlichem Maßstab findet sich am Ende dieses Kapitels.

### 5.1.1. Fritthäfen

Ausgesprochene Fritthäfen sind selten fassbar. Dies mag daran liegen, dass Fritten oder - allgemeiner ausgedrückt - Glasvorprodukte auch in Glashäfen hergestellt werden können; der Hauptgrund wird jedoch sein, dass die Fritten auf einer seitlich mit Steinen eingefassten Herdfläche hergestellt wurden. Charakteristisch für Fritthäfen ist eine flache Form, die einen guten Wärmezutritt ermöglichen und das Überschäumen verhindern soll.

Abb. 64. Schale zur Fritte-Herstellung nach Petrie (Umzeichnung: Autor)

Petrie (1894, 26) entdeckte in der um 1370 v. Chr. arbeitenden Glaswerkstatt von Tell el-Amarna flache runde Schalen, die den darin gefundenen Substanzresten zufolge der Fritte-Herstellung dienten (Abb. 64).
Als Häfen dienten Nicholson (1995) zufolge dagegen die zylindrischen Gefäße (Durchmesser 178 mm, Höhe 127 mm), die Petrie als kopfüber stehende Stützen für die flachen runden Schalen interpretierte.

Auf der Abbildung des „ersten Ofens" bei Agricola sind im Zusammenhang mit der Fritteherstellung flache längliche muldenförmige Schalen zu sehen (Abb. 65). Sie ähneln den Mulden auf der Abbildung bei Mandeville, die hier dem Heranschaffen von Sand oder Lehm dienten (Abb. 66). GÜHNE (1991, 52-53) beschreibt solche in Freiberg gefundenen Mulden (Datierung um 1600) und einen sehr ähnlichen Trog aus Holz, die zum Backen oder zum Erztransport dienten. Entweder hat sich Agricolas Holzschneider eine unerlaubte Freiheit herausgenommen, indem er ein typisches Holzgefäß als Fritthafen abbildete, oder er will die Gefäße zum Abtransport des zerkleinerten Rohglases darstellen. Im letzteren Falle ist jedoch die Form der zu zerkleinernden „Glasmasse" in der Abbildung des „ersten Ofens" nicht recht verständlich, auch ist unverständlich, wie sie aus dem Ofen herausgebrochen wird. Die gesamte „Backofenstelle" bei Agricola ist jedenfalls nicht recht klar dargestellt.

Abb. 65. Fritthafen oder Transportmulde bei Agricola

Abb. 66. Mulden zum Transport von Sand oder Lehm bei Mandeville

Die ebenfalls von Agricola gezeigten Glashäfen sind extrem groß und relativ stark gebaucht.

MAUS et al. (1999, 441; 449) berichten über Lesefunde von Fragmenten flacher Häfen an den Standorten nicht ergrabener Schwarzwälder Glashütten: Hütte Schwärzenbach bei Titisee-Neustadt (auch bei JENISCH 1996), datiert Ende 12. bis Anfang 13. Jahrhundert: zwei rundbodige Häfen 6,5 bzw. 8 cm hoch, Randdurchmesser 22 bzw. 26 cm, und Hütte Schöllkopf bei Freudenstadt, datiert 15. bis 16. Jahrhundert, evtl. schon früher: Hafen in Form einer weit ausladenden Schüssel ca. 25 cm hoch, Bodendurchmesser 19 cm, Randdurchmesser 60 cm. Da keine weiteren Angaben vorliegen, kann nicht gesagt werden, ob es sich hierbei wirklich um Fritthäfen handelt.

### 5.1.2. Glashäfen

Die Glashäfen bilden eine sehr große Gruppe sehr verschiedener Formen. Ihre Fassungsvolumina streuen stark, sie bewegen sich etwa zwischen 0,5 und 50 Litern (STEPHAN 1997/98; FOY 1989). Die kleinen Häfen dienten den darin enthaltenen Glasresten zufolge dem Schmelzen von farbigen Gläsern (FOY 1989) bzw. von Bleiglas (LEIBER 1990/91; STEPHAN 1997/98). Daneben beschreibt STEPHAN (1997/98) noch extrem kleine Häfen, in „nachlässiger Handarbeit" gefertigt mit einem Randdurchmesser von 6-7 cm, die keine Glasreste enthielten, aber vielleicht dem Erschmelzen von Proben dienen sollten.

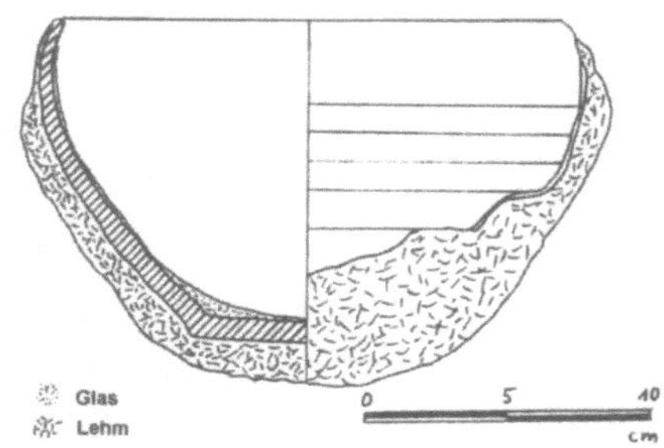


Abb. 67. Verlehmter Hafen aus Arles
(Umzeichnung: Autor)

Gelegentlich finden sich an der Außenwand von Glashäfen Lehmspuren (FOY 1989, 171-74; GAITZSCH 1999). In Abbildung 67 ist solch ein von FOY (1989) gezeigter Hafen aus Arles (11. Jahrhundert, auf der Scheibe gedreht) wiedergegeben.

Es handelt sich um einen Schutzüberzug aus Lehm, der den Hafen vor ungleichmäßiger Erwärmung durch direkte Flammeneinwirkung schützen sollte. Ungleichmäßiges Erwärmen der Gefäße hat Spannungen in der Wandung zur Folge, die zu einem Zerspringen führen können. Diese Technik zum Schutz von Gefäßen war in den alchemistischen Laboratorien des Mittelalters unter der Bezeichnung „Verlutieren" (Bezeichnung zurückgehend auf lat. *lutum* = Lehm) üblich und wurde hier zum Schutz von Destillierkolben aus Glas, aber auch von Keramikgefäßen angewandt (KAMBER et al. 1999)[38].

In den Glashütten des Hambacher Forstes (GAITZSCH 1999) fanden sich Glashäfen, die innen bis zum oberen Rand mit einer dünnen Glasschicht überzogen sind. Hierbei handelt es sich um eine Maßnahme zum Schutz der Hafeninnenseite gegen den korrodierenden Angriff der Glasschmelze, die auch heute noch von traditionell arbeitenden Glashütten angewandt wird (z. B. Glashütte Lamberts, Waldsassen)[39]. Auch LEIBER (1990/91) beschreibt solche dünnen Glasüberzüge innen und außen an Hafenfragmenten. Bei der Beurteilung ist natürlich Vorsicht geboten, da ähnliche Überzüge auch beim Gebrauch der Häfen entstehen können. Eine dünne Glasschicht auf der Außenseite kann von einem Verglasen des Tiegelmaterials herrühren (FOSSATI et al. 1975); ein solcher Prozess durch verdampfte Alkalioxide ist natürlich auch auf der Innenseite denkbar. Besonders bei Fragmenten ist auch an eine Entstehung der Schicht durch lokales Überlaufen der Glasschmelze zu denken. Die mikroskopische Untersuchung eines Querschliffes kann Klarheit schaffen.

Zur Frage der Herstellungsweise bemerkt FOY (1989), dass die Häfen in der Antike und im hohen Mittelalter auf der Scheibe gedreht wurden; wenigstens seit dem Ende des 13. Jahrhunderts wurden sie ohne Drehscheibe gefertigt.

Diese Zeitangaben werden anhand von Funden aus Frankreich gemacht; für Deutschland ist ihre Gültigkeit zu überprüfen. Leider fehlen in den Publikationen oft die entsprechenden Angaben.

PROHASKA-GROSS (1991) beschreibt in das 12. Jahrhundert datierte Glas- und Glashafenfunde aus einem gemauerten Schacht bei der Klosterkirche St. Peter und Paul in Hirsau. Es handelt sich um relativ kleine Häfen mit kräftig einziehender, aber fein ausgebildeter Lippe, für die sich der Autorin zufolge nur schwer Parallelen beibringen lassen, am ehesten noch aus Südfrankreich. Leider wird nichts über die Herstellungsweise ausgesagt; auf Grund der - soweit erkennbar - sehr sorgfältig geformten Boden-

[38] Hier liegt ein Beispiel dafür vor, wie eine Technik nicht unbedingt tradiert, aber jedenfalls im Laufe von 1000 Jahren immer wieder als sinnvoll eingesetzt wurde.

[39] Auch diese Maßnahme hat sich über 1500 Jahre erhalten – oder sie wurde öfter neu entdeckt.

partie und auch der fein ausgebildeten Lippe kann man eine Fertigung auf der Drehscheibe annehmen.
THEOPHILUS (1123, 2. Buch, 5. Kapitel) beschreibt nur allgemein ein „Formen" der Häfen. Eine Vielzahl von Glashafenfragmenten wurde auf dem Areal der Glashütte Steimcke (1. Hälfte 13. Jahrhundert) gefunden; sie wurde in einer gesonderten Veröffentlichung publiziert (STEPHAN 1997/98). Es handelt sich durchweg um von Hand aufgebaute Ware. Darunter sind auch sehr kleine Häfen, die dem Erschmelzen von Bleiglas dienten.
Aus der Glashütte Bebenhausen (datiert 2. Hälfte 15. bis beginnendes 16. Jahrhundert) ist neben einer Vielzahl von kleineren Fragmenten handgeformter Häfen der vollständige Boden (Durchmesser 32 – 33 cm) eines handgeformten Hafens bekannt (SCHOLKMANN et al. 1999).
Man kann davon ausgehen, dass die in den Glashütten selbst hergestellten Häfen in einfacher Weise von Hand aufgebaut wurden. Dabei wird sich der Übergang von den haushaltsgefäßähnlichen Häfen auf die für den technischen Zweck besser geeigneten (für das Erschmelzen von Holzascheglas wohl auch größeren) kegelstumpfförmigen Häfen fast zwangsläufig ergeben haben. Den Beginn dieser Vorgänge wird man für Deutschland in das 12./13. Jahrhundert datieren können. Der Hauptgrund für die Handfertigung bis in die Neuzeit hinein[40] liegt darin, dass nur so die völlige Luftblasenfreiheit der dicken Wandungen erzielt werden konnte, die für die Haltbarkeit der Häfen unabdingbar ist. BENRATH (1880, 81-92) beschreibt die Fertigung der Häfen im 19. Jahrhundert durch freien Aufbau sowie durch Formen in einer Holzform, die ähnlich einem Kübel ohne Boden aus Dauben auf einer Bodenplatte („Hafenbrett") konstruiert ist.
Für Italien liegt eine hierzu im Widerspruch stehende Schriftquelle vor: BIRINGUCCIO (1540, 153; 1558, 42v) beschreibt die Herstellung der Häfen auf der Töpferscheibe (Durchmesser am Boden und an der Mündung ½ *braccio* ≈ 30 cm, Höhe ¾ oder 1 *braccio* ≈ 45 bzw. 60 cm (? Stelle unklar), Wandstärke 2 *dita* ≈ 3,7 cm oder etwas weniger) und ihre langsame, 6 – 8 Monate lange Trocknung im Schatten. Die Häfen werden dann im Ofen für die Herstellung der Fritte gebrannt, und zwar zunächst vorsichtig und mit schwachem Feuer zum weiteren Trocknen und Anwärmen, dann mit verstärktem Feuer bei Hellrotglut. Die Häfen werden danach schnell in den Hauptofen umgesetzt und mit dem (gefritteten) Gemenge oder mit Scherben gefüllt.

Zur Frage der Entwicklung der Glashafenformen können die Grabungsergebnisse aus Hambach einen wesentlichen Beitrag leisten. Abbildung 68 zeigt einen – ebenfalls verlehmten - Glashafen der Form Alzey 28 aus der Grabung Hambach, Glashütte HA 500 (GAITZSCH 1999).
In der Glashütte HA 382 wurden neben Häfen mit einer steileren Wandung auch Töpfe der Form Alzey 27 verwendet, deren Rand vor der Verwendung abgeschlagen wurde (Gaitzsch). Allerdings ist auch denkbar, dass beschädigte Töpfe aus einem anderen Kontext einer weiteren Verwendung in der Glashütte zugeführt wurden.

[40] Die Fertigung der Häfen durch Aufbau von Hand hat sich bis weit in die Neuzeit erhalten (BENRATH 1880, 87), nach STEPHAN (1997/98, 135) bis weit in das 20. Jahrhundert hinein; ihm zufolge wurde erst 1970 eine Maschine zur Hafenherstellung patentiert.

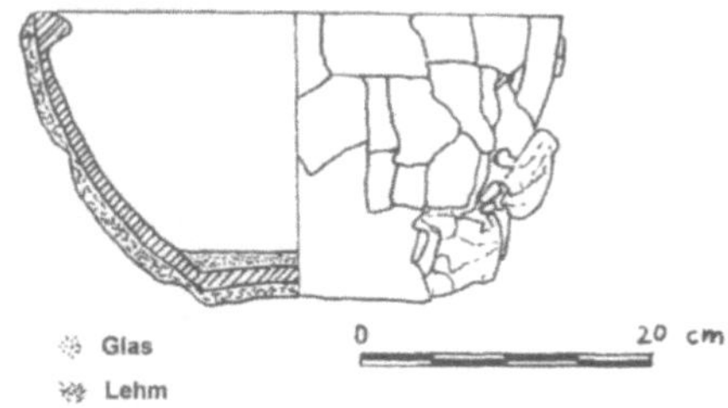


Abb. 68. Glashafen der Form Alzey 28 aus HA 500
(Umzeichnung: Autor)

Abbildung 69 zeigt die Formen Alzey 27 und 28, wie sie von UNVERZAGT (1916, 12, Tafel II) angegeben werden.
Es handelt sich um Gefäßformen, die sicher nicht für den Einsatz als Glashäfen konzipiert waren, sondern um Formen von Haushaltsgefäßen, die in Hambach einfach auf Grund ihrer Verfügbarkeit benutzt wurden. Der abgeschlagene Rand kann auch – wie schon erwähnt - auf die Verwendung beschädigter Töpfe hinweisen.
Hier liegt ein Beispiel dafür vor, wie sich Formen von Haushaltskeramik in technischer Keramik wiederfinden. Angesichts der von WEDEPOHL (2003, 222) mitgeteilten hohen Aluminiumgehalte von Hambacher Häfen kann man jedoch nicht darauf schließen, dass Haushaltskeramik direkt verwendet wurde, es sei denn, die Gebrauchskeramik dieser Gegend und Zeit wurde allgemein aus einem sehr feuerfesten Ton gefertigt.
In der Neuzeit wurde in England im Zusammenhang mit der aufkommenden Kohlefeuerung der neue Hafentyp eines gedeckten Hafens entwickelt. Bei diesen Häfen ist die Wandung über die obere Öffnung des Hafens hinweggezogen und gibt nur eine seitliche Öffnung frei. Die hierzu in der Literatur (z. B. CHARLESTON 1978, 32) zu findende Begründung, dass auf diesem Wege die für die Qualität nachteilige Einwirkung der schwefeldioxidhaltigen Verbrennungsgase auf die (Blei-) Glasschmelze verhindert werden sollte, kann nur dann eingesehen werden, wenn die seitlichen Öffnungen dieser Häfen genau in die Arbeitsöffnungen der Öfen eingepasst sind, wie von HENDERSON (2000, 47) beschrieben. Ohne weiteres ist dagegen einzusehen, dass von dem hohen, kegelförmigen Hüttendach herabfallende Schmutzpartikel, die bei der Verbrennung von Kohle als Flugasche in beträchtlichem Maße anfallen, nicht in diese gedeckten Häfen gelangen können.

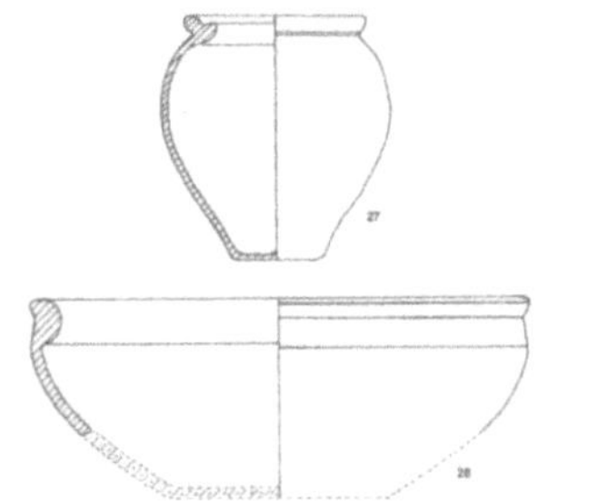

Abb. 69. Die Formen Alzey 27 (oben) und 28 (unten) nach Unverzagt

Zum Schluss noch zwei Bemerkungen zum Hafenton.
Auf dem Gebiet der in das 15. Jahrhundert datierten Glashütte vom Monte Lecco (FOSSATI et al. 1975) wurde eine Reihe von Glashäfen gefunden, die sich auf drei verschiedene Tonsorten zurückführen lassen. Sie scheinen alle in einer besonderen Art hergestellt worden zu sein, obwohl es nicht immer klar erkennbar war: Die Häfen wurden aus drei Teilen ohne Verwendung einer Drehscheibe von Hand aufgebaut. Bei den weniger sorgfältig gearbeiteten „lederfarbenen“ Häfen bildeten die Fugen dann auch die Schwachstellen, an denen die Gefäße später brachen.
Eine Magerung des Hafentons mit feinem Splitt aus gebrannten Häfen (wie in der modernen Schamotte-Industrie üblich) wurde bisher nur vereinzelt nachgewiesen. Bei

einem Hafenfragment aus Bebenhausen wurde auf mikroskopischem Wege ein Zusatz von feingemahlener gebrannter Hafenkeramik nachgewiesen (KOTTMANN 2000). Bei RECH (1982) findet sich ein Hinweis auf den gelegentlichen Zusatz von feinem Ziegelsplitt. Ein Zusatz von Material aus gebrauchten Glashäfen kann problematisch sein, weil der Splitt frei von Glas sein muß. Eingeschlossenes Glas in einer Hafenwand verursacht eine Schwachstelle, die zur vorzeitigen Zerstörung des Gefäßes führen kann. Ziegelsplitt aus Baumaterial ist in dieser Hinsicht natürlich unbedenklich.

### 5.1.3. Hafenschuhe

LEIBER (1990/91, 530) beschreibt flache, aus Hafenton gefertigte Schalen (rund oder oval, Durchmesser etwa 16 cm, Höhe etwa 4 – 6 cm), die an einigen Hüttenplätzen im Hils gefunden wurden. STEPHAN (1997/98, 118-23) beschreibt ebenfalls solche Schalen aus der Glashütte Steimcke. Beide Autoren geben Beispiele dafür an, dass der Glasschmelzenspiegel in schräger Lage (also beim Ausgießen) erstarrt ist.
Die Interpretationen als Ablageschalen für die Pfeifen oder als Gefäße zum Gießen von Glasscheiben sind unbefriedigend. Ausgehend von der chemischen Laboratoriumstechnik wird hier eine neue Interpretation vorgeschlagen: Es handelt sich um Hafenschuhe. Im Laboratorium versteht man unter einem Tiegelschuh ein flaches, tiegelähnliches Gefäß, das im Laboratoriumsofen unter einen Tiegel zum Schutz des Ofens gestellt wird. Abbildung 70 verdeutlicht diesen Gedanken.
Wenn Schmelzgut überschäumt oder der Tiegel reißt, sammelt sich die Schmelze im Tiegelschuh und verunreinigt nicht die Ofenplatte. Der Autor weiß aus eigener praktischer Erfahrung, wie leicht ein kalziumkarbonathaltiges Bleiglasgemenge beim Niederschmelzen überschäumt und verspritzt[41]. Die mittelalterlichen Glashütten hatten mit Sicherheit das gleiche Problem, wenn sie ein Karbonat im Gemenge hatten, sei es aus der Holzasche beim Erschmelzen von Blei-Holzasche-Glas, sei es aus einem kalziumkarbonathaltigen Sand. Die Hafenschuhe sollten den Ofen schützen und das wertvolle Glas sammeln. Es konnte dann ausgegossen (daher die „schrägen Spuren“!) und weiterverwen-det werden. Die zu den kleinen Bleiglas-Häfen passende Größe der „Schalen“, die Bleiglasrückstände in ihnen und auch die z. T. noch anhaftenden Teile der Ofenbaumaterialien stützen diese Deutung.

Abb. 70. Tiegel im Tiegelschuh oder Hafen im Hafenschuh (Zeichnung: Autor)

Bei BENRATH (1880, 303) findet sich ein Hinweis, dass in englischen Hütten Bleiglas in sehr großen Häfen „bei mäßiger Gluth langsam“ erschmolzen wird. Hierin sind Maßnahmen gegen das Verspritzen und Überschäumen zu sehen.
Die Hafenschuhe sind von den flachen Schalen zur Fritten-Herstellung (z. B. nach Agricola) zu unterscheiden, am besten natürlich durch Materialreste in ihnen, ggf. auch durch Spuren des ausgegossenen Glases, was ja tatsächlich manchmal beobachtet wurde und zu Fehldeutungen Anlass gab.

[41] Vgl. den entsprechenden Versuch im experimentellen Teil dieser Arbeit.

TERLINDEN et al. (1981) erwähnen in der Publikation eines in das 17. Jahrhundert datierten Ofens aus Brabant den Fund von kleinen „Säulen von 30 mm Höhe“ aus Hafenton, die auf den Hafenbänken standen und auf denen die Häfen ruhten. Hierbei kann es sich um eine Vorsichtsmaßnahme handeln, die das Herausnehmen von beschädigten Häfen aus einer „Glaspfütze“ im Ofen erleichtern sollte. Derartige „Säulen“ sind in keiner sonstigen Publikation erwähnt.

### 5.1.4. Anmerkungen zur Typographie der Glashäfen

Allgemein sollte man im Arbeitsgebiet „Glas“ nur von großen und kleinen „Glashäfen“ (oder kurz „Häfen“) sprechen: Die Bezeichnung „Tiegel“ ist heute mehr im metallurgischen und alchemistischen Bereich besonders für relativ kleine Reaktionsgefäße gebräuchlich (im späten Mittelalter war sie allerdings auch für Glashäfen in Gebrauch).
Die Entwicklung der Form der Glashäfen erfolgte unter technologischen Gesichtspunkten, wobei Formen der Gebrauchskeramik offensichtlich am Anfang standen. Dieser Vorgang findet sein Analogon in der Entwicklung alchemistischer Gefäße (KAMBER et al. 1999, KURZMANN 2004). Als Kriterien für eine der Funktion angepasste Formgebung können angeführt werden: leichte Herstellbarkeit, benötigtes Volumen, zur Verfügung stehende Standfläche im Ofen, Standfestigkeit, Handhabbarkeit des (glühenden) Hafens, Erreichbarkeit auch des unteren Bereiches des Hafens mit der Pfeife im Ofen (gegeben durch die Lage der Arbeitsfenster des Ofens!), Verarbeitung von Fritte oder Rohglas oder Gemenge im Einstufen-Prozess sowie Neigung des Gemenges zum Aufschäumen beim Niederschmelzen (u. a. gegeben durch das Aufheizverhalten des Ofens und die verwendeten Rohstoffe). Jeder Glaser wird seine Häfen entsprechend seinen spezifischen Bedürfnissen gestaltet (oder ggf. eingekauft) haben. Man wird also eine typographische Reihe nur in ganz groben Zügen aufstellen können, auch eine Chronologie ist nur sehr grob erkennbar. So sind die kleinen römischen Häfen nur in den runden kleinen Öfen zum Einschmelzen von Rohglas brauchbar; ein Einsatz in einem spätmittelalterlichen Ofen zum Erschmelzen von Holzascheglas im Einstufenprozess ist nicht denkbar. Vergleiche von Häfen aus verschiedenen Glashütten, die Suchen nach Parallelen, sind sehr problematisch und in ihren Aussagewerten äußerst begrenzt.
In den folgenden Tabellen 9 a, b, c sind einige der aus der hier behandelten Literatur bekannten Häfen im einheitlichen Maßstab von etwa 1:12 übersichtlich zusammengestellt.

Tab. 9 a. Glashäfen aus archäologischen Funden (Umzeichnungen: Autor)

| Fundort<br>Datierung<br>Literatur | Form<br><br>Herstellung | Außenmaße (cm)<br>DB: Ø Boden<br>DR: Ø Rand<br>Dmax: Max. Ø<br>H: Höhe<br>WSt: Wandstärke<br>BSt: Bodenstärke | Bemerkungen |
|---|---|---|---|
| Hambach<br>Ca. 4. Jh.<br>GAITZSCH 1999 | 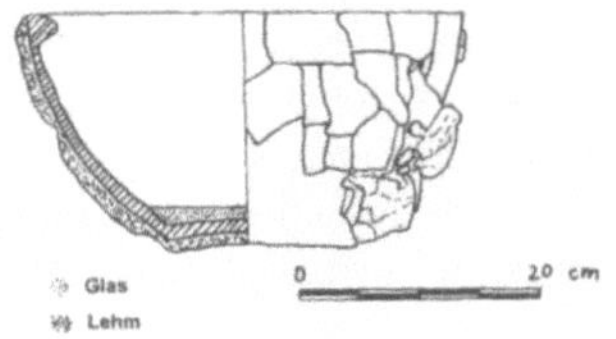<br>Drehscheibe | DB 13,8<br>DR 36,3<br>H 19,5<br>WSt 0,6-1,1 | Form Alzey 28<br>Daneben auch Gefäße mit steilerer Wandung sowie Form Alzey 27 |
| Saint Martin à Vienne<br>4. Jh.<br>FOY 1989 | 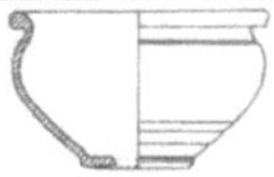<br>Drehscheibe | DR 19-21,5<br>H 14-16 | |
| Maguelone<br>6. Jh.<br>FOY 1989 | 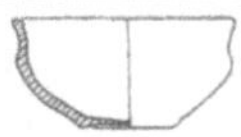<br>Drehscheibe | DR 18<br>H 9 | |
| Arles<br>11. Jh.<br>FOY 1989 | 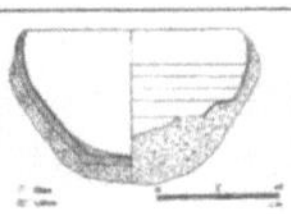<br>Drehscheibe | DB 8<br>DR 18<br>Dmax 18,8<br>H 11,5 | |
| Hirsau<br>12. Jh.<br>PROHASKA-GROSS 1991 | 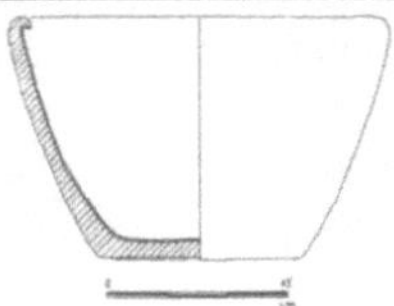<br>Drehscheibe ? | DB 17<br>Dmax 32<br>H 20<br>WSt 1,2-1,8 | Maße der Zeichnung (Rekonstr.) entnommen |
| Hils, Hütte A 7<br>2. Hälfte 12. Jh.<br>LEIBER 1990/91 | <br>Wohl Handaufbau | DB ca. 16<br>DR 30<br>H 22 | |

Forts. Tab. 9 a. Glashäfen aus archäologischen Funden

| Fundort<br>Datierung<br>Literatur | Form | Außenmaße (cm)<br>DB: Ø Boden<br>DR: Ø Rand<br>H: Höhe<br>WSt: Wandstärke<br>BSt: Bodenstärke | Bemerkungen |
|---|---|---|---|
| Steimcke<br>1. Hälfte 13. Jh.<br>STEPHAN 1997/98 | 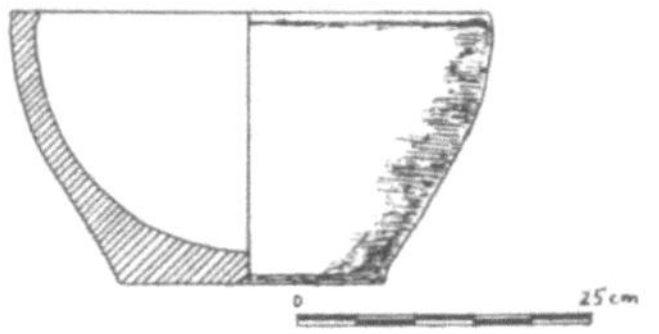<br>Handaufbau | DB 17-22<br>DR 19->42<br>H 21-24 | |
| Planier<br>Ende 13. Jh.<br>FOY 1989 | 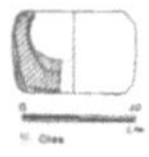<br>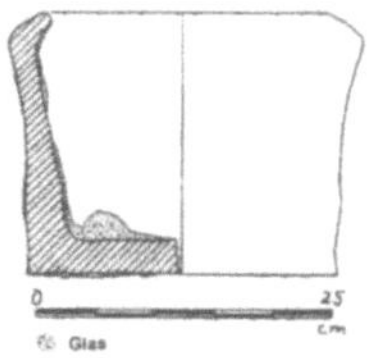<br>Handaufbau | H 4,5-7,4<br><br>DB 26<br>H 22 | zwei Größengruppen |
| Cadrix<br>2. Hälfte 14. Jh.<br>FOY 1989 | <br>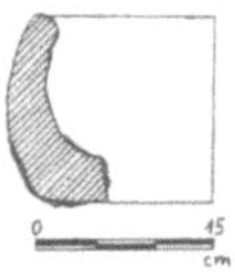<br>Handaufbau | H 4,5 oder 5<br><br>DB=DR 14<br>H 16<br><br>H 22-24 | drei Größengruppen |
| Salzwiesen/ Nassachtal<br>15. Jh.<br>RUNSCHKE 1994 | 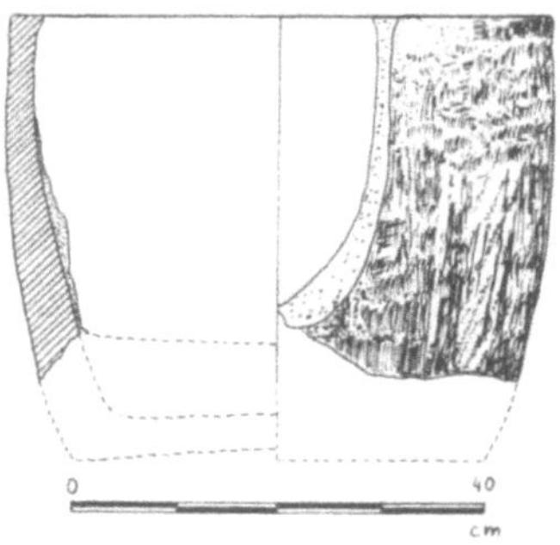<br>Handaufbau | DR 40-45<br>H 40-45<br>WSt oben ca. 2,5 unten ca. 5 | Ziemlich einheitliche Form und Größe |

Forts. Tab. 9 a. Glashäfen aus archäologischen Funden

| Fundort<br>Datierung<br>Literatur | Form | Außenmaße (cm)<br>DB: Ø Boden<br>DR: Ø Rand<br>H: Höhe<br>WSt: Wandstärke<br>BSt: Bodenstärke | |
|---|---|---|---|
| Monte Lecco<br>15. Jh.<br>FOSSATI et al.<br>1975 | 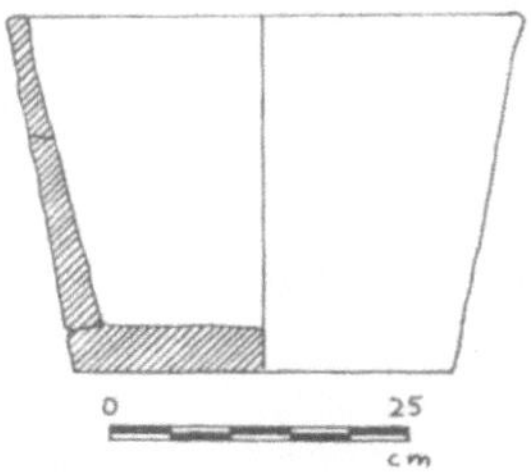<br>Handaufbau | DB 32<br>DR 44<br>H 30<br>WSt 1,4-3<br>BSt 3,9 | Maße der Zeichnung (Rekonstruktion) entnommen<br>Häfen aus drei Teilen zusammengesetzt<br>→ Bildung späterer Bruchzonen |

Tab. 9 b. Glashäfen aus Schriftquellen

| Fundort<br>Datierung<br>Literatur | Form | Außenmaße (cm)<br>DB: Ø Boden<br>DR: Ø Rand<br>Dmax: Max. Ø<br>H: Höhe<br>WSt: Wandstärke<br>BSt: Bodenstärke | Bemerkungen |
|---|---|---|---|
| THEOPHILUS<br>1123 | Keine Angabe<br>Wohl Kegelstumpfform | oben breit<br>unten eng<br>Wulst leicht nach innen gewölbt | |
| BIRINGUCCIO<br>1540 | Keine Angabe<br>Wohl gebaucht, da sonst die Angabe zweier D unnötig<br>Drehscheibe | BD 30<br>RD 30<br>H 45? Oder 60?<br>WSt ca. 3,5 | Annahme:<br>1 braccio = 60 cm<br>Gebauchte Form? Vgl. Agricola |

Forts. Tab. 9 b. Glashäfen aus Schriftquellen

| Fundort<br>Datierung<br>Literatur | Form | Außenmaße (cm)<br>DB: Ø Boden<br>DR: Ø Rand<br>Dmax: Max. Ø<br>H: Höhe<br>WSt: Wandstärke<br>BSt: Bodenstärke | Bemerkungen |
|---|---|---|---|
| AGRICOLA<br>1557 | <br>Drehscheibe ? | BD 30<br>RD 30<br>Dmax 45<br>H 60<br>WSt 4 | Annahme:<br>1 Fuß=30 cm.<br>Woher hat Agricola die gebauchte Form? Von Biringuccio?<br><br>Vielleicht darf von der Form bei Agricola auf die bei Biringuccio geschlossen werden |
| Funde in Torcello<br>7.-8. Jh.<br>nach TABA-CZYNSKA (1965) und GASPARETTO (1965) | Tonnenförmig<br><br>Keine Abbildung verfügbar<br><br>Drehscheibe? | DB ca. 14-23<br>RD ca. 15-24<br>Dmax ca. 19-27<br>H ca. 30-40<br>WSt 0,3-1,0<br>BSt 0,5-1,7 | Form ähnlich der bei Agricola und Biringuccio, Häfen aber kleiner |

Tab. 9 c. Bleiglashäfen und Hafenschuhe (Umzeichnungen: Autor)

| Fundort<br>Datierung<br>Literatur | Form | Außenmaße (cm)<br>DB: Ø Boden<br>DR: Ø Rand<br>H: Höhe<br>WSt: Wandstärke<br>BSt: Bodenstärke | Bemerkungen |
|---|---|---|---|
| Hils<br>um 1200<br>LEIBER<br>1990/91 | Hafenschuh<br><br>Handaufbau | Ø ca. 16<br>H 4-6 | kreisrund oder oval |
| Steimcke<br>1. Hälfte<br>13. Jh.<br>STEPHAN<br>1997/98 | Hafen<br><br>Hafenschuh<br><br>Handaufbau | DB 6-12<br>DR 14-18, auch 20-23<br>H 7-10 (14 selten)<br>BSt 2-4,5<br><br>DB 10-13<br>DR 11-17<br>H ca. 4<br>BSt 1-1,6 | <br><br><br><br><br><br>Höhe aus Zeichnungen |

Neben einem allgemeinen Größenvergleich ist diesen Tabellen Folgendes zu entnehmen:

- Eine große Verschiedenheit der Größen, Formen und Wandstärken wird erkennbar. So gibt es auch recht große römische Häfen!
- Es wird deutlich, dass ab 12./13. Jahrhundert mit dem Übergang zum Aufbau von Hand die Häfen ein mehr technisch geprägtes, zweckmäßigeres Aussehen erhielten.
- Die kleinen Bleiglashäfen und die Hafenschuhe passen in jeder Hinsicht zusammen
- Die Häfen von Agricola stehen merkwürdig isoliert, eventuelle Parallelen sind nur in Torcello und bei Biringuccio zu erkennen. Auch hier zeigt sich, dass Agricola mit seinen Angaben mehr von Italien beeinflusst ist als von Deutschland.

Eine breit angelegte Übersichtsarbeit über Glashäfen findet sich bei STEPHAN (2003).

## 5.2. Sonstige Keramikgefäße, Keramikmodel und Ofenbauteile aus Keramik

RECH (1982) berichtet von auffallend vielen Reibschalen aus Keramik sowie einer Handmühle aus Basalt, die auf dem Gelände der Glashütten im Hambacher Forst gefunden wurden. Diese Geräte werden der Zerkleinerung von Rohstoffen gedient haben.

ROTTLOFF (1999) berichtet über Funde von Modelteilen für römische rechteckige Flaschen aus Köln und Augst. Sie waren aus Stein oder Keramik gefertigt; es muß jedoch auch Seitenteile aus Holz gegeben haben, wie Maserungsspuren auf Gefäßen zeigen. Die Bodenteile waren aus Verschleißgründen wohl in der Regel aus Stein oder Keramik; sie trugen die für Zuordnungen außerordentlich interessanten Bodenmarken.

Keramische Formen dienten z. B. der Herstellung von „optisch geblasenen" Rippen- und Kreuzrippenbechern. Solche Model wurden fragmentiert bei vielen Ausgrabungen gefunden, z. B. Einfach- und ein Doppelmodel (Abb. 71) in Bebenhausen (SCHOLKMANN 1995), im Nassachtal (RUNSCHKE 1994).[42]

Abb. 71. Fragment eines Doppelmodels aus der Glashütte bei Bebenhausen zur Herstellung von Kreuzrippenbechern
(Foto Autor, mit freundlicher Genehmigung Landesdenkmalamt Baden-Württemberg)

Der Doppelmodel ist leider zerbrochen und unvollständig; trotzdem lassen sich einige wichtige Einzelheiten erkennen, die zu dem Schluss berechtigen, dass es sich um ein Model zur Herstellung von Kreuzrippenbechern handelt. Er besteht aus feinem, hell-beige gefärbtem, klingend hart gebranntem Ton, der etwa 10 % braune Partikel (0,5-1 mm groß) und nur wenige kleine Luftblasen enthält. Die äußere Form dürfte die eines unregelmäßigen, langgestreckten Achtecks (Maße etwa 8 x 14 cm) gewesen sein. Ein Teil des Bodens ist flächig abgeplatzt. Die leicht konischen Hohlräume wurden durch Hineinstoßen von gerippten Kernen aus Holz oder Metall erzeugt; am Boden des

[42] Der Autor dankt Herrn Dr. Schäfer, Landesdenkmalamt Baden-Württemberg, für die Genehmigung zur Untersuchung und Publikation des Bebenhäuser Teiles und den Herren Jacubowski und Muncan von der Schlossverwaltung Bebenhausen für ihre bereitwillige Unterstützung bei der praktischen Arbeit.

rechten Hohlraumes ist deutlich die erzeugte Verdichtung des Tones zu erkennen. Der Rippenquerschnitt ist trapezförmig; die linke Form weist noch 10 Rippen auf, die rechte 15. Die Rippentäler sind z. T. schlecht ausgebildet (durch Nachschneiden?). Das Vermessen des Teiles gestaltete sich recht schwierig; die Ergebnisse streuen stark und waren nur einer begrenzten statistischen Auswertung zugänglich. Tabelle 10 zeigt die Ergebnisse.

Tab. 10. Abmessungen des Doppelmodels

| Merkmal | Linke Form | Rechte Form | Bemerkungen |
|---|---|---|---|
| Zahl der erhaltenen Rippen | 10 | 15 | |
| Länge der Rippen | ca. 63 mm | ca. 60 mm | |
| Durchmesser des lichten Raumes oben über den „Rippenspitzen" | ca. 41 mm | ca. 37 mm | Bestimmung nur rel. ungenau mit einer Zeichnung konzentrischer Kreise |
| Abstand der Rippenmitten | 4,7 ± 0,81 mm | 3,7 ± 0,29 mm | Unterschied statistisch nachgewiesen |
| Zeichnerisch rekonstruierte Zahl der Täler (entspr. Rippenzahl des Bechers) | ca. 27 | ca. 31 | Die Zahlen könnten auch um 1 höher sein; der Unterschied ist jedoch sicher festgestellt |

Der erste Eindruck bestätigt sich: die linke Form ist größer als die rechte. Die Rippenabstände sind in der linken Form größer als in der rechten. Die Höhen der Rippen und die Tiefen der Täler zwischen den Rippen waren mit einfachen Mitteln nicht reproduzierbar auszumessen; die Unterschiede - wenn überhaupt vorhanden - sind auf jeden Fall sehr gering. Die erhaltenen Werte lassen den Schluss zu, dass der Kölbel zuerst in die rechte, kleinere Form zur Erzielung der ersten Rippenserie, dann in die linke, größere zur Erzielung der zweiten Rippenserie eingeblasen worden ist. Die Kreuzrippen werden dadurch erzeugt, dass die Pfeife beim Herausziehen des Kölbels aus der ersten Form nach links, beim Herausziehen aus der zweiten Form nach rechts leicht gedreht wird (oder umgekehrt, jedenfalls unter entgegengesetzter leichter Drehung).
Unwillkürlich geht man davon aus, dass die beiden Model die gleiche Rippenzahl in den Bechern erzeugen sollten; die gefundenen unterschiedlichen Zahlen sind eigentlich nicht zu erwarten. Vielleicht können sie damit erklärt werden, dass man auf ein solches Massenprodukt wie die Kreuzrippenbecher nicht die erwartete Sorgfalt verwendet hat. Auf jeden Fall müssen die verschiedenen Rippenzahlen in den Bechern nachzuweisen sein – wenn man die Becher hat. Beim Arbeitsofen der Glashütte Bebenhausen wurde ein zwar fragmentierter, aber vollständig zu rekonstruierender Kreuzrippenbecher gefundenen. Es wurde versucht, an dem rekonstruierten Becher die Rippenzahlen zu ermitteln. Wegen der starken Korrosion des Teiles erwies sich dies jedoch als unerwartet schwierig. Im Mittel von jeweils elf Zählungen ergab sich für die von unten links nach oben rechts verlaufenden Rippen eine Anzahl von 30, für die von unten rechts nach oben links verlaufenden Rippen eine Anzahl von 29. Auch hier liegt mit einiger Wahrscheinlichkeit wieder eine unterschiedliche Rippenzahl in den beiden Richtungen vor, die jedoch dem Auge nicht auffällt. Es hat weiterhin nicht den An-

schein, dass dieser Kreuzrippenbecher mit Hilfe des gefundenen Doppelmodels gefertigt wurde.
LANG (2001, 89) vermutet für die von ihm gefundenen Model eine organische Magerung des Tones, die beim Brand zu einem recht porösen Scherben und damit zu einer guten Wasseraufnahmefähigkeit führt. Die Model verhalten sich daher beim Einblasen des heißen Kölbels wie eine Holzform: Der entstehende Wasserdampf führt zu einer glatten Wandung des Glasgefäßes und schont den Model. Er vermutet weiterhin auf Grund von Schneidspuren in den Modeln, dass die Rippen eingeschnitten wurden.
STEPHAN et al. (1992, 99; 107) beschreiben den Fund von Tonmodelfragmenten für Beerennuppen und „tropfenartige Auflagen" in der Hütte Steimcke. Ein seltenerer Fund ist der von Innenmodeln, wie ihn z. B. RUNSCHKE (1994) beschreibt. Sie dienten im Nassachtal der Herstellung von niedrigen achteckigen Glasgefäßen.
Auf dem Gelände der Glashütte Bebenhausen wurde ein Fragment eines großen Keramik-Gefäßes gefunden (SCHOLKMANN 1999), wie es auch bei Mandeville in nicht ganz klarem Zusammenhang zu sehen ist.
STEPHAN (1997/98, 123-25) berichtet über Funde aus dem Bereich des Ofenbaus: Keramikeinfassungen von Ofenöffnungen (aus Hafenton gefertigt), Ofenverschlußteile (ein intaktes Teil und ein Fragment; „Vorsatzkuchen" nach BENRATH 1880, 165) sowie ein „Ofenwandungsteil mit konischer Durchbohrung, vermutlich für künstliche Windzufuhr mittels eines Gebläses". Diese Deutung muss mit einem Fragezeichen versehen werden, da über solche Konstruktionen bei mittelalterlichen Glasmacheröfen nichts bekannt ist. Vielleicht handelt es sich einfach um ein Pfeifenloch zum Durchstecken der Pfeife zum Aufwärmen oder um ein Schauloch.
ARNOLD (1994) beschreibt den Fund eines Vorsatzkuchenfragments bei der Glashütte von Mittelfischbach.
LEIBER (1990/91, 524-25) und SCHOLKMANN (1995) berichten über Funde von Verkleidungen für Arbeitsöffnungen der Öfen; Leiber erwähnt die Verwendung von Hafenton hierfür.
RUNSCHKE (1994) beschreibt den Fund von fragmentierten Läuterungsringen, die im Hafen auf dem geschmolzenen Glas schwimmen und die Mitte der Oberfläche, aus der die Glasposten zum Blasen entnommen werden, von Verunreinigungen freihalten sollen[43]. Nach BENRATH (1880, 92) haben diese Ringe einen (mittleren ?) Durchmesser von 0,5-0,7 des inneren Hafendurchmessers.

## 5.3. Werkzeuge

Abbildungen finden sich bei KUNCKEL (1679) und DIDEROT (1762-77 II 926; IV 2573, 2588), archäologische Funde werden z. B. bei LANG (1985; 1986), SCHOLKMANN (1995), FOY (1989) aufgeführt.
Die wichtigsten eisernen Geräte sind die Glasmacherpfeife und das Hefteisen, mit denen die Gefäße während des Blasens und Formens gehalten werden, sowie Scheren zum Beschneiden der Ränder, die Auftreibschere zum Erweitern von Öffnungen, pinzettenähnliche Zangen zum „Kneifen", eiserne Stangen zum Schleudern von Glasringen u. a.

[43] Hier sei auf die Gefahr einer Fehlinterpretation hingewiesen: Fragmente der Verkleidung der Arbeitsöffnung können mit Fragmenten eines Läuterungsringes verwechselt werden. Spuren von gebranntem Lehm am fraglichen Teil deuten auf ein Verkleidungsfragment.

Werkzeuge. Abbildung 72 gibt eine Abbildung bei KUNCKEL (1679, C. Merrets Anhang 334/335 Fig. 5) wieder, die eine Vorstellung hiervon vermittelt.

Abb. 72. Werkzeuge nach KUNCKEL (1679)
(Wiedergabe mit freundlicher Genehmigung der Universitätsbibliothek Tübingen)
Legende nach Kunckel, in Klammern: Erläuterungen des Autors

Obere Reihe v.l.n.r.:

- Das gespitzte *Borsella*/mit welchem man das Glas ausdehnet/zusammenleget/und gleich einem Strick drehet
- Die Glasscheer/von den Italiänern *Tagliante* geheissen/damit man das überflüßige Glas abschneidet
- Ein Instrument/welches die Italiäner *Borsella da fiori* nennen/mit welchen sie das Glas walckend/mancherley Blumen oder Zierrathen daraus machen
- Ein Instrument/bey den Italiänern *Borsella* genannt/mit welchem sie die Gläser/nach Beschaffenheit der Sachen/erweitern oder verengern und glatt machen (Aufweitschere)

Unten links v.o.n.u.:

- Ein Instrument/welches man in Verfertigung der Urin-Gläser gebrauchet
- Ein löcherichter Abschaum-Löffel/mit welchem man das untenliegende *sal alkali* heraus nimmt

Unten rechts v.o.n.u.:

- Die grössere und kleinere Schauffel/mit welchen man die Glasstücklein/so von dem Blasrohr herab geschlagen worden/aufhebet und in die Töpffe thut: davon die kleinere Schauffel so groß ist/daß sie füglich durch die Mundlöcher gehe (Mundloch = Arbeitsöffnung)
- Der grössere Löffel von Metall/mit welchen man die Aschen und Laugen aus den Kesseln nimmt
- Der kleinere Löffel/mit welchen man das Metall in den Ofen rühret/und aus einen Topff in den andern giesset (Metall= englischer Ausdruck für Rohglas)
- Das Blasrohr der Glasmacher/an einem Theil mit Holtz umbgeben/wegen der Hitze/damit man desto leichter mit solchen handieren könne

Bemerkenswert ist die große Formenkonstanz der Werkzeuge über Jahrhunderte hinweg. Die Geräte rezenter Glashütten sehen z. T. noch genau so aus, so z. B. die eisernen Schöpfkellen zum Entleeren der Glashäfen.

Neben dem römischen Ofen in Köln, Waidmarkt wurde ein ca. 80 cm langer eiserner Spatel gefunden (HÖPKEN 1998).

Bei der Grabung „Steimcke" wurden u. a. Eisenmesser, eine Schere, Glasmacherpfeifenfragmente (STEPHAN et al. 1988/89, 124; 126; 132; 136-37) sowie zugespitzte Eisenstäbe und der Waagbalken einer Klappwaage (STEPHAN et al. 1992, 110; 119-20) gefunden. Die Eisenstäbe dienten vermutlich der Herstellung von Glasringen. In Bebenhausen fanden sich ein ungedeutetes flaches Eisenwerkzeug (SCHOLKMANN 1995) sowie korrodierte Pfeifenendstücke und eine Auflagegabel für die Pfeife (KOTTMANN 2000). LEIBER (1990/91, 546) berichtet über Funde von fragmentierten eisernen Werkzeugen in den Glashütten im Hils: eine Zange, eine Schere, Pfeifenreste bis zu 10 cm Länge (Außendurchmesser ca. 1,6 cm, Innendurchmesser 0,5 cm).
LANG (1985, 1986, 1991) fand unter den Werkzeugresten bei der Glashütte „Salzwiesen" im Nassachtal zwei Kröseleisen; eines ist in Abbildung 73 wiedergegeben.

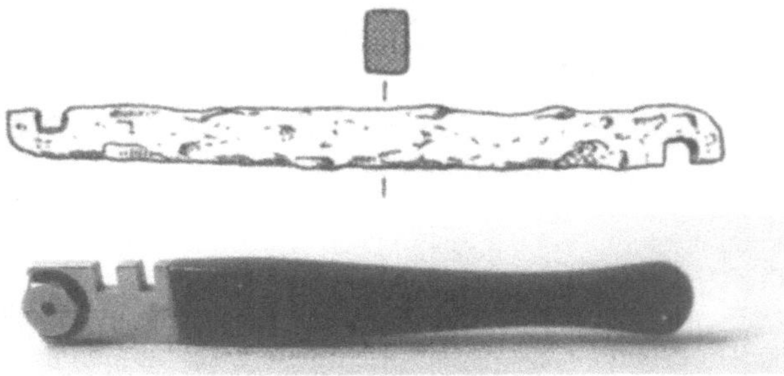

Abb. 73. Kröseleisen
Oben: Kröseleisen aus der Glashütte Salzwiesen im Nassachtal, 15. Jh.
Maße im restaurierten Zustand: Länge: 14,2 cm; Querschnitt 11 x 7,5 mm; Breite der Aussparungen 5,5-6 mm Die Maße haben sich durch die Korrosion des Teiles gegenüber dem Originalzustand verändert.
Zeichnung: Th. Schwarz, LDA Baden-Württemberg. Wiedergabe mit freundlicher Genehmigung.
Unten: Rezenter Stahlrädchen-Glasschneider mit Krösel (Foto: Autor)
Maße: Länge 13 cm; Querschnitt 16,5 x 4 mm; Aussparungen 4,5 bzw. 3,4 mm breit, 5,5 mm tief.

Ein Krösel(eisen) dient dem Bearbeiten des Randes einer Glastafel durch „Beknabbern" beim Einpassen in einen Rahmen oder eine Fassung aus Bleiruten. Der Fund zeigt, dass in dieser Glashütte Glastafeln oder –butzen auch weiterverarbeitet wurden.
Nach SEIZ (1994, 209) wurde das Glasschneiden mit dem Diamanten erst im 16. Jahrhundert entdeckt. Vorher wurde das Glas durch lokales Erhitzen mit dem Trenneisen (Abbildung 74) gesprengt; das genaue Nacharbeiten erfolgte mit dem Krösel. Solche Trenneisen sind noch in alten Glaserwappen zu finden.

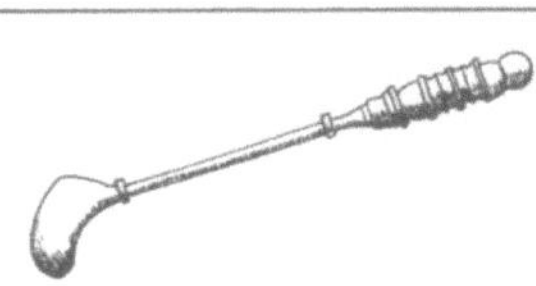

Abb. 74. Trenneisen
(Umzeichnung: Autor)

LANG (2001, 92-93) erwähnt gelegentliche Ritzspuren auf Glasscherben, die auf ein zumindest an einigen Stellen vorgenommenes Vorritzen z. B. mit den öfter bei Glashüttengrabungen gefundenen Silices hinweisen.
An den Standorten nicht ergrabener Glashütten im Schwarzwald fanden sich als Lesefunde Fragmente einiger eiserner Werkzeuge (MAUS et al. 1999, 442-43; 474):

Hütte Titisee-Neustadt, Schwärzenbach datiert Ende 12. bis Anfang 13. Jahrhundert: Fragmente von zwei Rundeisen, wohl Hefteisen.
Hütte Schluchsee-Blasiwald, Althütte datiert in das 17. Jahrhundert: Fragment einer Abschneideschere oder eines Zwackeisens.
Aus Holz hergestellte Werkzeuge haben sich verständlicherweise nirgends erhalten. Die heutigen hölzernen Geräte sind flach oder muldenförmig; mit ihnen kann in nassem Zustand die glühende Glasmasse geformt werden. Die einsetzende Dampfbildung verhindert durch Ausbildung einer wärmeisolierenden Schicht das Verbrennen des Holzes (Leidenfrost-Phänomen).

## 5.4. Sonstige Funde

Maus et al. führen noch Besonderheiten zweier Glashütten an, die interessant genug sind, hier aufgeführt zu werden.
MAUS et al. (1999, 460): Auf dem Gelände der (nicht ergrabenen) Glashütte Münstertal, Scharfenstein Süd (datiert vor 1572) fand sich als Lesefund das Fragment einer Gießform aus grauem Kalkstein für ein rundes, gewölbtes Objekt (Durchmesser 3 cm) mit radialen Erhebungen, das möglicherweise einen Knopf darstellt. Zu denken ist an die Herstellung von Bronze- oder Messinggussteilen in Zuge eines Nebenerwerbs.
Eigentlich nicht an diese Stelle, aber doch in den Zusammenhang „Nebenerwerb" gehören die folgenden Hinweise auf ähnliche Vorgänge:
MAUS et al. (1999, 465): Eine Schriftquelle hierzu liegt in Form eines Bestandsbriefes von 1614 für die Hütte Schluchsee, Blasiwald, Muchenland vor, in dem sich das Kloster St. Blasien den Verkauf der Glasprodukte vorbehielt, lediglich „kleine *Gutteren* (Glasflaschen) und **Keramik** durften die Glaser ab Hütte verkaufen" (Zitat)
Die Herstellung von Keramikteilen (Spielzeugtierchen) als Nebenerwerbsquelle ist auch für die Glashütte Steimcke anzunehmen (STEPHAN 1988/89, 139; 2000), vielleicht auch für die Hütte Hils/Kohlergrund (LEIBER 1990/91, 544).
Auf solche in der Literatur vereinzelt gefundenen kleinen soziologischen Aspekte soll in einem Exkurs eingegangen werden.

# 6. DIE PRODUKTIONSPROZESSE

Für die Rekonstruktion der Produktionsprozesse muss man hauptsächlich auf die Schriftquellen zurückgreifen; von archäologischen Funden und Befunden sind Ergänzungen oder Bestätigungen, z. T. jedoch von großer Bedeutung, zu erwarten.

## 6.1. Rohstoffe

Der Produktionsprozeß beginnt mit der Auswahl, Beschaffung und Vorbereitung der Rohstoffe. Es war schon früh bekannt, dass die Reinheit der Rohstoffe entscheidenden Einfluss auf die Qualität des Glases hat. Dieser Aspekt wurde bereits im Kapitel 3. Rohstoffe behandelt.
Die Kornfeinheit der Rohstoffe ist ein weiteres wichtiges Kriterium für die wirtschaftliche Herstellung eines qualitativ hochwertigen Glases. Je feiner die Rohstoffe sind, desto schneller laufen die chemischen Reaktionen der Glasbildung ab, desto weniger Brennholz wird benötigt und desto geringer ist die Gefahr von eingeschlossenen, nicht umgesetzten Komponenten im Glas. Der bereits zitierte Satz bei KUNCKEL (1679, A. Neri 1. Buch, 8. Kapitel, 19) „An einem engen Sieb und dürrem Holtz lieget die gantze Zierde der Kunst“ bringt dies treffend zum Ausdruck.
Die Zerkleinerung konnte in Mörsern, Mühlen oder Pochwerken erfolgen. Vorheriges Glühen und Abschrecken mit Wasser erleichterte diese Arbeit besonders bei quarzitischen Materialien.

## 6.2. Rezepturen

Eine Rezeptur ist unabdingbar für eine reproduzierbare Produktion eines Materials wie Glas. Man fing schon früh an, Rezepturen schriftlich zu fixieren. Dass es dennoch häufig zu Verständnisproblemen bei uns kommt, liegt daran, dass oft die Bezeichnungen der Rohstoffe nicht mehr verstanden werden. In einzelnen Fällen muss man sogar davon ausgehen, dass dies durchaus beabsichtigt war, um unliebsame Konkurrenz zu verhindern. So verwundert bei Agricola die Erwähnung eines Zusatzes von Steinsalz und die Nichterwähnung eines Kalkzusatzes, der – je nach Kalziumgehalt des Sandes – bei der Verwendung von Soda, sei es natürliche oder aus Halophytenasche gewonnene, erforderlich ist. Auch MATHESIUS (1587, 177v) erwähnt ein Gemenge aus „sand, asch und saltz“. Dieser Salzzusatz ist problematisch: er führt nach Zersetzung des Chlorids beim Erhitzen dem Glas zwar etwas Natriumoxid zu, aber ein Überschuss verursacht wegen seiner Unlöslichkeit im Glasfluss unweigerlich die Bildung von Glasgalle. Man bewegt sich also auf einem schmalen Grat – was vermutlich gar nicht richtig verstanden wurde[44]. Mathesius schildert dann auch ausführlich das Entfernen der Glasgalle.
In der folgenden Tabelle 11 sind die wichtigsten Rezepturen mit den modernen Bezeichnungen der Komponenten wiedergegeben.

[44] Eine Hypothese hierzu wird weiter hinten in diesem Kapitel aufgestellt.

Tab. 11. Glas-Rezepturen

| Quelle | Rezeptur | Bemerkungen |
|---|---|---|
| Assyrischer Keilschrifttext<br>7. Jh. v. Chr. | 1 Teil Sand<br>3 Teile Salicornia-Asche<br>0,1 Teile Salpeter<br>0,04 Teile Kalk | Der Salpeterzusatz dient der Oxidation des blau bzw. grün färbenden Eisen(II). Sehr modern!<br>Rezeptur nach STROBL (1990, 16) |
| Plinius d. Ä.<br>Mitte 1. Jh. n. Chr. | 9/12 Teile Sand<br>3/12 Teile Natursoda<br>etwas Braunstein | Zugrunde liegt die neueste Lesung des lateinischen Originaltextes[45].<br>„Teile" = Gewichts- oder Volumenteile! – Ungenauigkeit. |
| Syrische Schriften<br>7. – 11. Jh. | 1 Teil Pulver von Kieseln<br>3 Teile Asche<br>sowie<br>1 Teil Pulver von Kieseln<br>0,8 Teile Alkali aus Asche | Rezepturen nach v. LIPPMANN (1919, 390, 393) |
| Theophilus Presbyter<br>1123 | 1 Teil Sand<br>2 Teile Buchenholzasche | |
| Peder Månsson<br>Um 1520 | 1 Gewichtsteil feiner weißer Sand<br>1 Gewichtsteil schwarze Asche aus Holz und Halophyten<br>Evtl. etwas Braunstein | |
| Biringuccio<br>1540, 151-52; 157 | 2 Teile Flusskiesel oder Sand<br>1 Teil Salz aus Asche (Kali, Farn, Flechte)<br>etwas Braunstein | Weniger gutes Glas aus<br>1 Teil Flusskiesel oder Sand<br>1 Teil Asche<br>etwas Braunstein |

[45] Die betreffende Stelle bei PLINIUS (Buch 36 Paragraph 194) galt bisher als ungeklärt. Dort heißt es: *...iam vero et in Volturno amne Italiae harena alba nascens sex milium passuum litore inter Cumas atque Liternum, qua molissima est, pila molave teritur. dein miscetur III partibus nitri...* (Heute aber wird auch im Volturnus zwischen Cumae und Liternum vorkommender italischer weißer Sand an einem Uferstreifen von sechs Meilen, wo er am weichsten ist, (verarbeitet; dabei wird er) in Mörser oder Mühle gemahlen. Dann wird er vermischt mit drei Teilen Natursoda... . Man ging bisher allgemein davon aus, dass „ein Teil Sand auf drei Teile Soda" gemeint war. Dies ergibt jedoch kein brauchbares Glas, sondern nur wasserlösliches Wasserglas. Viele Analysen römischer Gläser ergaben nun einen Siliziumdioxidgehalt von 65-73 %. Wenn man davon ausgeht, dass der verwendete Sand nicht reines Siliziumdioxid war, sondern einige Prozent Kalk enthielt (was für die Herstellung eines gebrauchstüchtigen Glases auch nötig ist), kommt man zu der bereits von FROEHNER (1879) vertretenen Ansicht, dass mit den „Teilen" „Zwölftel" gemeint sind (entsprechend dem römischen Duodezimalsystem 12 unciae = 1 libra). Hiernach sind also 3/12 Soda mit 9/12 Sand zu vermischen, was dann zu Siliziumdioxidgehalten des Glases von etwas weniger als 75 % führt. Die Projektgruppe Plinius akzeptierte den entsprechenden Vorschlag des Autors, in der Ausgabe 2000 die Lesung von Froehner zu übernehmen.
So half die Archäochemie bei der Lösung eines alten philologischen Problems.

Forts. Tab. 11. Glas-Rezepturen

| Quelle | Rezeptur | Bemerkungen |
|---|---|---|
| Georgius Agricola 1556 | 2 Teile Sand<br>1 Teil „Salz" (Soda, Steinsalz oder Salz aus Halophyten-asche)<br>kleine Stücke Braunstein<br>Wenn kein „Salz" verfügbar:<br>1 Teil Sand<br>2 Teile Holzasche<br>etwas Steinsalz<br>ein kleines Stück Braunstein | Agricola hält die drei verschiedenen Salze für gleichwertig.<br>Die Verwendung/der Zusatz von Steinsalz ist fragwürdig. |

Rezepturen können natürlich – allerdings mit gewissen Einschränkungen - auch aus den Ergebnissen der chemischen Analysen abgeleitet werden. So geben GAITZSCH et al. (2000) als Rezeptur für die römischen Glashütten an: 50 Gewichts-% reiner Quarzsand, 40 Gewichts-% natürliche Soda und 10 Gewichts-% Kalk an.
Aus der Analyse altägyptischer Gläser ergab sich, dass diese nicht – wie man unwillkürlich anzunehmen geneigt ist – unter Verwendung natürlicher Soda aus den ägyptischen Soda-Seen hergestellt wurden, sondern mit Halophytenasche (WEDEPOHL 2000).
Die Tatsache, dass nicht in allen Rezepturen der Zusatz von Kalk erwähnt wird, darf nicht dazu verleiten, diese Rezepturen für unvollständig oder gar falsch zu halten. Ein besonderer Kalkzusatz musste dann nicht erfolgen, wenn die verwendeten Rohstoffe Sand bzw. Holzasche ein brauchbares Glas ergaben, wir wissen heute, weil sie genügend Kalzium enthielten. Das von Plinius mitgeteilte Rezept ist also keineswegs untauglich, wie MAUS et al. (1999) meinen; man muss es nur richtig übersetzen und berücksichtigen, dass die von Plinius erwähnten Sande vom Belus oder vom Volturnus recht kalkhaltig sind (Belus: 8,8 % CaO nach BEZBORODOV (1975, 58); Volturnus nach vorliegender Arbeit: 13,3 % CaO). Plinius erwähnt aber auch den Zusatz von Muschelschalen.

## 6.3. Die zeitliche Entwicklung der Rezepturen

Es gibt keine strenge Chronologie der Rezepturen, vielmehr ist festzustellen, dass verschiedene Rezepturen gleichzeitig in Gebrauch waren. Das Werkstoff-System „Glas" ist ein recht fehlertolerantes System: es wird bei nicht allzu großen Abweichungen in den Konzentrationen der Komponenten immer noch ein brauchbares, wenn auch nicht immer gleich gutes Glas erhalten. Es ist aber möglich, eine allerdings recht grobe Übersicht über die verschiedenen, sich zeitlich überschneidenden Perioden zu geben. Sie lehnt sich eng an Ergebnisse von WEDEPOHL (1993, 1998, 1998a, 2003), WEDEPOHL et al. (1995), STEPHAN et al. (1994, 1997), KÖNIG et al. (2002) , SCHMID et al. (1996) sowie BEZBORODOV (1975, 311-25) an. Die folgende Tabelle 12 kann die Entwicklung nur in groben Zügen wiedergeben. Im Mittelmeergebiet oder im Orient herrschten andere Verhältnisse wegen der besseren Verfügbarkeit von Halophytenasche (Salz-

pflanzenasche) bzw. natürlicher Soda als im Gebiet nördlich der Alpen. In Frankreich gibt es die Besonderheit der Verwendung von kaliumreicher Farnasche. In England wurde Tang- oder Seegrasasche verwendet. Aber auch innerhalb des engeren mitteleuropäischen Raumes bestehen lokale Unterschiede, die eine summarische Behandlung nur in einem sehr groben Raster zulassen.
Die allmähliche (künstliche?) Verknappung an natürlicher Soda um 800 n. Chr. führte in Deutschland und Böhmen zum Einsatz der Holzasche und in islamischen Ländern und den Mittelmeerländern zum Übergang auf Halophytenasche mit den entsprechenden Rezepturänderungen.

Tab. 12. Grobe zeitliche Einordnung von Rezepturen

| Glastyp | Rohstoffe | Zeitliche Einordnung |
|---|---|---|
| Halophytenasche-Glas | Halophytenasche, Sand, Kalk? | In Mesopotamien und Ägypten 1500 bis ca. 500 v. Chr. , ab ca. 800 n. Chr. in islam. Ländern, ab 1300 (z. T. schon früher) in Europa. Von 400 v. bis 800 n. Chr. in Persien |
| Soda-Kalk-Glas | Natürliche Soda, Sand, Kalk? | Röm. und fränk. Reich (ca. 600 v. bis ca. 800 n. Chr.), aber auch noch bis ins europ. Mittelalter |
| Frühes Holzasche-Glas | Holzasche, Sand, evtl. Kalk | ab 8. Jh. |
| Holzasche-Glas | Theophilus-Rezept:<br>Sand, Holzasche | 12.-15. Jh. |
| Holzasche-Kalk-Glas | Holzasche, Sand, Kalk<br>Holzascheanteil halbiert, dafür Kalk-Zusatz.<br><br>Holzascheanteil nochmals verringert (auf 1/3 der urspr. Menge). In NW-Deutschland: NaCl-Zusatz (?, vgl. Agricola) | um 1300 Beginn im Spessart<br><br>ab 1450 |
| Holzasche-Blei-Glas (mit 23-43 % Blei) | Blei oder Bleioxid, Holzasche, Sand | besonders im 12.-14. Jh. (z. B. im Hils) |
| Bleiglas (mit ca. 70 % Blei) | Blei oder Bleioxid, Sand | in Nordwesteuropa besonders im 13.-14. Jh. in Osteuropa im 9.-13. Jh. |
| Alkali-Blei-Glas (mit ca. 15-50 % Blei) | | in Osteuropa im 9.-13. Jh. |

„Sand“ in dieser Tabelle kann auch „andere Siliziumdioxid-Rohstoffe“ bedeuten.
Blei muss vorher durch Erhitzen an der Luft oxidiert werden.

STEPHAN et al. (1997) weisen auf eine recht variable Zusammensetzung (Verhältnis $CaO/K_2O$ zwischen 1 und 4,7; $SiO_2$-Gehalt) des frühen Holzascheglases (9. und 10. Jahrhundert) hin, die wahrscheinlich auf die Verwendung unterschiedlicher Aschenarten

zurückgeht. Um die Jahrtausendwende pendelte sich das $CaO/K_2O$-Verhältnis bei 0,9 bis 1,5 ein.
Wedepohl (2002) spricht von zwei Zäsuren bei den Rezepturen: eine um 600 v. Chr., die zweite um 800 n. Chr., deren Ursachen noch unbekannt sind, aber wohl handelspolitischer Natur waren.

Das von Theophilus angegebene Rezept wurde im Prinzip während mehrerer Jahrhunderte angewandt, kann jedoch wegen der variierenden Zusammensetzung der Rohstoffe Sand (verschiedene Lagerstätten mit unterschiedlichen Sanden) und Asche (verschiedene Böden, verschiedene Pflanzenteile, später auch verschiedene Hölzer ergeben unterschiedliche Zusammensetzungen) zu Gläsern führen, die analytisch durchaus zu unterscheiden sind.

## 6.4. Die Bezeichnung der Glasarten

Leider findet man in der Literatur eine verwirrende Vielfalt von Bezeichnungen für die verschiedenen Glastypen, die zudem teils auf völlig veralteten chemischen Begriffen wie Natron oder Kali beruhen.
Die chemisch exakte Bezeichnungsweise nennt die Hauptkomponenten mit ihren richtigen chemischen Bezeichnungen, spricht also von Natrium-Kalzium-Glas, Kalium-Kalzium-Glas, Natrium-Kalium-Kalzium-Glas, Bleiglas. Das Silizium als immer gegenwärtige Komponente bleibt unerwähnt.
Daneben ist eine Bezeichnungsweise sinnvoll, die die Rohstoffe nennt, also Salzpflanzenasche- (oder Halophytenasche-) Glas, Holzasche-Glas, Holzasche-Kalk-Glas, Holzasche-Blei-Glas.
Die Einbeziehung der Bezeichnung „Soda“ ist zweideutig, weil zwei Soda-Quellen in Betracht kommen: Halophytenasche und natürliche Soda. Die „Kali-Pflanze“ ist eine Salzpflanze, die also hauptsächlich Natriumkarbonat liefert und daher <u>nicht</u> zu einem Kalium-Kalzium-Glas führt.
Auch die Bezeichnung „Pottasche“ führt zu einem Problem, da man unter „Pottasche-Glas“ ein Glas verstehen kann, das aus Holzasche direkt oder aus Pottasche (chemisch Kaliumkarbonat, aus Holzasche durch Auslaugen und Glühen gewonnen) hergestellt wurde. Diese beiden Gläser müssen unterschieden werden, da sie insbesondere in Bezug auf ihre Reinheit und Datierung unterschiedlich sind.
Die Begriffe „Soda“ und „Pottasche“ sind keine Synonyma für „Natrium“ bzw. „Kalium“. Hier sorgen auch die englischen Bezeichnungen dieser Elemente „sodium“ und „potassium“ für Verwirrung.
Reine wasserfreie Soda schmilzt bei etwa 850°C, reine wasserfreie Pottasche schmilzt bei etwa 895°C. Ein Gemisch aus gleichen Teilen beider Salze schmilzt erheblich niedriger, nämlich bei etwa 700°C (eutektisches Gemisch). Für die Glasherstellung kann dies natürlich von Vorteil sein. Ob hiervon bewusst Gebrauch gemacht wurde, ist jedoch unwahrscheinlich, da die zu Grunde liegende Gesetzmäßigkeit der Schmelzpunkterniedrigung nicht bekannt war. Allenfalls könnte man festgestellt haben, dass sich ein Glas mit Mischasche besonders leicht erschmelzen ließ; in den Schriftquellen ist hierüber nichts überliefert. Es gibt jedoch solche Mischasche-Gläser; sie sind chemisch Natrium-Kalium-Kalzium-Gläser.

## 6.5. Das Glasvorprodukt oder das Problem der Fritte

Bereits PLINIUS (Buch XXXVI, Paragraph 194) gibt an, dass Glas in einem mehrstufigen Prozess erschmolzen wird, und zwar spricht er sogar von drei Stufen: *...dein miscetur III partibus nitri pondere vel mensura ac liquata in alias fornaces transfunditur. Ibi fit massa quae vocatur hammonitrum atque haec recoquitur et fit vitrum purum ac massa vitri candidi.* (Dann wird er (der Sand) vermischt mit drei Teilen Natursoda[46], Gewicht oder Volumenmaß, und wird geschmolzen in andere Öfen überführt. Dort entsteht eine Masse, die „*hammonitrum*“ genannt wird. Und diese wird wieder aufgeschmolzen, und es entsteht reines Glas, eine farblos-durchsichtige Glasmasse.).

Diese Stelle birgt mehrere Schwierigkeiten. Das Problem der drei Teile kann als gelöst betrachtet werden. Die Angabe „Gewicht oder Volumenmaß“ ist natürlich ungenau; bei der Dosierung nach Volumina geht das unterschiedliche Schüttgewicht ein, so dass die Rezeptur ungenau wird. Auch andere Autoren wie Theophilus, Agricola sprechen immer nur von Teilen; sie lassen offen oder setzen als bekannt voraus, ob Gewichts- oder Volumenteile gemeint sind. Bei KUNCKEL (1679, passim) finden sich klare Gewichtsangaben.

Die einfachste Art der Mengenmessung ist die Volumenmessung, die auf anderen Gebieten weithin angewandt wurde, obwohl leistungsfähige Waagen seit alten Zeiten zur Verfügung standen. Es erhebt sich die Frage, mit Hilfe welcher Messtechnik auf den mittelalterlichen Glashütten die Gemenge hergestellt wurden. STEPHAN et al. (1992, 119-20) beschreiben den Fund einer Waage auf dem Gelände der Glashütte Steimcke. Es handelt sich um einen aus drei Teilen bestehenden zusammenklappbaren Waagbalken mit einer Gesamtlänge von 18-19 cm, der allerdings wegen seiner Größe und Fragilität nur für Wägungen etwa im 100 g-Bereich verwendbar war und nicht für Einwaagen im 10 kg-Produktionsmaßstab. Die Waage könnte aber bei der Herstellung von Farbgläsern zur Einwaage von stark farbgebenden Gemengebestandteilen gedient haben. Große Waagen, auf deren Verwendung allerdings bei Grabungen bisher keine Hinweise gefunden wurden, mögen für die Einwaage der Hauptbestandteile der Gemenge gedient haben.

Eine reproduzierbare Mengenmessung über das Volumen setzt voraus, dass das Schüttgewicht bzw. die es bestimmenden Charakteristika Korngrößenverteilung und Kornform konstant sind. Bei einem Sand aus einer bestimmten Lagerstätte mag dies recht gut zutreffen, bei Holzasche z. B. dürfte es jedoch Schwierigkeiten geben. Vielleicht liegt hier eine weitere Ursache (neben wechselnder chemischer Zusammensetzung der Rohstoffe) für Schwankungen in der analytisch ermittelten Zusammensetzung der Gläser. Andererseits beweist die Tatsache, dass bei Grabungen noch keine Hinweise auf eine große Waage gefunden wurden, noch lange nicht, dass nicht doch abgewogen wurde.

Das Wort *hammonitrum* ist nur aus der oben erwähnten Stelle bei Plinius bekannt; es bedeutet nach allgemeiner Ansicht ein aus Sand und Soda hergestelltes Glasvorprodukt, die Fritte. Warum zweimal aufgeschmolzen wird, bleibt unklar. Sicher ist jedoch, dass dadurch ein sehr sauberes Glas erzeugt werden kann.

In Buch XXXVI, Paragraph 193 beschreibt Plinius noch einen Vorgang, der für die Deutung der Glasmacheröfen von Bedeutung ist: *ex massis rursus funditur in officinis*

[46] Richtige Übersetzung: Teile = Zwölftel, also: 9 Zwölftel Sand und 3 Zwölftel Soda.

*tinguiturque, et aliud flatu figuratur, aliud torno teritur, aliud argenti modo caelatur...(*Aus der Masse wird es (besser: die Masse wird) in den Werkstätten wiederum geschmolzen und gefärbt, und das eine wird durch Blasen geformt, ein anderes auf der Töpferscheibe geformt, anderes wie Silber ziseliert.). Hier findet sich ganz klar der Hinweis auf die Rohglas nach verschiedenen Verfahren verarbeitenden Werkstätten. Diese schmelzen das Rohglas (*massa*) ein, sicherlich in den vielfach ergrabenen kleinen runden Öfen.
THEOPHILUS (1123, 2. Buch, 4. Kapitel) schreibt: *Cumque diu et bene commixta fuerint, levans cum trulla ferrea pone in minori parte furni super larem superiorem, ut coquantu,* ***et cum coeperint calefieri, statim eadem trulla move, ne forte liquefiant a calore ignis et conglomerentur****; sicque facies per spatium unius noctis et diei.* (Nachdem sie (Asche und Sand) lange und gut durchmischt worden sind, nimm sie mit der eisernen Kelle auf und schütte sie auf den oberen Herd des kleineren Teiles des Ofens, um sie zu erhitzen, **und sobald sie heiß zu werden beginnen, bewege sie sofort mit der Kelle, damit sie nicht etwa in der Hitze des Feuers stark schmelzen und zusammenbacken**. Und so mache es für den Zeitraum einer Nacht und eines Tages).
Das im lateinischen Original stehende *coquantur* wird sehr verschieden übersetzt („um zu glühen" bei Theobald, „damit sie »gekocht« werden" bei Brepohl, der sein Unbehagen schon durch die Anführungszeichen ausdrückt). *coquere* bedeutet in alchemistischen Texten allgemein „mit Wärme behandeln", und man sollte es hier allgemein mit „erhitzen" übersetzen.
Kopfzerbrechen bereitet der fett geschriebene Hinweis. Wenn man ihn wörtlich nimmt, kommt man zunächst zu dem Schluss, dass das gesamte Gemenge nicht zu stark erhitzt werden soll, also insgesamt nicht schmelzen soll. In dieser Weise können jedoch nicht die heterogen aufgebauten Konglomerate entstehen, die von FROMMER (2001, Text 73-75) als Fritte erkannt wurden. Dies ist nur möglich, wenn bei dem Prozess stellenweise geschmolzenes Material erzeugt wird, an das sich ungeschmolzenes anlagert. Das *ne forte liquefiant* bei Theophilus muss also mit „damit es nur stellenweise schmilzt" interpretierend übersetzt werden. Mit dieser Übersetzung wird die Übereinstimmung zwischen dem Text bei Theophilus und der als richtig anzusehenden Ansprache des archäologischen Fundes durch Frommer hergestellt.

Peder Månsson beschreibt um 1520 einen ähnlichen Prozess aus Italien (JOHANNSEN 1932). Hiernach werden 100 Pfund schwarze Asche und 100 Pfund feinster weißer Sand gemischt und auf der „oberen Ofensohle" 4 oder 5 Stunden lang in der vom Gewölbe zurückgeworfenen Flamme gut gebrannt. Die Masse wird oft gerührt und gewendet. Nach dem Erkalten des Ofens wird sie herausgenommen, fein gemahlen und gesiebt. „Damit ist die Asche zubereitet" schreibt er.

BIRINGUCCIO (1540, 151-52) lässt Flusskiesel oder Sand und Salz aus Halophytenasche (hierunter ist der eingedampfte wässrige Auszug aus der Asche zu verstehen, nicht etwa Steinsalz!) zu einer *fritta* genannten Masse zusammenschmelzen, die nach dem Erkalten in Stücke zerschlagen wird.

Nach AGRICOLA (1557, 484) „.../sollen die vermischte ding mitt eim hefftigen feur so lang geschmeltzet werden/biß sie fließendt/unnd zu glas werden/wiewol noch nicht

genügsamlich von gallen gseuberet/dise so kül worden/sollen herauß gezogen (der) und in stuck zerteilet werden/..."
Auch die moderne Übersetzung (1980, 502) des lateinischen Originals stimmt hiermit überein: „...werden die zusammengemischten Rohstoffe durch ein scharfes Feuer aus trockenem Holz erhitzt, bis sie schmelzen und in eine Glasmasse verwandelt sind. Dieses Glas ist noch nicht frei von Glasgallen. Man lässt es abkühlen, nimmt es heraus und zerbricht es in Stücke."
Agricola stellt also als Vorprodukt eine Schmelze her, die er erstarren lässt, zerkleinert und wieder einschmilzt. Er beschreibt nicht, wie das Glas von verunreinigender Glasgalle befreit wird (Ausklauben, Waschen, langes Schmelzen?). Dass er für den Vorschmelzprozess offensichtlich flache Schalen (allerdings merkwürdiger Form, wie bereits erwähnt) benutzt, hat wahrscheinlich seinen Grund darin, dass ein Überschäumen der schmelzenden Masse verhindert werden soll. Die Gase können wegen der großen Oberfläche aus den flachen Gefäßen schneller entweichen als aus einem hohen, engeren Hafen.

Woher kommt das vielgebrauchte Wort „Fritte"?
Das Wort kommt aus dem romanischen Sprachgebiet. Die früheste Quelle, die der Autor ausfindig machen konnte, ist Biringuccio (1540). Er beschreibt, wie das Gemenge in einem Reverberierofen zu einer Masse niedergeschmolzen wird, die nach dem Erkalten in Stücke zerschlagen wird, *„et questa è la materia del vetro, che da maestri è chiamata fritta, che è materia gia conuertita in forma di vetro, ma è cosa mal purgata."* (und dies ist die Glasmasse, die von den Meistern *fritta* genannt wird, die schon eine in Glasform umgewandelte Masse, aber eine schlecht gereinigte Angelegenheit ist).
Die Parallele zu Agricola liegt auf der Hand.
Eine weitere Erwähnung findet das Wort *fritta* bei KUNCKEL (1679, A. Neri 1. Buch, 8. Kapitel): *Fritta* ist nichts anders/als eine *Calcinirung* derer Materialien/ aus welchen das Glas gemachet wird; denn ob sie schon ohne *Calcination* schmeltzeten/ und zu Glas würden/ so sollte es doch nicht sondern großen Verdruß und Zeitverliehrung geschehen; derowegen ist dieser Weg erfunden worden/ dass man nemlich die *Frittam* im Kalch-Ofen *calcinire*: denn wenn solche wohl *calciniret*/ und das Gewicht der Materialien Recht in acht genommen worden/ mit Ansehung der Güte in der Soda/ so lässet sie sich im Topffe eilends schmeltzen und reinigen...
Leider erfährt der Leser nichts über die Temperatur beim *Calciniren.*
Etymologisch leitet sich das Wort von dem lateinischen *frigere* – rösten ab, das in dem italienischen Verb *friggere* = braten, brodeln, brutzeln weiterlebt und dessen Partizip des Perfekts *fritto* lautet. Aus *massa fritta* wurde *fritta* und im deutschen Sprachgebrauch „Fritte".[47]
Das Unglück will nun, dass dieses Wort auch mit einer anderen technischen Bedeutung belegt ist.
Eine Fritte im modernen Sinne ist eine aus kleinen Teilchen zusammengesinterte, also nur oberflächlich verschmolzene, von Poren durchsetzte Masse.

---

[47] In der italienischen spätmittelalterlichen Literatur wird statt *fritta* auch das Wort *marzacotto* (oder massacotto, mazzacotto, mazzacotta) - wörtlich übersetzt „erhitzte Masse" - verwendet. Nach PAUSE (1996, 23) wurde der Begriff „marzacotto" in der Toscana benutzt. Die in Avignon seit dem 14. Jahrhundert belegte Bezeichnung „marsatot" zeigt engere Beziehungen zwischen der südfranzösischen und der mittelitalienischen Glaslandschaft an. Die Bezeichnung „fritta" sei in Venedig gebräuchlich gewesen.

Andererseits ist das Wort „Fritte“ für das Glasvorprodukt so weitgehend eingeführt, dass man es kaum wieder entfernen kann. Man sollte es so belassen, muss sich aber immer der Tatsache bewusst sein, dass diese Fritte aus einer erstarrten Schmelze oder einem bei der Herstellung mehr oder minder geschmolzenen, schon glasigen Kern und einer Hülle aus einem mehr oder minder gesinterten Material besteht.

Warum wählte man den Umweg über ein Glasvorprodukt, die Fritte?
Man kann sechs Gründe bzw. Vorteile anführen.
**Der erste Grund** ist die Unreinheit der Rohstoffe (insbesondere durch Chloride und Sulfate verursacht). Die Verunreinigungen bilden die die Glasschmelze verunreinigende und schließlich mehr oder weniger aufschwimmende Glasgalle. Diese kann zum Teil abgeschöpft, dann aber auch aus der erstarrten zerkleinerten Masse zum großen Teil entfernt werden, z. B. durch „Ausklauben“ oder durch Auswaschen oder Auswittern im Freien (viele der Verunreinigungen sind wasserlöslich). Nach PAUSE (1996, 122) ist ein Auswaschen der Fritte mit Wasser in Venedig bereits für das Jahr 1348 belegt.
Nach KUNCKEL (1679, Anmerkungen über das 1. Buch Neri, 56) ist das „Ableschen“ nicht erforderlich, wenn das Gemenge lange genug erhitzt wird.
MATHESIUS (1587, 177v) beschreibt den Frittprozeß und das zweimalige Auswaschen der Fritte mit Wasser im Einzelnen. Am Ende dieses Kapitels wird auf diese leider nicht unabhängige Quelle genauer eingegangen.
BEZBORODOV (1975, 95) schreibt, dass englische Glasmacher noch im ersten Viertel des 19. Jahrhunderts die Fritte in Form langer, viereckiger Platten herstellten (übrigens aus Seetangasche (also einer Halophytenasche), Sand und Kalk) und sie in Haufen zur weiteren Verwendung aufbewahrten. „Es wurde festgestellt, dass die Fritten, je älter sie wurden, umso besser waren. Reiche Fabrikanten besaßen große Vorräte davon und verwendeten sie nie vor Ablauf eines Jahres.“ In den nächsten Produktionsschritt wird dann ein (nicht vollständig!) gereinigtes Vorprodukt eingebracht, was zu einem qualitativ besseren Glas führt.
Bei eigenen Versuchen des Autors wurde beim Erschmelzen von Glas aus Holzasche und Sand keine Glasgalle erhalten, was wegen des Fehlens (von unschädlichen Spuren abgesehen) der sie hauptsächlich verursachenden Chloride und Sulfate auch zu erwarten war. Glasgalle entsteht sofort, wenn - aus welchen Gründen auch immer – dem Gemenge Steinsalz zugesetzt wurde.
**Der zweite Grund** liegt darin, dass der Prozess bei der Bildung des Vorproduktes bei niedrigerer Temperatur erfolgt als der eigentliche Prozess der Glasbildung; allerdings dauert er bei niedrigerer Temperatur länger als bei höherer. Im Endeffekt kann dies jedoch zu einer Heizmaterialersparnis führen und – sehr wichtig - zu einer niedrigeren Betriebstemperatur der Öfen oder bei hoch gehaltener Temperatur zu einer besseren Glasqualität. Der glasige Teil der Fritte wirkt wie Altglas in der Schmelze: er schmilzt bei niedrigerer Temperatur und erleichtert die Reaktion des übrigen Gemenges in dieser Schmelze.
**Als dritten Vorteil** kann man die Volumenverringerung des Gemenges bei der Bildung eines Vorproduktes anführen. Beim Betrieb des rekonstruierten Glasofens bei Moldawa (ohne vorherige Herstellung einer Fritte) musste nach Aussage von ČERNÁ (1999) immer wieder frisches Gemenge mit einer eisernen Kelle nachgeschüttet werden, wenn das Gemenge im Hafen niedergeschmolzen war. Eigene Versuche des Autors lassen

ebenfalls eine erhebliche Volumenverminderung beim Niederschmelzen des Gemenges erkennen.
**Als vierter Vorteil** gilt, dass die Alkalikarbonate Soda und Pottasche bei relativ niedrigen Temperaturen gebunden werden und daher nicht in größerer Menge verdampfen und die Ofenbaumaterialien (insbes. den Lehm), auch die Häfen, schädigen können, wie dies bei höheren Temperaturen der Fall ist.
**Als fünfter Vorteil** kann angesehen werden, dass das mehr oder minder grobe Siliziumdioxid schon zum Teil gebunden wird und sich im Hafen beim Einschmelzen der Fritte nicht mehr so stark absetzen kann. Die Homogenität des Glases wird also verbessert.
**Ein sechster Vorteil** liegt evtl. darin, dass die sehr heißen Häfen im Hauptofen mit bereits glühendem Gemenge gefüllt werden können, was die Gefahr des Zerspringens durch den Temperaturunterschied beim Einbringen eines kalten Gutes verringert.

MEYER (1848, 1135) führt jedoch aus, dass man „neuerdings, bis auf wenige Fälle, von diesem an sich vortheilhaften, aber nicht gerade nothwendigen Verfahren wieder abgekommen" ist. Ein Grund liegt vielleicht in den zu dieser Zeit zur Verfügung stehenden besseren Ofenbaumaterialien. Ein Vorglühen und Einbringen des glühenden Gemenges in die Häfen wird jedoch als vorteilhaft geschildert.
BENRATH (1880, 164) führt als Nachteil des Frittens an, dass das eigentliche Schmelzen des Glases zu ruhig erfolgt: wegen des Fehlens der Hauptmenge an „Gasen" (insbes. Kohlendioxid) „arbeitet" das Glas nicht, man erhält ein inhomogenes, also fehlerhaftes Glas.
Zusammengefasst kann man sagen, dass der Prozessschritt „Fritte-Erzeugung" bei der Verwendung von natürlicher Soda, Halophytenasche und daraus hergestellter Soda sowie bei Steinsalzzusatz notwendig ist, um eine reine Glasschmelze zu erhalten. Bei der Verwendung von Holzasche oder Pottasche ohne Zusatz von Steinsalz ist dieser Schritt insbesondere aus Reinhaltungsgründen der Schmelze nicht unbedingt nötig; er wirkt sich jedoch aus den oben genannten Gründen günstig aus.
Das Abschrecken der Fritte mit kaltem Wasser darf nicht mit einem Auswaschen verwechselt werden. Es dient nur der Vermeidung eines nachträglichen Zusammenbackens und darüber hinaus wohl auch noch dem leichteren Zerkleinern zu großer Teile.
MATHESIUS (1587, 177v) schildert – wie bereits erwähnt - den Frittprozeß genauer. Da es sich hierbei um eine Quelle von seltener Ausführlichkeit handelt, soll sie im Folgenden zitiert und kommentiert werden.
Es handelt sich um die 15. Predigt in der „Bergpostilla Oder Sarepta" genannten Sammlung von 20 Predigten, die Mathesius als „*Pfarrer inn S. Joachims Thal*", also in Böhmen, niedergeschrieben hat: „*Darinn von allerley Bergkwerck und Metallen/was jr eigenschaft und natur/und wie sie zu nutz und gut gemacht/guter bericht gegeben wird Mit tröstlicher und lehrhaffter erklerung aller sprüch/so inn heiliger Schrifft von Metallen reden/und wie der heilig Geist in Metallen und Bergarbeit die Artickel unsers Christlichen glaubens fürgebildet.*" Mathesius ist darin als kenntnisreicher und glaubensstarker Christ zu erkennen, der Natur und Technik in gleichnishafter Weise mit seinem Glauben verbindet und dazu passende Bibelzitate anführt.[48]
Der die Herstellung der Fritte betreffende Teil der 15. Predigt lautet:

[48] Mathesius zählt zu den Reformatoren, er war 1540/41 Tischgenosse Martin Luthers in Wittenberg Seine 17 Lutherhistorien stellen die erste Lebensbeschreibung Martin Luthers dar.

*„Denn wenn man wil meister oder köstlich glaß schmeltzen/und schöne und reine gleser drauß formieren/die nicht blesicht/federicht/wolket/bletterricht/steinicht oder grießlicht sein/so lest man an/und schüttet in den ersten hafen sand/asch und saltz/das müssen die schürbuben rhüren und umbwenden/wie man jetzt die ertzt/nach der neuen und nützlichen kunst rhüret/furchet und wendet/wenn man sie brennet und röstet. Als denn/wenn es gleich beginnet zusammen zu sintern/schütt man die werck inn ein wasser/schrenckt unnd schreckt sie abe/daß sie zufaren wie getriefftert bley. Darnach setzt man es wider inn ofen/und lest es noch ein mal fliessen/unnd zum andern mal im kalten wasser abschrecken. Drauff thut man die materien wider in hafen/darbey helt man ein stettigs feur/das nicht zu grell und groß ist/biß das glaß begint zu fliessen/und ein schaum unnd sein weisse gall über sich zu werffen. Wenn man die werck rhüret/gallen und wildigkeit rein unnd sauber abfeimet das/so stehet glaß so lauter im topff wie zurlassen zin."*

Mathesius schrieb diesen Text als Pfarrer in S. Joachimsthal in Böhmen; er traf dort im Jahre 1550 mit Agricola zusammen und lernte viel von ihm (PRESCHER 1985, 71-72). In seinen Bergpredigten verarbeitete er den lateinischen Text *De re metallica* und übertrug ihn für seine Zuhörer ins Deutsche. Die über die knappe Beschreibung der Fritteherstellung bei Agricola hinausgehenden Einzelheiten mögen auf Gespräche mit Agricola zurückgehen; sie dürfen nicht als unabhängige Überlieferung gewertet werden. Bemerkenswert ist zunächst der Zusatz von *saltz* (Steinsalz) zum Gemenge, den ja auch Agricola erwähnt. Als direkte oder indirekte Quelle für diese Angabe kommt also in beiden Fällen Venedig in Frage. Agricola wird seine Kenntnis bei seinem Venedig-Aufenthalt erhalten haben. Ob die venezianischen Glasmacher tatsächlich Salz zumischten oder ob dies ein Missverständnis oder sogar eine gezielte Fehlinformation war – wir wissen es nicht. Die böhmischen Glashütten können auf eine andere Weise auf diese Idee gekommen sein: sie waren stets bestrebt, dem venezianischen Glas Konkurrenz zu machen. So recht gelang dies aber nicht, weil die Beschaffung von Halophytenasche wegen des venezianischen Ausfuhrverbots kaum möglich war (PAUSE 1996, 113). Man wird gewusst haben, dass die venezianische Halophytenasche Salz enthielt – eine Geschmacksprobe, damals eine anerkannte analytische Methode, verrät dies. Was lag näher als durch Zusatz von Salz zu der heimischen Holzasche „venezianische Asche" herzustellen? Der eigentliche Unterschied zwischen Holzasche und Halophytenasche war ja nicht bekannt. Das salzhaltige böhmische Gemenge verhielt sich in Bezug auf die Glasgallebildung wie das venezianische: man konnte diesen an sich nachteiligen Effekt, den man sich dabei einhandelte, als Beweis für die Richtigkeit seines Vorgehens ansehen. Man hatte also auch das Problem der Glasgalle, die man entfernen musste. Mathesius beschreibt genau die Methode hierzu, die allerdings von Agricolas (unvollständigen) Angaben abweicht: durch Schütten des gefritteten Gemenges in Wasser, nochmaliges Erhitzen im Hafen und erneutes Schütten in Wasser. Hier scheint Mathesius also über eine andere Quelle für sein Wissen zu verfügen.

Der Vergleich mit „getriefftert bley" hinkt: es wird zu Beginn des Prozesses keine Schmelze in Wasser gegossen, sondern nur ein Gemisch aus mehr oder minder verschmolzenem und gesintertem Gemenge[49]. Noch nicht umgesetzte Alkalikarbonate

[49] Wenn man geschmolzenes Glas in Wasser gießt, kann man rundliche Tropfen erhalten, die jedoch so starke innere Spannungen aufweisen, dass sie bei geringer mechanischer Beanspruchung zerplatzen. Ähnlich verhält sich abgeschreckte Fritte: sie ist leicht zu zerkleinern.

gehen bei dieser Art der Reinigung natürlich zusammen mit Glasgalle in Lösung und somit verloren. Bei der Wiederholung des Prozesses wird offenbar auf eine höhere Temperatur erhitzt. Dass sich nach dem zweiten Eingießen in Wasser und erneutem Niederschmelzen immer noch Glasgalle bilden soll, die abgeschöpft werden muss, ist schwer verständlich. Offenbar ist Mathesius auf eine extreme Reinheit des Glases bedacht.
Mathesius vergleicht das Rühren des Gemenges beim Fritten mit der neu aufgekommenen Art des Bewegens der Erze beim Rösten. Das Rühren und Wenden *nach der neuen und nützlichen kunst* bezieht sich auf die Erze, nicht auf die Fritte, deutet also nicht auf einen neu aufgekommenen Frittprozeß hin. Der ganze Vorgang scheint sich in den üblichen Häfen abzuspielen; wenigstens wird nichts über besondere Fritthäfen gesagt. Vielleicht muss der Prozess wegen der wenig geeigneten Form der normalen Häfen wiederholt werden.

## 6.6. Der Produktionsvorgang

Die grundlegende chemische Reaktion der Bildung eines Holzascheglases besteht darin, dass ein bei relativ niedriger Temperatur bereits geschmolzenes Gemisch aus Kalium- und etwas Natriumkarbonat unter Kohlendioxid-Abspaltung mit Siliziumdioxid unter Bildung von zunächst niedrigen Silikaten reagiert. Diese Silikate erfahren im Laufe der weiteren Temperatureinwirkung eine Kettenverlängerung und Netzwerkvergrößerung bis zum Endprodukt.
Dieser Prozess kann in einer Stufe oder in zwei Stufen durchgeführt werden. Im zweiten Falle wurde zunächst bei niedrigerer Temperatur in einem besonderen Ofen, in einer besonderen Kammer des Arbeitsofens oder im Arbeitsofen selbst ein noch nicht ausreagiertes Vorprodukt („Fritte“) hergestellt, das dann in die glühenden Häfen im Hauptofen gefüllt und bei hoher Temperatur niedergeschmolzen wurde.
Die Einzelheiten des Prozesses werden in den frühneuzeitlichen Überlieferungen nicht mitgeteilt; die folgenden Ausführungen gehen auf die Angaben bei MEYER (1848) zurück. Diese Quelle gibt die alten Vorgehensweisen allerdings nicht mehr zuverlässig wieder; sie wurden jedoch noch vor Beginn des Einsetzens der gewaltigen industriellen Entwicklungen um die Mitte des 19. Jahrhunderts beschrieben und können so doch eine gewisse, aber vorsichtig in Bezug auf spätmittelalterliche Verhältnisse zu betrachtende Vorstellung geben.
Neue Häfen werden in Nebenöfen auf Rotglut gebracht und dann in den heißen Hauptofen eingefahren. Danach „ist es Zeit, mit dem Eintragen des entweder bloß kalcinirten oder auch gefritteten Satzes zu beginnen, was indessen nicht auf einmal geschehen kann“. Die Gefahr des Überschäumens bei zu hoch gefüllten Häfen wäre zu groß. Das Einbringen geschieht daher in drei Portionen.
Wenn dieser Vorgang abgeschlossen ist, beginnt die eigentliche Schmelzung bei erhöhter Temperatur. Die aufsteigenden Gasblasen sorgen dabei für eine Durchmischung der Schmelze. Evtl. zugegebene gasbildende Zusätze wie Arsen(III)- oder Antimon(III)-oxid unterstützen diesen Vorgang. Die Glasmacher verfolgen den Fortschritt der Reaktion, indem sie mit Hilfe eines Eisenstabes den Häfen Glasproben entnehmen. Die Probe wird auf noch nicht umgesetzte Komponenten (sichtbare Körner) und auf Gasblasen untersucht. Die Probe kann dabei tropfenförmig sein oder die Form

eines Bandes besitzen, zu dem der Tropfen ausgezogen wurde; das Band besitzt charakteristische Riefen, die auf langgezogene Blasen zurückgehen. Wenn die Probe anzeigt, dass alle Feststoffe aufgelöst sind, ist jedoch das Glas noch lange nicht zur Verarbeitung geeignet. Es ist noch sehr blasenreich, auch schwimmt auf der Oberfläche noch eine Schicht von „Glasgalle", eine Schmelze aller möglichen Verunreinigungen aus den Rohstoffen. Die Glasgalle wird abgeschöpft, und die Glasschmelze wird geläutert, d. h. auf die maximale Temperatur erhitzt, die der Ofen erlaubt. Dabei wird die Schmelze dünnflüssig, was das Aufsteigen der Gasblasen und das Absetzen evtl. noch vorhandener Siliziumdioxidkörner erlaubt. Der Fortschritt dieses Prozesses wird wiederum durch Entnahme und Begutachtung von Glastropfen verfolgt. Fällt diese Prüfung zufriedenstellend aus, ist die Probe also blasen- und schlierenfrei, ist das Glas zur Verarbeitung geeignet, muss aber vorher auf eine niedrigere Temperatur gebracht werden, da das Glasblasen nur bei einer honigartigen Konsistenz des Glases möglich ist. Dem „Heißschüren" für Schmelzung und Läuterung folgt also das „Kaltschüren" für die Verarbeitung. So weit die Schilderung des Produktionsprozesses bei Meyer, die jedoch vorsichtig zu betrachten ist.
Ob in die spätmittelalterlichen Glasöfen glühende Häfen eingebracht werden konnten und wenn ja, wie, ist eine noch ungeklärte Frage.
Auf das geschmolzene Glas in den Häfen konnten Keramikringe gelegt werden, die die Oberfläche des Glases rein halten sollten (RUNSCHKE 1994): sie sollten das Eindringen schwimmender Verunreinigungen vom Hafenrand her verhindern. Diese Ringe werden noch heute in der Glashütte Waldsassen angewandt, in mittelalterlichen Glashütten konnte ihr Gebrauch bis jetzt jedoch höchstens sehr unsicher nachgewiesen werden.

Der Glasbläser entnimmt mit der am vorderen Ende rot glühenden Glasmacherpfeife aus der Schmelzenoberfläche (ggf. innerhalb des Ringes) einen Glasposten (wenn nötig, durch mehrmaliges Eintauchen, „Überstechen" genannt), bläst ihn zu einem Kölbel (einer noch nicht sehr großen, dickwandigen Blase) auf und formt ihn durch Blasen, Formen mit einem nassen Holzbrett mit Griff, Aufsetzen und Rollen auf dem „Marbel" (Marmor- oder auch Eisenplatte), Schwenken, Blasen in eine Form u. ä. Schritte. Durch Abkühlen des gesamten Teiles, gezieltes lokales Wiedererwärmen im Ofen und erneutes Bearbeiten können besondere Formeffekte, z. B. am Boden, erzielt werden. Das Teil an der Pfeife bildet dabei die spätere Öffnung des Gefäßes. Um auch den späteren Hals und Rand bearbeiten zu können, muss am Boden das glühende, an der Spitze mit etwas Glas überzogene Hefteisen (Pontil) angesetzt werden. Die Pfeife wird dann mit Hilfe eines kalten Eisens oder eines Wassertropfens abgesprengt; dabei ergibt sich ein charakteristischer Glasrest an der Pfeife, der nach dem Erkalten abgeschlagen wird und daher „Abschlag" heißt. Er zeigt einen Abdruck des Pfeifenendes und wird bei Grabungen öfter gefunden. Das Hefteisen hinterlässt beim Absprengen eine Heftnarbe, die am fertigen Teil erhalten bleibt und am Gefäßboden oder im Zentrum einer Butzenscheibe deutlich sichtbar bleibt. Je nach dem, wie tief das Hefteisen in den Boden eines Gefäßes eingestochen wird, ergibt sich ein mehr oder weniger tiefer kegelförmiger „Einstich", der durch Versickung[50] den Boden stabilisiert und durch mehr oder weniger starke Ausbildung eines Standringes für einen guten Stand des

[50] Unter Sicke versteht man eine durch Umschlagen, Umbiegen oder Knicken umgeformte Zone eines flächigen Elements. Sicken wirken in ihrer Richtung versteifend. Beispiel: Wellblech.

Gefäßes sorgt. Daneben erfüllt der Einstich sicherlich auch noch eine ästhetische Funktion.
Eine Glasbläserregel besagt, dass die Arbeiten so weit wie möglich am an der Pfeife hängenden Teil durchgeführt werden sollen. Die Haftfläche am Hefteisen ist wesentlich kleiner, so dass eine größere Bruchgefahr besteht.
Diese Arbeitsgänge machen von einigen Eigenschaften des Glases Gebrauch, auf die noch hingewiesen werden soll.
Geschmolzenes oder erweichtes, glühendes Glas haftet nur an glühendem Eisen, nicht an kaltem. Erweichtes Glas kann daher mit einer kalten Schere geschnitten werden (wichtig z. B. bei der Flachglas-Herstellung). Ein glühendes Glasteil kann mit einem glühenden Hefteisen übernommen werden. Etwas Glas am Hefteisen erleichtert das Ansetzen.
Glühendes, bildsames Glas kann beim Kontakt mit kalten Körpern (Werkzeugen) oder Wasser keine inneren Spannungen aufbauen. Es besteht daher keine Gefahr, dass das Teil springt.
Heißes, festgewordenes Glas baut dagegen beim Kontakt mit kalten Körpern (Werkzeugen) oder Wasser sofort starke innere Spannungen auf, die zum Springen führen. Hiervon wird z. B. beim Trennen des Gefäßhalses von der Pfeife Gebrauch gemacht.
Die Temperaturbestimmung im Ofen bzw. des Glases erfolgte sicherlich anhand der charakteristischen Glühfarben und am Fließverhalten einer mit einem Eisenstab entnommenen Glasprobe. Diese Probe tropft wie Honig von dem Eisenstab ab und hinterlässt dabei einen Tropfen mit einem Glasfaden. Der erfahrene Glasbläser erkennt hierbei, ob er ein „langes“ oder „kurzes“ Glas vor sich hat und ob das Glas die für das Blasen richtige Temperatur besitzt. Ein „langes“ Glas ist eines, das einen langen Verarbeitungsspielraum hat, weil sich die Viskosität während der Verarbeitung nur langsam erhöht. Ein solches Verhalten ist natürlich meistens erwünscht. Ein „kurzes“ Glas wird sehr schnell fest, was für das Verarbeiten – vielleicht von Spezialfällen abgesehen -- nicht günstig ist.
Natrium-Kalzium-Gläser sind im Allgemeinen längere Gläser als Kalium-Kalzium-Gläser. Diese Eigenschaft erlaubte insbesondere den venezianischen Glasbläsern größere Freiheiten in der Gestaltung ihrer Produkte als z. B. den böhmischen oder deutschen, die mit dem kurzen Kalium-Kalzium-(Holzasche-)Glas arbeiten mussten.
Die Glastropfenprobe muss auch noch eine Korrektur der Zusammensetzung und damit der Eigenschaften einer Glasschmelze ermöglicht haben. Es war schon davon die Rede, dass das Gemenge evtl. in drei Teilportionen in den Glashafen eingebracht wurde. Wenn bei einer Probe nach dem ersten Niederschmelzen festgestellt wurde, dass das Glas zu kurz war, konnte in diesem Fall durch Zugabe einer sehr langen Fritte korrigierend eingegriffen werden. Hierbei handelt es sich um keine gesicherte Erkenntnis, sondern nur um einen Gedanken des Autors, der fast immer die vielen kleinen Probetiegel vermisst, die bei der Entwicklung eines Glassatzes mit neuen Rohstoffen nötig gewesen wären.
Eine grobe Beurteilung des thermisches Zustandes des Ofens ist mit einiger Erfahrung anhand der Glühfarben möglich. Diese seien in Tabelle 13 mitgeteilt (nach RÖMPP 1997 II 1567). Die Glasbläser im Mittelalter wussten natürlich noch nichts von der Thermometerskala und urteilten nur nach den Farben.

Tab. 13. Zusammenhang zwischen Glühfarbe und Temperatur

| Glühfarbe | Temperatur |
|---|---|
| Grauglut | ab 400°C |
| Schwache Rotglut | ab 500°C |
| Dunkelrotglut | 525-700°C |
| Kirschrot- bis Hellrotglut | 850-950°C |
| Gelbglut | ab 1100°C |
| Weißglut | ab 1300°C |
| Volle Weißglut | 1500°C |

Bei BIRINGUCCIO (1540, 153-54) finden sich folgende interessante Angaben zu den Schmelzzeiten und Ofentemperaturen:
Die getrockneten Häfen werden im Ofen, der auch zur Herstellung der Fritte dient, auf Hellrotglut gebracht, dann in den rotglühenden Hauptofen eingesetzt und mit Fritte oder Glasscherben gefüllt. Der Ofen wird weiter kräftig geheizt. Zwei volle Tage nach dem Einbringen der Fritte ist diese gereinigt und geschmolzen. Je länger das Glas im Feuer bleibt, desto reiner, klarer, gleichmäßiger und besser verarbeitbar wird es. Niedrigere Temperaturen können innerhalb gewisser Grenzen durch längere Verweilzeiten im Feuer kompensiert werden.
Auch THEOPHILUS (1123, 2. Buch, 4. Kapitel) macht einige Angaben zu den Zeiten. Die Fritte soll eine Nacht und einen Tag lang erhitzt werden. Die Häfen im Hauptofen werden am Abend mit Fritte gefüllt, und am nächsten Morgen zur ersten Stunde (*mane hora prima*: römische Zeitrechnung: 6-7 Uhr morgens; hier aber gemeint: zur ersten Gebetsstunde der Benediktiner um 4 Uhr. Dies ist übrigens auch der Arbeitsbeginn in der Glashütte Waldsassen – heute noch (BREPOHL 1999, 196).

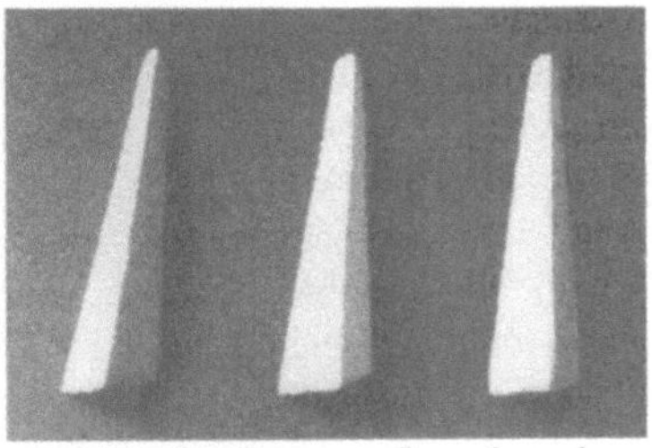

Abb. 75. Rezente Segerkegel
(Foto: Autor)

In der heutigen Brenntechnik werden vielfach Segerkegel zur Temperaturbestimmung benutzt, kleine, etwa 6 cm hohe Kegel oder genauer dreiseitige schiefe Pyramiden aus Tonen, die bei verschiedenen bekannten Temperaturen erweichen und umsinken. Abbildung 75 zeigt rezente Segerkegel.
Üblicherweise werden drei Kegel eingesetzt, die unterhalb, bei bzw. oberhalb der gewünschten Temperatur erweichen. Die gewünschte Temperatur ist erreicht, wenn der Kegel mit der Erweichungstemperatur „unterhalb" völlig umsinkt, der Kegel mit der Erweichungstemperatur „bei" langsam umsinkt und der Kegel mit der Erweichungstemperatur „oberhalb" stehen bleibt.
RECH (1982, 351-52) beschreibt einen im Hambacher Forst, HA 75, gefundenen abgebrochenen, gebrannten Keramik-Kegel mit 7 Einstichlöchern im Boden. Die Höhe kann – Kegelform vorausgesetzt – zu etwa 27 cm abgeschätzt werden. So verlockend es erscheint – es dürfte sich hierbei nicht um Segerkegel handeln. Die Teile sind zu groß; außerdem ist diese Art der Temperaturbestimmung beim Glas nicht nötig, die Abschätzung anhand der Glühfarbe reicht völlig aus. SEIBEL (1998, 130) berichtet noch

von einem weiteren, ähnlichen Keramikkegel aus HA 382; auch er ist der Ansicht, dass hier keine Segerkegel vorliegen.

## 6.7. Das Kühlen bzw. Tempern

Während der Herstellung eines Formkörpers aus Glas (durch Blasen, Verformen, Ansetzen von Montageteilen) werden im Glas innere Spannungen erzeugt, die sich beim raschen Abkühlen nicht abbauen können und zum Zerspringen des Teiles, spätestens bei einer geringen mechanischen oder thermischen Beanspruchung, führen. Die Spannungen im Glas müssen vor dem Abkühlen auf Umgebungstemperatur Gelegenheit erhalten, sich abzubauen. Dies geschieht beim Halten auf einer niedrigeren Temperatur oder auch beim allmählichen Abkühlen. In der Technik nennt man solche Prozesse zum Abbau innerer Spannungen „Tempern".
Die Durchführung eines solchen Temperprozesses ist nicht einfach; sie hängt von der Größe der vorhandenen inneren Spannungen ab, die wiederum vom Grad der erfolgten Verformung bestimmt werden. Das Ansetzen eines Henkels bei der Herstellung einer Glaskanne erzeugt erhebliche lokale Spannungen an den Ansatzstellen, die auch bei rezenten schlecht getemperten Gefäßen zum Springen während des Gebrauches führen. Das Abkühlen darf bei Glas aber auch nicht zu langsam erfolgen, da sonst die Gefahr der Entmischung und meist nachfolgender Kristallisation besteht. Der Glasbläser muss mit Hilfe seiner Erfahrung den erfolgreichen Mittelweg finden.
Die moderne Regel für diesen Prozess besagt, dass das Glas zunächst auf einer relativ hohen Temperatur („obere Kühlgrenze" genannt) gehalten wird, bei der sich die Spannungen weitgehend abbauen. Anschließend erfolgt eine langsame Annäherung an die „untere" Kühlgrenze, die immer noch im merklich warmen Bereich liegt. Danach kann die Abkühlung auf Umgebungstemperatur relativ schnell erfolgen. Es ergeben sich also drei Schritte.
Einen Anhaltspunkt für die erforderlichen Abkühlzeiten gibt die Arbeitsweise der heute noch in alter Weise nach dem Zylinder-Verfahren Flachglas herstellenden Glashütte Lamberts in Waldsassen: Das Tempern der Glaszylinder vor dem Aufschneiden erfolgt durch 20 Minuten langes Abkühlen von 530°C bis auf Raumtemperatur, das Tempern der bei 900°C gestreckten Tafeln durch 90 Minuten langes Abkühlen auf Raumtemperatur. Diese Werte sind natürlich teil- und zusammensetzungsbezogen zu verstehen und nicht zu verallgemeinern.
Die Realisierung ist an die Möglichkeiten gebunden, die die vorhandenen Öfen bieten. Zwei Möglichkeiten sind erkennbar genutzt worden, und zwar einmal die mit separaten Kühlöfen arbeitende (dies ist sicher die ältere) und zum zweiten die mit einer Kühlebene vor, über oder hinter der Hafenebene im gleichen Ofen. Im Mittelalter treten diese Realisierungsmöglichkeiten nebeneinander auf.
Separate Kühlöfen gehören zu den sog. Nebenöfen; die Verwendung solcher ergrabenen Öfen zum Tempern der fertigen Gefäße kann nur vermutet werden; allenfalls gibt der geringere Verziegelungsgrad dieser Öfen einen Hinweis auf niedrigere Arbeitstemperaturen als im Hauptofen. In solchen langgestreckten Öfen lässt sich bei begrenzter, nur lokal im vorderen Teil erfolgender Feuerung ein Temperaturgradient erreichen, der ein langsames Abkühlen der Gefäße ermöglicht. Dies kann dadurch geschehen, dass die Glasteile in den vorderen, heißen Ofenteil eingestellt und dann mit einer Eisenstange

stufenweise in den hinteren, weniger geheizten Ofenteil verschoben werden. Hierbei ist natürlich eine hohe Bruchgefahr gegeben.
Die zweite, in Bezug auf den Holzverbrauch günstigere Möglichkeit besteht in der Nutzung einer dritten Ebene über der Hafenebene zum Abkühlen, wenigstens in einer ersten Phase. Diese Ebene ist weniger stark geheizt als die Hafenebene und besitzt ebenfalls einen Temperaturgradienten in Richtung zur Außenwand, bei runden Öfen also in radialer Richtung. Problematisch erscheint die relativ geringe Stellfläche, die ja die Produktion von etwa ein bis zwei Stunden aufnehmen muss. In der Praxis scheint dies jedoch kein Problem gewesen zu sein; die vielen Abbildungen solcher Öfen sind eindeutig. Aus Grabungsbefunden ist eine solche Kühlebene kaum zu erschließen, da ja in der Regel nur die Ofenfundamente ergraben werden und das Aufgehende fehlt. Höchstens bei dem Ofen vom Monte Lecco könnte man diesen Schluß ziehen: die Stützpfeiler scheinen eine größere Höhe anzudeuten. Der geringe Durchmesser des Ofens und das Altarbild von S. Rocco in Altare sprechen allerdings dagegen.
Weitere Kühlmöglichkeiten bieten Anbauöfen („Annex-Öfen“) oder die mehrfach gefundenen großen, offensichtlich stark aufgeheizten Keramikgefäße: sie kühlen mit darin befindlichen Glasgefäßen langsam genug ab. Auch die späteren Flügelöfen müssen in diesem Zusammenhang erwähnt werden.
Diese Überlegungen lassen sich zu folgender Hypothese über eine Art der stufenweisen Durchführung des Kühlprozesses zusammenfassen: Der erste Kühlungsschritt erfolgt im Arbeitsofen oder besser im Kühlofen, der zweite in einem großen aufgeheizten Keramikgefäß, der dritte an der Umgebungsluft.

## 6.8. Farbiges Glas

Eine der wesentlichsten ästhetischen Eigenschaften des Glases ist seine Fähigkeit, alle möglichen Färbungen anzunehmen. Farbiges Glas wurde in besonderen, kleinen Häfen (beschrieben z. B. von Foy 1989, 179) durch Zusatz von färbenden Metallverbindungen zum Gemenge hergestellt. Auch wurden *tesserae* (antiken Ursprungs und aus Glasmosaiken herausgebrochen oder mittelalterlicher Produktion als Halbfabrikat) in kleinen Häfen eingeschmolzen. Wegen der Bedeutung des farbigen Glases und der vielfältigen damit verbundenen Probleme soll dieses Thema in einem besonderen Kapitel behandelt werden.

## 6.9. Archäologische Funde in Zusammenhang mit dem Produktionsvorgang

An dieser Stelle wird eine summarische Aufzählung der bisher bei Grabungen zu Tage gekommenen Reste, Fragmente u. ä. Funde gegeben. Nähere Hinweise dazu finden sich in den speziellen Kapiteln.

### 6.9.1. Produktionsabfälle

**Nicht ausreagiertes Gemenge**

Es handelt sich um unvollständig zusammengeschmolzenes Gemenge, das u. U. noch körnige Bestandteile erkennen lässt. Es ist in der Regel stark korrodiert, da das Material wegen der unvollständigen Reaktion noch sehr korrosionsempfindlich ist, was sich in einer besonders leichten Herauslösbarkeit der Alkalien bei der Lagerung im Boden äußert. Es werden bis zu kilogrammschwere Brocken gefunden, die infolge der Verwitterung ein schlackenähnliches Aussehen zeigen und daher wohl auch fälschlicherweise als „Glasschlacken" bezeichnet werden. Es kann sich um eine zu stark geschmolzene Fritte handeln oder um nur teilweise umgesetztes Gemenge, das z. B. aus gerissenen Häfen ausgetreten oder herausgenommen worden ist. In kleinen (einige cm messenden) Aggregaten dieser Art erkannte FROMMER (2001, Text 73-75) die vielgenannte Fritte.

Abbildung 76 zeigt die Bruchfläche eines solchen großen, zur Demonstration durchgebrochenen Stückes. Es handelt sich um einen Lesefund, über dessen Kontext nichts bekannt ist.

Abb. 76. Nicht ausreagiertes Gemenge
Gesamtstück: Größte Abmessung 15 cm; Gewicht 0,9 kg
(Foto: Autor)

Die Oberfläche und die äußere poröse Schicht des Stückes sind graubräunlich gefärbt. Die helle Zone in der Mitte besteht aus trübem, leicht blasigem, grünlichem Glas, umgeben von im Bruch hellem, porösem, nach außen hin von großen Blasen durchsetztem Material. Beim Betupfen mit verdünnter Salzsäure zeigt sich an einigen Stellen ein heftiges Aufbrausen, an anderen Stellen (am glasigen Teil, aber auch an einigen Teilen der äußeren Oberfläche) ist keine Kohlendioxidentwicklung zu beobachten. Das Stück ist also heterogen aufgebaut, die chemische Bindung der Karbonate ist an einigen Stellen abgeschlossen, an anderen Stellen noch nicht. In einigen Poren ist offenbar sekundär bei der Bodenlagerung entstandener Calcit zu erkennen. Es ist nicht zu sagen, wo dieses Stück entstand, wahrscheinlicher in einer Frittkammer als in einem Hafen. Sein zunächst merkwürdig anmutender Aufbau ist auf das Zusammenwirken der Einflüsse von unterschiedlichen Temperaturen, Zeit und kräftigem Umwälzen zurückzuführen, und zwar folgendermaßen: an heißen Stellen (etwa 800-1000°C) beginnen Bestandteile des Gemenges zu schmelzen. Die Reaktion zu niedrigen

Silikaten beginnt. Durch das Umrühren kommen diese geschmolzenen Bereiche mit noch nicht geschmolzenem Gemenge in Berührung, das an der Schmelze „festklebt". Je nach Führung des Prozesses schreitet die Reaktion fort, werden die Aggregate mehr oder minder groß und sind mehr oder minder durchreagiert. In dieser Weise erhaltene heterogene kleinere Aggregate stellen die Fritte dar, größere sind als Produkte eines (wohl wegen zu hoher Temperatur) zu weit fortgeschrittenen Frittprozesses und vielleicht deswegen als Fehlprodukte anzusehen. Ähnliche Aggregate mögen auch eine andere Entstehungsgeschichte haben (z. B. unausreagierte Gemenge aus einem Hafen bei Hafenbruch).

**Glasgalle**

Hierunter sind die beim Niederschmelzen des Gemenges aufschwimmenden Verunreinigungen zu verstehen, die abgeschöpft und vermutlich auch im Ofen „verkleckert" werden. Sie bestehen aus etwas Glas sowie Chloriden, Sulfaten und sonstigen im Glas unlöslichen oder ungelösten Verbindungen. Glasgalle ist weiß bis schwach gefärbt und schmeckt je nach Zusammensetzung bitter bis salzig (LOYSEL 1818, 52): daher der deutsche Name. Ob sie bei Grabungen überhaupt gefunden wird, ist wegen ihrer starken Wasserlöslichkeit zu bezweifeln, höchstens werden sich kaum erkennbare wasserunlösliche Anteile erhalten haben. Bei der Herstellung von Holzascheglas fällt sie sowieso nur in untergeordneter Menge oder gar nicht an, da der Holzasche die Glasgalle gebenden Verunreinigungen weitgehend fehlen. Bei stark gefärbten Verunreinigungen wird es sich um zu einem Glas umgesetzten und dann herabgetropften Lehm des Ofengewölbes handeln. Wenn dieser verglaste Lehm in die Häfen hineintropft, muss er wie Glasgalle abgeschöpft werden und zeigt u. U. als archäologischer Fund anhaftendes Glas.

Nach TURNER (1956, 295T) fiel Glasgalle (engl. sandever vom französ. suin[51] de verre – Glasfett, weil Glasgalle auf der Glasschmelze wie Fett auf Wasser schwimmt) in England in der Mitte des 17. Jahrhunderts in erheblichen Mengen an und war ein anerkanntes Handelsgut, das Verwendung als „Flussmittel für Metalle" fand (wohl bei ihrer Verhüttung) und nach Frankreich als Würzmittel für Fleisch und als Mittel gegen Unkraut und Ungeziefer in den Gärten exportiert wurde.

Eine Glasgalle aus dem 18. Jahrhundert wurde im HAUPTSTAATSARCHIV STUTTGART archivalisch überliefert. Näheres zu diesem einzigartigen Fund wurde bei der Behandlung der Spiegelglashütte Spiegelberg mitgeteilt.

Nach LOYSEL (1802, 245) macht sich Glasgalle im Glas „wie Schneeflocken" bemerkbar.

Geringere Glasgallemengen können sich bei den hohen Temperaturen verflüchtigen.

**Zu einem Glas umgesetzter („verglaster") Ofenlehm**

Bei Grabungen wird oft eine schwärzliche, glasige Masse auf Steinen oder gebranntem Lehm gefunden. Abbildung 77 zeigt einen Stein mit einer solchen schwärzlichen, blasigen Schicht (links), die als herabgetropfter, zu einem Glas umgesetzter („ver-glaster") Ofenlehm gedeutet wird, und grünlichem trüben Glasfluss (rechts, teilweise abgeplatzt).

[51] Turner zitiert Merrets Kommentar zu Neri. Die hier geübte Schreibweise *suin* ist veraltet; heute schreibt man *suint* (=Wollfett).

Abbildung 77. Stein mit herabgetropftem, zu einem Glas umgesetzten Ofenlehm (links) und Glasfluss (rechts)
(Foto: Autor)

Zur Vermeidung von Missverständnissen sollte für diese Produkte nicht die Bezeichnung „Ofenschlacke“ verwendet werden, sondern die die Entstehung bezeichnende „zu einem Glas umgesetzter Ofenlehm“ oder kurz „verglaster Ofenlehm“.

### 6.9.2. Zum unerfreulichen Thema „Glasschlacke“

In Grabungsberichten wird diese Bezeichnung leider sehr häufig für alle möglichen, meist nicht näher beschriebenen Funde verwendet. Man kann darunter alles Mögliche verstehen: nicht ausreagiertes Gemenge, Glasgalle, von verdampften Alkalioxiden zu einem Glas umgesetzter und herabgetropfter Lehm vom Ofen, Bodensatz in Glashäfen. Übrigens sind Schlacken in der Regel Gläser; das erste, noch nicht intentionell hergestellte Glas war vermutlich – wie bereits erwähnt - die bei der Kupferverhüttung anfallende Schlacke. So ist die Bezeichnung „Glasschlacke“ nicht nur ungenau, sondern auch sachlich falsch und unsinnig.

**Die Bezeichnung „Glasschlacke“ sollte nicht mehr verwendet werden!**

### 6.9.3. Glasreste

Bei der Interpretation von Hohlglas- oder Flachglasfragmenten, die auf dem Gelände einer Glashütte gefunden werden, ist immer die Möglichkeit in Betracht zu ziehen, dass es sich um Fremdglas handelt, das zugekauft und dem Gemenge zugeschlagen werden sollte.

#### 6.9.3.1. Pfeifenabschläge

Hierunter versteht man Glasreste, die nach dem Abtrennen eines Gefäßes an der Pfeife verblieben und nach dem Erkalten abgeschlagen wurden. Sie zeigen einen Abdruck des Pfeifenendes und erlauben dadurch eine Abschätzung des (äußeren) Pfeifendurchmessers.

**6.9.3.2. Glastropfen mit Glasfäden, kurze schmale rundliche bis bändchenförmige geriefte Stäbe**

Es handelt sich um Glasproben, die dem Hafen zur Qualitätskontrolle entnommen wurden. Sie zeigen oft noch viele Bläschen, Schlieren oder unaufgeschlossene Körner von Gemengebestandteilen (meist Siliziumdioxid), die anzeigen, dass das Glas noch nicht zur Verarbeitung geeignet ist. Die stark gerieften Bändchen entstehen beim Ausstreichen der tropfenförmigen Glasprobe auf einer Unterlage zum besseren Erkennen der Inhomogenitäten. Charakteristisch sind die langgezogenen Bläschen.

**6.9.3.3. Dünne Glasfragmente (um 1 mm dick)**

Hohlglas ist in der Regel dünner als Flachglas. Außerdem ist manchmal bei größeren Fragmenten eine dreidimensionale Verformung zu erkennen. Die Unterscheidung zwischen Flach- und Hohlglas auf Grund der Dicke ist jedoch mit großen Unsicherheiten behaftet: man denke z. B. an Flaschenböden.

**6.9.3.4. Dickere Glasfragmente (etwa 2-4 mm dick)**

Flachglas ist in der Regel dicker als Hohlglas und im gestreckten Zustand nicht dreidimensional verformt, was an kleinen Fragmenten jedoch nicht sicher zu erkennen ist. Spuren der Bearbeitung mit dem Kröseleisen (Abbröckelungen am Rand) zeigen an, dass das Glas schon auf der Hütte verarbeitet wurde. Ein weiteres Anzeichen hierfür sind Bleirutenreste.

**6.9.3.5. Versickte Fragmente**

Versickte Partien eines Gefäßes sind durch ihre Geometrie versteift und somit etwas mehr gegen Fragmentierung geschützt als glatte Partien. Man findet z. B. Fragmente von eingestochenen Böden, Stauchungsringe von doppelkonischen Flaschen, Mündungen von Gefäßen, Ränder von Butzenscheiben. Auch röhrenförmige Teile sind durch ihre Geometrie versteift.

**6.9.3.6. Dekorteile und ihre Fragmente, dicke massive Teile**

Diese Teile sind durch Ihre Dicke und ggf. Kleinheit gegen weitere Fragmentierung geschützt. Hierzu zählen Nuppen, Henkelfragmente, Stiele, Standringe u. ä. Elemente.

**6.9.3.7. Glasstab- und Glasröhren-Fragmente**

Stäbe und Röhren stellen typische Zwischenprodukte dar, die zu anderen Teilen weiterverarbeitet werden. Sie sind durch Dicke und Form innerhalb gewisser Grenzen gegen Bruch geschützt. Fragmente können natürlich auch Teile komplexer Zusammenbauteile sein.

Neben zuzuordnenden Fragmenten gibt es in der Regel eine Unmenge an Tropfen, Fäden, Batzen der verschiedensten Formen, die ganz allgemein bei der Arbeit als Abfall entstanden. Größere, saubere Abfallteile und besonders misslungene Teile wurden sicher als Zuschlag zum Gemenge aufgearbeitet; entsprechend selten sind solche Funde.

### 6.9.4. Keramikteile

#### 6.9.4.1. Model-Fragmente

Model sind Formen in der Regel aus Keramik, in die ein Kölbel geblasen wurde. BOSS et al. (1984) erwähnen ein Bleimodel ohne Boden zur Herstellung von Stülpflaschen. Wegen des niedrigen Schmelzpunktes von Blei bei 327°C muss diese Deutung mit einem Fragezeichen versehen werden; eine befriedigende Interpretation steht aus. Aus modernen Glashütten sind auch Model aus Holz bekannt.

Beim Einblasen eines Kölbels in ein Model nimmt das Glas auf seiner Außenhaut die Struktur der Model-Innenseite an, also z. B. einfache Längsriefen. Wird das so angeformte Teil rasch wieder aus dem Model unter leichtem Blasen drehend herausgenommen und anschließend weiter aufgeblasen, entstehen die „optisch geblasenen" Rippenbecher. Kreuzrippenbecher benötigen zu ihrer Herstellung zwei Model, von denen der zweite etwas größer ist als der erste. Dabei kann es sich um zwei einzelne Model oder einen Doppelmodel handeln.

Auch Innenmodel zur Herstellung von mehreckigen Gefäßen wurden gefunden, die in ein am Hefteisen hängendes, zur Bildsamkeit erhitztes Gefäß gestoßen werden. Manche dieser Model zeigen daher an der Unterseite eine kegelförmige Aussparung zur Aufnahme des Einstichs.

Bei Dekoren mit Hinterschneidungen werden zwei- oder sogar mehrteilige Formen benötigt.

#### 6.9.4.2. Glashafen-Fragmente

Die Häfen waren thermisch und chemisch außerordentlich stark beanspruchte Gefäße; entsprechend hoch war die Bruchrate. Ein Hafenbruch im Ofen war eine kleine Katastrophe, denn die Fragmente mussten im heißen Ofen beiseite- oder aus dem Ofen herausgeräumt werden, der Ofen war zu öffnen, ein neuer (evtl. rotglühender) Hafen musste eingebracht werden, das Glas war verloren, Arbeitszeit ging verloren. Hafenbruch hat seine Ursachen in ungeeignetem Ton, schlechter Trocknung, schlechtem Vorbrennen, Verunreinigungen (Steinchen) oder Hohlräume (Lunker) im Ton. Manchmal sind in Hafenfragmenten glasgefüllte Lunker zu sehen, die zur Rissbildung geführt haben können.

Geschmolzene und verdampfende Alkalioxide korrodieren das Hafenmaterial unter Glasbildung. Geschmolzenes Glas ist eine sehr aggressive Flüssigkeit, die aus ungeeignetem Ton gefertigte Gefäße stark angreift. Auch Glasgalle ist sehr aggressiv.

#### 6.9.4.3. Weitere Keramik-Fragmente

Zu den Funden zählt Haushaltskeramik (die eine Datierung erlaubt), aber auch Fragmente großer Gefäße für fertige Glasteile werden gefunden. Kleine tiegelähnliche Gefäße, die dem Erschmelzen von farbigem Glas dienten, geben sich durch farbige Glasreste zu erkennen und sollten unter die Häfen eingereiht werden.

Gelegentlich werden Ofenkachelfragmente gefunden, die einen Hinweis auf die Infrastruktur (einen Wohnbereich) der Glashütte geben können. Noch sehr ungesichert ist die Vermutung, dass auf der Glashütte auch Glasurarbeiten, vielleicht nur versuchsweise, durchgeführt wurden. Hierzu werden Bleiglaspulver oder Bleioxid benötigt. Entsprechende Funde stehen aus.

Keramikteile zum Unterlegen der Häfen erfüllen zwei Aufgaben: zum einen lassen sie die Flammen auch an den Boden der Häfen gelangen, zum anderen verhindern sie ein großflächiges Festbacken der Häfen auf den Hafenbänken durch Glas (STEPHAN 2002).

#### 6.9.4.4. Fragmente von Keramik-Schwimmringen aus Häfen

Funde von solchen Ringen, die nach Wissen des Autors nicht in der mittelalterlichen bis frühneuzeitlichen Literatur erwähnt werden, sind selten und unsicher. Sie geben sich außer durch ihre Form u. U. durch anhaftendes Glas zu erkennen. Ein gebogenes Fragment einer Arbeitsöffnungsverkleidung kann einen Schwimmring vortäuschen. Anhaftender Ofenlehm spricht gegen ein Schwimmringfragment.

#### 6.9.4.5. Fragmente der Verkleidung von Arbeitsöffnungen am Ofen

Die Arbeitsöffnungen im Ofen, durch die der Glasbläser die Pfeife steckt, waren mit bogenförmigen Verkleidungen aus Keramik versehen. Fragmente dieser Verkleidungen wurden im Boden gefunden. Bei der Interpretation kurzer, gebogener Fragmente muss auch in Betracht gezogen werden, dass es sich um ein Schwimmring-Fragment handeln könnte. Anhaftender gebrannter Lehm deutet auf eine Arbeitsöffnungsverkleidung.

### 6.9.5. Metallteile

#### 6.9.5.1. Pfeifen-Fragmente

Das mit dem geschmolzenen Glas in Berührung kommende Pfeifenende ist durch die ständige Einwirkung der hohen Temperaturen korrosionsmäßig äußerst stark beansprucht. Es verzundert stark und bricht z. B. beim Abschlagen der Glasreste ab. Solche Pfeifenenden werden gelegentlich gefunden.

Heutzutage werden z. B. in der Glashütte Waldsassen immer wieder neue Endstücke aus hochtemperaturbeständigem Stahl in der hütteneigenen Werkstatt angeschweißt.

#### 6.9.5.2. Weitere Werkzeug-Fragmente

Gelegentlich finden sich korrodierte und meist fragmentierte eiserne Werkzeuge wie Messer, Stäbe, pinzettenähnliche Zangen, einmal eine Gabel zum Auflegen der Pfeife, auch solche unbekannter Art und Funktion.

## 6.10. Die Verarbeitung von Glas

An dieser Stelle sollen die Prinzipien der verschiedenen Verarbeitungsverfahren kurz erläutert werden. Sie wurden über Jahrhunderte und zum Teil über Jahrtausende hinweg ausgeübt. Die in den mittelalterlichen Glashütten angewandten Verfahren werden bei der Besprechung der einzelnen Produkte näher behandelt. Weitere Einzelheiten finden sich bei KÜHNE (1999), LIERKE (1999), STROBL (1990) und THEOPHILUS (1123, 2. Buch). Auf das Färben von Glas wird in einem besonderen Kapitel dieser Arbeit ausführlich eingegangen.

### 6.10.1. Formen oder Wickeln über einen Sandkern

Bei dieser sehr alten Technik zur Herstellung kleiner Gefäße wird ein Kern aus Sand, vermischt mit einem geeigneten Bindemittel, z. B. etwas Lehm, mit Glas ummantelt. Bei Gefäßen kann dies durch Beschichten mit Glaspulver oder durch Umwickeln mit einem dicken Faden aus erweichtem Glas erfolgen (LABINO 1966, LIERKE 1999, 23-24). Nach dem Sintern bzw. Zusammenschmelzen und Erkalten wird der Sand aus dem Inneren des Gefäßes herausgekratzt; er darf dazu natürlich nicht zu fest abgebunden haben. Perlen können durch Wickeln eines Glasstranges über einen Dorn hergestellt werden (GAM 1993). KÜHNE (1999) weist darauf hin, dass der Sandkern infolge der reversiblen Phasenumwandlung des Quarzes bei 578 °C beim Abkühlen etwas stärker schrumpft als die Glashülle, die somit keinen zum Bruch führenden mechanischen Spannungen unterliegt.

### 6.10.2. Sintern von Glaspaste

Ein Brei aus Glaspulver und einem Bindemittel wird frei oder auf der Töpferscheibe geformt und dann im Ofen gesintert (NEUBURG 1962, 44). Wenn nach STROBL (1990, 17) hierzu Quarzsand verwendet wird, muss das Bindemittel zur Schmelzpunkt-erniedrigung einen Alkalizusatz enthalten.

### 6.10.3. Formschmelzen

Glaspulver oder –granulat wird in einer offenen Form zusammengeschmolzen. In dieser Weise werden mit sehr feinem Glaspulver Cloisonné-Arbeiten hergestellt: die Seitenwände der Formen bestehen aus feinen Metallstegen.

### 6.10.4. Formen durch Pressen

Ein erweichter Glasbatzen wird auf oder in eine Form gepresst (LIERKE 1999, 23-24).

### 6.10.5. Formen durch Absenken

Bei dieser Technik wird eine Glasplatte im Ofen auf einen Kern, z. B. das Innere einer Schale darstellend, gelegt. In der Hitze senkt sich die plastisch gewordene Glasplatte durch ihr Eigengewicht ab und nimmt die Form der Kernoberfläche an (LIERKE 1999, 23-24).
Diese Technik wurde schon in der Werkstatt des Phidias in Olympia (3. Viertel des 5. Jahrhunderts v. Chr.) angewandt; sie findet heute noch bei der Herstellung gebogener Flachglasprodukte, wie z. B. Scheiben für Kraftfahrzeuge, Anwendung.

### 6.10.6. Glastöpferei

Die Glastöpferei geht noch einen Schritt weiter. Sie setzt den Kern oder eine Formschüssel auf eine Töpferscheibe. Das erweichte Glas wird auf den Kern bzw. in die Schüssel gegeben und mit nassen Holzwerkzeugen bei sich drehender Scheibe angedrückt. Reliefs werden natürlich mitabgeformt (LIERKE 1999, passim). Wesentlich ist für diesen Prozess, dass das Erhitzen eines Rohglasbrockens ganz einfach, z. B. auch in einem Schmiedefeuer, erfolgen kann (LIERKE 2003).

### 6.10.7. Ziehen

Glasröhren und -stäbe beträchtlicher Länge können aus einem Posten erweichten Glases von zwei Arbeitern gezogen werden. Es hat den Anschein, als ob es auch kleine längliche Glasgefäße gibt, die als Glasröhre mit einem Boden gezogen wurden (Ausziehen der Wandung einer größeren Gasblase).
Durch Zusammenschmelzen und Ziehen eines zu einem Muster geordneten Bündels von farbigen Glasstäben können Stränge erzeugt werden, die im Querschnitt die gelegten Muster zeigen. Durch Absprengen von Scheibchen werden kleine Schmuckteile hergestellt, z. B. die kleinen griechischen Theatermasken des 5. Jahrhunderts v. Chr. (SCHLICK-NOLTE 2003).
In der späteren *mille-fiori*-Technik dienen solche Scheibchen, z. B. mit Blütenmustern, der Dekoration von Gefäßen.

### 6.10.8. Rollen

Ein zylindrischer Stein wird über eine erweichte kleine Glasplatte so gerollt, dass eine Röhre entsteht. Die Naht und das Ende werden verschmolzen; ggf. wird eine kleine runde Scheibe als Boden eingesetzt. Hals und Schulter werden anschließend bearbeitet (NEUBURG 1962, 64).

### 6.10.9. Gießen

In römischer Zeit vor der Erfindung der Herstellung des Flachglases durch Blasen wurde Fensterglas gegossen. Dazu wurde die erweichte Glasmasse auf einer ebenen, mit einem Rand versehenen Platte, wahrscheinlich aus nassem Holz, ausgestrichen. Charakteristisch an diesen Scheiben sind die zum Rand hin zunehmende Dicke, eine an der Kante abgeflachte Verdickung am Rand, Stauchungen am Rand und an den Ecken, die abgerundeten Ecken und eine matte, raue Seite, auf der die Scheibe bei der Herstellung lag (STROBL 1990, 25-27). Im Mittelalter wurden nach dieser Technik Glasfliesen hergestellt (LOBBEDEY et al. 2001).

### 6.10.10. Schleudern

Glasringe können durch Schleudern eines erweichten und gelochten Glaspostens um einen Eisenstab hergestellt werden (THEOPHILUS 1123, 2. Buch, 31. Kapitel).

### 6.10.11. Blasen

Diese seit ihrer Erfindung in Phönizien im 1. vorchristlichen Jahrhundert wichtigste Glasverarbeitungstechnik ist mit ihrem Wechselspiel zwischen Pfeife und Hefteisen, Blasen und Schwenken, gezieltem Erkalten und Erhitzen außerordentlich wandlungsfähig und auch deswegen so bedeutend, weil sie nicht nur die Herstellung von Hohlglas, sondern auch die von Flachglas erlaubt.

Nach BAATZ (1978) gibt es römisches zylindergeblasenes Flachglas seit dem 3., besonders im 4. Jahrhundert n. Chr. (Funde in Britannien und Walldürn).

**6.10.11.1. Hohlglasherstellung**

Hohlgläser können frei, in eine Form oder optisch geblasen werden.
Das freie Blasen ist die einfachste und sicher auch ursprüngliche Technik: Der Kölbel wird frei aufgeblasen und durch Schwenken, Setzen oder Rollen auf einer Marmor- oder Eisenplatte oder mit einem nassen Holzwerkzeug geformt.
Das Blasen in eine Form erlaubt es, dem Glasgefäß einen reliefierten Oberflächen-Dekor zu geben.
Ein Dekor mit Hinterschnitten verlangt eine aufwändige, mindestens zweiteilige Form.
Das optische Blasen verlangt bei geeignetem Dekor ohne Hinterschnitte nur eine einteilige Form, in die der Kölbel geblasen wird. Sofort danach wird der Rohling aus der Form herausgezogen und weiter frei aufgeblasen, wobei der Dekor auf der Außenseite verflacht und verschwimmt. Diese Technik erlaubt eine sehr rationelle Produktion; entsprechend groß ist auch die Zahl der in dieser Weise gefertigten Rippen- und Kreuzrippenbecher.

**Dekorieren der Hohlgläser:** Glasgefäße können durch Aufschmelzen farbiger Applikationen (Fäden ganz aufliegend oder in Schlaufen, Nuppen in verschiedenen Formen) dekoriert werden. Die Dekoration kann durch „Kneifen" (Anbringen von Quetschstellen mit einer pinzettenähnlichen Zange) variiert werden. Das Überfangen ist eine besondere Dekorationsmöglichkeit. Sie besteht im Aufbringen einer anders gefärbten Glasschicht auf das Trägerglas: durch Eintauchen des Kölbels aus dem Trägerglas in eine anders gefärbte Glasschmelze („Überstechen") und weiteres Aufblasen wird eine anders farbige Schicht auf der Außenseite des Hohlglases erzeugt. Durch doppeltes Überstechen können auf der Innen- und der Außenseite eines Hohlgefäßes farbige Glasschichten erzeugt werden. Auch durch Einblasen eines Kölbels aus dem anders gefärbten Glas in das schon etwas aufgeblasene, geöffnet am Pontil hängende Hohlglas kann eine anders farbige Schicht auf der Innenseite des Hohlglases erzeugt werden. Kritisch ist bei diesen Verfahren die Übereinstimmung der Ausdehnungskoeffizienten der zwei oder sogar drei beteiligten Glassorten, die weitgehend gegeben sein muss, um beim Abkühlen Spannungsrisse bzw. –brüche zu vermeiden.
Das Schleifen sowie die Glasmalerei sind weitere Dekorationstechniken (die Glasmalerei auch für Flachglas). Bei der Emailmalerei werden eingefärbte Glaspulver aufgetragen und in speziellen Öfen eingebrannt, d. h. aufgeschmolzen. Dabei darf das Trägerglas natürlich nur ein wenig erweichen, d. h. die Gläser müssen in ihrem Erweichungsverhalten aufeinander abgestimmt sein. Bei der Kaltmalerei werden die Farben nur aufgetragen, nicht eingebrannt.
Schwarzlot und Silbergelb bildeten in Europa die einzigen Farben für die Glasmalerei bis zum Beginn des 15. Jahrhunderts (STROBL 1990, 89-98). In dieser Zeit tauchen dann bunt emailbemalte Hohlgläser in Europa auf, die nach dem früher im Orient vermuteten Ursprung Syrisch-Fränkische Gläser genannt wurden. Heute werden sie venezianischen Glashütten zugeschrieben, die ihrerseits allerdings auf orientalische, islamische Vorbilder zurückgriffen. Angesichts des steigenden Umfanges des Fundmaterials und sich abzeichnender Untergruppen steht jedoch die Frage nach Herstellungszentren auch nördlich der Alpen zur Diskussion (BAUMGARTNER et al. 1988, 126).

Nuppen werden durch Auftupfen eines erweichten kleinen Glaspostens auf die glühende Oberfläche des zu dekorierenden Glases erzeugt. Da jede Nuppe einzeln angebracht werden muss, ist diese Dekorationstechnik recht aufwändig und daher auch teurer als z. B. das optische Blasen.

Die zur Dekoration verwendeten Glasfäden können einfarbig sein oder auch aus mehreren tordierten farbigen Einzelfäden bestehen. Im letzteren Falle spricht man von „Reticella-Fäden". Der Name rührt daher, dass aus solchen Fäden nach einer glaskeramischen Methode (LIERKE 1999, 37- 44) ganze Gefäße hergestellt wurden, die durch die Musterung der Fäden ein netzähnliches Aussehen hatten (ital. *reticella* = kleines Netz). LIERKE (1999, 23) beschreibt die Reticellafaden-Herstellung wie folgt: „Um die von Anfang an beliebten zweifarbig tordierten Glasstäbe oder die sogenannten Reticella-Stäbe zu erzeugen, verschmilzt man zwei gleich große Farbglasposten oder schmilzt ein, zwei oder mehrere Farbglasstäbchen auf eine vorbereitete Portion heißen Glases, den Glasposten, auf und spinnt die verschmolzene Masse unter ständigem Drehen und Ziehen gemeinsam aus." Diese Technik wurde bereits in römischer Zeit angewandt, verschwand dann für einige Jahrhunderte und taucht im späteren 7. bis 10. Jahrhundert wieder auf. Bemerkenswert ist der Fund eines Reticella-Becher-Fragments mit rundem Boden (Tummler) aus der Karolingerzeit auf dem Zähringer Burgberg (STEUER 1987). Aus dem 11. Jahrhundert sind keine Reticella-verzierten Gefäße mehr bekannt (BAUMGARTNER et al. 1988, 69).

Die bereits angesprochene *mille-fiori*-Technik bietet eine weitere Dekormöglichkeit. Die ein Muster, z. B. eine Blüte, zeigenden Scheibchen werden auf das zu dekorierende Glassubstrat (Hohl- oder Flachglas) gelegt und aufgeschmolzen.

#### 6.10.11.2. Flachglas-Herstellung

Es sind drei Verfahren zur Flachglasherstellung aus einem geblasenen Kölbel bekannt; daneben dürfte noch ein viertes, wenig verbreitetes existiert haben, über das jedoch nur wenige Informationen vorliegen. Sie alle gehen auf das Blasen einer mehr oder minder großen Glasblase zurück, die auf verschiedene Weise in eine flache Form gebracht wird:

- Tafelglas: aufblasen zu einem Zylinder, der Länge nach aufschneiden, zu einer rechteckigen Tafel „flachbügeln".
- Butzenscheibe: aufblasen zu einer Kugel, gegenüber dem Pfeifenansatz öffnen, aufweiten, drehen und dabei zu einer runden Scheibe flachpressen.
- Mondglas: aufblasen zu einer größeren Kugel, gegenüber dem Pfeifenansatz öffnen, aufweiten und zu einer runden Scheibe stark schleudern.
- Tellerglas: aufblasen zu einer Kugel und einseitig (in einem Model?) abplatten oder gleich in entsprechend geformten Model blasen, flachen Teil absprengen und zu einer runden ebenen Scheibe glatt bügeln. – Tellerglas wird nur selten gefunden, seine Herstellung war offensichtlich lokal begrenzt, die beschriebene Herstellungsweise ist hypothetisch und noch nicht abschließend geklärt.

### 6.10.12. Das Glasschneiden

Nach SEIZ (1994, 209) wurde das Glasschneiden mit dem Diamanten erst im 16. Jahrhundert entdeckt. Vorher wurde das Glas mit dem heißen Kopf des Trenneisens (ein lötkolbenähnliches Gerät) gesprengt und mit dem Kröseleisen nachgearbeitet. Krösel wurden bei Grabungen gefunden.

Zu bemerken ist zu diesem Thema noch, dass Silices wie Diamanten in der Lage sind, Glas zu ritzen. Ob davon Gebrauch gemacht wurde, ist ungeklärt. LANG (2001, 92-93) berichtet von gelegentlich zu bemerkenden Ritzspuren auf Glasscherben, die hierfür eine gewisse Wahrscheinlichkeit erkennen lassen.

# 7. DIE FÄRBUNGEN DES GLASES

Bei den gefärbten Gläsern müssen vorhandene natürliche Färbungen von intentionell vorgenommenen unterschieden werden.
Die wichtigste und vorherrschende natürliche Färbung wird durch Eisenverbindungen verursacht, die mit den Rohstoffen, vor allem Sand und Holzasche, eingeschleppt werden. Bereits 0,1 % Eisen vermag erkennbare Färbungen hervorzurufen. Genau so wichtig, wenn auch nicht so auffällig, sind die Färbungen, die durch Manganverbindungen verursacht werden. Auch Mangan kommt sehr häufig in den Rohstoffen vor. Bereits früh versuchte man, diese Färbungen zu verhindern oder zu beseitigen, was auch mit einigem Erfolg gelang. Den wahren Mechanismus hat man lange nicht recht verstanden; ein wesentlicher Schritt zur Aufklärung gelang erst SELLNER et al.(1979).
Allgemein muss vorausgeschickt werden, dass die Farbeffekte stark von den Konzentrationen aller Komponenten des Glases und die Trübungseffekte außerdem auch von den Teilchengrößen der Zusätze abhängen.
Die intentionell vorgenommenen Färbungen rücken das Glas in die Nähe der Edelsteine. Bei KUNCKEL (1679, Anthonii Neri Von der Glasmacherkunst) finden sich hierzu viele Beispiele.
Die hier mitgeteilten Färbungen gelten in erster Linie für die üblichen Silikat- und auch Blei-Silikat-Gläser. In anderen Gläsern, die jedoch in der Antike und im Mittelalter keine Rolle spielten, treten z. T. abweichende Farbeffekte auf.

## 7.1. Einige chemische Grundlagen

Die chemischen Zusammenhänge sind recht komplex; trotzdem soll wegen der Bedeutung dieses Punktes versucht werden, sie zu erklären und auch Nichtchemikern verständlich zu machen.
Zunächst muss der Begriff der Oxidationsstufe (früher ungenau „Wertigkeit" genannt) erläutert werden. Viele chemische Elemente kommen in ihren Verbindungen in verschiedenen Oxidationsstufen vor, so z. B. das Eisen in den Oxidationsstufen +2 und +3, das Mangan in den Oxidationsstufen +2, +3, +4 und noch höheren, die hier aber nicht interessieren. Die Elemente können ihre Oxidationsstufen wechseln; eine Erhöhung bedeutet eine Oxidation, eine Erniedrigung eine Reduktion. Oxidation und Reduktion erfolgen durch Oxidationsmittel bzw. Reduktionsmittel. Der Sauerstoff der Luft ist ein Oxidationsmittel, das bei Luftmangel in einem Ofen entstehende Kohlenmonoxid ist ein Reduktionsmittel. Viel Sauerstoff bewirkt die Oxidation von viel Eisen, wenig Sauerstoff vermag nur einen Teil des vorhandenen Eisens zu oxidieren. Wenn ein Oxidationsmittel oxidierend wirkt, wird es selbst reduziert. Reduktion und Oxidation hängen immer zusammen: der Chemiker spricht von Redox-Systemen.
Ein Oxidationsmittel ist Braunstein, chemisch Mangandioxid oder moderner Mangan(IV)-oxid $MnO_2$. Mangan ist in diesem Oxid in der Oxidationsstufe +4 vorhanden; man schreibt dies Mn(IV). Wenn es oxidierend wirkt, wird es selbst zu Mangan(II) reduziert; die Oxidationsstufe beträgt dann +2. Mangan(IV)-oxid zerfällt in der Hitze in Mangan(III)-oxid und Sauerstoff.

Die Oxidationsstufen geben implizit die Elektronenkonfigurationen der äußeren Elektronenschalen wieder. Da die Farben auf Vorgänge in den äußeren Elektronenschalen zurückgehen (Absorption des Lichtes verschiedener Wellenlängen, je nach Energiezustand der Elektronen), wird klar, dass den verschiedenen Oxidationsstufen verschiedene Farben entsprechen. So färbt Eisen(II) das Glas hellblau, Eisen(III) dagegen gelb[52]. Mangan(III) färbt Glas rotviolett, Mangan(II) dagegen nur schwach rosa. Mangan(IV)-oxid ist in Glas nicht löslich, es liegt darin als braunschwarzes Pigment vor.
Es mag erstaunen, dass von einer Lösung in Glas gesprochen wird. Tatsächlich ist Glas ein Lösungsmittel wie z. B. Wasser. Gelöste Stoffe liegen darin in Ionenform[53] vor, man spricht daher bei gelösten färbenden Ionen von Ionenfärbungen. Ungelöste Stoffe liegen als Pigmente vor, nicht in Ionenform, sondern in Form der fein verteilten festen Verbindung. Liegen ungelöste Stoffe in extrem feiner Verteilung vor, spricht man von einer kolloidalen Lösung.
Die häufigste Färbung mittelalterlicher Gläser ist Grün in verschieden Nuancen von gelblich bis bläulich. Daneben treten noch braune bis violettbraune Farben auf.
Es ist schon zu ahnen, dass hier Zusammenhänge bestehen; es ist nur die Frage, wie dies alles sinnvoll zusammengebracht werden kann.[54]

## 7.2. Die Färbungen durch Eisen und ihre Kaschierung

Die in den Rohstoffen vorliegenden Eisenverbindungen enthalten weitaus überwiegend Eisen(III). In Abhängigkeit vom Sauerstoffgehalt der Ofenatmosphäre bildet sich jedoch bei hohen Temperaturen ein Gleichgewicht zwischen Eisen(III) und Eisen(II) heraus, und zwar liegt bei sauerstoffreicher Atmosphäre das Gleichgewicht auf der Seite der oxidierten Form, also des Eisen(III), in sehr sauerstoffarmer Atmosphäre auf der Seite der reduzierten Form, also des Eisen(II). Eisen(III) färbt das Glas gelb, Eisen(II) färbt es blau. In einer Ofenatmosphäre mit mittleren Sauerstoffgehalten liegen Eisen(III) und Eisen(II) in jeweils merklichen Mengen nebeneinander vor: die Folge ist eine Grünfärbung als Mischfarbe aus Gelb und Blau in der Durchsicht. In den Glasschmelzöfen herrscht im Allgemeinen eine unkontrollierte Mischatmosphäre mit solchen mittleren Sauerstoffgehalten: dies ist der Grund für die überwiegend grüne Farbe des in den mittelalterlichen Glashütten erzeugten Glases[55]. Ein Gelbstich geht auf eine größere Konzentration an Eisen(III) zurück, der seltenere Blaustich auf eine größere Eisen(II)-

---

[52] SCHREURS et al. (1984) führen die Gelbfärbung auf Eisen(III)-Sulfid-Chromophore zurück (vgl. Punkt 7.11. Gelbfärbungen durch Kohlenstoff und Schwefel); dies ändert jedoch nichts an dem hier beschriebenen Farbenspiel. Das Sulfid entsteht ggf. infolge Reduktion des im Glas vorhandenen Sulfats durch Kohlenstoff.

[53] Als Ionen werden die elektrisch geladenen Teilchen eines Salzes bezeichnet, in die sich das Salz in einem geeigneten Lösungsmittel aufspaltet: So liegt Eisen(II)-silikat $Fe_2SiO_4$ im Glas in Form der Ionen $Fe^{2+}$ und $SiO_4^{4-}$ vor.

[54] Die im nächsten Kapitel folgende Darstellung vereinfacht. Neben den Oxidationsstufen spielt auch noch die Koordination der Sauerstoffatome um das Eisen(III)-Ion (Anzahl der umgebenden O) und im Zusammenhang damit die Alkalikonzentration eine Rolle. Eine braune Färbung kann auch auf kolloidal, d. h. ganz fein verteiltes Eisen(III)-oxid zurückgehen. Näheres hierzu bei SALMANG (1957, 262-69). Die oben gegebene Darstellung nach Sellner et al. vermag jedoch für die üblicherweise im archäologischen Zusammenhang beobachteten Phänomene eine befriedigende Erklärung zu liefern.

[55] Die Bezeichnung „Waldglas" wird übrigens von den Standorten der Glashütten im Wald abgeleitet und nicht von der „waldgrünen" Farbe des Glases.

Konzentration. Rein „eisenblaues" Glas ist sehr selten, tritt aber gelegentlich auf. Es darf nicht mit kobaltblauem Glas verwechselt werden.

Der Vollständigkeit halber sei noch kurz darauf hingewiesen, dass die Färbungen durch Eisen in verschiedenen Oxidationsstufen auch bei der Keramik eine wichtige Rolle spielen. Die rote Farbe der Keramik wird durch das Pigment Eisen(III)-oxid hervorgerufen, die schwarze durch das Mischoxid Eisen(II,III)-oxid, das ebenfalls als Pigment vorliegt. Oxidierender Brand erzeugt in eisenhaltigem Ton rotes Eisen(III)-oxid, reduzierender Brand schwarzes Eisen(II,III)-oxid[56]. Die attischen Keramiker waren Meister im gezielten Anwenden dieser Färbungen (schwarz- bzw. rotfigurige Keramik).

Die grüne Farbe des Glases war nun eigentlich vielfach unerwünscht, und man suchte Wege, dieses Glas zu entfärben. Schon PLINIUS (Buch 36 Paragraph 192) kannte vermutlich die entfärbende Wirkung des Braunsteins, konnte sie aber nicht richtig erklären. Noch AGRICOLA (1556, 12. Buch, 501) übernahm seine vom zeitgemäßen Unverständnis der Grundlagen geprägte Erklärung. Erst die Arbeit von SELLNER et al. (1979) sorgte hier für Klarheit. Die von MAUS et al. (1999, 422) für einige Fälle vorgebrachten Bedenken gegen die Deutung von Sellner et al. sind so nicht verständlich. Maus et al. scheinen u. a. zu übersehen, dass es eben nicht nur auf die Konzentrationen von Eisen und Mangan im Glas ankommt, sondern auf die Konzentrationen dieser Elemente in den jeweils vorliegenden Oxidationsstufen[57] vor, beim und nach dem Niederschmelzen des Gemenges (und damit indirekt auch auf den Sauerstoffgehalt der Ofenatmosphäre). In Einzelfällen mögen weitere Einflüsse eine Rolle spielen.

Braunstein ist Mangan(IV)-oxid und zerfällt in der Wärme des Glasofens in Mangan(III)-oxid und Sauerstoff. Dieser Sauerstoff oxidiert das im Glas vorhandene Eisen(II) zu Eisen(III). Eisen(III) färbt das Glas gelb, Mangan(III) färbt es rotviolett. Gelb und Rotviolett ergeben in der Durchsicht bei passenden Intensitäten der Farben Grau. Dieses Grau erscheint bei fehlendem Vergleich und bei geringer Intensität farblos. Dies ist das Geheimnis der Glasmacherseife: das unerwünschte Grün wird in Gelb umgewandelt und mit der Komplementärfarbe Rotviolett kaschiert, aber eben nur kaschiert, ein Grauton verbleibt[58]. Bei hohen Eisengehalten muss viel Braunstein zugegeben werden: es bedurfte vieler Erfahrungen der Glasmeister, das richtige Maß zu treffen.

Bei genauem Hinsehen ist übrigens der Grauton mancher mittelalterlicher Glasgefäße deutlich zu erkennen. Bei fehlendem Vergleich mit einem wirklich farblosen Glas fällt er jedoch kaum auf, es musste jedoch das Ziel sein, ihn möglichst gering zu halten. Dazu verhalfen nur weitgehend eisenfreie Rohstoffe, die nach wie vor wünschenswert waren und zum enormen Wettbewerbsvorteil der wirklich farblosen venezianischen Gläser beitrugen.

Es sei besonders darauf hingewiesen, dass der natürliche Mangangehalt der Rohstoffe nicht zum „Entfärben" taugt: Das Mangan liegt darin als Mangan(II) vor, zum „Entfärben" muss es jedoch als Mn(III) vorliegen. In der Ofenatmosphäre gelingt die Oxidation von Mangan(II) nur selten, unter besonderen Bedingungen. Man darf bei der

---

[56] Auf andere mögliche Arten der Schwarzfärbung bei Keramik soll hier nicht eingegangen werden. Näheres findet sich bei NOLL (1991, passim).

[57] Der von Maus et al. gebrauchte Begriff „Wertigkeit" ist veraltet.

[58] Genau handelt es sich um subtraktive Farbmischung: aus dem sichtbaren weißen Licht werden über das ganze Spektrum praktisch gleichmäßig verteilt Anteile herausgenommen, absorbiert. Es geht also Licht verloren: das Glas ist im durchscheinenden Licht grau („dunkler") geworden. Ausführlicher hierzu vgl. KURZMANN (2003).

Analyse eines Glases also beim Nachweis von Mangan nicht automatisch davon ausgehen, dass mit Mangan „entfärbt“ wurde. Normalerweise enthält Glas etwa 0 bis 2,3 % Mangan(II)-oxid und etwa 0,1 – 1,5 % Eisen(II)-oxid, es sind jedoch auch höhere Eisen- und Mangangehalte bekannt (bis zu etwa 4 % der Oxide). Die Entscheidung, ob nur natürlicherweise anwesendes Mangan oder willentlich in Form von Braunstein zugesetztes Mangan vorliegt, muss sehr vorsichtig getroffen werden – wenn sie überhaupt möglich ist. Vorhandenes Mangan(II) stört die „entfärbende“ Wirkung von Braunstein nicht.

Sehr hohe Eisengehalte (etwa um 15 %) führen zu einer Schwarzfärbung des Glases. In den Glashütten des Fichtelgebirges wurde in der Neuzeit schwarzes Glas unter Zusatz von Proterobas, einem am Ochsenkopf vorkommenden diabasähnlichen, stark eisen- und aluminiumhaltigen Gestein, erschmolzen und zu Knöpfen und Perlen verarbeitet (Zeh 2003).

## 7.3. Die Färbung durch Mangan

Braunstein ist in Glas unlöslich und verleiht ihm eine trübe, braune Farbe. Das durch Sauerstoffabspaltung aus ihm entstehende Mangan(III)-oxid färbt Glas rotviolett. In den Glasrohstoffen liegt Mangan in Form von Verbindungen des Mangan(II) vor, das Glas nur schwach rosa färbt. Diese Farbe kommt praktisch nur bei Eisenfreiheit des Glases zur Geltung.

Durch Färbung mit Mangan sind rosa („fleischfarbene“) bis violette und braunviolette Farbtöne zugänglich. Die fleischfarbenen Töne sind in der Glasmalerei für die Darstellung des Inkarnats von besonderer Bedeutung.

## 7.4. „Schwache Färbungen“

Hinter den Beschreibungen „schwache violette“ oder „schwach gelbe“ oder „schwach braune“ Färbung in Katalogen verbirgt sich oft eine Restfärbung, die auf nicht genau abgestimmte Mengenverhältnisse bei der „Entfärbung“ von eisenhaltigem Glas mit Braunstein zurückgeht. Eine Graufärbung hat einen relativ hohen Eisengehalt des Glases als Ursache, dessen farblicher Einfluss durch Zugabe von ebenfalls relativ viel Braunstein beseitigt wurde. Durch hohe Lichtabsorption über den ganzen Spektralbereich des sichtbaren Lichtes ergibt sich eine Lichtabschwächung, die gleichbedeutend mit dem Farbeindruck „grau“ ist.

## 7.5. Glasmalerei

Bei der Glasmalerei werden pulverisierte farbige Gläser (Emailfarben) mit Hilfe eines Bindemittels auf das zu bemalende Glas aufgetragen und in besonderen, kleinen Öfen aufgeschmolzen. Die Wahl des Bindemittels (z. B. Eiweiß, Gummi arabicum oder ähnliche Substanzen) ist nicht kritisch, da es beim Einschmelzen verbrennt. Wichtig ist, dass die farbigen Gläser bei niedrigeren Temperaturen schmelzen als das Trägerglas, da sich dieses sonst verziehen würde. Andererseits muss das Trägerglas etwas erweichen, da sonst keine Haftung zu erzielen ist. Der niedrige Schmelzpunkt wird durch die Verwendung von Bleiglas, aber auch von geeignetem Natrium-Kalzium-Glas als Träger für die Emailfarben erreicht. FELGENHAUER-SCHMIEDT (1973) beschreibt einen in dieser Weise dekorierten Becher aus Niederösterreich. Nach SAUTER et al. (1973) besteht der Dekor dieses praktisch farblosen Natrium-Kalzium-Glas-Bechers aus gelbem Bleiglas-Email, rotem Natrium-Kalzium-Glas-Email sowie aus einem nicht untersuchten, wenig erhaltenen weißen Email-Glas. FREESTONE et al. (1995) beschreiben die Verwendung von roten und blauen Natrium-Kalzium-Gläsern bei frühen venezianischen Email-bemalten Gläsern des späten 13. und frühen 14. Jahrhunderts (der „Aldrevandin-Gruppe").

## 7.6. Schwarzlot

Schwarzlot ist ein Gemisch aus Kupferoxid, grünem Glas und „saphirfarbenem" Glas, sicher einem Bleiglas (THEOPHILUS 2. Buch, 19. Kapitel). Nach dem sorgfältigen Verreiben und Anreiben mit Wein oder Urin erhält man eine Farbe, mit der Linien auf Glas gezogen oder auch ganze Partien schwarz gefärbt werden können. Geschrieben wird auf solchen Partien, indem man mit dem Pinselstiel vor dem Einschmelzen das Lot wegschabend schreibt. Das Schwarzlot gehört zu den ionengefärbten Gläsern.
Die Technik der Glasmalerei ausschließlich mit Schwarzlot heißt mit moderner Bezeichnung „Grisaille-Technik"[59]. Sie wurde wegen ihrer etwas sparsameren dekorativen Wirkung von den Zisterziensern geschätzt.

## 7.7. Silbergelb

Die Glasfärbung durch Silbergelb ist in Ägypten etwa seit dem 6. bis 8. Jahrhundert bekannt, tritt in Europa jedoch erst im 14. Jahrhundert in Erscheinung (HEATON 1947/48). Weitere Arbeiten hierzu[60] veröffentlichten LAUTIER (1999) und DE VIS et al. (2002).
Diese zweite sehr alte Farbgebungstechnik unterscheidet sich wesentlich von der Schwarzlottechnik. Die farbgebende Paste wird durch Zusammenschmelzen von Silberpulver und Antimon(III)-sulfid, Pulverisieren und Anreiben mit Ton, Ocker oder Lehm unter Zusatz einer Flüssigkeit (vermutlich Wasser mit gelösten klebrigen Substanzen) hergestellt. Sie wird auf die einzufärbenden Partien des Trägerglases aufgetragen und eingebrannt. Zum Unterschied von den Schwarzloten und noch zu besprechenden Farbgläsern liegt hier kein ionengefärbtes Glas vor, sondern eine Färbung durch elementares Silber in feinster, sog. kolloidaler Verteilung (kolloidale Färbung). Im durchfallenden Licht zeigen die eingefärbten Partien je nach Teilchengröße des Silberkolloids (d. h. je nach Prozessführung beim Einbrennen) Farbtöne zwischen Zitronengelb und Orange bis Rot; beim Überbrennen entstehen hässliche Brauntöne. In der

[59] In Grisaille-Technik bemalte Fragmente fanden sich auf dem Areal des romanischen Klosters San Vicenzo (datiert in das späte 11. bis frühe 12. Jahrhundert), das auf dem dem karolingischen Kloster gegenüberliegenden Volturno-Ufer liegt. Dieses Glas gehört zu dem ältesten bemalten Fensterglas in Italien (DELL'ACQUA 1997).
[60] Der Autor dankt Frau A. Bartl M.A., Historisches Museum Basel, für die Übersendung dieser Arbeiten.

Aufsicht gegen einen schwarzen Hintergrund erscheint die Färbung grün bis blau (Dichroismus, vgl. Goldrubinglas).

## 7.8. Die Färbung durch Kupfer

Kupfer vermag in zwei Oxidationsstufen aufzutreten, die auch verschiedene Färbungen hervorrufen. Kupfer(II) färbt Glas blau bis grün (Ionenfärbung)[61], Kupfer(I) erzeugt ein trübes, rotes Glas. Kupfer(I) entsteht in einer reduzierenden Ofenatmosphäre als im Glas unlösliches Kupfer(I)-oxid. Hier liegt also eine Farbgebung durch ein Pigment vor. Elementares, kolloidal verteiltes Kupfer ruft eine Rotfärbung hervor (Kupferrubinglas); größere Kupferkristalle reflektieren das Licht wie Goldflitter (Aventuringlas). HECK et al. (1998) untersuchten merowingerzeitliche gelbe und braune Glasperlen in Bezug auf die Ursachen ihrer Färbungen. Auf die Gelbfärbung wird bei der Behandlung des Bleiglases eingegangen, hier soll über das Ergebnis der Untersuchung der braunen Perlen berichtet werden. Sie bestehen aus einem Natrium-Kalzium-Glas in einer für römische Gläser typischen Zusammensetzung, das Oxide von Kupfer, Eisen, Blei und Zinn enthielt. Die Färbung wird durch fein verteiltes elementares Kupfer verursacht, das aus dem Kupferoxid durch Reduktion mit Eisen(II) entstand.

## 7.9. Die Färbung durch Kobalt

Kobaltionen verleihen dem Glas eine intensiv blaue (Ionen-)Färbung. Kobaltgefärbtes Glas wurde durch Zusatz eines Kobalterzes erzeugt (KUNCKEL 1679, Anmerkungen zu 1. Buch Neri, Kap. 12, 57). Da Kobalterze stark mit Erzen anderer Metalle vergesellschaftet sind, werden bei Analysen viele andere, nicht willentlich zugesetzte Metalle nachgewiesen.

## 7.10. Färbungen durch Uran

Uran verleiht Glas eine grüngelbe, fluoreszierende Ionenfärbung (durch das Uranylion $UO_2^{2+}$). Blei löscht die Fluoreszenz. Gleichzeitig anwesendes Kupfer variiert den Farbton nach Grün.

KIRCHHEIMER (1963, 275-76 mit Anm.; 1963a) berichtet über den Nachweis von Uran in Proben aus dem antiken Glasmosaik vom Kap Posilipo bei Neapel, die er aus Oxford erhielt. verwendet. Die chemische Analyse der blassgrünen, etwas gelbstichigen Probe ergab einen Gehalt von 1,6 % Uranoxid ($U_3O_8$). Bei diesem Gehalt muss man von einem intentionell vorgenommenen Zusatz ausgehen; es kann sich nicht um ein Einschleppen etwa mit dem Sand handeln. Dann ist aber kaum vorstellbar, dass die erwähnten *tesserae* die einzigen hergestellten urangefärbten Glasteile sind; Kirchheimer konnte jedoch trotz ausgedehnter Suche keine weiteren Beispiele finden. Kirchheimer verstarb in den 90er Jahren des 20. Jahrhunderts; dem Autor gelang es nicht, seinen wissenschaftlichen Nachlass mit Analysenergebnissen ausfindig zu machen.

[61] Die verschiedenen Farbtöne werden von Zahl und Art der das Kupferion umgebenden Atome verursacht.

Die Originalpublikation des Mosaiks (GÜNTHER 1912) enthält im Anhang das Ergebnis einer chemischen Analyse der gelbgrünen *tesserae*. Ihm zufolge handelt es sich um ein Kalium-Kalzium-Glas mit einem Uranoxidgehalt von 1,25 %, der grob mit dem von Kirchheimer bestimmten Wert übereinstimmt. Einem Kaliumoxidgehalt von 20,38 % in dem Glas muss dagegen mit großem Misstrauen begegnet werden: es ist bisher kein römisches Kalium-Kalzium-Glas bekannt. Da auch der von Kirchheimer gefundene Wert für einen Bleigehalt von etwa 1 % nicht erwähnt wird, erweist sich das gesamte Analysenergebnis als überprüfungsbedürftig.[62]

BEZBORODOV (1975, 70-71) kennt als einziges Beispiel für altes urangefärbtes Glas nur das von Kirchheimer untersuchte. Auch HENDERSON (2001) fand noch kein urangefärbtes römisches Glas oder Glas aus einer anderen Epoche.

Beim Durchsehen des Kataloges zur Ausstellung „Römische Glaskunst und Wandmalerei" (KLEIN 1999, 7 Abb. 13) fällt eine Rippenschale aus Augst/Kaiseraugst auf, die der Fotografie nach zu urteilen urangefärbt sein könnte. Bei genauer Betrachtung des Originals allerdings hat sich dieser Verdacht nicht bestätigt[63]. Bei einer sicherheitshalber noch vorgenommenen Röntgenfluoreszenzanalyse konnte kein Uran nachgewiesen werden.

Die Verwendung von Uranerz zum Färben von Glas in der Antike wirft die Frage nach der Herkunft des Erzes auf. Wegen der Seltenheit in Frage kommender Uranerzvorkommen (so ist kein nennenswertes in Italien bekannt) ließe sich vielleicht ein interessanter Handelsweg erschließen[64].

Im 19. und in der ersten Hälfte des 20. Jahrhunderts erfreuten sich urangefärbte Gläser wegen ihrer eigenartigen Färbung großer Beliebtheit und wurden in großen Mengen hergestellt.

---

[62] Die heutige Analytische Chemie ist natürlich gegenüber der am Anfang des vorigen Jahrhunderts haushoch überlegen. Man muss jedoch den alten Analytikern mit Respekt begegnen, da sie oft genug mit aus heutiger Sicht unzureichenden Mitteln Erstaunliches geleistet haben. Trotzdem sind wir verpflichtet, die alten Ergebnisse zu überprüfen, wenn begründete Zweifel an ihnen bestehen. Im vorliegenden Falle wäre eine zerstörungsfreie quantitative Analyse der verschieden gefärbten *tesserae* mit Hilfe der Röntgenfluoreszenz angebracht – wenn es die Proben in Oxford und das Mosaik auf dem Posilipo noch gäbe. Beide sind verschollen.

Durch die Literatur geistert eine weitere Ungereimtheit. NEUBURGER (1919, 161) erwähnt im Kapitel „Die Glastechnik der Römer" neben einer Gelbfärbung durch Uran auch eine Grünfärbung durch Chrom; er bezieht sich dabei ohne weitere Literaturangabe auf K. A. Hofmann. Bei diesem dürfte es sich um Karl Andreas Hofmann handeln, der 1910 bis 1935 den Lehrstuhl für Anorganische Chemie der Technischen Hochschule Berlin innehatte. Bei der Durchsicht seiner Schriften fand sich kein Hinweis auf eine Glasanalyse, wohl aber untersuchte er Uran-Mineralien. Es ist also zu vermuten, dass er Kenntnis von dem Glasmosaik mit Uranglas erhielt und allein auf Grund der tiefgünen Färbung einiger *tesserae* ohne chemische Analyse zu dem Schluss gelangte, dass hier eine Färbung durch Chrom vorliegt und dies Neuburger mitteilte. Nach allem, was wir heute wissen, ist das Chromgrün des Glases erst eine Erfindung der Neuzeit (angewandt z. B. bei grünen Weinflaschen); bei dem Tiefgrün der *tesserae* wird es sich um „Annagrün" (eine Färbung durch Uran und Kupfer) handeln. Auch hier kann nur eine moderne Analyse Klarheit schaffen.

[63] Der Autor dankt Frau Dr. Fünfschilling und Herrn Dr. Rütti vom Römermuseum Augst, dass sie ihm Gelegenheit gaben, das Teil genau in Augenschein zu nehmen.

[64] Uranhaltige Huterze (ausbeißende, d. h. aus dem Boden herausschauende Erzanreicherungen) fallen im Gelände durch ihre kräftigen Farben (gelb, braun, grün) auf und erregen so relativ leicht die Aufmerksamkeit. Bunte Mineralien regen zu Färbeversuchen an. In Cornwall gibt es eine bekannte Uran-Kupfer-Zinn-Lagerstätte, in der Uranerz in kleineren Linsen und Nestern vorkommt (JANKOVIĆ 1967, 331). Vielleicht darf man hier – sozusagen als Nebenprodukt der Zinngewinnung – den Ursprung des Uranzusatzes suchen. Allerdings mussten die Kristalle sorgfältig ausgelesen werden. Aber auch im Massif Central Frankreichs gibt es Uranvorkommen, die in Betracht gezogen werden können.

Nach Kirchheimer waren im 19. Jahrhundert urangefärbte gelbe Gläser („Annagelb") und die durch Uran und Kupfer grün gefärbten Gläser („Annagrün", „Eleonorengrün") aus Böhmen und Schlesien, auch England und Lothringen, sehr beliebt; sie finden sich heute noch in vielen Sammlungen und sind an ihrer Fluoreszenz sofort zu erkennen. Da der Urangehalt der Gläser nur etwa 1 % beträgt, ist die von diesen Gläsern ausgehende Strahlung äußerst gering.

## 7.11. Gelbfärbungen durch Kohlenstoff und Schwefel

Kohlenstoff und Schwefel können im Zusammenspiel gelbe bis braune Glasfärbungen erzeugen (DOUGLAS et al. 1969; SCHREURS et al 1984; GERTH et al 1998). Wesentlich hierbei ist die Wirkung des Kohlenstoffs, der im Glas vorhandene Schwefelverbindungen wie z. B. Sulfat zu elementarem Schwefel und sulfidischem Schwefel reduziert. Zusammen mit dem vorhandenen Eisen(III) bilden sich sog. Eisen(III)-Sulfid-Chromophore oder –Komplexe; die Reaktionen zu ihrer Bildung (z. B. gibt es einen Hinweis auf die Beteiligung von Chlorid) und ihre Zusammensetzung sind noch nicht völlig geklärt. Sie sind nicht auf einfachem elementaranalytischen Wege nachzuweisen (Eisen und Schwefel sind praktisch immer anwesend), sondern nur durch die Aufnahme der Absorptionsspektren. Nach Schreurs et al. geht die gelbe bzw. im Zusammenspiel mit Eisen(II) grüne Färbung antiker Gläser auf diesen Komplex zurück.
Gerth et al. wiesen nach, dass „bernsteinfarbenes" Glas vom Obergaden (datiert 1304 bis 1315) des Kölner Domes seine Farbe diesem Chromophor verdankt.
SCHMIDT (1951, 298-301) gibt Rezepturen zur Herstellung von gelben Gläsern auf dieser Basis an; er nennt die Färbung Kohle- oder Schwefelgelb. Heutzutage sind z. B. Medizinflaschen und Bierflaschen in dieser Weise gefärbt.
Der Autor der vorliegenden Arbeit vermutet in diesen Chromophoren komplexe Eisen(III)-Polysulfide, die Glas je nach der Kettenlänge des Polysulfids gelb bis braun färben.

## 7.12. Bleiglas

Bleiglas zeichnet sich durch eine niedrige Erweichungstemperatur (je nach Zusammensetzung bis hinunter zu etwa 750°C) und hohe Brillanz aus. Es kann eine gelbe bis braune Eigenfärbung aufweisen (VOGEL 1992, 183-85).
Als Ursache für die Gelbfärbung werden Spuren von insbesondere Eisen und Kupfer angesehen, die sich in der besonderen Struktur der Bleigläser besonders stark auswirken. Verantwortlich hierfür sind die zwei Oxidationsstufen, in denen Blei im Glas auftreten kann: einmal als Blei(II), das wie Kalzium als Netzwerkwandler in das Glas eingebaut wird, zum anderen als Blei(IV), das wie Silizium als Netzwerkbildner im Netzwerk fungiert. Blei(II) und Blei(IV) stehen darüber hinaus in Abhängigkeit von der Sauerstoff-Übersättigung der Schmelze im chemischen Gleichgewicht miteinander. Hierbei kann sich fein verteiltes Blei(IV)-oxid ausscheiden, das zu einer Braunfärbung des Glases führt. Diese Färbung kann durch reduzierende Zusätze (z. B. Arsen(III)-oxid) aufgehoben werden.

Der Autor vermutet als weitere Möglichkeit für die Gelbfärbung von Bleiglas die Anwesenheit von Zinn, das praktisch immer in Spuren im Blei vorkommt und mit diesem das stark gelb färbende Bleistannat ($PbSnO_3$) bilden kann.
Bleiglas ist zweiphasig aufgebaut: eine siliziumdioxidreiche Bleisilikatphase ist hochdispers (d. h. feinst verteilt) in ein sehr bleireiches Grundglas eingelagert.
Kupfer(II)-oxid erzeugt in Bleiglas besonders schöne smaragdgrüne Färbungen, Antimon durch Bildung eines Bleiantimonats eine gelbe Trübung.
HECK et al. (1998) untersuchten in einer bereits erwähnten Arbeit gelbe und braune merowingerzeitliche Glasperlen in Bezug auf die Ursache ihrer Färbungen. Die gelben Perlen, die hier behandelt werden müssen, bestehen aus einem Glas mit den Hauptkomponenten Siliziumdioxid und Bleioxid in stark variierenden Verhältnissen. Als farbgebendes Pigment wurde Bleistannat ($PbSnO_3$) nachgewiesen, das wahrscheinlich erst in der Schmelze aus Bleioxid und Zinndioxd gebildet wurde.

## 7.13. Goldrubinglas

Das Goldrubinglas ist eine Erfindung Kunckels, die wegen ihrer wirtschaftlichen Bedeutung geheimgehalten werden musste. Einige Hinweise in der Literatur (KUNCKEL 1679, Anmerkungen über das 7. Buch Neri, 121. Kapitel, 191; 129. Kapitel, 195) und Analysen von Glasresten, die auf dem Gelände von Kunckels Laboratorium auf der Pfaueninsel in Berlin ausgegraben wurden (SCHULZE 1976), gestatten jedoch eine Rekonstruktion der Herstellungsweise.
Kurz zusammengefasst werden ein Gold- und ein Zinn(II)-salz dem Gemenge zugesetzt. Die rote Farbe entsteht nicht gleich beim Niederschmelzen des Gemenges, sondern erst beim gelinden Tempern des Glases durch Reduktion des Goldsalzes und Wachstum der ausgeschiedenen winzigen Goldteilchen zu optisch wirksamen größeren, aber immer noch sehr feinen (kolloidalen) Teilchen (SCHULZE 2002). Das bei diesem Prozess entstehende Zinndioxid wirkt dabei als Schutzkolloid, das ein Agglomerieren und Ausfallen der Goldteilchen verhindert. Die Goldkonzentration in den kunckelschen Gläsern liegt bei 250-700 ppm (0,0250-0,0700 %) Gold, ist also außerordentlich gering.
Eine an dieser Stelle zu erwähnende Besonderheit stellt der zu den römischen Diatretgläsern gehörende, in das 4. Jahrhundert n. Chr. datierte Lykurg-Becher dar (SCOTT 1995; LIERKE 1996; LIERKE 1999, 113, 126-27; HENDERSON 2000, 62-63). Er zeigt die Erscheinung des Dichroismus, d. h. er zeigt je nach Beleuchtungsrichtung zwei verschiedene Farben. Nach BARBER et al. (1990) geht seine in der Durchsicht rote und im Auflicht grüne Färbung auf das Vorliegen von 300 ppm Silber und 40 ppm Gold in kolloidaler Form zurück, und zwar als 50-100 nm im Durchmesser messende Teilchen einer Gold-Silber-Kupfer-Legierung (66,2 Atom% Ag, 31,2 Atom% Au, 2,6 Atom% Cu). Die Teilchen besitzen eine für den Effekt verantwortliche Größenverteilung: kurzwelliges Licht (etwa blau bis grün) wird reflektiert, langwelliges wird durchgelassen. Über die Herstellungsweise dieses bemerkenswerten Glases ist nichts bekannt. Die Legierung müsste in gelöster Form in das Glas gelangt und darin zu den Metallen reduziert worden sein, zunächst zu winzigen Keimen, die dann in der Wärme wuchsen – wie bei den kunckelschen Goldrubingläsern. Das Problem besteht darin, dass Kunckel Goldsalzlösungen zur Verfügung standen, uns solche in römischer Zeit aber unbekannt sind. Man kann spekulieren, dass Nitrat in Form von Mauersalpeter in die Glasschmelze

gelangte; zusammen mit dem in der Schmelze vorhandenen Chlorid könnte es zu einem Lösungsprozess für eine ebenfalls in die Schmelze gelangte kupferhaltige Silber-Gold-Legierung gekommen sein. Unklar ist auch, wie die entscheidende Größenverteilung der Kolloidteilchen erreicht wurde: war es nur Zufall oder wurde – schwer vorzustellen - eine Versuchsreihe durchgeführt? Barber et al. deuten noch die Möglichkeit an, dass das Kolloid durch Einschmelzen von Gold in Glas und danach wiederholtes Zermahlen und Wiedereinschmelzen hergestellt worden sein könnte. Wie dem auch sei, in dem Glas des Lykurg-Bechers (der kein Trinkgefäß darstellt, sondern wie die übrigen Diatretgefäße eine Lampe) liegt ein Produkt vor, das seine Existenz wohl mehr dem Zufall als einer zielgerichteten Entwicklung verdankt. Für eine mehr dem Zufall zu verdankende Existenz spricht auch, dass die übrigen bekannten dichroitischen Gläser (es soll sich um nur etwa 10 Fragmente handeln) den Effekt nur sehr viel schlechter zeigen. Dass solch ein extrem seltenes, wenn nicht gar einzigartiges Glas darüber hinaus noch als Diatretgefäß vorliegt, also einer Glasgefäßgruppe mit noch umstrittener Herstellungstechnik (aus dem Vollen geschliffen oder – wahrscheinlicher – nach LIERKE (1999, 126-27) durch Glastöpferei mit anschließendem Nacharbeiten durch Schleifen) angehört, erhöht den Wert des Lykurg-Bechers weiterhin.
Dichroitische Gläser werden heute industriell durch Aufdampfen durchsichtiger Schichten von dielektrischen Substanzen mit unterschiedlichen Brechungsindices in genau festgelegter Schichtdicke auf Glas erzeugt. Der Effekt beruht darauf, dass ein gewisser Wellenlängenbereich des sichtbaren Lichtes von der Oberfläche reflektiert wird und der Rest des Lichtes ungehindert durchgelassen wird. Die beiden beobachteten Farben sind dabei Komplementärfarben (FLABEG 2002).

## 7.14. Goldglas

Goldpulver oder Goldfolie werden auf das Trägerglas aufgetragen und mit farblosem Glas überschmolzen (THEOPHILUS 2. Buch, 14.-15. Kapitel)[65]. Problematisch ist dabei die Haftung zwischen Glas und Gold. Stellen schlechter Haftung bieten Angriffspunkte für die Korrosion. Die unterschiedlichen Wärmeausdehnungskoeffizienten führen sehr leicht zum Bruch. BRILL et al. (1980) befassen sich mit Konservierungsproblemen bei diesen sehr fragilen und empfindlichen Gläsern. Sie weisen darauf hin, dass schon die von Fotolampen abgegebene Wärme zum Bruch führen kann.

## 7.15. Trübungen

Trübungen werden durch eingebrachte, mit dem Glas schwer mischbare Glasphasen bildende Verbindungen oder durch in Glas unlösliche Verbindungen hervorgerufen

[65] Sehr dünne Goldschichten erscheinen im durchfallenden Licht grün. Man erkennt dies, wenn ein Trinkglas mit einem Goldrand ganz dicht vor das Auge gehalten wird. Auch hierbei handelt es sich um einen dichroitischen Effekt. Inwieweit diese Erscheinung zu der grünen Schlange Serpentina und ihrem goldenen Topf oder den drei grüngoldenen Schlänglein in E. T. A. Hoffmanns Märchen voller alchemistischer Anspielungen „Der goldene Topf“ führt, kann hier nicht weiter untersucht werden. Vielleicht fiel Hoffmann bei Leeren eines Pokals mit Goldrand dieses schöne Farbspiel auf. Auffallend ist, dass auch bei einem anderen Dichter der Romantik, Novalis, die Farbkombination Grün/Gold eine Rolle spielt (Lyrisches Gedicht „Der Himmel war umzogen...“).

(VOGEL 1992, 303-13). Der Trübungseffekt entsteht durch Lichtstreuung an den in der Glasmatrix verteilten kleinen Teilchen, die einen vom eigentlichen Glas abweichenden Brechungsindex aufweisen. Knochenasche (wirksame Verbindung: Kalziumphosphat) (KURZMANN 2003), andere Phosphate, Fluorverbindungen (Flussspat) bewirken eine Trübung durch Bildung einer sich entmischenden Glasphase. Zinndioxid, Zinkoxid, Kalziumantimonat trüben vorrangig durch Mikrokristallphasen, deren Bildung jedoch in der Regel eine Entmischung vorangeht. Das schon erwähnte Kupfer(I)-oxid erzeugt eine rote, Bleiantimonat eine gelbe Trübung durch Mikrokristallphasenbildung.
BRONK et al. (2001) identifizierten in römischen *tesserae* des 1. bis 3. Jahrhunderts n. Chr. ein gemischtes Bleiantimonat/stannat variabler Stöchiometrie als gelbes Trübungsmittel.
Besondere Effekte können durch Gemische hervorgerufen werden: Kupfer(II)-Verbindungen und Kalziumantimonat zusammen ergeben ein trübes hellblautürkisfarbenes Glas.

## 7.16. Arsen(III)-oxid

Dieses Oxid bewirkt keine Färbung, sondern nur eine Läuterung der Glasschmelze. Der Mechanismus besteht darin, dass Arsen(III)-oxid in der Glasschmelze unter Sauerstoffaufnahme zunächst in Arsen(V)-oxid übergeht, das bei höheren Temperaturen wieder in Arsen(III)-oxid und Sauerstoff (in feinen Bläschen) zerfällt. Die in der Schmelze aufsteigenden Sauerstoffbläschen bewirken durch ihren Rühreffekt eine Läuterung.
Nach BENRATH (1880, 170) wird in manchen Hütten stattdessen eine frische Kartoffel, auf einen eisernen Stab gespießt, in die Glasschmelze gestoßen.
Der Sauerstoff vermag allerdings Eisen(II) zu Eisen(III) zu oxidieren, wodurch eine durch Eisen verursachte grüne Färbung des Glases in eine weniger auffällige gelbe übergeht. Eine eigentliche Entfärbung findet nicht statt (KURZMANN 2003).

## 7.17. Antimon(III)-oxid

Antimon(III)-oxid verhält sich in Silikatgläsern genau so wie Arsen(III)-oxid, in Bleigläsern führt es jedoch, wie oben unter „Bleiglas“ erwähnt, zu einer Gelbfärbung.

## 7.18. Solarisation

Unter „Solarisationserscheinungen“ versteht man die Verfärbungen von Glas durch längere Einwirkung von Sonnenlicht, genauer gesagt, von ultraviolettem (also energiereichem) Licht (SALMANG 1957, 287-90; VOGEL 1992, 461-63)[66]. Die folgende Tabelle 14 findet sich bei Salmang, zitiert bei Vogel.

---

[66] Die hier besprochenen Solarisationserscheinungen haben mit der aus der Fotografie bekannten Solarisation nichts zu tun. Unter dieser versteht man einen Effekt, der seine Ursache in einer extremen Überbelichtung hat. Hierbei kehrt sich eine negative Abbildung in eine positive um, z. B. bei direkter Fotografie der Sonne. Letztlich sind beide Solarisationen natürlich Folgen der eingestrahlten Lichtenergie.

Diese Effekte werden auf Oxidations-Reduktions-Prozesse an spurenweise vorhandenen Ionen von Übergangsschwermetallen wie insbesondere Mangan zurückgeführt. Arsen, Antimon und Kupfer scheinen die Solarisationswirkung des Mangan(II) zu erhöhen, jedoch spielen auch Spuren anderer Metalle eine Rolle (Cer, Vanadium, Silber). Hiermit werden die verschiedenen Verfärbungen der Gläser je nach Art und Konzentration ihrer Schwermetallverunreinigungen verständlich. Die Solarisationsverfärbungen sollen durch Erhitzen rückgängig gemacht werden können.

Tab. 14. Solarisationserscheinungen bei verschiedenen Flachgläsern früherer Produktion nach einem Jahr Belichtung (nach Salmang)

| Glasart | Farbe des Glases vor Sonnenlichteinwirkung | Farbe des Glases nach Sonnenlichteinwirkung |
|---|---|---|
| Französisches weißes Spiegelglas | bläulich weiß | gelblich |
| Deutsches weißes Spiegelglas | hellgrün | leicht bläulich |
| Englisches weißes Spiegelglas | hellgrün | gelblich grün |
| Englisches Kronglas | hellgrün | hellpurpur |
| Belgisches Fensterglas | bräunlich gelb | tiefpurpur |
| Englisches Fensterglas | dunkelgrün | bräunlich grün |
| Amerikanisches Kristallglas | leicht bläulich weiß | purpurartig weiß |
| Amerikanisches Kristallglas | leicht bläulich weiß | leicht gelblich grün |
| Amerikanisches Fensterglas | bläulich grün | unverändert |

In der Praxis werden Solarisationserscheinungen also nur an Fensterglas zu beobachten sein, das lange Zeit dem Sonnenlicht ausgesetzt war. Bei Hohlgläsern, die dem Licht normalerweise nicht in dieser Weise ausgesetzt sind, ist damit weniger zu rechnen. Der Satz bei PAUSE (1996, 23) „Die gelegentlich auftauchende gelb- bis violettbraune Glasmasse ist ebenso wie der leichte Violettstich auf eine Umwandlung der farblosen Glasmasse durch Solarisationseffekte zurückzuführen, die mit der Zeit zu einem färbenden Effekt durch Mangan führen können“ ist in dieser allgemeinen Form nicht richtig. Die erwähnten Farbstiche dürften vielmehr hauptsächlich auf Restfärbungen durch Eisen und Mangan zurückzuführen sein, wie oben unter „Schwache Färbungen“ erläutert.

## 7.19. Färbungen mit Hilfe von Mosaik-Steinen

In Grabungsberichten finden sich gelegentlich Angaben über *tesserae* (römische würfelförmige Mosaiksteinchen aus Glas), die bei Glasöfen oder sogar in Häfen festgeschmolzen gefunden wurden. Sie werden in diesem Kontext sicherlich richtig als farbgebende Zusätze zu Glasschmelzen interpretiert. Man ist sich jedoch über die Herkunft dieser „Glaswürfel“ nicht im klaren.
Es kann sich um *tesserae* aus antiken Mosaiken handeln (als wahrscheinlich angegeben für die *tesserae* aus San Vicenzo al Volturno bei STIEGEMANN et al. 1999, 175) oder möglicherweise um als Handelsware speziell hergestelltes Farbgranulat in Ribe (BENCARD 1978, 127-28).

Die *tesserae* aus San Vicenzo al Volturno bestehen aus wohl meist trübem Glas verschiedener Farben: gelb, hellblau, dunkelblau, dunkelgrün, orangerot, braun, weiß, grau, schwarz - so weit es die Abbildung erkennen lässt. Sie sind von verschiedener Größe (angegeben zu ca. 0,5 x 0,5 cm) und Form bzw. Grundfläche: quadratisch, dreieckig, fünfeckig. Nach DELL'ACQUA (1997) wurden halb aufgeschmolzene *tesserae* in der noch in den geborgenen Hafenfragmenten befindlichen Glasmasse gefunden.
Die etwa 370 in Ribe gefundenen Glaswürfelchen werden wie folgt beschrieben: 21 % aus blauem Glas, 21 % aus rotem Glas, 15 % aus grünem Glas – diese drei Arten offenbar aus trübem Glas; 15 % aus durchsichtigem grünem Glas mit eingelegter Goldfolie; die übrigen 20 % verteilen sich auf klares, weißes, schwarzes, orange-farbenes, braunes, gelbes und violettes Glas. Auch hier liegt meist trübes Glas vor. Bencard meint, dass sie aus Westeuropa eingeführt, aber wohl in Italien hergestellt worden sein können. - Bei der Ausgrabung der Hütte von Torcello wurden *tesserae* ge-funden.
Beim jetzigen Forschungsstand ist hierzu noch nicht viel zu sagen. Die nicht sehr intensiv eingefärbten Glaswürfelchen, ob trübe oder klar, sind sicher zur Perlen- oder Emailherstellung geeignet. Zum Einfärben größerer Mengen an farblosem Glas erscheinen sie jedoch weniger brauchbar: man braucht große Mengen, um ansehnliche Färbungen zu erzielen; auch die Trübung vieler *tesserae* ist problematisch und wird stören. Ein Herausbrechen aus antiken Mosaiken als Gewinnungsmethode ist sicherlich denkbar[67]; hier kann u. U. eine mikroskopische Untersuchung der Rückseiten z. B. auf Mörtelreste Aufschluss geben.
Prinzipiell kann es sich bei den *tesserae* und Glaswürfeln um das gleiche Material handeln, das in gleicher Weise hergestellt, aber zu verschiedenen Zwecken verhandelt wurde.
In modernen Glashütten werden farbige Glasgranulate zum Erzielen besonderer Effekte (z. B. Marmorierungen, durch Einschmelzen in die Oberfläche) verwendet. Einheitlich gefärbte Gläser werden jedoch direkt erschmolzen.

[67] Diese barbarische Vorgehensweise ist durchaus mit der Gewinnung von gebranntem Kalk durch Brennen zerschlagener antiker Marmorstatuen oder dem Zerschlagen und Einschmelzen von antiken Bronzestatuen zu vergleichen.

# 8. Die Produkte

In der vorliegenden Arbeit sollen die zwei wichtigsten infrage kommenden Produktgruppen behandelt werden: das Hohlglas und das Flachglas, und zwar besonders unter fertigungstechnischen Gesichtspunkten.
Beim Hohlglas sind zwei Gruppen - Haushaltsgläser einerseits und technische Gläser andererseits - zu unterscheiden. Die Formen der technisch verwendeten Gläser stimmen oft mit den Haushaltsglasformen überein, teils haben sie sich aus ihnen entwickelt: die beiden Gruppen sind nicht scharf voneinander zu trennen. Beispiele für Haushaltsgläser sind Trinkgefäße, Flaschen, Kännchen, Krüge, Schalen. Beispiele für technische Gläser sind Flaschen, Schalen, Lampen, Schröpfgläser, Harngläser, Destillierkolben, Alembiken.
An dieser Stelle sei nur kurz darauf hingewiesen, dass eine solche unscharfe Trennung auch bei der Keramik zu beobachten ist (Kurzmann 2004).
Beim Flachglas müssen unterschieden werden: rechteckige Tafeln, Butzenscheiben und Mondglas. Über eine wenig verbreitete vierte Art, das sog. Tellerglas, ist nur wenig bekannt.

Alle hier behandelten Glasformen gehen letztlich auf eine mit der Pfeife erzeugte mehr oder minder große Glasblase zurück. Der Beginn des Herstellungsprozesses ist also immer das Herausholen eines Glaspostens geeigneter Größe aus dem Hafen mit der glühenden Pfeife. Die Glasmasse im Hafen muss dazu eine Temperatur aufweisen, bei der das Glas zähflüssig (etwa wie Honig) ist. Da zum Erschmelzen des Glases eine höhere Temperatur erforderlich ist, muß zum Glasblasen die Ofentemperatur durch das sog. Kaltschüren (Unterhalten eines schwächeren Feuers) gesenkt werden. Anders ausgedrückt: Das Erschmelzen von Glas und das Glasblasen können nicht gleichzeitig im bzw. am gleichen Ofen erfolgen.
Allgemeine Qualitätsmerkmale der Glasprodukte sind: Freiheit von körnigen Einschlüssen (insbesondere Siliziumdioxid), Freiheit von Blasen und Schlieren, eine gleichmäßige Wandstärke (soweit sie gleichmäßig sein soll), Farbe sowie Freiheit von inneren Spannungen, die sich oft erst beim Gebrauch, bei Flachglas schon beim Zuschneiden, zeigt.

## 8.1. Hohlglas: Haushalts- oder Gebrauchsglasgefäße

Bei dieser großen Gruppe handelt es sich vorwiegend um Trink- und Aufbewahrungsgefäße, aber auch um Schalen. Form, Farbe und Dekor wandelten sich mit der Zeit; diese Merkmale erlauben jedoch im allgemeinen nur eine unsichere Datierung und unsichere Aussagen über das Herstellungsgebiet. Handel, unzureichender Forschungsstand, lange Laufzeiten einzelner Typen und Nachahmungen führen häufig zu Bestimmungsschwierigkeiten und irrigen Aussagen. Gut datiert sind häufig Reliquiengläser (Gai 2001a, passim).
Allgemein ist im Anschluss an die hochstehende Glastechnik der Antike ein gewisser Niedergang im frühen Mittelalter zu verzeichnen, allerdings auch kein Abbruch, wie es auf Grund der Fundsituation einige Zeit lang aussah. Ein gewisser technologischer

Niedergang lässt sich z. B. aus der hohen Streuung der Siliziumdioxidgehalte der fränkischen Gläser aus dem Friedhof von Krefeld-Gellep ableiten, die WEDEPOHL (1988) auf eine geringe Sorgfalt beim Einwägen zurückführt. Auch wurden eisenreichere Sande verwendet, sonst jedoch in diesem Gebiet die gleichen Rohstoffe wie in den römischen Glashütten, insbesondere überraschenderweise weiterhin natürliche Soda. Weitere zu beobachtende Merkmale für eine geringere Qualität der Produkte sind das häufigere Auftreten von Gasbläschen im Glas sowie eine allgemein flüchtigere Formgebung.
Die bei der Herstellung der Glasgefäße angewandten Techniken erlauben eine Einteilung in Typen, die sich unter stilistischen Abwandlungen während mehr oder minder langer Zeiträume, z. T. über Jahrhunderte, erhalten haben. Für die Datierung ergeben sich hieraus die erwähnten Probleme.
Zu den Merkmalen der Typen gehören die Form, Dekorelemente wie Nuppen, Rüssel, Rippen oder Fäden, Herstellung durch Formblasen oder optisches Blasen und die Verwendung von farbigen bzw. farblosen Gläsern.
Hierzu zwei Beispiele:
Das Dekorelement „Nuppen" ist in verschiedenen Ausprägungen von spätrömischer Zeit an (KLEIN 1999) bis in das 16. Jahrhundert hinein (BAUMGARTNER et al. 1988, 392) bekannt.
Die Abkehr vom grünen Glas und der Einsatz von farblosem bzw. „entfärbtem" Glas **in großem Umfang** in Deutschland ist eine wichtige Erscheinung der 2. Hälfte des 16. und des 17. Jahrhunderts.

Wichtige Einflüsse kamen aus anderen Herstellungszentren wie Böhmen oder Venedig (PAUSE 1996, passim; TARCSAY 1999, 31-32). Allerdings setzt sich zu Recht zunehmend die Ansicht durch, dass auch nördlich der Alpen qualitätsvolle Glasgefäße hergestellt wurden und nicht immer nur Venedig als Herstellungsort bemüht werden muss.
Eine weitere Quelle für Veränderungen lag in der Experimentierfreude der Glasbläser, die auch immer wieder bereits Bekanntes zu neuen Gefäßen oder Dekoren kombinierten.
Auf den folgenden Seiten soll ein Überblick über die häufigsten Glasgefäße gegeben werden, die für den deutschen Raum typisch sind. Importe sind nicht aufgeführt. Diese Übersicht (sie stützt sich einschließlich der Datierungen auf die Literatur, insbesondere auf BAUMGARTNER et al. (1988) sowie HENKES (1994) ) kann nur relativ grob sein. Zugunsten der Übersichtlichkeit musste in der vorliegenden technologisch ausgerichteten Arbeit auf Feinheiten verzichtet werden, die jedoch für kunsthistorische Betrachtungen durchaus relevant sein können.

Auf die wichtige Gruppe der emailbemalten Gläser (früher Syrisch-Fränkische Gläser genannt) des 13./14. Jahrhunderts wird nicht näher eingegangen; sie kamen sicher aus Venedig, aber vielleicht auch aus noch nicht entdeckten Produktionszentren nördlich der Alpen. Die noch wertvolleren Goldemailgläser haben ihren Ursprung sicher in islamischen Ländern, wohl in Syrien oder Ägypten.
Auch das Bleiglas soll nur kurz gestreift werden. Die stark farbigen Bleiglasgefäße des 13./14. Jahrhunderts wurden wahrscheinlich in Nordwesteuropa produziert (BAUMGARTNER et al. 1988, 161-75; WEDEPOHL et al. 1995).

THEOPHILUS (1123, 2. Buch 31. Kapitel) und HERACLIUS (12./13. Jh., 3. Buch, VIII (271) beschreiben kurz die Herstellung von Bleiglas für Fingerringe bzw. für Glasmalerei-Farben. Theophilus beschreibt nur unklar das Niederschmelzen eines Gemenges aus Asche, Salz, Kupferpulver und Blei für offensichtlich grüne Ringe, während Heraclius Blei in einem Tiegel im Feuer oxidiert und zwei Teile des Oxides mit einem Teil Sand niederschmilzt. Färbungen werden durch Zugabe von Messingspänen, „saphirfarbenem Glas" und Eisenoxid erreicht.
BEZBORODOV (1975, 310-326) listet viele Bleiglasfunde aus Ost- und Nordosteuropa auf, z. T. aus dem 9., überwiegend aber aus dem 11.-13. Jahrhundert, und zwar meist Fingerringe, Perlen, Mosaiksteine, aber auch einige Hohlgläser des 11.-13. Jahrhunderts.
WEDEPOHL et al. (1995) untersuchten eine Reihe von Bleigläsern aus dem nordwestlichen Europa mit dem Ziel, Herkunft des Bleis zu klären und damit Handelswege nachzuweisen. Die Hauptfundorte für Bleiglas liegen nach jetzigem Kenntnisstand im Gebiet nördlich und westlich des Harz, im Rhein-Maas-Gebiet und in England (hier besonders im Süden). Vier deutsche Bleiglasproben (aus Braunschweig, Lübeck und Neuss) konnten mit Hilfe der Blei-Isotopenanalyse jeweils einer der drei deutschen Bleierzlagerstätten (Harz, Nordeifel und Bayerischer Wald) zugeordnet werden. Der geringe Silbergehalt der Bleigläser führt zu dem Schluss, dass das Blei vor der Verwendung zur Bleiglasherstellung entsilbert wurde. Die smaragdgrüne Färbung des Bleiglases wurde mit Hilfe einer üblichen zink-, zinn-, arsen- und vielleicht auch bleihaltigen Bronze (wohl in oxidierter Form) erzielt.
Die Bleiisotopenuntersuchung von 32 Glasproben aus sechs nordwesteuropäischen Ländern (datiert 12. bis frühes 15. Jahrhundert) ließ mit großer Wahrscheinlichkeit die Dominanz des Harz' für die Blei- und Silberproduktion in dieser Zeit erkennen (WEDEPOHL et al. 1997a).
In dieser kurzen Übersicht zeigt sich eine Fülle von Bleiglas-Problemen. In diesem Zusammenhang muss auch die Bleiglasur erwähnt werden, deren mittelalterliche (Wieder-Anwendung[68] im Elsass für das Jahr 1283 durch eine Schriftquelle belegt ist (KAMBER et al. 1999). Auf dem Gebiet der Bleianwendung liegt noch ein erheblicher Forschungsbedarf vor.

Auf die Problematik der Datierung wurde bereits hingewiesen. Problematisch ist aber auch die Namensgebung der Gefäße. Es sind praktisch keine wirklich originalen Namen bekannt, die einem exakt beschriebenen Gefäß zuzuordnen sind (die Scheuer ist eine Ausnahme). Die in der Literatur benutzten Bezeichnungen sind fast immer modern in Anlehnung an die Form oder den Dekor geschaffen, abgeleitet von isoliert überlieferten Namen, verallgemeinerte lokale Bezeichnungen oder ähnlicher Ursprünge. Es handelt sich also meist um ausgesprochene Verlegenheitsbezeichnungen, deren Gebrauch mangels Besserem jedoch legitim ist – wenn sie eindeutig und von allen Beteiligten akzeptiert sind sowie im gleichen Sinne gebraucht werden. Es liegt auf der Hand, dass diese Klarheit nur schwer und langsam zu erreichen ist. Beispiele für unscharfe Definitionen von Gefäßformen sind die Berkemeyer/Römer, die Spechter, die Kuttrolfe

[68] **Wieder**-Anwendung, weil bereits aus der Antike bleiglasierte Gefäße bekannt sind.

bzw. Angster[69]. Diese Verwirrung hat neben mangelnder Überlieferung natürlich auch ihre Ursache in der mittelalterlichen Denkungsart, der strikte Festlegungen, etwa im Sinne unserer Normen, fremd waren. Ein anderes Beispiel hierfür ist die mittelalterliche „Rechtschreibung", die es in unserem Sinne (d. h. des „Duden") nicht gab. Im Folgenden soll versucht werden, eine klare Linie durchzuhalten. Die beigefügten Zeichnungen sollen die Orientierung erleichtern.
Neben der Form soll in weniger einsichtigen oder zweifelhaften Fällen auch die Herstellungsweise behandelt werden, die oft genug kontrovers diskutiert wird.
Als problematisch kann sich auch die Behandlung von Entwicklungslinien erweisen. Bei der doch begrenzten Zahl von Möglichkeiten, Formen und Dekore herzustellen, muss neben der direkten Beeinflussung und Weiterentwicklung auch die Möglichkeit der erneuten, vielleicht leicht abgewandelten Erfindung in Betracht gezogen werden. Zeitsprünge können durch den Forschungsstand vorgetäuscht werden oder auf ein bewusstes Wiederaufnehmen alter Formen und Dekore zurückgehen.
Behandelt werden die Gefäßformen der Becher und der Flaschen. Die in Umzeichnungen wiedergegebenen Abbildungen sind lediglich als Beispiele für Formen und Dekormöglichkeiten zu betrachten. Es können nicht sämtliche bekannten Formen und schon gar nicht alle Feinheiten behandelt werden.
Da auch Verbindungen zur römischen Glaskunst aufgezeigt werden sollen, werden einige römische Gefäße oder Teile davon behandelt.

Aus Gründen der Übersichtlichkeit wurde eine tabellenartige Darstellung gewählt. Sämtliche Zeichnungen stammen vom Autor. Es wurde Wert auf einen einheitlichen Maßstab (ungefähr 1:3,7) gelegt, um die Größenverhältnisse klar erkennen zu lassen. Dies führte zwar zu einigen Layout-Problemen, die jedoch im Interesse der Übersichtlichkeit in Kauf zu nehmen waren. Die Erläuterungen zu den Abbildungen wurden in gekürzter Form den angegebenen Quellen entnommen. Eigene Erläuterungen des Autors wurden zur Unterscheidung grau unterlegt.

[69] (RADEMACHER (1933, 64) spricht an dieser Stelle treffend von einer zu vermeidenden „Nottaufe" und verwendet den Begriff Angster-Kuttrolf, weil schon im Mittelalter nicht scharf zwischen Angster und Kuttrolf unterschieden wurde.

### 8.1.1. Becher

In Analogie zu der Bezeichnungsweise bei Keramik-Gefäßen sind hierunter mehr hohe als breite Gefäße zu verstehen, die als Trinkgefäße dienen. Streng formal genommen gehören z. B. die kugelförmigen Becher, die Tummler oder die Rippenschalen nicht in diese Kategorie, da sie wegen ihrer Form (mehr breit als hoch) zu den Näpfen oder auch den (Trink-) Schalen zählen. Wegen ihrer Funktion als Trinkgefäße sollen sie jedoch auch hier behandelt werden.

**Becher aus der Zeit 5. – 10. Jahrhundert**

<table>
<tr><td>Glockenbecher (Abb. 78)<br><br>Datierung unsicher 5.-6. Jh. Die Grundform ist die gleiche wie die der frühen fränkischen Rüsselbecher<br><br>Das gezeigte Beispiel ist ein wenig qualitätvoller Ausläufer (Form, deformierter Fuß, kein Fadendekor)<br><br>Die Glockenbecher gehen auf römische Vorbilder zurück</td><td><br>Glockenbecher<br>RADEMACHER (1942, 294-95 Taf.49.1)<br>FO: Andernach, Dat.: 600 oder später<br>H keine Angabe, vermutlich um 15 cm</td></tr>
<tr><td>Spätrömischer<br>Glockenbecher (Abb. 79)<br><br>Dieser als Beispiel gezeigte Becher ist besser gearbeitet (Form, typischer Fadendekor hier in zwei Zonen) als der mittelalterliche Nachläufer<br><br>Fadendekor sonst in ein bis drei Zonen</td><td>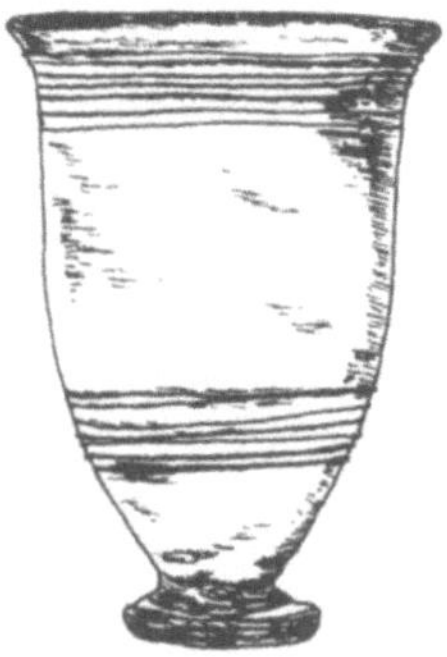<br>Glockenbecher<br>RADEMACHER (1942, 293 Taf. 48.1)<br>FO: Polch-Ruitsch (Kr. Mayen)<br>Dat.: spätrömisch<br>Hellbernsteinfarbenes Glas<br>H keine Angabe, vermutlich um 15 cm</td></tr>
</table>

**Rüsselbecher** (Abb.80)

Datierung etwa 5.-8. Jh.
Die Rüssel sind hohl und mit dem Becherinneren verbunden; ihre Herstellung wird kontrovers diskutiert (NEUFFER-MÜLLER 1976).

Herstellung des Gefäßes nach Ansicht moderner Glasbläser[70]:

- Posten Glas mit der Pfeife entnehmen
- Frei oder in Form blasen
- Boden anfertigen (einstülpen)
- Ggf. Glasfaden auflegen
- Nuppen für Rüssel aufsetzen und mit Hefteisen Rüssel herausziehen, dabei evtl. einblasen, Ende anheften
- Oder (besonders bei dickerem Glas) Nuppen aufsetzen, mit dünnem Eisen durchstechen, Glas mit diesem Eisen herausziehen, Ende anheften
- Umsetzen auf Hefteisen und von der Pfeife lösen
- Ggf. Glasfaden auflegen
- Trinkrand auftreiben
- Gefäß vom Hefteisen lösen, tempern

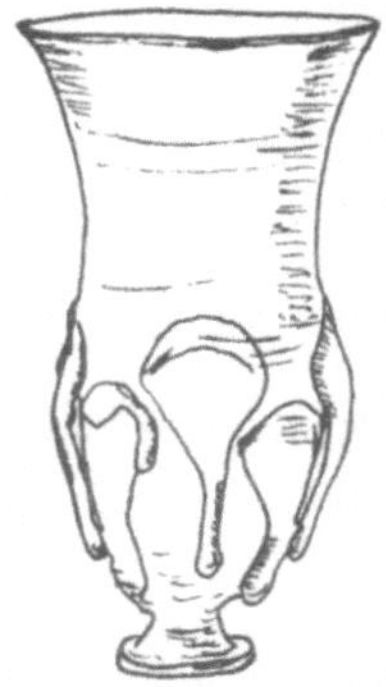

Rüsselbecher
REISS-MUSEUM (1996, 976 Nr. 16)
FO: Mannheim, Dat.: 2. Hälfte 6. Jh.
Farbloses Glas, Höhe: 16,2 cm..

Als Vorläufer werden die römischen Conchylienbecher mit Applikationen in Gestalt von Meerestieren angesehen.

Abgebildet ist ein Delfin (Abb. 81), der als hohler, mit dem Gefäßinneren in Verbindung stehender Griff eines Conchylien-Kantharos diente.

Der Delfin wird als Vorläufer der Rüssel angesehen, was jedoch angesichts der Tatsache, dass dieser Kantharos ein Unikat ist, noch zu wenig fundiert erscheint.

Griff eines Conchylien-Kantharos
FREMERSDORF (1961, 23 Taf.14, 15)
FO: Köln, Dat.:2. Hälfte 3. Jh.
Farbloses Glas, Höhe des Teiles: ca. 9 cm.

[70] Herren Siegfried Eck und Alois Wienand, Glasgestalter und Glasbläser aus Wertheim, sei herzlich für diese Mitteilungen gedankt.

<table>
<tr>
<td>

**Kugelförmiger Becher** (Abb. 82)<br>
Datierung etwa 6.-8. Jahrhundert

**Tummler** (Abb. 83)<br>
Datierung etwa 6.-8. Jh.

Die Bezeichnung tritt nach GRIMM (1952, 11. Band 1. Abt. 2. Teil 1754-55) erst im 18. Jahrhundert auf. Die Wurzel ist zweifellos viel älter (mhd tûmeln – taumeln).<br>
Der Name nimmt Bezug auf den unsicheren Stand des Gefäßes.

Weiterentwicklung zum höheren **Glockentummler** (etwa 10 cm hoch) des 7.-8. Jh.

</td>
<td>

Kugelförmiger Becher<br>
REISS-MUSEUM (1996, 979 Nr. 36)<br>
FO: Waben (Dép. Pas-de-Calais)<br>
Dat.: 2. Hälfte 5. Jh.<br>
gelbliches Glas, weißer Fadendekor, Durchm. 9 cm.

Tummler<br>
REISS-MUSEUM (1996, 980 Nr.43)<br>
FO: Flörsheim, Dat.: 1. Hälfte 7. Jh, Olivgrünes Glas, schleifenförmiger Fadendekor<br>
Höhe 7,5 cm; Durchm. 10,8 cm.

</td>
</tr>
</table>

<table>
<tr>
<td>

**Verwandte römische Trinkschalen-Formen:**

**Römische Rippenschale**<br>
(Abb. 84)<br>
(hergestellt durch Glastöpferei)

Versucht der schleifenförmige Fadendekor des Tummlers, diese Rippen nachzuahmen?

</td>
<td>

Rippenschale<br>
LIERKE (1999) 52 Nr. 115<br>
FO: Hofheim, Dat.: Mitte 1. Jh. n. Chr.<br>
Braunes Glas, Durchm.: 16 cm.

</td>
</tr>
</table>

| | |
|---|---|
| **Spätrömische halbkugelige Becher**<br>hier ein Nuppenbecher (Abb. 85)<br>(hergestellt durch Glasblasen)<br><br>Nuppen und Fäden als materialgerechte einfache Dekor-Elemente | <br>Nuppenbecher<br>KLEIN (1999a, 132 Nr. 6)<br>FO: Köln, Dat.: ca. 1. Hälfte 4. Jh.<br>Grünliches, schlieriges Glas. Nuppen abwechselnd und Faden abschnittweise gelb bzw. grünlich, Durchm.: ca. 12 cm |

| | |
|---|---|
| **Sturzbecher mit Endknopf**<br>(Abb. 86)<br>Datierung etwa 6.-7. Jh.<br>Dekor durch Fäden oder einfacher durch Riefen (optisches Blasen und anschließendes Ausarbeiten).<br>Sehr häufig auftretende Form. | <br>Sturzbecher mit Endknopf<br>REISS-MUSEUM (1996, 977-78 Nr. 25)<br>FO: Mézières (Dép. Ardenne),<br>Dat.: 2. Drittel 6. Jh.<br>Senkrechte Riefen, Höhe: ca. 10 cm |

<table>
<tr>
<td>Spitzbecher<br>(Abb. 87)<br><br>Durch Biegen dieser Becherform entsteht das</td>
<td>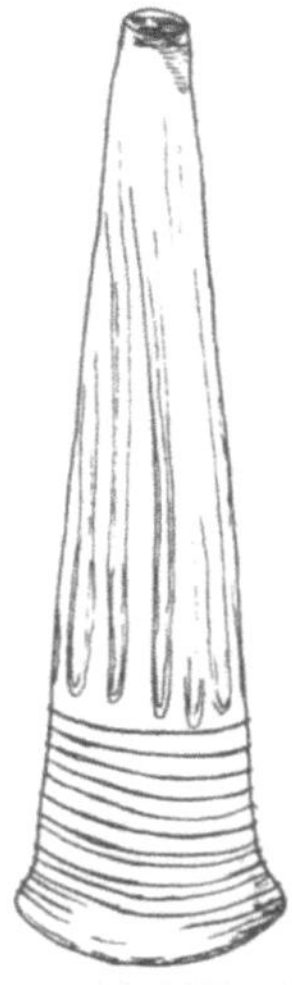<br>Spitzbecher<br>ALM BADEN-WÜRTTEMBERG (1997, 396 Nr. 450)<br>FO: Hüfingen, Dat.: 6. Jh.<br>Grünliches Glas mit Fadendekor, H: ohne Angabe<br>H nach FINGERLIN (1985): 23 cm</td>
</tr>
<tr>
<td>Trinkhorn<br>(Abb. 88)<br><br>Das Biegen eines so weiten und dünnen Teiles ist sehr schwierig, die Innenseite knickt leicht ein, die Außenseite erhält eine Delle. Das abgebildete Gefäß zeigt beide Fehler. Der Fadendekor wurde vor dem Biegen aufgebracht. Manche Trinkhörner besitzen Ösen.<br><br>EVISON (1975) publizierte eine Übersichtsarbeit über die Trinkhörner.</td>
<td><br>Trinkhorn<br>REISS-MUSEUM (1996, 977-78 Nr. 22<br>FO: Heidelberg-Kirchheim, Dat.: 2. Hälfte 6. Jh.<br>Dunkelgrünes Glas, arkadenartig aufgelegte Fäden, L: 34 cm</td>
</tr>
</table>

**Trichterbecher** (Abb. 89)

Datierung: Späteres 8. Jh. bis etwa um 1000
Im 11. Jh. kamen sie gänzlich aus der Mode, vermutlich wegen veränderter Trinksitten. Abgebildet ist ein ganz einfacher Trichterbecher. Es gab sie in vielen Farben (farblos, gelblich, grün, auch rot geflammt) und mit vielen Dekoren (Fadenauflagen, breite, farbige Ränder, Reticella-Ränder, auch Goldauflagen).

Bemerkenswert ist eine Formenähnlichkeit mit den Lampen. Vielleicht haben sie auch als solche gedient.

Alle diese Trinkgefäße ohne Standboden lassen nur einen Rückschluss auf die Trinksitten ihrer Benutzer zu: „*Bibite ex*!"

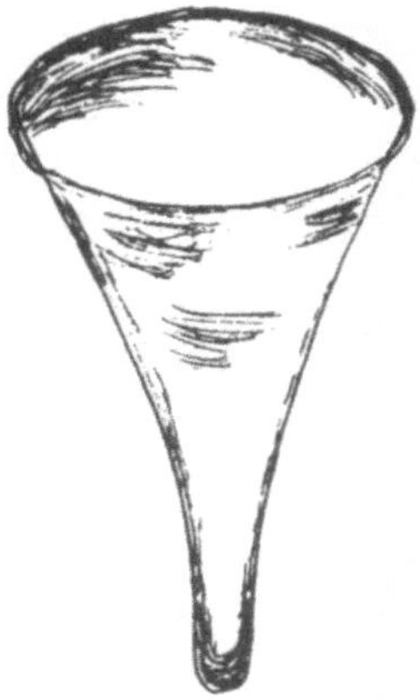

Trichterbecher
BAUMGARTNER et al. (1988, 62 Nr.1)
FO: Haithabu, Dat.: 9. Jh./erste Hälfte 10. Jh.
Hellgrünes Glas, H: 16,3 cm

**Becher des 12. Jahrhunderts**

**Hedwigsbecher** (Abb. 90)

Datierung: 12. Jahrhundert
Die Hedwigsbecher bilden eine seltsam isoliert dastehende Gruppe, deren Herkunft (Byzanz oder Vorderer Orient – sehr fraglich, die Bezeichnung „islamisch" sehr wahrscheinlich falsch) und Herstellung ungeklärt sind. Die Datierung dagegen ist inzwischen als recht sicher anzusehen.
Der Name geht auf die hl. Hedwig zurück, die einige dieser Becher besessen haben soll.
Bekannt sind zur Zeit nach PLATZ (1998) 21 Stück, nach LIERKE (1999, 138-45) ein Jahr später bereits 22 Stück.
Dickwandiges, fast farbloses Glas, dicker, glatter Fußring, bei einigen Exemplaren (nachträglich zum Fassen?) eingeschnitten, bei einigen abgeschliffen (?).
Dekor: Stilisierte heraldische Tiere (Löwe, Adler, Greif) geometrische Ornamente.
Besitzerkreis: Hochadel, Kirche (Messkelche, Reliquiengefäße).
Hergestellt durch Schleifen (Hochschnitt) oder wahrscheinlicher nach Lierke durch Heißformen („Glaskeramik").

Hedwigsbecher
BAUMGARTNER (1988, 95-96 Nr. 40)
FO: Sakristei des Domes zu Halberstadt
Dat.: etwa 12. Jh.
Rauchfarbenes Glas, H: 8,7 cm

**Becher ab etwa 13. Jahrhundert**

| | |
|---|---|
| **Becher mit Fadendekor** (Abb. 91)<br>Becher (wie auch Flaschen) aus dem 12./13. Jh. mit einem Dekor aus langen umgelegten Fäden, auch wellen- oder zickzackförmig auf grünem Glas.<br><br>Besondere Gruppen aus dem 13./14. Jh.:<br><br>Becher mit wechselndem horizontalem Fadendekor<br>abwechselnd Fäden aus blauem glatten Glas und gekniffene Fäden aus dem Glas des farblosen bis hellgrünen Gefäßes.<br><br>Schlaufenfadenbecher<br>Farblose und blaue Fäden werden vertikal auf das Gefäß aus farblosem Glas gelegt, und zwar zuerst glatt von unten nach oben und dann in Schlaufen darauf von oben nach unten.<br><br>Verbreitungsgebiet nördlich der Alpen, wo also wohl auch das Herstellungsgebiet der Gläser (auch der farblosen!) anzunehmen ist. | 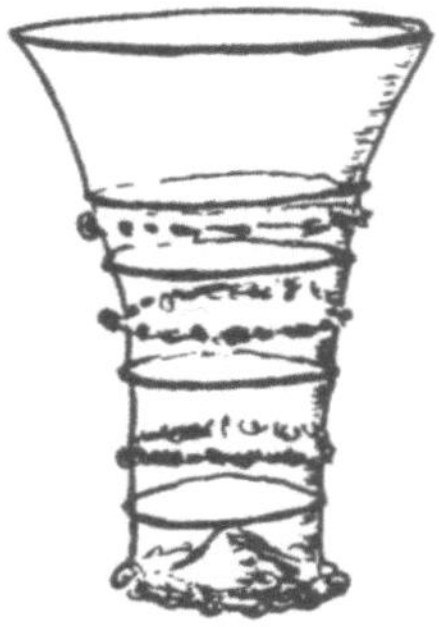<br>Becher mit wechselndem horizontalen Fadendekor<br>BAUMGARTNER (1988, 181-82 Nr. 149)<br>FO: Deutschland ?<br>Dat.: Ende 13./Anfang 14. Jh.<br>Leicht rauchfarbenes Glas, glatte Fäden blau<br>H: 15 cm. |

**Becher mit Nuppen**

| | |
|---|---|
| **Farblose Nuppenbecher** (Abb. 92)<br><u>Datierung</u>: Ab 13. Jh., obwohl einzelne Stücke früher, bis ins 9.-10. Jh. (Iran) datiert werden. Farbloses Glas, Dekor: kleine Nuppen, gelegentlich blau. Die Nuppenzone wird nach oben durch einen Glasfaden abgeschlossen. Entstehungsgebiet unbekannt, aber wohl auch nördlich der Alpen. Erst allmählich setzt sich die Ansicht durch, dass auch nördlich der Alpen schon früh farbloses Glas erzeugt wurde. | <br>Farbloser Nuppenbecher<br>BAUMGARTNER et al. (1988, 198-99 Nr. 174)<br>FO: Flums (Kanton St. Gallen), Dat.: 13./14. Jh.<br>Farbloses Glas mit Gelbstich, H: 9,9 cm |

**Schaffhauser Becher**
**(Nuppenbecher Schaffhauser Typ)** (Abb. 93)
Datierung. 13.-spätes 14., evtl. noch frühes 15. Jh.
Glas: hell, blaugrün
Dekor: größere Nuppen, schneckenhausartig abgedreht, Spitze nach oben gerichtet. Meist gekniffener Fußring, hochgestochener Boden. Nuppenzone nach oben durch einen Glasfaden abgeschlossen (Halsring).
In der Spätzeit werden die Nuppen immer größer und flächiger.

Nuppenbecher Schaffhauser Typ
BAUMGARTNER et al. (1988, 211 Nr. 193)
FO: Schaffhausen, Dat.: Ende 13./14. Jh.
Fast farbloses Glas mit Stich ins Hellblaugrüne
H: 7,1 cm

Weiterentwicklung der Nuppenbecher zum

**Krautstrunk** (Abb. 94)
Datierung: Ab Ende 14./Anfang 15 Jh., voll ausgebildet in der Mitte des 15. Jh.. Laufen bis ins 16. Jh.. Auch niedrige Formen mit 2 Nuppenreihen oder 1 Nuppenreihe.
Dekor: größere und flachere Nuppen, Fußring (zweifach umgelegter Glasfaden oder gekniffen), Halsring
Glas: grün
Große Stückzahl (zusammen mit „Maigelein" und Kreuzrippenbechern häufigstes spätmittelalterliches Glas).
Späteste Varianten: sehr große Becher, bei denen z. T. die ausladende Lippe entfällt
Sonderform ab ausgehendem 15. Jh.: Becher mit zylindrischem Unterteil und konisch ausladender Lippe. Z. T. mit optisch geblasener Musterung.

Krautstrunk
BAUMGARTNER et al. (1988, 341 Nr. 409)
FO: Surcasti (Kanton Graubünden)
Dat.: 1520 oder früher
Bläulich-grünes Glas, H: 9,0 cm

Eine weitere Variante:

**Krautstrunk auf kurzem Stiel** (Abb. 95)
Durchbrochener Fuß, kurzer, massiver Stiel, darüber Krautstrunk mit gekniffenem „Fußring" und flachem Boden.
Herstellung wahrscheinlich zeitlich und räumlich parallel zu den üblichen niedrigen Krautstrünken.

Krautstrunk auf kurzem Stiel
BAUMGARTNER et al. (1988, 411-12 Nr. 515)
FO: Wohl Köln, Dat.: um 1500
Grünes Glas, H: 9,5 cm.

**Andere Gläser mit Stiel**
In der 1. Hälfte des 16. Jahrhunderts erscheinen auch andere geläufige Bechertypen (z. B. Berkemeyer, Rippenbecher) auf kurzen, massiven Stielen mit aufwendig gestalteten Füßen.

Die weitere Entwicklung des Krautstrunks führt zum Römer.
Eine Zwischenstufe dabei, ein Römer mit trichterförmiger Kuppa (dem oberen Teil des Bechers), wird

**Berkemeyer** (Abb. 96)
genannt, obwohl es sich hierbei um eine Glasform handelt, die nur für die Niederlande nachgewiesen ist und dort in das 17. Jahrhundert datiert wird. Der deutsche Berkemeyer oder hier vielmehr Birckemeyer ist ein Holzgefäß ursprünglich armer Leute, das aber auch – in Silber gefasst – in snobistischen „besseren" Kreisen benutzt wurde (THEUERKAUFF-LIEDERWALD 1968). Die gläsernen Berkemeyer werden in das 16. Jh. datiert.

Berkemeyer
BAUMGARTNER et al. (1988, 365 Nr. 450)
FO: Wohl Delft, Dat.: 1. Hälfte 16. Jh.
Grünes Glas, H: 8,1 cm

RADEMACHER (1933, 119) bezeichnet alle Gefäße mit gerader oder gewölbter Kuppa als

**Römer** (Abb. 97 a, b, c)
Der ursprüngliche mit einfachen Nuppen besetzte Becher mit tropfenförmig ausgezogenem Fuß und trichterförmiger Kuppa wandelt sich im Laufe des 16. und 17. Jahrhunderts in Bezug auf die Größe, Proportionen, Form der Kuppa (gerade oder verschieden gewölbt), Art des Fußes (aus glatten Glasfäden gebildet), Nuppenformen (spitze Nuppen, Beerennuppen in verschiedener Anzahl), so dass eine Vielzahl von z. T. nebeneinander bestehenden Formen entstand, was die Datierung sehr erschwert. Die nebenstehende Abbildung 97 a zeigt einen Römer, dessen leicht ausgeschwungene Kuppa sich deutlich vom zylindrischen unteren Teil abhebt.

Römer
THEUERKAUFF-LIEDERWALD (1968, Abb. 17)
FO: unbek., Dat.: 1606
Graugrünes Glas, H: 11,2 cm
Dekor diamantgerissen

Der Name *roemer* entstand nach Rademacher und Theuerkauff-Liederwald in Anknüpfung an die römische Vergangenheit Kölns in der 2. Hälfte des 15. Jh.

Ein Merkmal, die Wandlung des unteren Teiles des Bechers zum hohlen Stiel, wird wenig beachtet. Ursprünglich ist die Kuppa unten offen. Im 17. Jahrhundert erscheinen Römer, bei denen die Kuppa unten geschlossen ist, d. h. als besonders gefertigtes Teil auf das nun zum hohlen Stiel werdende Becherunterteil aufgesetzt wird.

Merkwürdigerweise wird auf diesen fertigungstechnisch wesentlichen Unterschied in Katalogen und Museen nicht hingewiesen. Er ist auch auf Gemälden und Fotografien wegen des Halsringes praktisch nicht zu erkennen, sondern sicher nur, wenn man das Glas in der Hand hat.

Nach HENKES et al. (1998) stellt der Römer mit dem aus einem Glasfaden gewickelten Fuß einen Typ des späten 16. und 17. Jahrhunderts dar, der fast nur in den Niederlanden und Flandern gefunden wird und wahrscheinlich in der Provinz Hainault in den südlichen Niederlanden, dem heutigen Belgien, hergestellt wurde.

Die nebenstehende Abbildung 97 b zeigt einen Römer mit halbhohem gewickelten Fuß, auf den ein mit Beerennuppen besetzter Stiel aufsetzt, der wiederum eine schön ausschwingende Kuppa trägt.

Nebenstehend (Abb. 97 c) ist ein Römer mit hohem gewickeltem Fuß abgebildet, der den Herstellungsprozeß erkennen lässt: Die getrennt geblasene Kuppa mit einem kegelstumpfförmigen unteren Teil und Einstich wurde auf den offenbar über einem Kern gewickelten Fuß mit Stiel aufgesetzt.

Nach HENKES et al. (1998) gibt es auch niedrige Römer, bei denen der Fuß nicht aus einem Glasfaden gewickelt wurde, sondern bei dem ein Glasfaden auf ein glattes Glasteil aufgeschmolzen wurde. Er nennt diese einfacher herzustellende Version „pseudo-spun-stem roemer".

In Form eines Glases mit unten geschlossener Kuppa auf hochgezogenem Fuß aus nach oben hin kleiner werdenden Ringen hat sich der Römer bis in die heutige Zeit als industriell gefertigtes Schoppenglas erhalten. Auch die farbigen und geschliffenen Römer auf dünnem hohen massiven Stiel des 19. und des beginnenden 20. Jahrhunderts sind ein Nachklang dieser schönen Gefäßreihe.

Römer

HENKES (1994, 256 Nr.54.1)
FO: Amsterdam, Dat.: 2. Hälfte 17. Jh.
Hellgrünes Glas, H: 12 cm

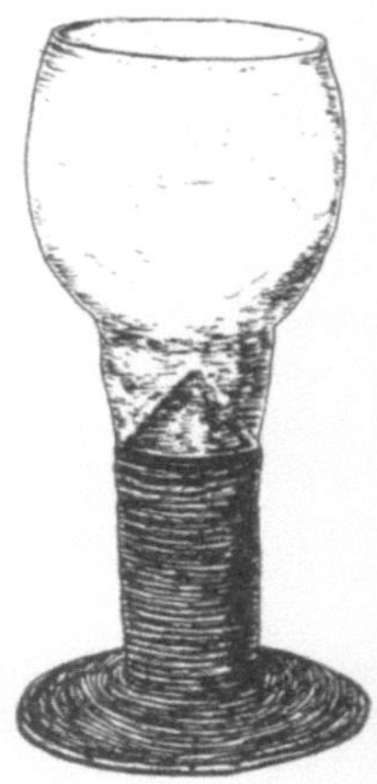

Römer

HENKES et al. (1998, Abb. 8)
FO: Alkmaar/NL, Dat. ca. 17. Jh.
Grünes Glas, H: 18,5 cm

<table>
<tr>
<td>Farblose Rippenbecher (Abb. 98)<br>Datierung: 2. Hälfte 13. bis 1. Hälfte 14. Jh.<br>Dekor: Formgeblasene meist senkrechte Rippen, fast immer blauer Randfaden. Gewellter Fußfaden, zwischen den Rippen angedrückt.</td>
<td>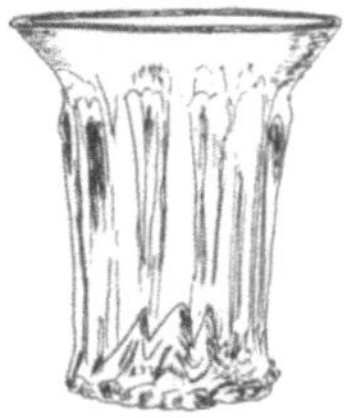<br>Farbloser Rippenbecher<br>BAUMGARTNER et al (1988, 219-20 Nr. 205)<br>FO: ?, Dat.: 13./frühes 14. Jh.<br>Farbloses Glas mit geringem Graustich, Randfaden blau, H: 9,5 cm.</td>
</tr>
<tr>
<td>Becher mit erhabenem geblasenem Dekor (Abb. 99)<br>Datierung: 13. bis frühes 14. Jh.<br>Dekor: erzeugt durch Blasen in mehrteilige Form.<br>Glas: meist grün</td>
<td>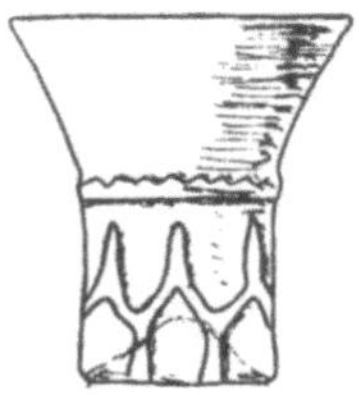<br>Becher mit erhabenem formgeblasenen Dekor<br>BAUMGARTNER et al. (1988, 227 Nr. 217a)<br>FO: Mainz, Dat.: spätes 13./frühes 14. Jh.<br>Hellgrünes Glas, H: 9,3 cm.</td>
</tr>
</table>

**Optisch geblasene Becher**

<table>
<tr>
<td>Becher mit Punktmuster (Abb. 100)<br>Datierung: 13.-14. Jh.<br>Dekor: Punktmuster<br>Glas: farblos bis leicht grünlich, dünnwandig<br><br>Herstellung durch Blasen in mehrteilige Form<br><br>Rippen- und Kreuzrippenbecher<br>Henkes verwendet für die zylindrischen bis leicht konischen Becher die Bezeichnung „Maigelbecher".<br>Datierung: vor Mitte 15. Jh. bis Beginn 16. Jh.</td>
<td><br>Becher mit Punktmuster<br>BAUMGARTNER et al. (1988, 229 Nr. 219)<br>FO: Lübeck, Dat.: 13./1. Hälfte 14. Jh.<br>Farbloses (leicht gelbstichiges) Glas<br>H: 6,3 cm.</td>
</tr>
</table>

**Rippenbecher** (Abb. 101)

Herstellung: Blasen des Kölbels in einen innen längs gerieften Model, unter leichtem Blasen verwindend herausziehen, weiterblasen, Hefteisen ansetzen, einstechen, lösen von der Pfeife, Rand bearbeiten, lösen vom Hefteisen.
Die von Henkes (1994, 38) angegebene Herstellungsweise durch Verwinden des Bechers mit Hilfe von Pfeife und Hefteisen erscheint nicht praktikabel, insbes. nicht für Kreuzrippenbecher.

Rippenbecher
BAUMGARTNER et al. (1988, 309 Nr. 361)
FO: unbekannt, Dat.: 15. Jh.
Farbloses Glas (leichter Grüngraustich), H: 7,5 cm.

**Kreuzrippenbecher** (Abb. 102 a)

Herstellung ähnlich wie Rippenbecher, nur muss der Kölbel nach dem ersten leichten Blasen und Verwinden in einen zweiten, etwas größeren Model gesteckt, unter leichtem Blasen und Verwinden in die entgegengesetzte Richtung herausgezogen und aufgeblasen werden.
Nachstehend (Abb. 102 b) ist nochmals ein hierzu dienender, leider fragmentierter Doppelmodel abgebildet, der in der Glashütte bei Bebenhausen gefunden wurde.

Kreuzrippenbecher
BAUMGARTNER et al. (1988, 308 Nr. 359)
FO: unbekannt, Dat.: 15. Jh.
Dunkelblaugrünes Glas, H: 6,5 cm.

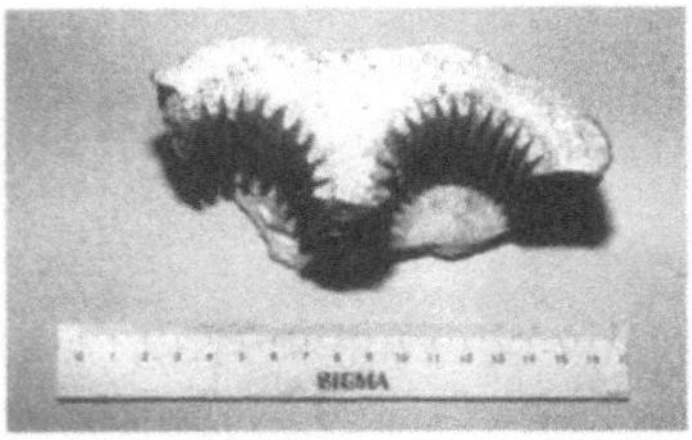


Der Durchmesser der zweiten (linken) Form ist etwas größer als der der ersten (rechten). Auch die Rippenabstände sind etwas größer, damit die gekreuzte Rippung des fertigen Bechers einheitlich aussieht.

Die an zweiter Stelle erzeugten Rippen können nach HENKES (1994, 56) jedoch etwas deutlicher ausgeprägt sein als die zuerst geformten.

| | |
|---|---|
| **Niedriger Kreuzrippenbecher („Maigelein")** (Abb.103)<br><br>(fehlt in manchen Landstrichen, z. B. Nordbaden, (bisher) völlig). Dickeres, grünes Glas.<br><br>Die Bezeichnung „Maigelein" ist eigentlich vieldeutig (sie gilt auch für Nuppenbecher, mehr noch für Silberbecher) und ist nur durch Konvention für diese Becher festgelegt (RADEMACHER 1933, 97-98). KAMBER (2003) weist darauf hin, dass die in Basler Schriftquellen erwähnten „mygel" keinesfalls den heute so genannten Maigeln entsprechen, sondern glatten oder nuppenbesetzten Gefäßen.<br><br>Die Bezeichnungen Maigel und Maigelein sollten nicht mehr verwendet werden.<br><br>Rippen- und Kreuzrippenbecher wurden in riesigen Stückzahlen erzeugt.<br>STEPPUHN (1995) behandelt diese Gefäße und ihre Datierung eingehender. | <br>Maigelein<br>BAUMGARTNER et al. (1988, 307 Nr. 357)<br>FO: unbekannt, Dat.: 15. Jh.<br>Grünes Glas, H: 4,2 cm. |
| **Achtkantiger Rippenbecher** (Abb. 104)<br><br>Großes Verbreitungsgebiet (vom Oberrhein bis nach Holland).<br><br>Die Mehrkantigkeit wurde durch das Einstoßen eines Innenmodels in das am Hefteisen hängende Gefäß erzeugt. Der Innenmodel hatte unten eine kegelförmige Aussparung für die Aufnahme des Einstichs. | <br>Achtkantiger Rippenbecher<br>BAUMGARTNER et al. (1988, 309 Nr. 362)<br>FO: unbekannt, Dat.:15. Jh.<br>Grünes Glas, H: 7,0 cm. |

**Scheuern oder Köpfe** (Abb. 105)

Nach jetzigem Wissensstand treten diese Gefäße im 13./14. Jahrhundert auf, fehlen dann im späteren 14./15. Jahrhundert und treten um 1500 und im frühen 16. Jahrhundert wieder auf. Die Fundsituation und die Tatsache, dass die Form der Scheuer nicht auf Gefäße aus Glas beschränkt ist (es gibt Scheuern aus Holz, Keramik, teilvergoldetem Silber), mögen dies erklären.

Scheuer
BAUMGARTNER et al. (1988, 382 Nr. 474)
FO: wohl Mainz, Dat.: spätes 15./1. Hälfte 16. Jh.
Grünes Glas, H: 8,0 cm

Die frühen Scheuern besaßen einen ringförmigen Henkel und waren farblos. Da dieser Gefäßtyp bisher nicht in Südfrankreich oder Italien bekannt ist, liegt hier vermutlich ein weiteres Beispiel für die frühe Herstellung farblosen Glases nördlich der Alpen vor.

Bekannt ist auch die Form der Doppelscheuer (zwifache scheurn, zwifache köpf, doppelter kopf genannt), die aus zwei mit den Mündungen ineinandergestellten Scheuern besteht, wobei die obere also einen Deckel bildet. Die merkwürdigen hakenförmigen Griffe der späteren Scheuern bilden dann wieder einen Ring.

Die Bezeichnung „Scheuer" ist eine der wenigen, die für ein mittelalterliches Trinkgefäß zusammen mit der dazugehörigen Form überliefert sind.

**Keulengläser** (Abb. 106)

Datierung: Zuerst in Böhmen hergestellt (2. Hälfte 14. Jh. und 1. Hälfte 15. Jh.); in Nord- und Mitteldeutschland späteres 15. Jh. und vor allem frühes 16. Jh. parallel zu den zylindrischen und mehrkantigen Stangengläsern
Dekor: Glasfäden, schwache optisch geblasene Riefen
Glas: meist grün
Fuß nach HENKES (1994, 96; 159) durch Hochstechen der Glasblase mit einem entsprechend geformten Werkzeug (Stößel mit rundem Kopf) hergestellt, während das Gefäß an der Pfeife hängt.

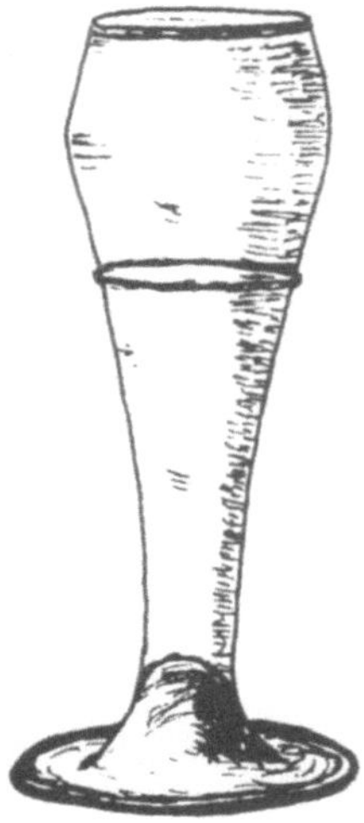

Keulenglas
BAUMGARTNER et al. (1988, 388 Nr. 486)
FO: Straßburg, Dat.: Anfang 16. Jh.
Helles gelblichgrünes Glas, H: 23 cm.

**Stangengläser mit Nuppen** (Abb. 107)

Datierung: in Deutschland spätes 15. und frühes 16. Jh.
Dekor: Nuppen, in der Spätzeit: Hohle Tierkopfnuppen, Rüssel.

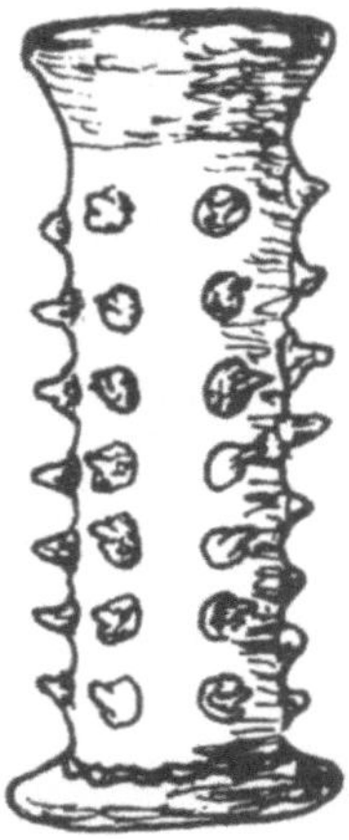

Stangenglas mit Nuppen
BAUMGARTNER et al. (1988, 394 Nr. 491)
FO: unbekannt, Dat.: Ende 15./Anfang 16. Jh.
Dunkelgrünes Glas, H: 19,5 cm.

**Spechter** (Abb. 108 a, b)

Die Bezeichnung wird heute für Stangengläser mit einem als Quaderdekor (niederländisch: wafeldecor) (Abb. 108 a) bezeichneten Dekor oder für niedrigere Becher mit mehr oder weniger ausladender Lippe und dem Quader- oder dem feineren Korbgeflechtdekor (niederländisch: vlechtwerkpatroon) (Abb. 108 b) gebraucht.

Datierung: etwa 2. Hälfte des 16. bis 1. Hälfte des 17. Jahrhunderts
Dekor: Hervorstehende Quader (genau: vierseitige Pyramidenstümpfe)
Der Dekor wird erzeugt, indem ein mit einem Glasfaden spiralig umwickelter Kölbel mit Hilfe eines längsgerippten Models optisch geblasen wird.

Die Bezeichnung leitet sich vermutlich vom Namen eines Herstellungsgebiets, dem Spessart (spechtes hart, spechtwald), ab (GRIMM 1905, 2029).
Bei MATHESIUS (1587, 178) heißt es: ...hohe und enge grüne spechter am Spessart gemachet...

Die Herleitung des Namens vom Specht, der mit seinem langen Schnabel in das Glas hineinlangen kann, ist abzulehnen. Das Wort Schluckspecht für einen trinkfreudigen Zecher, das bei diesem Gedanken wohl Pate steht, ist eine Entstellung des Wortes „Schluckspeck“ für einen gefräßigen Menschen (vgl. das ungefähre Gegenteil, der „arme Schlucker“) (GRIMM 1899, 807).

Viele Funde stammen aus den Niederlanden und Belgien.

Verwirrenderweise werden im Katalog "Spechtergläser“ (GLASMUSEUM WERTHEIM 1986) auch Gläser mit anderen Dekoren als Spechter bezeichnet, was völlig abzulehnen ist. Auch die Bezeichnung „spechterähnliche Gläser“ ist abzulehnen.
Als Spechter sollten nur noch Stangengläser mit Quaderdekor bezeichnet werden.

Spechter
GLASMUSEUM WERTHEIM (1986, 106 Nr. 34)
FO: unbekannt, Dat.: 1. Viertel 17. Jh.
Farbloses Glas, H: 30 cm

Becher mit Korbgeflechtdekor
HENKES (1994, 136 Nr. 30.10)
FO: Delft, Dat.: 2. oder 3. Viertel 17. Jh.
Grüngräuliches Glas, H: 15,3 cm

### 8.1.2. Flaschen

**Römische Flaschen**
(Abb. 109 a-d)

Datierung: ab 1.Jh. n. Chr.

Unguentaria (Abb. 109 a, b)

Die Falten werden durch Saugen an der Pfeife erzeugt (die gleiche Technik wie bei den Kuttrolfen!)

Unguentarium
FOLLMANN-SCHULZ (1988, 22-3 Nr. 18 Taf. 2)
FO: Bonn,
Dat.: 2. Hälfte 1. Jh.
Schwach matt grünlichblaues Glas
H: 10,2 cm

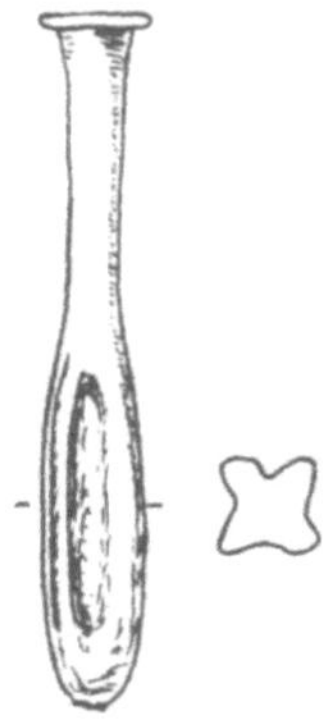

Unguentarium mit Falten
FOLLMANN-SCHULZ (1988, 19 Nr.4 Taf. 1)
FO: Bonn, Dat.: 2./3. Jh.
Bläulichgrünes Glas, H: 17,1 cm

Kugelflaschen (Abb. 109 c)

Vierkantkrüge (Abb. 109 d)
Formgeblasen in mehrteilige Halbform, die nur bis zur Schulter reichte. Schulter, Hals, Henkel und Mündung wurden frei geformt. Häufig mit Bodenmarken.

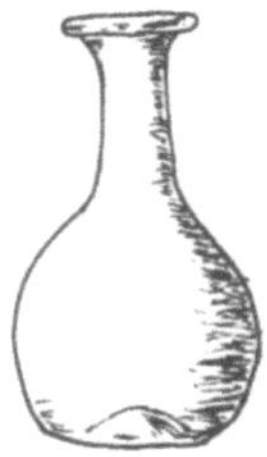

Kugelflasche
FOLLMANN-SCHULZ (1988, 29 Nr. 49 Taf. 4)
FO: Bonn,
Dat. 1. Hälfte 4. Jh.
grauolivstichiges Glas
H: 10,6 cm

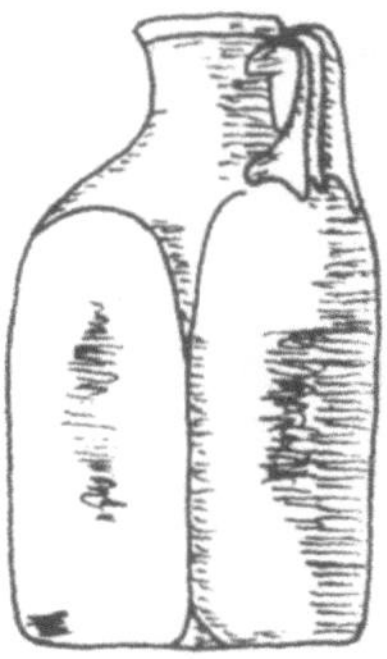

Vierkantkrug
ANTIKENMUSEUM BERLIN (1976, 52 Nr. 90)
Dat.: 1./2. Jh.
Blaugrünes Glas, H: 15,5 cm

**Mittelalterliche Flaschen**

<table>
<tr>
<td>Flaschen mit Fadenauflagen<br>(Abb. 110)<br><br><u>Datierung</u>: 12.-13. Jh.<br><u>Dekor</u>: Fäden als Fußring, horizontal, zickzack<br><u>Glas</u>: grün</td>
<td>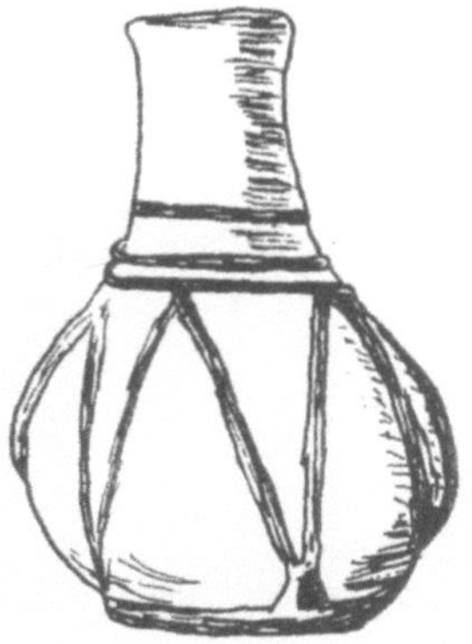<br>Flasche mit Fadenauflagen<br>BAUMGARTNER et al. (1988, 111 Nr. 55)<br>FO: Köln, Dat.: wohl 12. Jh.<br>Gelblichgrünes Glas, H: 18,0 cm</td>
</tr>
</table>

**Flaschen mit Stauchungsring** (Abb. 111)

Datierung: 13.-14. Jh.; früheste Formen schon im 12. Jh.

Glas: grün, farblos
Unterteil birnenförmig oder zylindrisch
Stauchungsring hohl nach innen gehend
Hochgestochener Boden
Durch Hochstechen der Glasblase erzeugter Fuß
Der kleine Stauchungsring („Kropf") am Hals kann frei hergestellt werden.

Der dekorative, charakteristische Stauchungsring um den Bauch herum hat auch einen praktischen Sinn: er wirkt als Sicke und stabilisiert diese sehr gefährdete Zone. Seine Herstellung ist noch nicht völlig geklärt; vermutlich wurde er durch Stauchen in eine Form hergestellt.

Flasche mit Stauchungsring
BAUMGARTNER et al. (1988, 269, Nr. 302)
FO: Mainz, Dat.: frühes 14. Jh.
Hellgrünes Glas, H: 14,3 cm

**Doppelkonische Flasche** (Abb. 112)

Datierung: 14.-17. Jh.
Glas: grün
Auch hier der Stauchungsring hohl nach innen gehend.
Durch Hochstechen der Glasblase erzeugter Fuß.
Weitverbreitet, vielfältige Verwendung
Der „Kropf" verschwindet im späten 15./16. Jh.

Für den Stauchungsring gilt das oben Gesagte.

Die doppelkonische Flasche ist kein Gefäß mit einem alchemistischen Hintergrund, wenn dies auch manchmal behauptet wird (Diskussions-beitrag bei RIEB 1972, 158); schon gar nicht ist sie ein Vorläufer der Alembiken. Sie ist eine Flasche, die zwar mit Wein oder Branntwein in Verbindung steht (vielleicht diente sie bei der Weinbrennerei auch als Vorlage); sie ist jedoch in alchemistischem Kontext unbekannt.

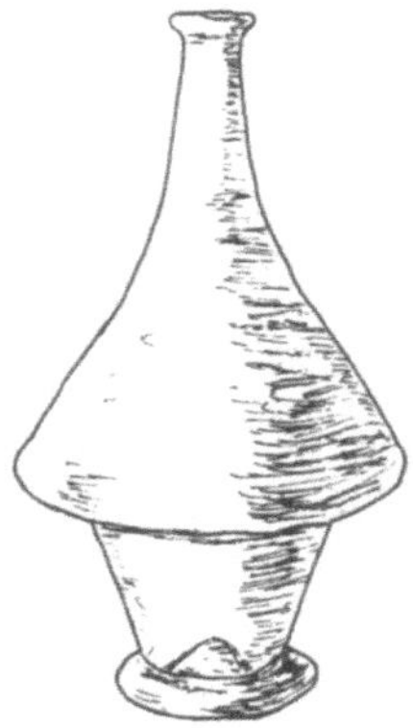

Doppelkonische Flasche
BAUMGARTNER et al. (1988, 317 Nr. 374)
FO: Straßburg, Dat.: 15. bis frühes 16. Jh.
Grünes Glas, H: 17,0 cm

**Flasche** (Abb. 113)

An diesem Beispiel und dem nächsten ist gut zu sehen, wie beim Glasblasen aus einer Flasche durch Saugen an der Pfeife ein Kuttrolf/Angster entsteht, hier ein fünfzügiger (oder fünfröhriger).
Die Wände der Flasche werden beim Saugen (MATHESIUS 1578, 177v) durch den äußeren Luftdruck zusammengedrückt.
Die Kunst des Glasbläsers besteht darin, dieses Zusammendrücken bzw. Zusammenfallen so zu steuern, dass die gewünschte Zahl von Zügen (Röhren) entsteht. LÖBER (1966) untersuchte diese Prozesse eingehender (s. u.).

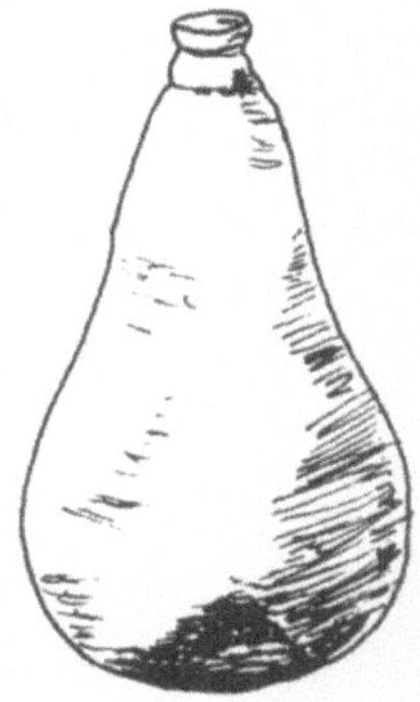

Flasche
BAUMGARTNER et al. (1988, 319 Nr. 379)
FO: Mainz, Dat.: 14./15. Jh. oder früher ?
Gelblichgrünes Glas, H: 17,5 cm

Es gibt die verschiedensten Schreibweisen des Wortes Kuttrolf, u. a. entweder mit „K" beginnend oder mit „G". Hier wird durchgehend die Schreibweise mit „K" verwendet.

**Kuttrolf (oder wegen der engen Mündung und Züge ein Angster?)** (Abb. 114)

Datierung: 14.-15., frühes 16. Jh.
(davon unabhängige syrische Vorläufer schon im 1. Jh. n. Chr., römisch-gallische Gefäße bis ins 6. Jh., dann Fundleere)

Für die Verwendung als Trinkflasche („Vexierglas") erhielten die Kuttrolfe eine trichterförmige Mündung.

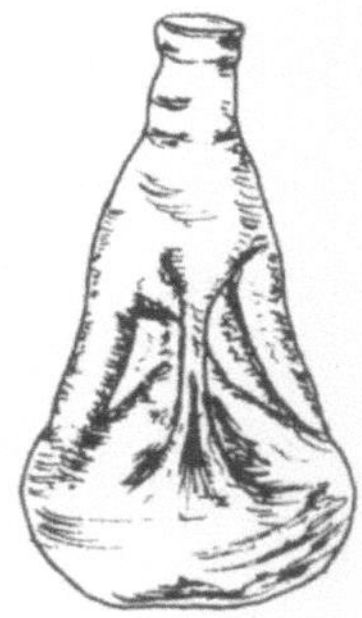

Fünfzügiger Kuttrolf oder Angster
BAUMGARTNER et al. (1988, 319-20 Nr. 380)
FO: Wiesbaden, Dat.: 14./15. Jh. oder früher ?
Gelblichgrünes Glas, H: 14,5 cm

Es gibt Kuttrolfe mit1 Zug sowie welche mit 2, 3, 4, 5 oder 6 Zügen. Die Züge können eine Kegelform über dem unteren Gefäßteil bilden, miteinander mehr oder minder verdrillt oder mehr oder weniger krumm sein. Alle Züge sind hohl, so dass aus ihnen beim Trinken die *aqua vitae* ziemlich unkontrolliert herausschießt.

| | |
|---|---|
| **Einzügiger Kuttrolf** (Abb. 115) | 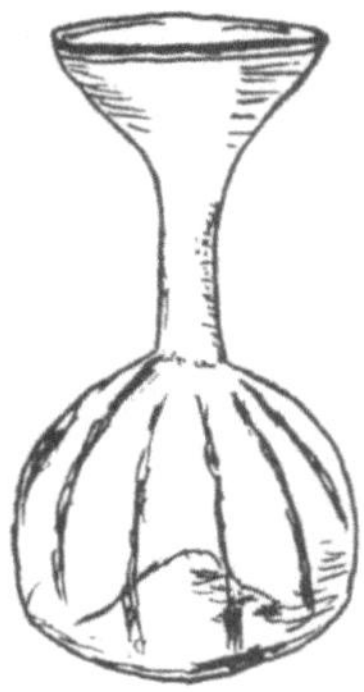<br>Einzügiger Kuttrolf<br>BAUMGARTNER et al. (1988, 322, Nr. 383)<br>FO: unbekannt, Dat.: 15. Jh.<br>Grünes Glas, H: 15,2 cm |
| **Zweizügiger Kuttrolf mit geraden Zügen** (Abb. 116) | <br>Zweizügiger Kuttrolf BAUMGARTNER et al. (1988, 322-23 Nr. 384)<br>FO: Köln(?), Dat.: 15. Jh.<br>Dunkelgrünes Glas, H: 12,0 cm |

| | |
|---|---|
| **Zweizügiger Kuttrolf mit verwundenen Zügen** (Abb. 117)<br><br>Beim Verwinden der Züge verengen sie sich: der Kuttrolf verliert seine Grenze zum Angster | <br>Zweizügiger Kuttrolf<br>BAUMGARTNER et al. (1988, 323 Nr. 385)<br>FO: Wohl Mainz, Dat.: 15. Jh.<br>Grünes Glas, H: 20,5 cm |
| **Einzügiger Kuttrolf mit gebogenem Hals und Rippendekor** (Abb. 118)<br><br>Kuttrolfe mit gebogenem Hals erscheinen vielfach auf frühneuzeitlichen Abbildungen von Trinkszenen – leider ohne Nennung der Bezeichnung dieses charakteristischen Trinkgefäßes | <br>Einzügiger Kuttrolf mit gebogenem Hals<br>SCHMIDT (1993)<br>FO: Biberach, Dat.: 15.-16. Jh.<br>H: 14,7 cm |

**Rippenflaschen** (Abb. 119)

Datierung: 14./15. Jh.
Dekor: optisch geblasene Rippen, an Mündung oder Hals Fäden aufgelegt (auch blaue bei farblosem Glas)
Glas: farblos, grün
Mehr oder minder kugelförmig

Diese bei Baumgartner et al. so genannte Rippenflasche wäre auch als einzügiger Kuttrolf zu bezeichnen.

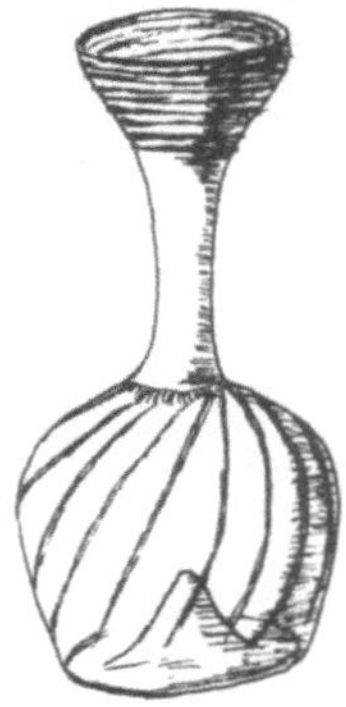

Rippenflasche mit blauem Spiralfaden
BAUMGARTNER et al. (1988, 326 Nr. 391)
FO: Nürnberg, Dat.: 14./15. Jh., evtl. 13. Jh.
Farbloses Glas mit leichtem Grünstich, H: 16,8 cm

Die Herstellung der mehrzügigen Kuttrolfe gab viele Rätsel auf, mit deren Lösung sich LÖBER (1966) befasste. Hiernach wird ein echter Kuttrolf durch eine kombinierte Blas-Saug-Technik hergestellt. Hierbei wird z. B. von einer viereckigen Flasche ausgegangen, deren Ecken bereits erstarrt sind, während die noch weichen Wände durch Ansaugen der Luft durch die Pfeife zum Zusammenfallen gebracht werden. In dieser Weise entstehen vier Kanäle in den Ecken und in der Mitte ein Kanal – ein fünfzügiger Kuttrolf ist das Ergebnis. In ähnlicher Weise entsteht aus einer dreieckigen Flasche ein vierzügiger Kuttrolf. Die eckigen Ober- und Unterteile der Flaschen können dann durch Rundschmelzen und Überstechen mit weiterer Glasmasse kugelförmig gestaltet werden. Zwei- und dreizügige Kuttrolfe mögen in entsprechender Weise durch Aufblasen und Kollabieren des Glasrohlings hergestellt worden sein.
Daneben mag beim Formen von Kuttrolfen auch ein zangenähnliches Werkzeug benutzt worden sein; es soll manchmal entsprechende Spuren geben.

Abbildung 120 (Foto: Autor) zeigt einen rezenten fünfzügigen Kuttrolf aus Böhmen, der aber bei genauem Hinsehen eine andere, weniger kunstvolle Herstellungsweise verrät. Bei ihm wurde eine kugelkalottenförmige Glasplatte mit fünf eingesetzten Glasröhren auf das kugelförmig geblasene Unterteil aufgesetzt. Mit dem Oberteil wurde ähnlich verfahren. Wenn das Ganze gut verschmolzen wird, ist es auf den ersten Blick für einen wirklichen Kuttrolf zu halten.

Fünfzügiger Kuttrolf
aus Böhmen, rezent
farbloses Glas, H: 21 cm

Die Frage, was man im späten Mittelalter unter der Bezeichnung „Kuttrolf" verstand, wird kontrovers diskutiert. Es gibt leider keine Abbildung aus dieser Zeit, in der diese Flasche durch eine Beischrift eindeutig bezeichnet wird. Verwirrend ist auch, dass in der modernen Literatur vielfach die Bezeichnungen „Kuttrolf" und „Angster" synonym verstanden werden. Auch gibt es die Ansicht, dass „Kuttrolf" einfach „Flasche" bedeutet. Was ist zu diesem Wirrwar zu sagen? GRIMM (1854, 1. Bd., 360-61) zitiert dazu Fischart (1594):
*was underschids ist, audi provisor, zwischen flaschen, angster und gutteruf? grosze, dann die erste sind eng geseckelmeulet am mundport, der kuterruf am weidengewundenen kranchhals, aus dem angster musz mans mit engen ängsten, wie die balbierer ihr spicanarden und roswasser* (Lavendel- und Rosenwasser) *herausängstigen* (hier: herauszwingen), *wirbeln, türbeln, türmeln und gleichsam betteln.*
Hiernach scheint alles klar zu sein: Flasche, Angster und Kuttrolf sind eigentlich drei verschiedene Gefäße:

Die Flasche entspricht der oben abgebildeten beutelförmigen Flasche, der Angster ist eine Art Tropf- oder Schüttelflasche (etwa wie in nebenstehender Abb. 121), und der Kuttrolf ist durch einen gewundenen Hals gekennzeichnet. Leider bleibt es nicht bei dieser Klarheit, denn weiteres Nachschlagen bei GRIMM (1873 unter „Kutrolf"; 1935 unter „Gutter"; 1998 unter „Angster") führt zu frühneuzeitlichen Literaturstellen, die bestätigen: Kuttrolf und Angster sind „nicht zwei klar abgegrenzte Glasformen" (RADEMACHER 1933, 63-64). In der

Angster (?)
mit fünf schlecht ausgebildeten Zügen
LDA Baden-Württemberg (1992, 95 Nr. 118)
FO: Heidelberg, Dat.: 15./16. Jh.
Grünes Glas, ohne Massangabe

Arbeitsordnung für die Spessarter Glasmacher von 1406 heißt es: „... 200 kutterolf oder was für kutterolf gent...“. Rademachers Satz „Strenge Folgerichtigkeit in der Handhabung der Namen war nicht Sache des Mittelalters“ gibt die Begründung dafür, dass heute die Bezeichnung Angster-Kuttrolf oder der Einfachheit halber nur der am häufigsten belegte Name Kuttrolf verwendet wird.

Mehr oder minder kugelförmige Flaschen dienten in alchemistischen Laboratorien (oder, im Mittelalter praktisch gleichbedeutend, Apothekenlaboratorien) als Vorlagen bei der Destillation, d. h. zum Auffangen des Destillats. Damit kein Tropfen dieser wertvollen Flüssigkeit, in diesem Zusammenhang meist eine *aqua vitae,* also ein Branntwein, verloren ging, setzte man auf den Flaschenhals einen Trichter, und zwar den mittelalterlichen Steilwandtrichter (Abb. 122 nebenstehend, Foto: Autor). Wenn man sich nun vorstellt, dass ein Glasbläser oder ein Alchemist auf die Idee kam, Trichter und Flasche in einem Stück zu blasen, was nicht schwierig ist, hat man (vielleicht) die (Wieder-) Erfindung des einzügigen Kuttrolfes vor sich: eine Flasche mit einem oben erweiterten Hals, in den das Destillat verlustfrei hineinfließen konnte – und aus der es sich gut trinken ließ. Tatsächlich erscheint der Kuttrolf auf spätmittelalterlichen oder frühneuzeitlichen Abbildungen im Zusammenhang mit dem Trinken.

Rezente Kugelflasche mit rezentem Steilwandtrichter
farbloses Glas, gesamte H: 23,5 cm

Kuttrolfe gehören zu den Vexiergefäßen, aus denen das Trinken ohne Zwischenfälle nur dem Geübten gelingt. Bei ungeschickter Handhabung schießt die Flüssigkeit aus einem anderen Zug heraus als gedacht und setzt den Trinkenden einem Flüssigkeitsschwall aus – ganz im Sinne der rauen mittelalterlichen Trinksitten. Heutzutage hat der „Stiefel“(der nach Steppuhn (2003, 157) bereits in der 2. Hälfte des 16. Jahrhunderts, nach SEEWALDT (1995, 51-2) im 17. Jahrhundert bekannt war) die Nachfolge des Kuttrolfes angetreten; auch hier kommt es bekanntlich zu ähnlichen Effekten, wenn man sich nicht sehr geschickt anstellt.

## 8.2. Hohlglas: Technische Glasgefässe

Ein interessantes Kapitel sind „technisch“ verwendete Gläser. Hierunter sollen Glasgefäße verstanden werden, die mehr funktionalen Charakter besitzen als die doch mehr vom ästhetischen Empfinden geprägten Trink- und Schankgefäße.
„Technische Gläser“ haben sich gewöhnlich aus Haushaltsgläsern entwickelt, sei es, dass Haushaltsgläser auf Grund ihrer funktionalen Form direkt eine Verwendung im technischen Bereich finden konnten, sei es, dass sie Abwandlungen bis hin zu neuen Formen erfuhren. Daneben gibt es völlige Neuentwicklungen. Besonders ist diese Erscheinung bei Gläsern für den pharmazeutischen/alchemistischen Bereich zu bemerken, auf die im Einzelnen noch einzugehen ist. Auf dem Gebiet der Haushaltskeramik ist übrigens die entsprechende Erscheinung zu bemerken (KAMBER et al. 1999). Aber auch innerhalb des Haushalts finden sich Beispiele: so weisen die Trichterbecher (spätes 8. Jahrhundert bis etwa 1000) ähnliche Formen auf wie Lampen (BAUMGARTNER et al. 1988, 60-64).
Flaschen und Bindegläser sind einfache Gefäße, die als Einzelstücke einem Haushalt genau so wie einer Apotheke zugeordnet werden können. Entscheidend ist der Fundkontext, wobei bei einem Apothekenhaushalt die Grenze der Zuordenbarkeit erreicht ist.
Das andere Extrem bilden die Alembiken, spezielle Destilliergefäße, die eindeutig dem Laboratoriumsbereich zuzuordnen sind. Sie stellen eine Entwicklung etwa des 3./4. Jahrhunderts n. Chr. (oder sogar davor) dar, die sich praktisch unverändert bis ins 19. Jahrhundert erhalten hat. Gelegentlich treten sie jedoch in Schriftquellen auch im Küchenkontext auf (KURZMANN 2000, 68).

**Flaschen aus Haushalts- und Apothekenkontexten** (Abb. 123 a-d)

Glas: meist grün, auch farblos
Höhe: etwa 7-10 cm

Zylindrische Flasche (Abb. 123 a)

Rechteckige (vierkantige) Flasche (Abb. 123 b)

HENKES (1994, 330 Nr. 66.20)
FO: Niederlande (?)
Dat.: 16.-19. Jh.

HENKES (1994, 330 Nr. 66.20)
FO: Niederlande (?)
Dat.: 16.-19. Jh.

Birnenförmige Flasche (Abb. 123 c)

Kugelflasche (Abb. 123 d)

LDA BADEN-WÜRTTEMBERG (1992a, 95)

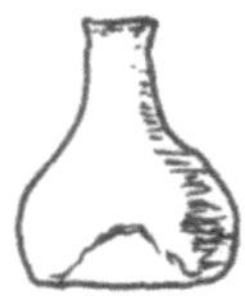

SCHMIDT (1993)
FO: Biberach, Dat.: 15.-17. Jh.
H: 9,6 cm

**Bindeglas** (Abb. 124)

Ein Haushalts- und Apothekengefäß mit charakteristischer stark ausgebildeter Lippe zum Zubinden einer über die Öffnung gelegten Abdeckung aus Pergament, Leder oder textilem Material.

Einfache Formen, sehr verschiedene Größen, lange Laufzeiten (z. T. bis in unsere Zeit!).

LDA Baden-Württemberg (1992a, 128)

<table>
<tr>
<td>Harnglas (Abb. 125)<br><br>In den Bereich „Arzt, Bader, Apotheker" gehören die Gläser für die in der mittelalterlichen Medizin so wichtigen Harnschau. Sie besitzen oft eine breite Lippe und sind sehr dünnwandig, damit ihre Eigenfarbe nicht die Färbung der zu untersuchenden Flüssigkeit verfälscht, die ja ein wichtiges Kriterium war.<br>Die Form kann sich der der Schröpfgläser annähern; die Glasstärke ist jedoch ein gutes Unterscheidungskriterium.</td>
<td><br>Harnglas<br>HENKES (1994, 332-33 Nr. 66.27)<br>FO: Delft, Dat.:17.-18. Jh.<br>Farbloses Glas mit Grünstich, H: ca. 18 cm</td>
</tr>
<tr>
<td>Schröpfglas (Abb. 126)<br><br>Schröpfgläser besitzen keine Lippe und sind recht dickwandig. Sie weisen die gleiche Form auf wie Schröpfköpfe aus Keramik oder Bronze.</td>
<td><br>Schröpfglas<br>HENKES (1994, 333-34 Nr. 66.28)<br>FO: Delft, Dat.: 17. Jh.<br>Grünes Glas, H: 5,2 cm</td>
</tr>
<tr>
<td>Milchpumpe (Abb. 127)<br><br>Sie gehört in Haushaltskontexte. Auf Grund ihrer speziellen Form, insbesondere in fragmentiertem Zustand, kann sie Anlass zur Verwechslung mit einem Alembiken geben.<br>Es ist nicht auszuschließen, dass auch kleine Alembiken als Milchpumpen verwendet wurden, was zu Schwierigkeiten bei der Interpretation entsprechender Funde führen kann.</td>
<td>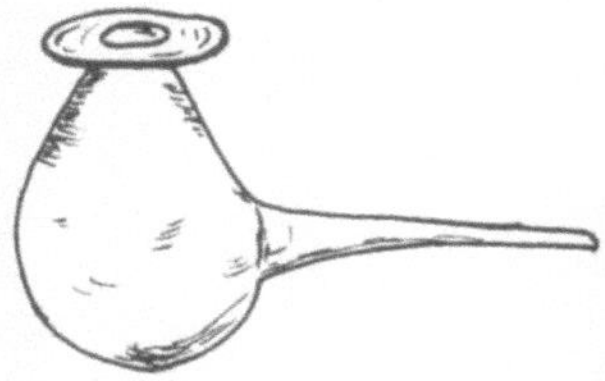<br>Milchpumpe<br>fragmentiert<br>HENKES (1994, 334 Nr. 66.13)<br>FO: Amsterdam, Dat.: 17. oder 18. Jh.<br>Grünes Glas, H: 8,5 cm, Gesamtlänge etwa 30 cm</td>
</tr>
</table>

| | |
|---|---|
| **Lampe** (Abb. 128)<br><br>Genauer: Hänge-Öllampe. Sie kann auf Grund ihrer Form, besonders im fragmentierten Zustand, mit einem Trichterbecher verwechselt werden, der aber wohl auch seinerseits als Lampe diente.<br><br>Nach PROHASKA-GROSS (1991) dominiert dieser Lampentyp spätestens seit dem 13. Jahrhundert. Vorher besaßen die Lampen Beutel- und Flaschenformen.<br>UBOLDI (1995)[71] beschreibt u. a. Befestigungsarten für den Docht. | 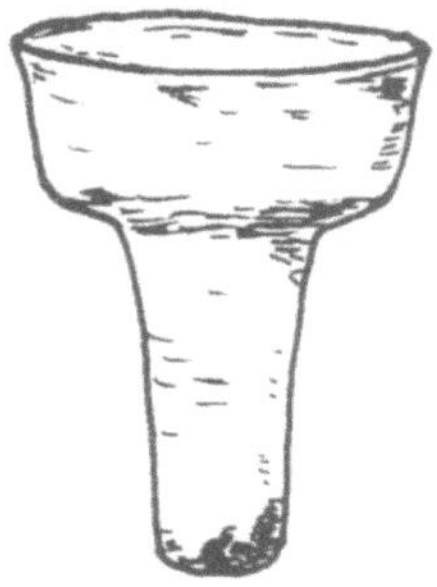<br>Öllampe<br>HENKES (1994, 342 Nr. 67.14)<br>FO: Delft, Dat.:16. Jh.<br>hellgrünes Glas, H: 13,6 cm |

| | |
|---|---|
| **Alembik** (Abb. 129)<br><br>Ein extrem wichtiges Glasgerät der Apotheker und Alchemisten ist der Alembik.<br>Es handelt sich um ein Teil, das aus zwei getrennt gefertigten Teilen montiert werden muss: Gewölbe mit Rinne und Übergangsstück einerseits und Schnabel andererseits. Der Knopf wird in der Art einer Nuppe oben aufgesetzt.<br>Die Zwischenlagerung von Montageteilen, z. B. von vorgefertigten Schnäbeln, kann in Gruben erfolgt sein, die gelegentlich in der Wärmeeinflusszone der Hauptöfen gefunden wurden. | 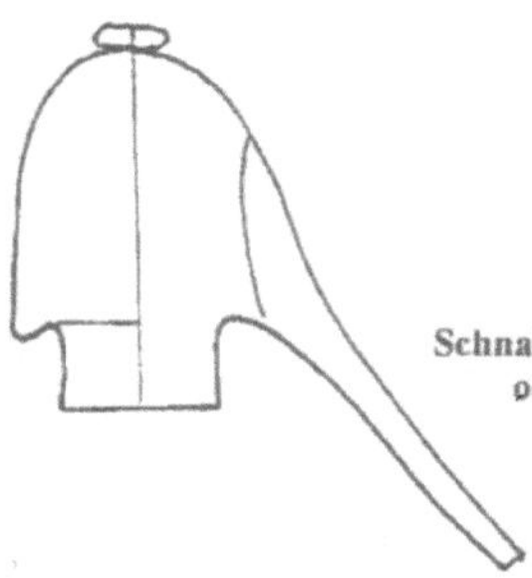<br><br>Bezeichnungen der einzelnen Teile eines Alembiken (nach KURZMANN 2000, 61-62) |

[71] Frau B. Huber M.A., Institut für Ur- und Frühgeschichte und Archäologie des Mittelalters, Universität Tübingen, sei für diesen Literaturhinweis herzlich gedankt.

Abbildung 130 zeigt eine Destillationsapparatur, bestehend aus einem Alembiken und einem hier mehr kegelförmigen Kolben. Der Alembik ruht auf einem Glasfadenring, der auf die Wandung des Kolbens aufgeschmolzen ist.

Alembik mit Kolben
HENKES (1994, 324 Nr. 66.1 und 66.2)
FO: Delft, Dat.: 17. Jh.
hellgrünes Glas, H: 41,5 cm
Schnauze z. T. abgebrochen!

Die nebenstehende Skizze (Abb. 131) zeigt die Durchführung einer Destillation mit dem Alembiken (*destillatio per alembicum*): Der Alembik sitzt auf dem Kolben, der in einem hier nicht gezeigten Sand-, Asche- oder Wasserbad erhitzt wird. Der aufsteigende Dampf kondensiert am Gewölbe, fließt in die Rinne und von dort in die Vorlage, eine Flasche.
Die als Vorlage dienende Flasche muss auf irgendeine Weise festgehalten werden, damit sie nicht von der Schnauze des Alembiken abrutscht. Dies kann mit Hilfe einer Schnur geschehen, die zum einen um den Knopf des Alembiken geschlungen wird, zum anderen durch zwei Ösen, die an den Hals

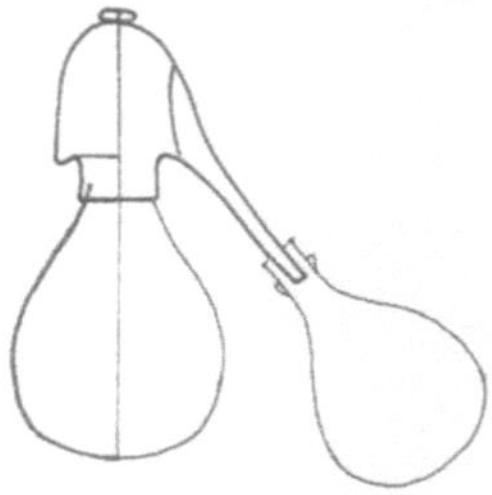

Destillationsapparatur
Vorlage: eine Flasche mit 2 Ösen

| | |
|---|---|
| der Vorlage angeschmolzen sind. (In der Zeichnung sind die Ösen um 90° versetzt gezeichnet, um sie darstellen zu können. Die Schnur läuft natürlich beidseits seitlich von der Schnauze des Alembiken.) Flaschenhälse mit solchen kleinen, Henkeln ähnelnden Ösen wurden in großer Zahl in Laboratoriums-kontexten gefunden (Abb. 132) (Falck 1982; VON OSTEN 1998, 218 Taf. 55). Auch MÖLLER (1995) und SCHÄFER (1995) erwähnen solche Flaschen.<br>Die Ösen machen einen wenig kunstvollen Eindruck; vielleicht hat sie der Alchemist selbst im Labor angebracht.<br>FROMMER (2001, Kat.-Nr. 356 u. 357) erwähnt besser gestaltete Ösen bei Funden aus der Glashütte Bebenhausen.<br><br>Eine andere Möglichkeit zum sicheren Auffangen des Destillats besteht im Aufsetzen eines Trichters, hier des mittelalterlichen Steilwandtrichters, auf die als Vorlage dienende Flasche (Abb. 133). | <br>Flaschenhals mit Ösen (M 1:3)<br>FALK (1982, Kat.-Nr. 21 Abb. 7 Nr. 10)<br>FO: Lübeck, Dat.: Mitte 15.-Mitte 16. Jh.<br>hellgrünes Glas, Randdurchm. 3,1 cm<br><br>Vorlage mit Trichter |
| **Trichter** (Abb. 134)<br><br>Es gibt Trichter in verschiedenen Formen: Steilwandtrichter (nebenstehende Abbildung) sowie halbkugelige oder kegelförmige Trichter, mit oder ohne Henkel | <br>Trichter<br>HENKES (1994, 325 Nr. 66.6)<br>FO: Delft, Dat.: 17. Jh.<br>grünes Glas, H: 21,5 cm |

**Retorte** (Abb. 135)

Es handelt sich um ein Destillationsgefäß, das aus einem Rationalisierungsbestreben heraus entstanden sein dürfte.
Die Retorte ist ein Gerät der Laboratoriumstechnik des 16. Jahrhunderts und ist aus einem Destillierkolben (lateinisch in Anlehnung an die kürbisähnliche Form *cucurbita*) mit langem Hals durch Umbiegen dieses Teiles entstanden. Hierauf geht auch ihr Name zurück: *cucurbita retorta* (KURZMANN 2000, 42). Sie vereinigt in sich einen Destillierkolben und einen Destillierhelm.
Das Biegen eines Glasrohres mit einem relativ großen Durchmesser sieht einfach aus, bedarf aber (wie schon beim Spitzbecher/Trinkhorn erwähnt) großer Geschicklichkeit.

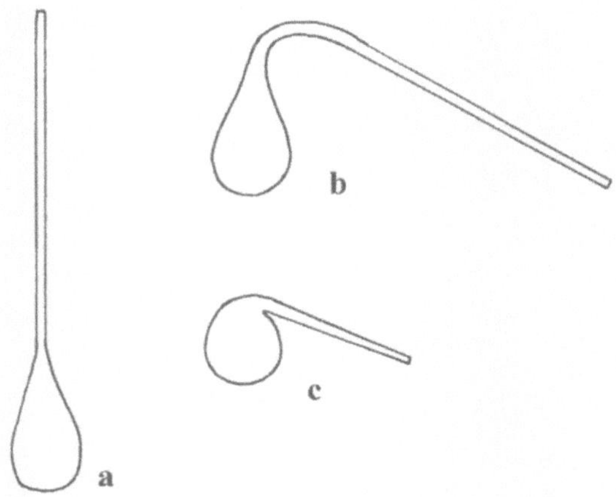

**a**: Kolben *(cucurbita)* mit langem Hals
**b**: Kolben mit umgebogenem Hals (*cucurbita retorta)*
**c**: Retorte in der „klassischen" Form

## Glättgläser

Nicht zu den Glasgefäßen gehören die Glättsteine, Gniedelsteine oder besser Glättgläser, die jedoch wegen ihres „technischen" Charakters an dieser Stelle in Anlehnung an die Arbeit von STEPPUHN (2000) wenigstens kurz behandelt werden sollen. Bei STEPPUHN (1998, 74-76) findet sich eine gute Zusammenfassung und Bewertung der Literatur.
Es handelt sich um „brötchenförmige" Glasobjekte mit meist 6-10 cm Durchmesser, 2,5-5 cm Höhe und einem Gewicht von 300-400 g. Sie bestehen aus klarem, dunkelgrünem oder dunkelgrünbraunem, meist opak erscheinendem Glas; es gibt jedoch auch klare Stücke. Eingeschlossene Luftblasen und nicht aufgeschlossene Feststoffe zeigen eine mangelhafte Glasqualität an. Sie sind meist massiv; es gibt jedoch auch hohle Exemplare. Sie wurden in einteiliger Form hergestellt; die flache Seite trägt eine Heftspur und spiralige Rotationsspuren, die gewölbte Seite ist konvex geformt und trägt Kratzspuren. Die hohlen Exemplare müssen mit der Pfeife in eine Form geblasen worden sein.

Die Verwendung dieser Teile wurde lange Zeit kontrovers diskutiert; die Fundsituation (verstreut in Siedlungen), die Kratzspuren auf der glatten, gewölbten Seite (zurückgehend auf Sandkörner, die beim Waschen auf die Wäsche geraten sind) sowie die ggf. hohle Form sprechen für die Verwendung als Glättgläser; auch an eine gelegentliche Verwendung als Mahlsteine ist zu denken. Die Deutung als Handelsware („Glasbarren") muss fallengelassen werden, obwohl in einigen Fällen insbesondere beschädigte Stücke sicherlich wieder eingeschmolzen wurden.

BERGER (2002; 2003) bringt Nachträge zu einer Altgrabung am Petersberg in der Basler Altstadt, bei der Reste von Holzbauten des 11./12. Jahrhunderts freigelegt wurden. Verteilt über das ganze Grabungsgelände fanden sich dabei u. a. 13 Glättgläser. Angesichts der nachgewiesenen Flachs- und Lederverarbeitung werden die Gläser zum Glätten sowohl von Leinen als auch von Leder gedient haben. Etliche zeigen unter dem Mikroskop Gebrauchsspuren. Einige der Gläser sind fragmentiert; sie lassen einen Aufbau aus verschieden farbigen Schichten erkennen. Mehrmals ist ein schwarzer Kern zu sehen. Ferner ist zu beobachten, dass die Glasmasse viele körnige Einschlüsse enthält. - Der Autor der vorliegenden Arbeit erklärt den schichtigen Aufbau und die Einschlüsse zwanglos damit, dass zur Herstellung dieser Teile unterschiedliche Glasreste aus den Häfen (in denen sich körnige Reste von Quarz und/oder Kalk absetzten) verwendet wurden. Diese Hypothese könnte natürlich durch chemisch-analytische Untersuchungen erhärtet werden. Wenn sie sich als richtig erweist, wäre dies ein Beweis dafür, dass diese Gläser gezielt im Rahmen einer „Resteverwertung" als Glättgläser hergestellt wurden. Als verhandelbares Rohglas wären sie ungeeignet.

WEDEPOHL (2003, 95) erwähnt Glättgläser aus Haithabu mit einer ungewöhnlichen Zusammensetzung (20-25 % Bleioxid, etwa 7 % Aluminiumoxid, etwa 3,5 % Eisen(III)-oxid), die aus Schlacken der Bleilager- (und Silbergewinnungsstätte) Melle (SW Poitiers) bestehen. Solche Glätter aus Bleischlackenglas fanden sich auch in Frankreich, England und Russland. Ihr hohes Gewicht macht sie als Glätter natürlich besonders geeignet.

Es gibt aber auch „Glaskuchen" in vielen Farben, die als Handelsware angesehen werden müssen und im 17.-19. Jahrhundert meist eine Stempelung trugen. Sie dienten als Rohstoff für Mosaiksteine, Dekore, insbes. für Emailarbeiten (CHARLESTON 1963).

## 8.3. Flachglas

Die folgende Tabelle 15 gibt einen Überblick über die bereits erwähnten Flachglas-Arten:

Tab. 15. Flachglas-Arten

| Bezeichnung | Form Abmessung | Dicke | Bemerkungen |
|---|---|---|---|
| Tafelglas | Rechteckig Etwa 30 x 40 cm | Um 2 mm | Flächenmaß nach LANG (1994) |
| Butzenscheibe[72] | Rund Etwa 10–12 cm Ø | Scheibe 0,5-2 mm Randwulst 2,2-4 mm | Charakteristisch: zu einem hohlen Randwulst umgeschlagener Rand Maße nach LANG (1991) |
| Mondglas[73] | Rund Etwa 1 m Ø | 1-1.5 mm | Butzen mind. 2 cm Ø (Maße nach STROBL 1990, 65-6) Durchmesser nach DIDEROT (1762-77, 2608) abgeschätzt Wurde zerschnitten verwendet |
| Tellerglas | Rund Ø etwa wie bei Butzenscheiben (Angaben fehlen) | Sehr dünn | Kein Butzen Wenig verbreitet, Herstellungsverfahren nicht geklärt (STROBL 1990, 67-8; SEIZ 1985; SEIZ 1994, 19-20) |

Das Produkt wurde meist als Halbfabrikat verhandelt; es gibt jedoch gelegentlich auf Fundstellen Hinweise, dass das Glas weiterverarbeitet wurde. Reste von Bleiruten (die H-förmigen Bleistege bei Bleiverglasungen) und gekröselte (mit dem Kröseleisen zum genauen Einpassen „beknabberte“) Glasfragmente sind Hinweise. Allerdings muss immer mit dem irritierenden Auffinden von Fremdglasscherben gerechnet werden, die dem Gemenge beigemischt werden sollten.

Butzenscheiben sind an dem umgebugten Rand, am relativ kleinen Durchmesser (10-12 cm) sowie an dem kleinen Butzen im Mittelpunkt zu erkennen. Mondglas besitzt einen sehr großen Butzen, Tellerglas gar keinen.

Die in der älteren Literatur zu findende Angabe, dass Mondglas eine französische Erfindung des 14. Jahrhunderts ist[74], muß nach LAFOND (1969) in das Reich der Legende verwiesen werden, die u. a. dadurch Nahrung erhielt, dass Theophilus diese Art der Fensterglaserzeugung nicht erwähnt. Mondglas wurde bereits in römischer[75] und frühmittelalterlicher Zeit hergestellt (CHARLESWORTH 1977) und auch im karolingerzeitlichen Kloster San Vicenzo al Volturno verwendet (DELL'ACQUA 1997;

[72] Engl. Bezeichnung: bull's eye pane. Die eingeführte, unmissverständliche Bezeichnung „Butzenscheibe“ soll beibehalten werden, obwohl sie erst in der Neuzeit aufkam. Die von LOIBL (2003) favorisierte Bezeichnung „Gemeine Scheibe“ erscheint doch etwas missverständlich.

[73] Engl. Bezeichnung: crown glass

[74] z. B. - aber schon vorsichtig - bei BENRATH 1880, 368.

[75] Unter den Funden aus Aquileia scheinen sich auch Butzenscheiben zu befinden (CALVI 1968, 174-75).

STIEGEMANN 1999, 180); im letzteren Falle dürfte es sich allerdings angesichts des geringen Durchmessers (13 cm) eher um eine Butzenscheibe handeln.
Die Herstellung der verschiedenen Flachglas-Arten ist in den Abbildungen 136-137 skizziert.

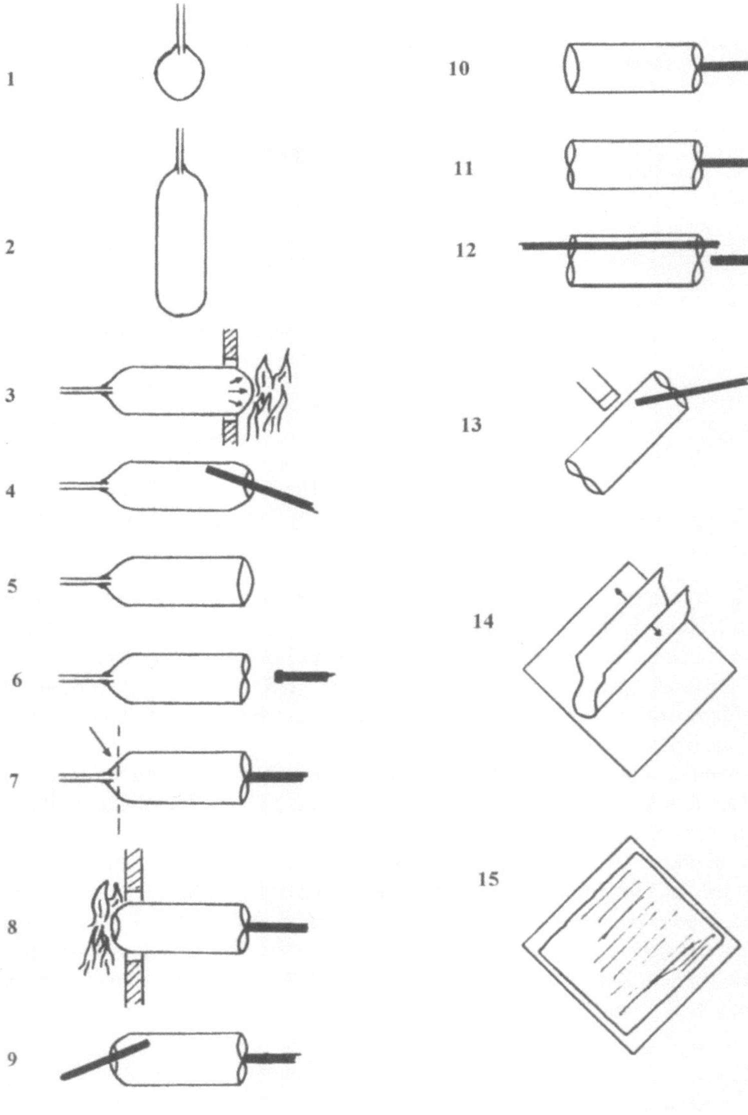


Abb. 136. Herstellung von Tafelglas nach Theophilus
Umzeichnung: Autor in Anlehnung an LANG (1994) und BREPOHL (1999, 194-95)
(bei Schritt 6-7 lückenhafte Schilderung bei Theophilus! – Ergänzt)

### 8.3.1. Tafelglas

Ein Kölbel wird durch mehrmaliges Eintauchen in die Glasschmelze auf die erforderliche Größe gebracht („mehrfach überstochen") (1) und zum Zylinder mit kugelkalottenförmigen Enden umgeformt (2). Das geschlossene Ende des Zylinders wird erhitzt und zum Aufplatzen gebracht (3). Die entstandene Öffnung wird auf den Zylinderdurchmesser aufgeweitet (4; 5). Nun muss dieses Ende gehalten werden, um das noch an der Pfeife hängende Ende des Zylinders bearbeiten zu können. Früher geschah dies nach Theophilus (1123, 2. Buch, 6. Kapitel) mit einem Hefteisen (oder einer zweiten Pfeife?). Hierzu wird das freie Ende des Zylinders zu einer 8 verformt, an deren Kreuzungspunkt das glühende, mit etwas Glas überzogene Hefteisen angesetzt wird (6). Das an der Pfeife hängende Stück wird abgesprengt (7); der Bereich der Öffnung wird erhitzt (8) und auf den Zylinderdurchmesser erweitert (9; 10). Auch diese Seite wird zu einer 8 verformt. Der deformierte Rohling (11) wird von einer Stange gehalten (12); das Hefteisen wird abgesprengt. Der Rohling wird an der Stange zum Kühlofen getragen, wo er nach dem Abkühlen an der Längsseite aufgesprengt (13) wird. Im Aufwärmofen des Streckofens wird der Rohling wieder erwärmt, dann auf der Streckplatte geöffnet (14). Die weiche Tafel legt sich infolge ihres Eigengewichts flach auf die glatte Unterlage (15); mit einem nassen Holz wird noch „gebügelt". Die nun völlig plane Tafel wird nach dem Festwerden in den Kühlofen des Streckofens gestellt und getempert.

Das unklar beschriebene, sehr umständliche Verfahren zum Ansetzen des Hefteisens an das zu einer Acht verformte Ende (Arbeitsschritt 6) gab Anlass zu vielen Diskussionen. Das Verformen der Zylinderenden zu einer Acht ist für das spätere Glätten ungünstig. Auch das Halten des großen Zylinders mit der kleinen Kontaktfläche am Hefteisen erscheint problematisch. Es ist nicht bekannt, wie lange und in welchem Umfang dieses Verfahren angewandt wurde. Die Funde aus der Glashütte Bebenhausen, die nun allerdings wesentlich später datiert ist, lassen den Schluss zu, dass zum einen nach Schritt 2 der gesamte Boden abgesprengt wurde (was zwar das Aufweiten entfallen ließ, jedoch die spätere Glastafel verkleinerte) und zum zweiten das so entstandene Zylinderende mit einer Zange gepackt wurde (KOTTMANN 2000, FROMMER 2001).

Die unklare Schilderung durch Theophilus lässt bekanntlich den Verdacht aufkommen, dass er diese Arbeiten nicht selbst durchgeführt hat. Vielleicht ist die Stelle aber auch so zu verstehen, dass die mehr oder minder in der Mitte der Zylinderöffnung liegende zusammengekniffene Stelle (bei Arbeitsschritt 6) mit der Zange gehalten werden soll und nicht mit einem Hefteisen oder einer Pfeife.

Es gibt weitere Methoden, den auf einer Seite geöffneten Zylinder zu halten und den Zylinder längs aufzuschneiden.

Nach DIDEROT (1762-77, II 922-26) wird der Glaszylinder am freien Ende mit einem eingeführten Werkzeug (Eisenstab mit einer runden Scheibe, über die das obere Ende des Zylinders etwas umgeschlagen wird) senkrecht hängend zum Aufschneiden mit einer Schere gehalten.

In der heute noch nach dem alten Zylinderblasverfahren arbeitenden Glashütte Lamberts in Waldsassen wird das freie Ende des Ballons (von Schritt 2) mit einem glühenden Glasbatzen erweicht und nach dem Einstechen einer Schere mit dieser abgeschnitten. Die Öffnung wird mit der Auftreibschere aufgeweitet; das Teil wird dann mit einem dreiarmigen, von außen greifenden Klemmwerkzeug gehalten. Nach dem Absprengen der Pfeife und abermaligem Erhitzen wird auch diese Öffnung aufgetrieben, so dass ein exakter Glaszylinder entsteht. Dieser wird getempert, nach dem Erkalten längs mit einem Diamantglasschneider aufgeschnitten und im Streckofen gestreckt.

### 8.3.2. Rundes geblasenes Flachglas („Scheiben")

Die Sammelbezeichnung „Scheiben" geht auf eine Anregung von LOIBL (2003) zurück. Abbildung 137 zeigt die z. T. ähnlichen Schritte bei der Herstellung.

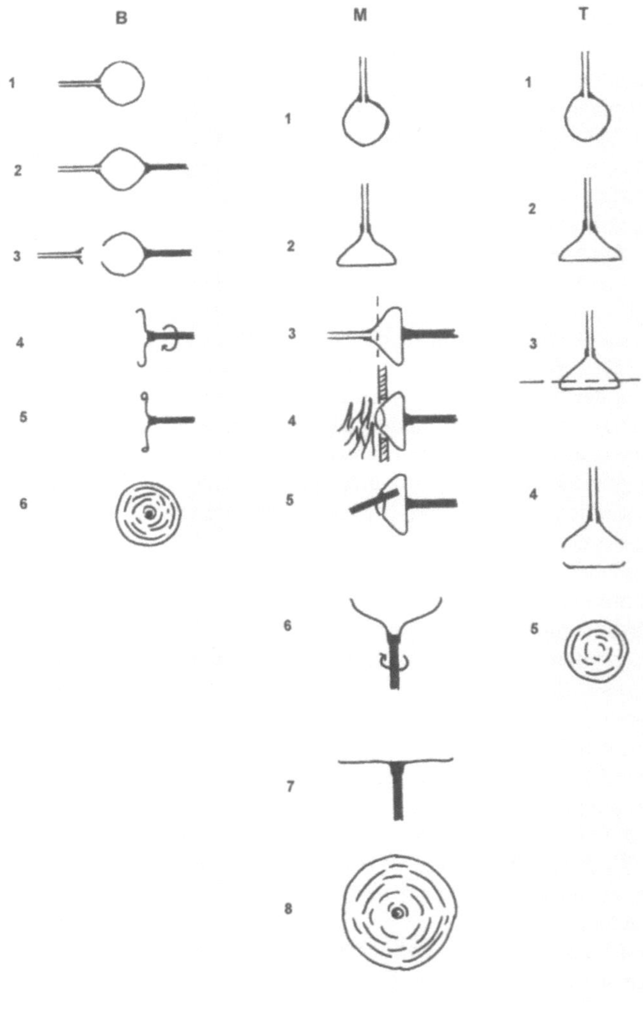


Abb. 137. Herstellung von Butzenscheiben (B), Mondglas (M) und Tellerglas (T)
(Zeichnung: Autor)

### 8.3.2.1. Butzenscheibe

Der Kölbel wird zu einer kleinen, dünnwandigen Kugel aufgeblasen (1) und der Pfeife gegenüber mit dem Hefteisen gefasst (2). Das Pfeifenende wird abgesprengt (3). Durch schnelles Rotieren des Hefteisens streckt sich die offene Kugel zur runden Scheibe (4), wobei sich der äußerste Rand zu einem Wulst mit Hohlraum umformt (5). Mit einem nassen Holz wird bei dieses Schritten nachgeholfen. Das Hefteisen wird abgesprengt. Die Stelle, an der es saß, bleibt als erhabene Markierung bestehen und bildet den namengebenden „Butzen" (6).

### 8.3.2.2. Mondglas

Der Kölbel wird durch mehrmaliges Überstechen auf das erforderliche Gewicht gebracht und zu einer Kugel aufgeblasen (1). Er wird dann auf dem „Marbel" (einer Marmor- oder Eisenplatte am Ofen auf dem Boden) gegenüber dem Pfeifenansatz flachgedrückt (2) und mit dem Hefteisen aufgenommen. Das Pfeifenende wird abgesprengt (3), die entstandene Öffnung wird stark erweitert (4, 5), bis eine kelchartige Form entstanden ist (6). Durch schnelles Rotieren des Hefteisens und wiederholtes Aufheizen wird der Glaskörper in eine runde Scheibe umgeformt (7), die zum Abkühlen in Asche gelegt wird. Das Hefteisen wird abgesprengt (8), die Scheibe wird getempert. Die Ansatzstelle des Hefteisens bleibt als relativ großer Butzen erhalten.

### 8.3.2.3. Tellerglas

Die Herstellungsweise des Tellerglases (nach LOIBL 2003 „Spiegelscheiben") ist noch nicht völlig geklärt, auch die vorliegenden Beschreibungen der Gläser sind ungenau. Es scheint sich hierbei um eine spezielle Herstellungsweise zu handeln, die nur lokal begrenzt angewandt wurde. Man denkt sie sich folgendermaßen: Der Kölbel wird wie beim Mondglas aufgeblasen (1) und unten abgeplattet (2). Dieser flache Teil wird dann abgesprengt (3). Durch Glattbügeln dieses Teiles (4) wird eine relativ kleine, runde Scheibe ohne Butzen erhalten (5), die nach SEIZ (1994, 20) spiralige, ein schönes Lichtspiel erzeugende „Schlieren" (sind hiermit feine spiralige Rippen gemeint?) besitzt.
Rezent gefertigte Tellergläser zeigen nicht die Optik der barocken Gläser. Vielleicht wurden die „Schlieren" durch optisches Blasen bei Schritt 2 unter Verwendung eines Models erzeugt.

Als Beispiel für die Schönheit einer Butzenscheibenverglasung wird in Abbildung 138 ein Fenster aus dem Schloss Hohentübingen gezeigt.
Problematisch ist bei großflächigen Butzenscheibenverglasungen die weiche Bleifassung der einzelnen Scheiben, die durch den Winddruck gefährdet ist. Zur Erhöhung der Stabilität müssen daher relativ kleine Holzrahmen oder Stützeisen (in gewissen Abständen durchgehende horizontale Eisenstäbe, an denen die mit angelöteten Bleiösen versehenen Bleifassungen befestigt sind) vorgesehen werden.

Abb. 138. Butzenscheibenverglasung am Schloss Hohentübingen
(Foto: Autor)

### 8.3.3. Glasfliesen

Diese seltene Produktgruppe gehört nicht eigentlich zum Flachglas, wohl aber zur übergeordneten Gruppe des Bauglases und soll daher an dieser Stelle anhand eines charakteristischen Fundes besprochen werden.
Bei der Ausgrabung des 822 gegründeten Benediktinerklosters Corvey, bei Höxter an der Weser gelegen, wurden Glasfliesen gefunden, die zumindest zu einem großen Teil als Wandfliesen dienten (STEPHAN et al. 1997, LOBBEDEY et al. 2001). Es handelt sich hauptsächlich um (regelmäßige) Sechsecke (Kantenlängen um 5,5-6,0 cm), einige Quadrate (maximal erhaltene Länge 5 cm) und einige gleichschenklige Dreiecke (Winkel von 44 bis 75°, erhaltene Länge etwa 6-7 cm, Höhe etwa 3-4 cm). Die Dicke beträgt 1,0 bis 3,5 cm. Die stark korrodierten opaken Fliesen zeigen im nicht korrodierten Kern die Farben Schwarz, Rot, Weiß, Gelb und Rot mit Grün[76]. Das Glas enthält körnige Einschlüsse. Es wurde auf eine ebene Fläche, nicht in eine Form, ausgegossen und mit einem Eisen- oder Holzstab geformt, wodurch die Dicke sehr ungleichmäßig ausfiel. Die Viskosität muss dabei recht hoch, die Temperatur der Glasmasse also (zu) niedrig gewesen sein.
Fünf Fliesenfragmente wurden in einer Verfüllungsschicht gefunden, die vor Errichtung des zweiten Chores, also vor 873, datiert ist. Drei Fragmente fanden sich in einem Bauhorizont des zweiten Chores, und die Mehrzahl der Teile fand sich im Zerstörungshorizont von 1667. Für die Fliesen ergibt sich hieraus, dass sie in karolingische

[76] Die Maß- und Farbangaben sind leider etwas unklar.

Zeit zu datieren sind, jedoch zum Teil bis 1667 im stehen gebliebenen Teil der ersten Kirche *in situ* verblieben.

Die chemische Analyse der Glasmassen ergab ein dieser Datierung widersprechendes Ergebnis. Es zeigte sich, dass das Glas der Fliesen extrem kaliumreich ist (25,7 % $K_2O$, Verhältnis $CaO/K_2O$ = 0,66), während die bisher untersuchten frühmittelalterlichen Gläser wesentlich kaliumärmer sind (9,1 % $K_2O$, Verhältnis $CaO/K_2O$ = 2,47). Das Fliesenglas entspricht daher mehr einem mittelalterlichen nordwestdeutschen Holzascheglas des 11. bis frühen 13. Jahrhunderts (20,4 % $K_2O$, Verhältnis $CaO/K_2O$ = 1,08).

Es erhebt sich also die Frage nach der richtigen Datierung.

Im Folgenden soll versucht werden, eine Antwort zu geben.

Zunächst ist festzuhalten, dass kein Anlass besteht, an den mitgeteilten Ergebnissen der stratigraphischen oder chemischen Untersuchungen zu zweifeln. Eine Antwort ist auch auf anderen Gebieten zu suchen.

Ausgangspunkt der Überlegungen hierzu ist die extreme Dicke der Fliesen. Das Gießen und Verstreichen der erforderlichen großen Glasmenge ist schwierig, besonders, wenn es sich um das hochschmelzende, kurze („kurz" im Sinne von „schnell erstarrend") frühmittelalterliche Holzascheglas handelt. Römisches gegossenes Fensterglas ist mit Wandstärken von einigen Millimetern bekannt; jedoch sind diese Scheiben aus dem niedriger schmelzenden, langen Natrium-Kalzium-Glas gegossen. Die Überlegung geht nun dahin, dass der Glaser, der die Fliesen herstellen wollte, nach anfänglichen Misserfolgen beim Gießen des üblichen Holzascheglases versucht hat, ein besser gießbares Glas herzustellen. Er kann versucht haben, dies durch Probieren mit anderen Aschen (nach WEDEPOHL (2002) wäre die kaliumreiche Farnasche geeignet) und Gemengezusammensetzungen (u. a. auch mit einem niedrigeren Siliziumdioxidgehalt) zu erreichen oder – ein kühner Gedanke – durch Verwendung von Pottasche, die er durch Extrahieren der Holzasche mit Wasser erhielt. Bis jetzt nahm man an, dass dieser Prozess im Zusammenhang mit der Glasherstellung erst im 16./17. Jahrhundert eine Rolle spielte, aber er wurde schon wesentlich früher im Zusammenhang mit der Verwendung der Holzasche zum Wäschewaschen, beim Äschern der Häute bei der Lederherstellung und schließlich später auch bei der Waidfärberei angewandt. Einem aufmerksamen Beobachter kann nicht entgehen, dass beim Eintrocknen der Lauge ein weißer Rückstand zurückbleibt, dessen Eigenschaften und Eignung zur Glasherstellung untersucht werden konnten. Die enge Verbindung zwischen dem Kloster Corvey und dem fränkischen Kloster Corbie an der Somme lässt jedoch die von Wedepohl gegebene Deutung wahrscheinlicher erscheinen, insbesondere auch, weil die Fliesen einen recht hohen Phosphorpentoxidgehalt von fast 2 % aufweisen, der von Pottasche nicht eingebracht werden kann.

Wenn diese Überlegungen richtig sind, läge in jedem Falle hier der für die frühe Glastechnologie äußerst interessante Fall vor, dass eine gezielte Entwicklung für eine bestimmte Anwendung zu einer neuen, für die Zeit nicht typischen Rezeptur führte. Weiterhin scheint diese Erfindung nur lokal angewandt worden zu sein.

In diesem Zusammenhang muss auf die bei MEYER (1848, Stichwort „Glas", I. Abteilung XII, 1146; vgl. das Kapitel „Untersuchung einer Glasgalle" in der vorliegenden Arbeit) mitgeteilte Rezeptur für ein Spiegelglas (Herstellung durch Gießen!) verwiesen werden. Sie weist einen Kaliumoxidgehalt von 28 % (sogar noch etwas höher, wenn man das auf das zugesetzte Kaliumnitrat zurückgehende Kaliumoxid

mitrechnet) aus. Der Gedanke, durch die Erhöhung des Kaliumgehaltes die Gießfähigkeit des Glases zu erhöhen, ist also offenbar richtig und - gar nicht so neu!
Die weitere Folgerung wäre, dass die Zusammensetzung eines Glases in kritischen Fällen nur vorsichtig zur Datierung herangezogen werden darf.
Die Glasfliesen von Corvey sind nicht die Einzigen aus karolingischer Zeit; weitere Funde sind aus Minden, Münster und Hildesheim bekannt.
Der Kern einer stark korrodierten Fliese aus dem Grab Bischof Eilberts (gestorben 1180) im Dom zu Minden wurde ebenfalls analysiert. Der Kaliumgehalt wurde zu 22,0 % bestimmt, das Verhältnis $CaO/K_2O$ zu 0,81. Die Mindener Fliese ist also kaliumärmer; die Werte liegen nur etwa im Bereich der Werte für die Fliesen aus Corvey. Die Möglichkeit einer Kaliumabreicherung auch im Kern durch die angegebene starke Korrosion ist nicht von der Hand zu weisen. Das Ergebnis kann dahingehend interpretiert werden, dass für den Guss von Fliesen über drei Jahrhunderte hinweg eine besondere Rezeptur existierte (Voraussetzung: keine Zweitverwendung alter Fliesen!).
Eine weitere untersuchte unkorrodierte, blaue Fliese aus Saint-Sauveur, Côte d'Or (anscheinend datiert vor 1000) zeigt die Zusammensetzung frühen Holzasche-Glases, was nun auch wieder überrascht.
Die besprochenen Analysenergebnisse zeigen, dass auf diesem Spezialgebiet noch erheblicher Forschungsbedarf besteht.
Einen Eindruck von der dekorativen Wirkung der Glasfliesen aus Corvey mag die allerdings mit Keramikfliesen dekorierte Außenfront des Torbaues von Kloster Lorsch geben.
Wandschmuck aus Glas hat eine lange Geschichte, die im alten Ägypten beginnt und sich über die mykenische Zeit und die Antike in das Mittelalter, in Gestalt der transparenten Glasbausteine sogar bis in die Neuzeit fortsetzt. Diese Produktgruppe, zu der ja auch die *opera tessellata* und die *opera sectilia* aus Glas gehören, wäre einer zusammenfassenden Arbeit unter archäologischen, kunsthistorischen und technologischen Gesichtspunkten wert.

# 9. EXPERIMENTE UND UNTERSUCHUNGEN

Experimente können viel zum Verständnis archäologischer Funde und Befunde beitragen, sei es beim Nacharbeiten zum Verständnis von Angaben in der Literatur, sei es zum Herstellen von Vergleichsmaterial, sei es zum Aufklären von möglicherweise durchgeführten Prozessen.
Speziell bei dem vorliegenden Thema, der mittelalterlichen Glastechnologie, sind Versuche mit den Rohstoffen, Versuche zur Herstellung verschiedener Gläser sowie Versuche mit Produktionshilfsstoffen durchführbar. Die Möglichkeit, mit einem nachgebauten Glasofen Produktionsversuche im Maßstab 1:1 durchzuführen, ist zwar sehr verlockend, dürfte aber meist an dem erforderlichen Aufwand, auch finanzieller Art, scheitern. ČERNÁ (1993) war durch verschiedene Umstände hierzu in der Lage; leider sind die Ergebnisse bis jetzt nur unzureichend publiziert.
Aber auch Versuche im kleinen Maßstab, im Laboratorium vorgenommen, haben ihren wissenschaftlichen und darüber hinaus auch didaktischen Wert bewiesen. Über eine Reihe von Versuchen, die z. T. im Rahmen von Übungen mit Studenten der Archäologie durchgeführt wurden, wird im Folgenden berichtet[77].

## 9.1. Roh- und Hilfsstoffe

### 9.1.1. Siliziumdioxid

Ein Problem beim Einsatz von Flusskieseln oder Silices als Rohstoff besteht darin, diese sehr harten Materialien zu zerkleinern. In der Literatur und bei Funden gibt es Hinweise, dass dies u. a. durch Erhitzen bis zum Glühen und anschließendes Abschrecken in Wasser geschah.

**Versuch**
Ein Flusskiesel und ein Silex-Stück wurden in einem Elektroofen auf etwa 1000°C erhitzt; die Dauer ist unerheblich, das Material muss nur diese Temperatur erreicht haben. Der glühende Stein wurde mit einer Tiegelzange gepackt und in eine Metallschale mit kaltem Wasser geworfen (Schutzbrille und Schutzhandschuhe!). Der Stein erhält durch die plötzliche Abkühlung zahllose Spannungsrisse, die ihn schon bei leichter mechanischer Beanspruchung, z. B. mit einem Hammer, in viele kleine Stücke zerplatzen lassen (Schutzbrille!). Abbildung 139 zeigt weiße Kiesel vor und nach der Zerkleinerung.

---

[77] **Sicherheitshinweis:** Mit allem Nachdruck muss darauf hingewiesen werden, dass alle chemischen Versuche – auch die im Folgenden beschriebenen – potenziell gefährlich sind. Maßnahmen zum persönlichen Schutz, natürlich auch von Zuschauern, sind unerlässlich. Dazu zählen grundsätzlich das Tragen einer Schutzbrille sowie beim Arbeiten mit heißen Gegenständen wie glühenden Steinen, Tiegeln u. ä. die Benutzung von Schutzhandschuhen. Die Richtlinien für Chemische Laboratorien der Berufsgenossenschaft Chemie sind zu beachten. Am besten wird ein sachkundiger Chemiker hinzugezogen.

Eine vor dem Erhitzen vorhandene schwärzliche oder bräunliche Färbung geht in ein helles Rot über, ggf. in Form roter Adern: beim Erhitzen an der Luft wird vorhandenes, in irgendeiner Art gebundenes Eisen zu rotem Eisen(III)-oxid oxidiert. Bei Silices verschwinden durch Kohlenstoff verursachte Graufärbungen.

Abb. 139. Kiesel vor und nach dem Zerkleinern
(Foto:Autor)

Sand kann ebenfalls in dieser Weise zu einem sehr feinen Pulver zerkleinert werden. Wegen seines in der Regel vorhandenen Eisengehaltes nimmt er dabei eine rötliche Färbung an.

### 9.1.2. Pottasche aus Holzasche

Die Asche von Landpflanzen, also auch Bäumen, enthält Kaliumkarbonat (genauer: Kaliumhydrogenkarbonat). Kaliumkarbonat bzw. Kaliumhydrogenkarbonat ist gut wasserlöslich, so dass es leicht mit Wasser aus der übrigen Asche herausgelöst werden kann. Wesentlich ist für die Glasherstellung, dass dabei das ebenfalls in der Asche enthaltene Kalziumkarbonat als wasserunlösliches Salz zurückbleibt. Auch Eisenverbindungen bleiben weitgehend im Unlöslichen zurück.

**Versuch**
140 g Holzasche aus einem offenen Kamin (diese Menge nimmt ein Volumen von etwa 800 ml ein!) wurden 100 ml-weise mit insgesamt 600 ml 60°C warmem Wasser übergossen; das Ganze wurde kurz aufgekocht. Der Brei wurde durch ein grobporiges Faltenfilter abfiltriert (das Filtrat war hellgelbgrün); der Filterkuchen wurde in zwei Portionen mit insgesamt 300 ml Wasser gewaschen. Die Filtrate wurden vereinigt und auf dem Sandbad zur Trockne eingedampft. Der noch unansehnliche Rückstand wurde in wenig destilliertem Wasser aufgenommen; die Lösung wurde durch ein Faltenfilter in einen gewogenen Weithals-Erlenmeyerkolben filtriert. Die Lösung wurde vorsichtig zur Trockne eingedampft. Der Kolben mit dem nun weißen getrockneten Rückstand wurde wieder gewogen. Aus der Gewichtsdifferenz ergibt sich die Ausbeute an roher Pottasche, die auf die Einwaage an Holzasche bezogen wird und dann die prozentuale Ausbeute ergibt. Im vorliegenden Versuch wurden aus 140 g Holzasche in der beschrie-

benen Weise 7 g rohe Pottasche in Form einer weißen, amorphen, krümeligen Masse gewonnen, was einer Ausbeute von 5 % entspricht. Abbildung 140 zeigt das Produkt.

Abb. 140. Aus Holzasche hergestellte Pottasche
(Foto: Autor)

**9.1.3. Holz**

Die Verwendung von gut getrocknetem Holz für die Feuerung ist eine wesentliche Voraussetzung für die Erzielung der für die Glaserschmelzung notwendigen Temperaturen. Es stellt sich die Frage, bei welcher Temperatur das Holz getrocknet werden muss. Eine Trocknung bei Umgebungstemperatur genügt auf keinen Fall.

Versuch
Von je einem an der Luft getrockneten Buchen- bzw. Fichtenscheit wurden kleine Späne (etwa im Streichholzformat) abgenommen und in kleinen, gewichtskonstant geglühten Tiegeln eingewogen; die Einwaagen betrugen jeweils etwa 2-3 g. Von den beiden Holzarten wurden jeweils drei Parallelproben untersucht. Die Tiegel mit den Holzspänen wurden 3 Stunden lang bei 105°C getrocknet und nach dem Erkalten im Exsikkator ausgewogen. Die Gewichtsdifferenz zur Einwaage ergab den Trocknungsverlust, der bezogen auf die Einwaage prozentual ausgedrückt wurde. Die jeweils drei Einzelwerte wurden gemittelt. Für beide Holzarten ergab sich der gleiche mittlere Wert für den Trocknungsverlust in Höhe von 14 %.
Der wesentliche Befund ist also, dass das sog. trockene Holz noch etwa 14 % Wasser enthält. Dieser Wert liegt sogar noch unterhalb der üblicherweise angenommenen Wassergehalte von 15-18 %. Die Werte sind natürlich abhängig von den jeweiligen Trocknungsbedingungen.
In einem zweiten Versuch wurden die gleichen Tiegel mit den bei 105°C vorgetrockneten Proben 3 Stunden lang bei 250°C getrocknet. Überraschenderweise waren die Proben danach unter einem Gewichtsverlust von etwa 50 % schwarz geworden, d. h. verkohlt. Eine Trocknungstemperatur von 250°C ist also zu hoch; sie muss darunter liegen.
Zur weiteren Klärung wurde die Thermogravimetrie als Untersuchungsmethode herangezogen. Diese Methode beruht darauf, dass die zu untersuchende Probe auf einer

Waagschale einer gleichmäßig ansteigenden Temperatur ausgesetzt wird, wobei die auftretenden Gewichtsveränderungen registriert werden.
In der vorliegenden Untersuchung[78] wurden zufällig entnommene Proben von 17 mg Buchenholz bzw. 12 mg Fichtenholz bei einer Temperatursteigerungsrate von 5 K pro Minute von Raumtemperatur auf 600°C erhitzt. Die Gewichtsabnahme wurde registriert. Das Ergebnis zeigt Abbildung 141.

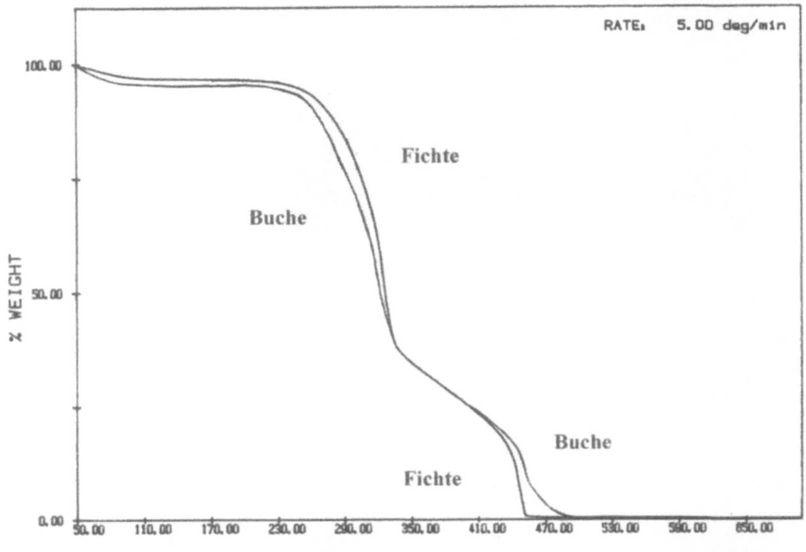


Abb. 141. Thermogramm der Trocknung von Holz

Zunächst erfolgt die Wasserabgabe (in diesem Falle nur etwa 10 %, was auf die längere Lagerung und damit Trocknung der Proben im Laboratorium zurückgeht) bis zum Wendepunkt der Kurve bei etwa 170°C. Dann setzt ein stärkerer Gewichtsverlust ein, der auf die Abgabe und Abspaltung leicht flüchtiger Verbindungen zurückzuführen ist: es handelt sich um den Beginn des Verkohlungsprozesses. Im Bereich 250 bis 300°C liegt der Zündpunkt von Holz: diese flüchtigen Verbindungen „fangen Feuer". Ab etwa 340°C ist ein langsamerer Gewichtsverlust zu bemerken, der seine Ursache im Verglimmen des Kohlenstoffs hat. Dieser Prozess ist beim Buchenholz bei 490°C abgeschlossen, beim Fichtenholz schon bei 450°C. Hierin spiegelt sich die Angabe in der alten Literatur wieder, dass zum Beheizen des Glasmacherofens „leichtes Holz" verwendet werden soll: es verbrennt leichter und schneller. Das Beheizen mit Buchenholz wäre falsch. Ab 490 bzw. 450°C liegt dann nur noch die Asche vor.
Diese thermogravimetrische Untersuchung wurde – wiederum mit zufällig entnommenen Proben - bei Aufheizraten von 10 und 20 K/min wiederholt. Das Ergebnis war praktisch das gleiche, nur waren die Kurven wegen der schnelleren Aufheizung zu

[78] Der Autor dankt Frau I. Christens, Werkstoff- und Prozesstechnik, Labor, Werk Sindelfingen der DaimlerChrysler AG herzlich für die sorgfältige Durchführung dieser Messungen.

höheren Temperaturen hin verschoben: ein in der Thermogravimetrie wohlbekannter Effekt.
Er führt dazu, dass diese Untersuchung nur eine Tendenz angeben kann, da die Randbedingungen, besonders die Aufheizrate, anders sind als in der Praxis.
Eine gröbere, vielleicht aber etwas einsichtigere Untersuchung ist die auf einer Kofler-Heizbank. Dieses Gerät besteht aus einer verchromten Stahlschiene, die an einem Ende kontrolliert beheizt wird. Auf ihr bildet sich daher ein Temperaturgradient aus, der von Raumtemperatur bis zu etwa 260 °C reicht.
Für den Versuch[79] wurden flache Buchen- und Fichtenholzspäne auf der Schiene so angeordnet, dass sie jeweils in einer Reihe den Temperaturbereich von etwa 150 bis 250 °C überstrichen. Nach 90 Minuten zeigte sich im Bereich von 190 °C (Zeigerstellung) eine leichte Braunfärbung der Holzspäne (auf dem Schwarzweißfoto schwer erkennbar), die sich zu höheren Temperaturen (nach links) hin verstärkte. Abbildung 142 zeigt das Ergebnis.

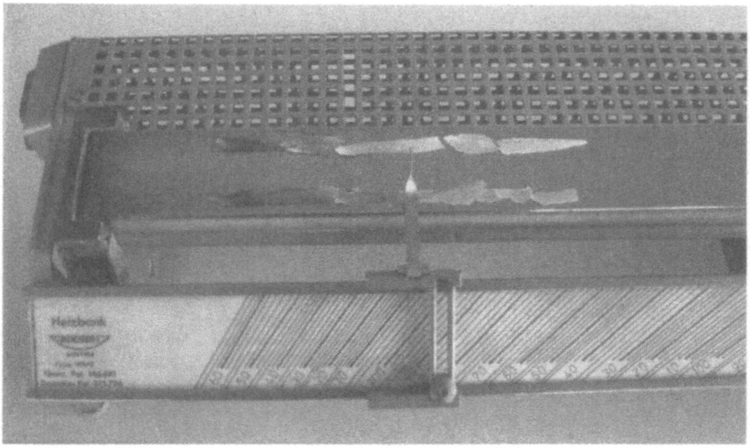

Abb. 142. Erhitzen von Holz auf der Kofler-Bank. Hinten (oben): Fichte, vorn (unten): Buche.
(Foto: Autor)

Bei etwa 190 °C beginnt also die Zersetzung der Holzspäne unter Braunfärbung nach 90 Minuten. Eine Trocknung sollte nicht wesentlich über dieser Temperatur erfolgen. Die dicken Scheite für die Beheizung der Glasöfen benötigen natürlich längere Zeiträume zum Trocknen.
Als Ergebnis dieser Untersuchungen bleibt festzuhalten, dass die Holztrocknung bei Temperaturen von etwa 150 bis 200°C erfolgen sollte.

[79] Herrn Dipl.-Ing (FH) U. Lässing, Werkstoff- und Prozesstechnik, Labor, Werk Sindelfingen der DaimlerChrysler AG sei für die freundliche Mitwirkung bei diesem Versuch gedankt.

### 9.1.4. Untersuchung einer Reihe von Hafenscherben auf Identität des Tones

Bei der Grabung Bebenhausen wurden sehr viele Hafenfragmente gefunden, die z. T. sehr unterschiedliche Färbungen zeigen. Die interessierende Frage, ob alle den Fragmenten zugrunde liegenden Häfen aus dem Ton eines einzigen Vorkommens gefertigt wurden oder ob Tone verschiedener Vorkommen beteiligt sind, wurde chemisch-analytisch bearbeitet. Das Ergebnis der halbquantitativen Untersuchung durch Röntgenfluoreszenzspektroskopie war, dass eine gewisse Wahrscheinlichkeit für die Verwendung des Tones eines einzigen Vorkommens besteht. Der Grund für dieses wenig befriedigend ausgefallene Ergebnis war, dass aus Kostengründen auf die aufwendige Probenpräparation durch Anfertigung von Schliffen verzichtet werden musste. Der auftretende hohe Geometriefehler infolge der nicht planen und somit nur beschränkt vergleichbaren Probenflächengrößen erlaubt keine weitergehende Aussage (KURZMANN 1999).
In der hier beschriebenen Untersuchung sollte versucht werden, diese Aussage zu erhärten. Als Untersuchungsmethode wurde die von DASZKIEWICZ et al. (2000) beschriebene Methode des Nachbrennens herangezogen. Der Methode liegt der Gedanke zugrunde, „dass das Brennverhalten (Farbe, Sintern, Schmelzen) von keramischem Material bei gleichen Brennbedingungen oberhalb der originalen Brenntemperatur im wesentlichen nur von der Zusammensetzung abhängt“. Dazu werden 2 bis 4 mm dicke Scheibchen der zu untersuchenden Scherben abgeschnitten; jeweils ein Scheibchen wird bei einer von 8 Temperaturstufen zwischen 400 und 1200°C nachgebrannt. Bei einem vereinfachten Verfahren werden kleine Proben bei nur einer Temperatur nachgebrannt. Das Aussehen der Proben wird dann verglichen. Bei „Beispielen wurde die durch Nachbrennen erhaltene Gruppierung anhand einer repräsentativen Probenauswahl chemisch und mikroskopisch überprüft und in der großen Mehrzahl bestätigt“.
Es liegt also ein einfaches und preiswertes Verfahren für Homogenitätsuntersuchungen vor, das allerdings auch nur Aussagen mit begrenzter Wahrscheinlichkeit liefert.
Dieses Verfahren sollte auf die ausgewählten, sehr verschieden aussehenden Hafenfragmente angewandt werden.

**Versuch**
Kleine Abschläge von den bereits chemisch untersuchten Fragmenten wurden zunächst 7 Stunden bei 1150°C , dann nochmals 7 Stunden bei 1340°C nachgebrannt (die Aufheizzeiten sind in den 7 Stunden nicht enthalten. 1340°C ist die maximal von dem zur Verfügung stehenden Ofen erreichbare Temperatur). Das Aussehen der Proben wurde jeweils nach dem Brennen im erkalteten Zustand untersucht und dokumentiert. Abbildung 143 zeigt die Proben nach dem Glühen bei 1340°C, Tabelle 16 die Ergebnisse der visuellen Beurteilung.

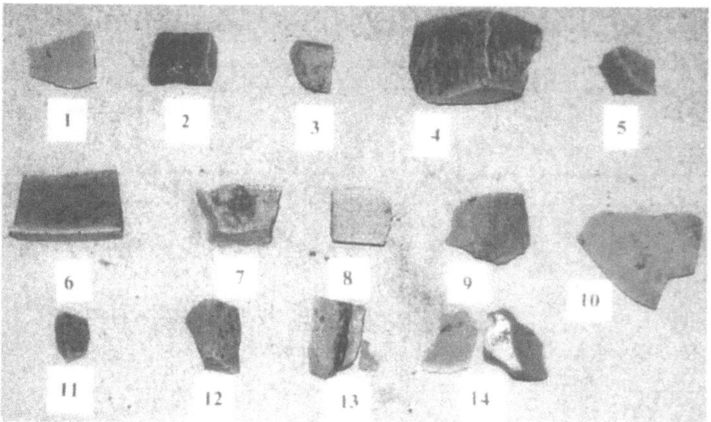


Abb. 143. Nachbrenn-Versuch (7 h 1150°C und anschl. 7 h 1340°C)
(Zu den Probennummern vgl. untenstehende Tabelle)

Tab. 16. Homogenitätsuntersuchung von Keramikproben durch Nachbrennen

| Probe Nr. Bezeichnung | Originales Aussehen | Aussehen nach 7 h bei 1150°C | Aussehen nach weiteren 7 h bei 1340°C | Bemerkungen zum Aussehen nach dem letzten Brand |
|---|---|---|---|---|
| 1 216/26 | hellgraubräunlich, dicht, keine Magerung | gelblich | beige | |
| 2 204/68 | dunkelgrau, porig, weiße Einschlüsse | schokoladenbraun | hellbraun | mit Glas durchsetzt, allgemein glasig |
| 3 204/173 | hellgraubräunlich, dicht, keine Magerung | gelblich | beige | |
| 4 7/131/145/38 | graubräunlich, porig, wenig weiße Einschlüsse | gelblich | hellbraun | dunkelbraune Einschlüsse |
| 5 212/43 | grau, porig, weiße Einschlüsse | gelblich | etwas dunkler beige | mit dunkelbraunen, z. T. glasigen Flecken durchsetzt |
| 6 208/46 | dunkelgrau, leicht porig, wenig weiße Einschlüsse | schokoladenbraun | hellbraun, beigefarbene Zonen, braune Flecke | mit dunklen, z. T. glasigen Flecken durchsetzt |
| 7 174/63 | hellgrau, leicht porig, weiße Einschlüsse | gelblich, braune und schwarze Zonen | beige, braune Flecke | |
| 8 28/163 Fr 2.1 | beige, dicht, weiße Einschlüsse | gelblich | beige | |

Forts. Tab. 16. Homogenitätsuntersuchung von Keramikproben durch Nachbrennen

| Probe Nr. Bezeichnung | Originales Aussehen | Aussehen nach 7 h bei 1150°C | Aussehen nach weiteren 7 h bei 1340°C | Bemerkungen zum Aussehen nach dem letzten Brand |
|---|---|---|---|---|
| 9<br>217/58 Fr 1 | hellgrau mit rosa Stich, leicht porig, wenig weiße Einschlüsse | gelblich | beige | |
| 10<br>217/58 Fr 2 | hellgraubräunlich, leicht porig, keine Magerung | gelblich, braune Zonen | beige | |
| 11<br>217/58 Fr 3 | grau, porig, weiße Einschlüsse | gelblich | beige | |
| 12<br>217/58 Fr 4 | orange; rote und graue Flecke um dunkle Einschlüsse, weiße Einschlüsse | gelblich, braune Flecke | beige | |
| 13<br>Lesefund 62 Fr 3.3 | hellgrau, porig, weiße Einschlüsse | gelblich, braune Flecke | beige | Ein dunkler Einschluss |
| 14<br>Lesefund Schnitt 7 Fr C 7.3.1 und Splitter | hellgrau, porig, weiße Einschlüsse | gelblich | beige | |

Fr = Fragment

Mit Ausnahme der Proben 2, 4, 5 und 6 haben die Proben nach dem Brennen bei 1340°C eine sehr einheitliche Beigefärbung angenommen. Die davon abweichenden Braunfärbungen der Proben 2, 4, 5 und 6 gehen offensichtlich auf starke Einwirkungen von eisenhaltigem Glas zurück, wie die erkennbaren Einschlüsse zeigen.
Das Ergebnis ist natürlich kein strenger Beweis für die Annahme einer einheitlichen Herkunft des für die Hafenherstellung verwendeten Tones, stützt diese Annahme jedoch zusammen mit dem Ergebnis der chemischen Analyse erheblich. Es spricht nichts für die Annahme, dass die Häfen aus Tonen verschiedener Lagerstätten hergestellt wurden.

Zusammenfassend kann gesagt werden, dass die Häfen mit hoher Wahrscheinlichkeit aus dem Ton einer einzigen Lagerstätte gefertigt wurden.
Eine später durchgeführte quantitative analytische Untersuchung der Proben bestätigte dieses Ergebnis (KOTTMANN 2000).

## 9.2. Lehm als Baustoff

Aus der Literatur sind keine Untersuchungen bekannt, die den für den Ofenbau verwendeten Lehm betreffen. Aus diesem Grunde wurden Versuche durchgeführt, die Aufschluss über einige Eigenschaften dieses wichtigen Baumaterials geben sollten. Diese Versuche werden im Folgenden geschildert.

### 9.2.1. Untersuchung des Schwindungs- und Brennverhaltens von Lehm von der Grabungsstelle Glashütte bei Bebenhausen

Der auf der Grabungsstelle anstehende Lehm sollte einer näheren Untersuchung unterzogen werden, z. B. um herauszufinden, ob er zum Bau der Öfen verwendbar ist.

**Versuch**

Eine Holzform für 3 etwa 20 cm lange Lehmstäbe mit dem Querschnitt 1 x 1 cm wurde hergestellt (Abb. 144). Zur Erleichterung des Entformens wurde der Boden der drei „Kanäle“ jeweils mit einem Polyäthylenfolienstreifen belegt.

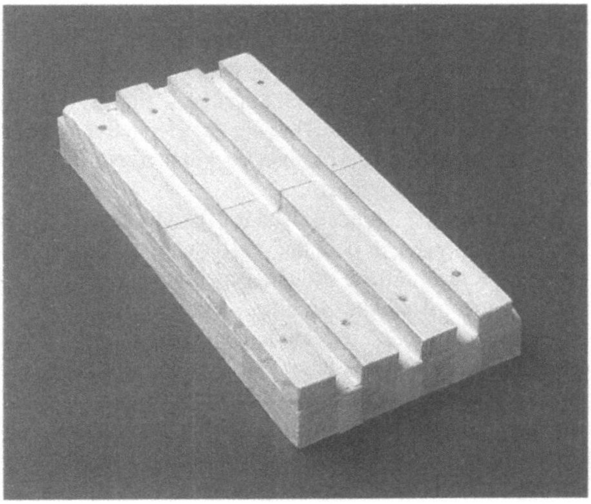

Abb. 144. Form zur Herstellung der Probestäbe
(Herstellung und Foto: Autor)

Der Lehm wurde mit etwas Wasser plastifiziert und von groben Verunreinigungen (Steinchen) befreit. Das Ergebnis war ein ungemagerter Lehm.
Ein Teil dieses Lehms wurde mit 1 Gewichtsteil Sand auf 2 Gewichtsteile Lehm gemagert.
Die Lehmproben wurden sorgfältig in die Kanäle der Holzform gepresst, und zwar wurden 1 ½ Kanäle mit ungemagertem und 1 ½ Kanäle mit gemagertem Lehm gefüllt.
Nach einer Woche Trocknungszeit wurden die Lehmstäbe entformt; die Trocknungsschwindung wurde durch Ausmessen bestimmt.

Die ursprünglich 20 cm langen Stäbe wurden geteilt, so dass von nun an 3 Stäbe aus ungemagertem und 3 Stäbe aus gemagertem Lehm, jeweils etwa 10 cm lang, zur Verfügung standen.
Zur Bestimmung der Brennschwindung wurden die Stäbe 5 Stunden bei 1000°C gebrannt (die Aufheizzeit ist in den 5 Stunden nicht enthalten). Danach wurde die Brennschwindung durch Ausmessen bestimmt.[80]
Die Mittelwerte der errechneten prozentualen Schwindungen sind der nachstehenden Tabelle 17 zu entnehmen.

Tab. 17. Trocknungs- und Brennschwindung von Lehm

| Schwindung | Ungemagerter Lehm | Gemagerter Lehm |
|---|---|---|
| Trocknungsschwindung bezogen auf Ausgangslänge | 7,0 % | 5,5 % |
| Brennschwindung bei 1000°C bezogen auf den Zustand nach der Trocknung | 4,6 % | 1,8 % |

Wie zu erwarten, ist die Schwindung beim ungemagerten Lehm größer als beim gemagerten.
Die Werte liegen im normalen Bereich; daher es ist denkbar, dass der anstehende Lehm in der Glashütte eine Verwendung fand. Allerdings finden sich in der Literatur Hinweise, dass zum Ofenbau der gleiche Ton wie zur Herstellung der Häfen verwendet werden soll. Um hierzu eine Aussage machen zu können, wurden Brennversuche bei noch höheren Temperaturen durchgeführt.
Hierzu wurden die Stäbe noch 7 Stunden bei 1150°C und dann 7 Stunden bei 1340°C (maximal erreichbare Temperatur in dem zur Verfügung stehenden Ofen; auch hier ist die Aufheizzeit in der Brennzeit nicht enthalten) gebrannt. Bereits bei 1150°C zeigten Unregelmäßigkeiten an, dass der Lehm sich zu verändern begann (die Schwindung im gemagerten Zustand wurde größer als im ungemagerten). Die Stäbe, vorher noch rotbraun, nahmen eine schokoladenbraune Färbung an. Bei 1340°C schrumpften 5 Stäbe, einer dehnte sich aus (vermutlich durch Lufteinschlüsse). Alle Stäbe klebten im abgekühlten Zustand auf der Schamotteplatte, zeigten abgerundete Kanten und waren klingend hart gebrannt. Die schokoladenbraune Färbung wurde beibehalten.
Abbildung 145 zeigt die bei 1340°C geglühten Lehmproben auf der als Unterlage dienenden Schamotteplatte.
Der anstehende Lehm beginnt bei etwa 1150°C seine Eigenschaften nachteilig zu verändern, bei 1340°C erweicht er deutlich. Da diese Temperaturen auch beim Betreiben der Glasöfen, zumindest in einigen Bereichen, etwa erreicht worden sein müssen, ist der Lehm zumindest für die heißen Teile des Ofens nur eingeschränkt tauglich. Er wurde jedoch trotzdem verwendet, wahrscheinlich, weil der besser temperaturbeständige Hafenton dazu zu teuer war.
Unter den Funden der Grabung Bebenhausen befinden sich gebrannte Lehmbrocken, die auf einer Seite eine Art weißen Anstrich aufweisen (KOTTMANN 2000, FROMMER 2001). Hierbei kann es sich um eine korrodierte Schicht aus verglastem Lehm handeln.

[80] Bei diesem Versuch wirkte A. Kottmann mit.

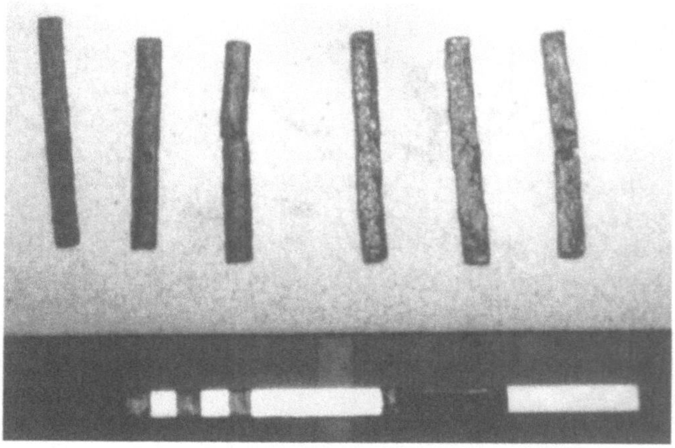

Abb. 145. Die auf 1340°C erhitzten Lehmproben
(links 3 ungemagerte, rechts 3 gemagerte Probestäbe)

### 9.2.2. Untersuchung von gebrannten Lehmproben von der Grabungsstelle Glashütte bei Bebenhausen mit dem Verfahren der Hochtemperatur-Differentialthermoanalyse (HT-DTA)

Es sollte untersucht werden, ob aus den Thermogrammen Informationen zu den Temperaturen, denen die Lehmproben im Mittelalter ausgesetzt waren, gewonnen werden können.
Hierzu wurden 8 Lehmproben ausgewählt; eine Probe (Ofen F) aus der Grabung Dürnau, Wasserschloß (ADE-RADEMACHER et al. 2000) wurde zu Vergleichszwecken mituntersucht.

Tab. 18. Beschreibung der Probenahmestellen

| Probe Nr. | Proben-Benennung | Bemerkungen zur Probenahme |
|---|---|---|
| 1 | Anstehender Lehm, ungebrannt, | P 80, außerhalb des Ofenbereichs |
| 2 | Ofen A, Bef.353, S 2, F 5 (Ofen A in W) | Am Ende der Wärmeeinflußzone |
| 3 | Ofen A, Bohrkern S 2 (Ofen A zentral) | Zwischen den Ofenbänken |
| 4 | Ofen B, Bef. 318, S 10, F 2 (Ofen B in W) | In der Längsachse |
| 5 | Ofen B, Bef. 74, S 4, F 4 (Ofen B in O) | In der Längsachse |
| 6 | Ofen C, Bef. 394, S 1, F 3, (Ofen C zentral) | In der Längsachse |
| 7 | Ofen C, Bef. 360, S 1, F 3 (Ofen C in N) | In der Längsachse |
| 8 | Ofen C, Bef. 394, S 1W, F 4 (Ofen C Randbereich) | Hart am Rand der Wärmeeinflußzone |
| 9 | Ofen F, Bef. 49 (Sohle des Ofens) | Im Mittelpunkt des ehem. Kreises |

Die Bezeichnungen A, B, C der verschiedenen Öfen sind die aus dem Grabungsplan Glashütte bei Bebenhausen. Die Bezeichnung F bezieht sich auf den Plan bei ADE-RADEMACHER et al. (2000).
Probe 1 war braun, alle übrigen Proben waren rotbraun gebrannt.

Die Proben aus verschiedenen Zonen der drei Öfen der Hütte Bebenhausen wurden an den in Tabelle 18 beschriebenen und in Abbildung 146 gezeigten Stellen von A. Kottmann genommen.

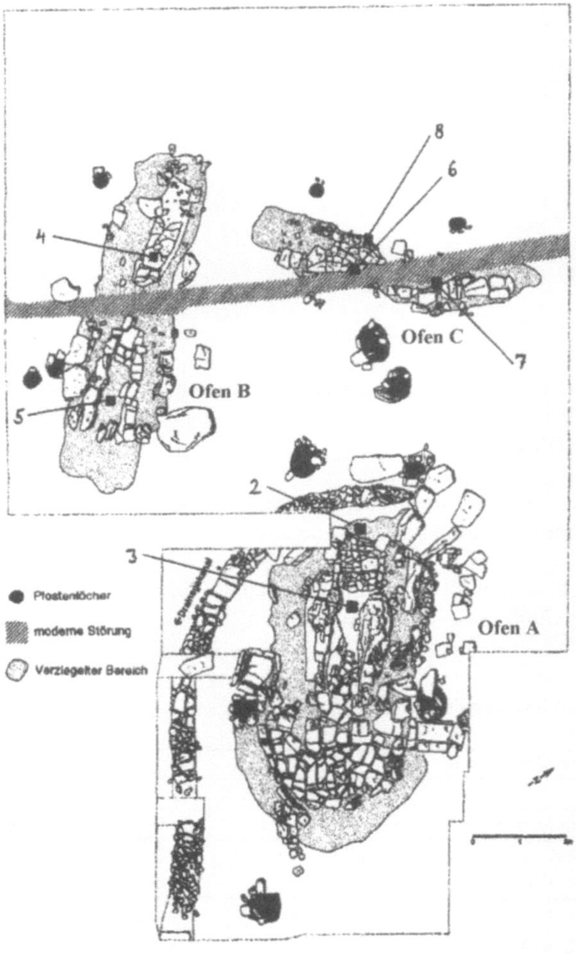


Abb. 146. Probenahmestellen für gebrannten Lehm. Glashütte bei Bebenhausen
(Zeichnung H. J. Frey, Institut für Ur- und Frühgeschichte und Archäologie des Mittelalters, Universität Tübingen, mit Ergänzungen des Autors)

**Versuch**
Die Proben wurden mit dem Hochtemperatur-DTA-Gerät DSC 2920 in Verbindung mit der Messzelle 1600 DTA der Firma TA Instruments untersucht[81].

---

[81] Für die sorgfältige Durchführung der Messungen ist der Autor Herrn Dipl.-Chem. (FH) Joachim Trick, Produktions- und Werkstofftechnologie der DaimlerChrysler AG, zu Dank verpflichtet.

Die Parameter:
Vergleichssubstanz Aluminiumoxid
Aufheizrate 50 K pro Minute
Maximale Temperatur 1600°C

Feststellungen
Die Thermogramme zeigen mehr oder minder deutlich

- einen endothermen Peak zwischen 100 und 200°C: Wasserabgabe
- einen endothermen Peak um 600°C: OH-Abgabe von Kaolinit
  (bei 575°C (andere Angabe 578°C) liegt der Umwandlungspunkt von Nieder- in Hochquarz, der aber hier nicht erkennbar ist)
- im Bereich um 900-950°C manchmal einen undeutlichen exothermen Peak: Bildung von Mullit[82]
  sowie einen Wendepunkt
- in einigen Fällen starke Wärmeaufnahme ab 1000°C
- im Bereich 1400-1600°C: sehr unübersichtliche endotherme und exotherme Reaktionen (Schmelz- und Zersetzungsvorgänge)

Die Reproduzierbarkeit ist nur ausreichend gegeben (Inhomogenität der Proben).
Für die Interpretation ist das Geschehen im Temperaturbereich um 900-950°C wichtig.
Aus einer anderen Untersuchungsreihe (Untersuchung des Schwindungs- und Brennverhaltens des auf dem Grabungsgelände anstehenden Lehms) ist bekannt, dass der Lehm bei etwa 1300°C zu erweichen beginnt.
Die auf 1600°C erhitzten Proben dieser Untersuchung waren zu einem schwarzen Glas mit grünen Schlieren und hellen Einschlüssen geschmolzen.
Tabelle 19 zeigt die Ergebnisse im Einzelnen.

Tab. 19. Auswertung der Thermogramme

| Probe Nr. | Endoth. Peak zw. 100 und 200°C | Endoth. Peak um 600°C | Exoth. Peak u. Wendepunkt bei ca. 900-950°C | Wärmeaufnahme ab ca. 1000°C | Bemerkungen |
|---|---|---|---|---|---|
| 1 ungebr. Lehm | Vorh. | Vorh. | Vorh. | Schwach bis gar nicht | Beim 2. Aufheizen nur noch Wendepunkt |
| 2 Ofen A | Vorh. | Vorh. | Kaum vorh. | Schwach | Beim 2. Aufheizen verschwindet alles |
| 3 Ofen A | Undeutlich | Schwach | Nicht vorh. | Stark | Beim 2. Aufheizen starke Wärmeaufnahme ab ca. 600°C |
| 4 Ofen B | Vorh. | Schwach | Vorh. | Nicht vorh. | Beim 2. Aufheizen nur noch Wendepunkt |
| 5 Ofen B | Vorh. | Vorh. | Vorh. | Kaum | Beim 2. Aufheizen Wärmeaufnahme ab 1000°C deutlich |

[82] Mullit $3Al_2O_3 \cdot 2SiO_2$ bildet sich in exothermer Reaktion bei Temperaturen ab 950°C aus den vorliegenden natürlichen Aluminiumsilikaten.

Forts. Tab. 19. Auswertung der Thermogramme

| Probe Nr. | Endoth. Peak zw. 100 und 200°C | Endoth. Peak um 600°C | Exoth. Peak u. Wendepunkt bei ca. 900-950°C | Wärmeaufnahme ab ca. 1000°C | Bemerkungen |
|---|---|---|---|---|---|
| 6 Ofen C | Vorh. | Vorh. | Vorh. | Nicht | Beim 2. Aufheizen nur noch Wendepunkt |
| 7 Ofen C | Vorh. | Vorh. | Kaum vorh. | Schwach | |
| 8 Ofen C | Vorh. | Vorh. | Vorh. | Nicht | |
| 9 Fremder Lehm Ofen F | Vorh. | Vorh. | Kaum vorh. | Schwach | Zusätzlicher endoth. Peak bei 859°C: Dieser Lehm unterscheidet sich vom Bebenhäuser Lehm |

**Folgerungen:**

**Probe Nr. 1:** Der Lehm bildete erst bei der Analyse Mullit, d. h. er wurde vorher noch nicht auf Temperaturen um 950°C erhitzt. (Weil bekannt ist, dass es sich bei Probe Nr. 1 um ungebrannten Lehm handelt, ist diese Aussage trivial; sie ist aber für die Interpretation der übrigen Ergebnisse wichtig).
**Probe Nr. 2:** Die Probe bildete bei der Analyse undeutlich Mullit, d. h. sie wurde bereits vorher auf Temperaturen um 950°C erhitzt (wohl nur in geringem Maße).
**Probe Nr. 3**: Die Probe bildete bei der Analyse keinen Mullit, d. h. sie wurde bereits vorher auf Temperaturen um 950°C erhitzt.

**Die durch die Proben Nr. 2 und 3 repräsentierten Teile des Ofens A wurden also mindestens auf Temperaturen um 950°C erhitzt.**

**Proben Nr. 4 und 5**: Die Proben bildeten erst bei der Analyse etwas Mullit, wurden also vorher nicht auf Temperaturen um 950°C erhitzt. Keine bzw. kaum Wärmeaufnahme ab 1000°C.

**Die durch die Proben Nr. 4 und 5 repräsentierten Teile des Ofens B wurden nicht so stark erhitzt wie Ofen A, sondern nur auf Temperaturen unter 950°C.**

**Proben Nr. 6, 7 und 8**: Proben 6 und 8 bildeten erst bei der Analyse Mullit, Probe 7 bildete nur undeutlich Mullit, d. h. die Proben wurden vorher nicht auf Temperaturen um 950°C erhitzt.
Dabei wurde Probe 7 stärker erhitzt als die Proben 6 und 8. Kaum Wärmeaufnahme ab 1000°C.

**Die durch die Proben Nr. 6, 7 und 8 repräsentierten Teile des Ofens C wurden nicht so stark erhitzt wie Ofen A, sondern nur auf Temperaturen unter 950°C.**

**Probe Nr. 9**: Die Probe bildete erst bei der Analyse etwas Mullit, wurde also vorher nicht auf Temperaturen um 950°C erhitzt.
Der gegenüber den Bebenhäuser Proben zusätzlich auftretende endotherme Peak bei 850°C beweist, dass es sich um Lehm einer anderen Lagerstätte handelt.

**Der durch Probe Nr. 9 repräsentierte Teil des Ofens F wurde nur auf Temperaturen unter 950°C erhitzt.**

Den vorstehenden Auswertungen liegen die Angaben bei ROTTLÄNDER (1983, 144-48) zugrunde, die sich allerdings auf Ton bzw. Keramik beziehen. Da es sich bei Lehm um ein wesentlich unreineres Material handelt, sind Abweichungen, insbesondere in Bezug auf die Größe der Effekte, anzunehmen.
Die erhaltenen Ergebnisse sind plausibel: Ofen A ist der bei hoher Temperatur arbeitende Arbeitsofen, die Öfen B und C sind bei niedrigerer Temperatur arbeitende Nebenöfen (Streck- und Kühlöfen), Ofen F wird als Backofen interpretiert, der natürlich ebenfalls bei niedrigerer Temperatur arbeitete. Trotz dieses eigentlich brauchbaren Ergebnisses wäre eine breitere Basis für die Auswertung wünschenswert gewesen. So stellt die hier mitgeteilte Untersuchung vielleicht nur einen ersten Versuch in dieser Richtung dar, der durch weitere Arbeiten ergänzt werden muß.
Bei Proben kann unklar sein, aus welchem Teil des verstürzten Ofens, insbesondere des nicht mehr erhaltenen aufgehenden, sie stammen, also ob sie einer früher heißen oder kälteren Zone zugeordnet werden müssen. Auch diese Unsicherheit beeinträchtigt natürlich die Interpretation. Im vorliegenden Falle wurde allerdings streng darauf geachtet, Proben nur aus sich noch *in situ* befindlichen Ofenabschnitten zu entnehmen.
Unklar ist auch, welchen Einfluss die jahrhundertelange Bodenlagerung auf den gebrannten Lehm hat. Es ist merkwürdig, dass nur wenige so hart gebrannte Lehmbrocken gefunden wurden, wie sie im Labor bei einer Ofentemperatur von 1340°C erzeugt wurden. Keramik ist bekanntlich bei der Bodenlagerung außerordentlich beständig - allerdings nur, wenn sie gut gebrannt ist.
Der Ofen A muss im Inneren ähnliche Temperaturen erreicht haben. Denkbar ist, dass dabei viel Alkalioxid verdampfte und ein leicht korrodierendes Schmelzprodukt mit dem Lehm gerade an den heißesten Stellen des Ofens bildete. Bei der langen Bodenlagerung verging dann dieses Produkt zum großen Teil.
In Abbildung 147 a, b werden zwei typische Diagramme, nämlich die von Probe 1 und Probe 3, gezeigt.

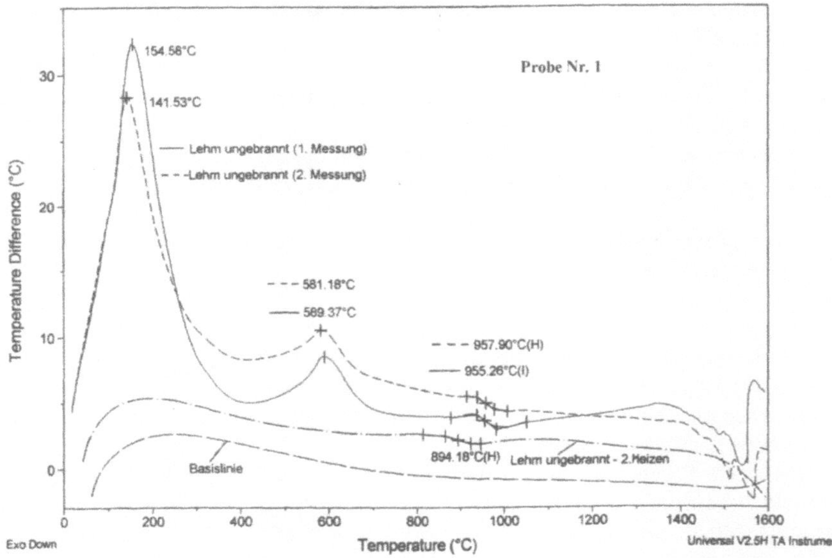


Abb. 147 a. HT-DTA-Diagramm von Probe Nr.1: Anstehender Lehm, ungebrannt.
Im Temperaturbereich um 950°C ist ein kleiner exothermer (im Diagramm nach unten gerichteter) Peak zu erkennen, der der exothermen Bildung von Mullit zugeschrieben wird. Die Probe wurde also vor der Analyse nicht auf Temperaturen über 950°C erhitzt.
Die 2. Messung ist eine Wiederholungsmessung an einer zweiten Lehmprobe; sie dient der Überprüfung der Reproduzierbarkeit, die in Anbetracht der Kleinheit der Proben und der anzunehmenden nur mäßiger Homogenität des Lehmes als zufriedenstellend beurteilt werden muss.
Die Kurve „2. Heizen" wurde beim nochmaligen Aufheizen der 2. Probe erhalten. Sie zeigt noch eine geringe Mullit-Bildung an, was bedeutet, dass die Aufheizrate von 50 K pro Minute zu schnell war, um die Mullit-Bildung beim 1. Aufheizen abzuschließen.

Die Aussagekraft dieser Methode ist leider begrenzt, da sie nur zwei Fälle – die Probe wurde auf Temperaturen über etwa 950°C erhitzt oder nicht erhitzt – zu unterscheiden gestattet. In gewissen Fällen wird diese Feststellung jedoch von Wert sein, da sie auf anderem Wege erarbeitete Interpretationen zu stützen oder in Frage zu stellen vermag. Weiterhin kann die Methode wahrscheinlich angewendet werden, um festzustellen, ob Lehm- oder Tonproben einer Lagerstätte entstammen oder verschiedenen Lagerstätten. Um Angaben zur Sicherheit einer solchen Aussage machen zu können, sind jedoch noch weitere Untersuchungen erforderlich.
Weitere Möglichkeiten zur Bestimmung thermischer Vorgeschichten, die jedoch dem Autor nicht zur Verfügung standen, bieten natürlich mineralogische Untersuchungen.

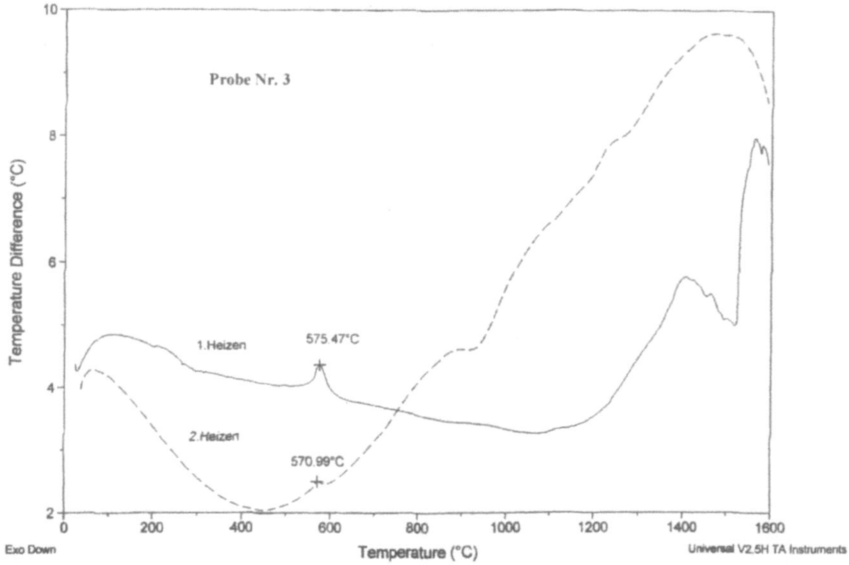


Abb. 147 b. HT-DTA-Diagramm von Probe Nr. 3: Bohrkern Ofen A zentral
Der die Mullit-Bildung anzeigende Peak bei etwa 950°C fehlt. Die Probe wurde also bereits vor der Analyse auf Temperaturen über etwa 950°C erhitzt.

### 9.2.3. Zur Reaktion zwischen Lehm und Alkalioxiden: Glas aus Lehm

In Grabungsberichten werden häufig Funde von „Schlacke" oder „Glasschlacke" beschrieben, ohne dass definiert wird, was darunter zu verstehen ist. Während der Grabung bei Bebenhausen kamen wir überein, die Begriffe „Schlacke" oder „Glasschlacke" nicht mehr zu verwenden und die Funde, die bisher darunter verstanden wurden, genauer zu benennen, nämlich „Glasgalle" und „Nicht ausreagiertes Gemenge". Etwas verwundert waren wir schon über die größeren Mengen an Glasgalle, die bei einem Holzasche-Glas eigentlich nicht zu vermuten sind[83]. FROMMER (2001) hatte den Gedanken, dass das gefundene, als Glasgalle bezeichnete Material in Wirklichkeit herabgetropfter, geschmolzener Lehm aus dem Ofengewölbe sein könnte. Nun wird der Lehm bei den Ofentemperaturen nicht so dünnflüssig, dass er herabtropfen könnte, aber unter dem Einfluss eines Flussmittels ist dies vorstellbar. Bei LOYSEL (1802, 244) findet sich ein entsprechender Hinweis.
Der Autor der vorliegenden Arbeit arbeitete zur Klärung einen entsprechenden Versuch aus, der im Folgenden geschildert wird. Ausgangspunkt der Überlegungen hierzu war die Tatsache, dass die beim Niederschmelzen des Gemenges aus den Alkalikarbonaten entstehenden Alkalioxide bei den herrschenden Temperaturen flüchtig sind und sich am Ofengewölbe niederschlagen. Da der zum Ofenbau verwendete Lehm aus Sand und

[83] Die bei Natrium-Kalzium-Gläsern anfallende Glasgalle ist zum großen Teil wasserlöslich, so dass auch in diesem, hier nicht vorliegenden Falle kaum nennenswerte Funde zu erwarten sind.

Silikaten besteht (Sand wird üblicherweise auch noch zur Magerung zugefügt), kann aus ihm zusammen mit den Alkalioxiden ein Glas entstehen, das einen niedrigeren Schmelzpunkt als der Lehm besitzt. Dieses „Glas aus Lehm" wird allerdings wegen seiner Inhomogenitäten und seines hohen Eisengehaltes nicht sehr schön aussehen, aber **wie** es aussieht, sollte der Versuch klären.

**Versuch**

200 g Lehm aus dem Grabungsgelände bei Bebenhausen (Probenbezeichnung P 80) wurden mit etwas Wasser befeuchtet und gut durchgeknetet, wobei kleine Steinchen entfernt wurden. Danach wurden 100 g Sand (vom Spitzberg, Tübingen) in 5 Portionen dazugegeben und jeweils gut eingemischt. Aus diesem so gemagerten Lehm wurden 4 flache Kuchen (ca. 8 cm Durchmesser, ca. 1 cm dick) geformt und zum Trocknen bei Raumtemperatur auf Papier ausgelegt. Nach einer Woche waren sie so gut durchgetrocknet, dass sie gebrannt werden konnten. Dies geschah durch 3 Stunden langes Aufheizen auf 450°C und anschließendes zwei Stunden langes Brennen bei 900°C. Danach waren die Kuchen rot und klingend hart gebrannt.

Durch Mischen von 30 g Kaliumkarbonat und 2 g Natriumkarbonat wurde ein Soda-Pottasche-Gemisch hergestellt, das in seiner Zusammensetzung etwa der des Alkalioxidgehalts der Holzasche entspricht[84].

Ein gebrannter Lehmkuchen (Gewicht 70 g) wurde mit 3,5 g Soda-Pottasche-Gemisch etwa gleichmäßig bestreut und auf einer Schamotteplatte liegend gebrannt: 3 Stunden Aufheizen auf 700°C, dann 5 Stunden 1000°C. Der Kuchen war danach dunkelrot und mit einer glänzenden, dünnen, gräulichen, durchsichtigen Glasur bedeckt.

Der Kuchen wurde anschließend auf der linken Hälfte mit weiteren 3,5 g Soda-Pottasche-Gemisch bestreut und wiederum gebrannt: 3 Stunden Aufheizen auf 700°C, dann 5 Stunden 1200°C. Der Kuchen war danach dunkelgraubraun glänzend und besaß grünliche und rötliche Flecke. An der Seite war etwas von der Schmelze heruntergelaufen. Der Kuchen klebte auf der Schamotteplatte. Ein Unterschied zwischen den beiden Hälften war nicht zu sehen.

Danach wurde der Kuchen auf der linken Seite mit weiteren 1,5 g Soda-Pottasche-Gemisch bestreut und nochmals gebrannt: 3 Stunden Aufheizen auf 700°C, dann 5 Stunden 1340°C.

Der Kuchen war hiernach total verschmolzen, ein hartes, auf der Schamotteplatte fest haftendes dunkles Glas mit schwarzen, olivgrünen und rotbraunen Flecken sowie weißen körnigen Einschlüssen war entstanden. Es war kein Unterschied zwischen der linken und der rechten Seite des Kuchens zu erkennen. Mit pH-Papier war keine alkalische Reaktion mehr nachzuweisen: die Alkalioxide waren zur Gänze gebunden. Beim Versuch, einen Teil des Kuchens von der Schamotteplatte abzuschlagen, zerbrach die Platte.

Das Produkt sieht nach der visuellen Beurteilung aus wie die „Glasgalle" vom Grabungsgelände. Abbildung 148 zeigt die Fotografie des ungebrannten Kuchens und des zu einem Glas umgesetzten.

Der Verdacht liegt nahe, dass das in vielen Grabungsberichten als „Schlacken", „scories", „scorie" bezeichnete Material in Wirklichkeit Lehm von der Ofenkuppel ist,

---

[84] Aus verschiedenen Holzasche-Analysen aus der Literatur und dem eigenen Wert wurde als ungefähres Mittel die Zusammensetzung 20 g Kaliumoxid und 1 g Natriumoxid ermittelt.

der unter Einwirkung der verdampften und daran kondensierten Alkalioxide zu einem Glas reagiert hat, das dann wegen seines niedrigen „Schmelzpunktes" herabtropfte.

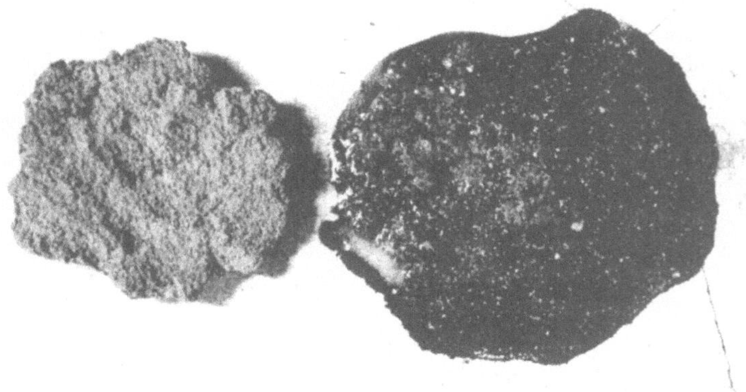

Abb. 148. Zwei Lehmkuchen: links nur luftgetrocknet, rechts zu einem Glas umgesetzt

Die weißen Körner in der bei diesem Versuch hergestellten Glasmasse ähneln denen, die bei einem misslungenen Versuch, Bleiglas zu erschmelzen, beobachtet wurden. Auch in einigen Funden von „Produktionsabfall" der Glashütte bei Bebenhausen treten sie auf (KOTTMANN 2000). Die weiße Farbe und ihre Scharfkantigkeit unterscheiden sie deutlich von den Körnern des zugemischten Sandes, so dass eine Entstehung durch eine Umwandlung beim Niederschmelzen angenommen werden kann. Als Erklärung bietet sich die bekannte Umwandlung von Quarz in β-Tridymit bei 870°C an. Diese Umwandlung erfolgt extrem langsam, wird aber durch geeignete „Lösungsmittel", sog. Mineralisatoren, stark beschleunigt. In der chemischen Literatur (GMELIN 1959, 280) werden u. a. Kalziumoxid, Natriumoxid, Kaliumoxid, Eisen(III)-oxid, Aluminiumoxid als Mineralisatoren genannt; Phosphorpentoxid beschleunigt die Reaktion stark. Es handelt sich also um „katalytisch" wirkende Verbindungen, die im Reaktionsgemisch reichlich vorhanden sind. Bei der Reaktion werden hexagonal kristallisierende kleine Kristallplättchen erhalten, die bei Normaltemperatur metastabil[85] sind. Bei KOTTMANN (2000) findet sich die Fotografie eines solchen sechseckigen Plättchens. Die chemische Analyse ergab nur einen Siliziumdioxidgehalt von etwa 65 % (KOTTMANN 2000), was aber wegen der bestehenden Kristallisationsbedingungen aus sehr unreiner „Lösung" nicht gegen die hier vorgetragene Deutung spricht. Der in dieser Weise hergestellte β-Tridymit ist also stark verunreinigt. Letzte Klarheit kann eine Röntgenbeugungsanalyse bringen, die jedoch aus apparativen Gründen und wegen der sehr geringen Substanzmengen nicht durchgeführt werden konnte.[86]

[85] Als metastabil werden Verbindungen oder Phasen bezeichnet, die eigentlich (thermodynamisch gesehen) in bestimmten Temperaturbereichen nicht beständig sind, aber wegen extrem („unendlich") langer Umwandlungszeiten doch bestehen.

[86] Hinzuzufügen ist, dass es sich hierbei um ein äußerst schwieriges und noch umstrittenes Gebiet der Silizium-Chemie handelt. COTTON et al (1988, 278) schreiben noch 1988: "What was believed to be a third form of $SiO_2$ "tridymite" is probably a solid solution of mineralizer and silica."

# 9.3. Die Herstellung von Glas

## 9.3.1. Untersuchung des Frittprozesses

Bei der Herstellung von Holzaschegläsern fiel auf, dass das Volumen des Gemenges beim Niederschmelzen stark abnahm. Dies ist natürlich in erster Linie eine Folge des geringen Schüttgewichts der Asche; die Frage ist nur, wie man bei der mittelalterlichen Glasproduktion damit umging. Sicherlich liegt hier einer der Gründe für die wünschenswerte Herstellung eines massiveren Glasvorproduktes, das im eigentlichen Glasschmelzofen unter nicht so starkem Schrumpfen niederschmolz. Auf diese Weise würde verhindert, dass die Glashäfen nur wenig Glas für die weitere Verarbeitung enthielten.

In einem Versuch sollte geklärt werden, bei welchen Temperaturen und in welchem Umfang das Schrumpfen eines Holzascheglas-Gemenges erfolgt.

**Versuch**

Ein Holzascheglas-Gemenge (1 Gew.-Teil Quarzpulver, 2 Gew.-Teile Holzasche) wurde in einem Schamotte-Tiegel ansteigenden Temperaturen ausgesetzt. Die Volumenverringerung infolge des Sinterns wurde bestimmt. Das Ergebnis:

- 5 Stunden 600°C: Kein Sintern
- Weitere 5 Stunden 800°C: Volumenverringerung um ca. 34 %. Bröseliger Sinterkörper.
- Weitere 5 Stunden 1000°C: Volumenverringerung um weitere ca. 10 % bezogen auf das ursprüngliche Volumen, also um insgesamt ca. 44 %. Bröseliger Sinterkörper.
- Weitere 2 Stunden 1300°C (also Erwärmen zur Schmelze): Volumenverringerung auf insgesamt ca. 92 % des ursprünglichen Gemenge-Volumens.

Die erheblichen Schrumpfwerte sind natürlich von der Schüttdichte des eingesetzten Gemenges abhängig. In Abbildung 149 ist das Ergebnis graphisch dargestellt.

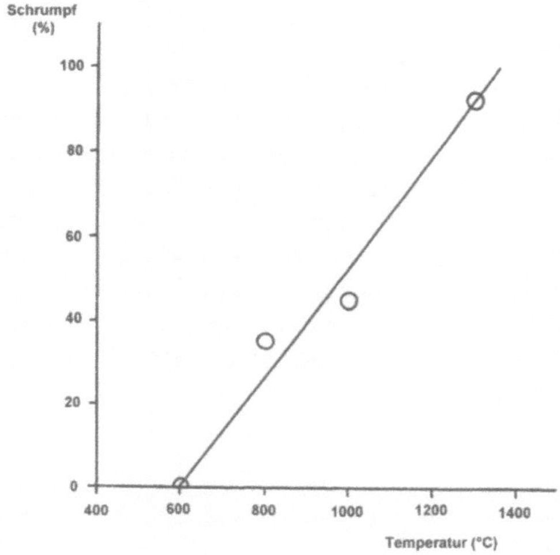


Abb. 149. Schrumpfen des Gemenges

Der in dieser Weise bei 600, 800 und 1000°C erhaltene Sinterkörper ist so locker und bröselig, dass er sich sicherlich nicht im Boden erhält. Man darf also nicht mit dem archäologischen Fund von solchen Produkten rechnen.
Die starke Volumenabnahme beim Niederschmelzen des Gemenges hat den bereits erwähnten Nachteil, dass die Glashäfen am Ende des Schmelzprozesses nur zu einem Bruchteil ihres Volumens mit Glasfluß gefüllt sind - für die laufende Produktion sicher ein Nachteil. Durch die Vorab-Herstellung volumenverringerter Vorprodukte (AGRICOLA (1556, 502): schmelzen, erstarren lassen, zerschlagen (eine weitere Behandlung durch z. B. Ausklauben, Auslaugen wird nicht beschrieben) kann dem begegnet werden. Die von THEOPHILUS (1123, 4. Kap.) (wie sich zeigte, unklar) beschriebene Vorgehensweise (Erhitzen auf dem Herd unter Umrühren) sollte jedoch in einem Versuch untersucht werden.

### 9.3.2. Das Herstellen einer Fritte nach Theophilus

Ein wesentlicher Punkt dieses Frittprozesses ist das häufige Umwenden des Gemenges während des Erhitzens. Der Prozess sollte daher an einem Gemenge nach Theophilus' Angabe im Laboratoriumsofen simuliert werden.[87]

### Versuch

Das Gemenge wurde durch Mischen von 5 g Quarzpulver und 10,8 g Holzasche[88] hergestellt. Es wurde in einer flachen Keramikschale in den auf 1000°C vorgeheizten Ofen gebracht und mit einer langen (!) Eisenstange so gut es ging umgerührt. Nach etwa 15 Minuten wurde der Versuch abgebrochen. Es hatten sich einige bis zu 1 cm Durchmesser große Agglomerate gebildet; daneben lag noch viel pulvriges Gemenge vor. Nach dem Erkalten erwiesen sich die Agglomerate als sehr weich, sie zeigten bei der Prüfung mit pH-Papier noch alkalische Reaktion: die Alkalioxide hatten noch nicht vollständig reagiert.
Dieses Gemenge wurde nochmals 10 Minuten lang bei 1000°C umgerührt, wobei der Prozess wegen der bei geöffneter Ofentür auf etwa 800°C abfallenden Temperatur zweimal unterbrochen werden musste. Die Ofentür wurde zum Wiederaufheizen geschlossen. Das Gemenge erschien danach unverändert. Anschließend wurde der Ofen auf 1100°C aufgeheizt und das Gemenge bei dieser Temperatur 2 Minuten lang mit einer viertelstündigen Unterbrechung gerührt. Es klumpte hierbei deutlich zusammen.
Schließlich wurde das Gemenge auf 1200°C erhitzt und bei dieser Temperatur 30 Sekunden lang gerührt. Es sinterte, ja schmolz eigentlich schon zu kugeligen Aggregaten zusammen.
Abbildung 150 a, b zeigt diese gesinterten bis geschmolzenen Produkte nach dem Fritten bei 1000 bzw. 1200°C.
Aus experimentellen Gründen entsprachen jedoch wesentliche Parameter nicht der mittelalterlichen Realität: das Gemenge-Volumen war zu gering, es bestand kaum ein Temperaturgradient, so dass es auch kaum zu einem deutlichen, örtlich begrenzten Schmelzen kam, die Zeit war zu kurz[89], die Temperatur zu hoch. Trotzdem konnte der

---

[87] Bei diesen Versuchen wirkte S. Frommer mit.
[88] Dem Rezept von Theophilus entsprechen 10 g Holzasche; die zusätzlichen 0,8 g wurden wegen des Kohlenstoffgehaltes der verfügbaren Holzasche zugegeben.
[89] Das Umrühren erwies sich bei der Durchführung des Experiments wegen der Wärmestrahlung als außerordentlich schwierig. Aus diesem Grunde ergaben sich auch eigentlich zu kurze Reaktionszeiten.

Frittprozess im Wesentlichen simuliert werden: es wurden zumindest dem Aussehen nach fritteähnliche Aggregate erhalten.

Abb. 150 a. Frittversuch bei 1000°C

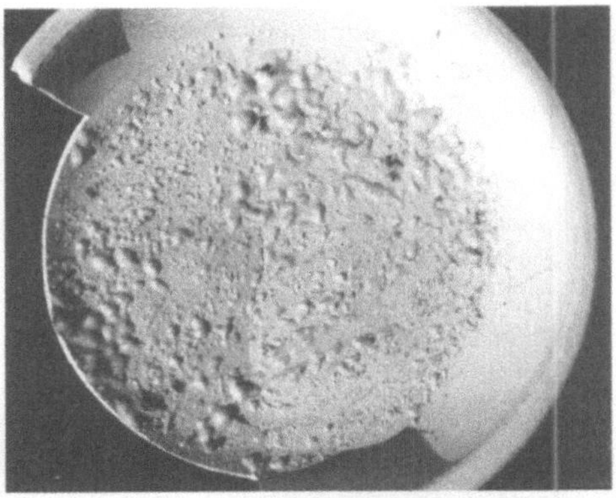

Abb. 150 b. Frittversuch bei 1200°C

Die Bruchflächen einiger der bei 1200°C erzeugten rundlichen Aggregate wurden unter dem Mikroskop untersucht. Die Masse erwies sich als trübe und blasig, war also noch kein fertiges Glas. Der pH-Wert betrug 7, die Alkalien waren also schon fest gebunden. Der von Theophilus erwähnte Frittprozess hat dem Ergebnis dieses Versuches zufolge die 1000°C-Grenze höchstens lokal begrenzt überschritten.

### 9.3.3. Untersuchung einer Glasgalle

Wie bereits ausgeführt, können Glasgallen auf Grund ihrer physikalischen und chemischen Beschaffenheit nicht im Boden überdauern, so dass auch keine auf archäologischem Wege gewonnenen Proben für analytische Untersuchungen zur Verfügung stehen. Ein glücklicher Umstand überlieferte eine Glasgalle aus einer Glashütte des 18. Jahrhunderts: es handelt sich um eine Probe aus der bereits erwähnten und behandelten Spiegelfabrik in Spiegelberg, die im Hauptstaatsarchiv in Stuttgart überdauerte. Der Autor hatte Gelegenheit, diese Probe chemisch zu untersuchen[90]. Das Ergebnis wird im Folgenden mitgeteilt.

Das Material lag in Form von beigefarbenen, maximal etwa 0,5-5 cm messenden, unregelmäßig geformten, relativ weichen Klümpchen vor. Ein größeres Klümpchen mit einer leidlich ebenen Fläche wurde einer zerstörungsfreien Röntgenfluoreszenzanalyse unterzogen, ein kleines Klümpchen wurde für nasschemische Untersuchungen geopfert

**Die Analysen[91]**

Eine halbquantitative röntgenfluoreszenzspektralanalytische Untersuchung (ERFA) erfolgte mit Hilfe des wellenlängendispersiven Röntgenfluoreszenzspektrometers

---

[90] Der Autor bedankt sich auch an dieser Stelle für das Entgegenkommen von Herrn Dr. Rückert, Hauptstaatsarchiv Stuttgart, das die Durchführung dieser bisher einzigartigen Untersuchung ermöglichte.

[91] Der Autor ist Frau K. Bunk und Frau C. Schmidt, Werkstoff- und Prozesstechnik, Labor, Werk Sindelfingen der DaimlerChrysler AG, zu großem Dank für die sorgfältige Durchführung der Analysen verpflichtet.

SPEKTRO X-LAB 2000 der Firma Spectro und einem Routine-Übersichtsmeßprogramm, das drei verschiedene Anregungsbedingungen umfaßt:

1. Target: Compton/Sekundär, Molybdän, 34,9 kV
2. Target: Barkla-Streuer Korund, 49,4 kV
3. Target: Barkla-Streuer HOPG, 15,0 kV.

Die quantitative atomemissionsspektrometrische Untersuchung (VESA) erfolgte mit Hilfe des Vakuum-Emissionsspektrometers mit ICP Spectroflame EOP der Firma Spectro.
Weiterhin wurden laborübliche nasschemische und sonstige Untersuchungen durchgeführt.

**Die Ergebnisse:**
Aussehen:
Helle, beigefarbene Klümpchen aus aggregierter pulvriger, amorpher Substanz, zu pulvrigem Abrieb neigend
Nasschemische Untersuchungen:
Löslichkeit: z. T. löslich in Wasser, fast völlig löslich in verdünnter Salzsäure unter Gasblasenentwicklung
pH-Wert: stark alkalische Reaktion
ERFA:
Hauptbestandteile: Aluminium, Kalium, Chlor
Nebenbestandteile: Schwefel, Silizium
Spuren: Arsen, Kalzium, Eisen, Mangan, Antimon
VESA:
Kalium-Gehalt: 17,5 %
Natrium-Gehalt: 0,7 %

**Interpretation**
Aluminium und Silizium stammen aus dem Gemenge und z. T. wohl auch aus dem Hafenmaterial. Kalzium ist ebenfalls ein Gemengebestandteil. Arsen geht auf Arsen(III)-oxid zurück, das dem Gemenge als Läuterungsmittel zugesetzt wurde. Antimon ist ein Begleitelement des Arsens.
Kalium und Schwefel gehen auf Pottasche zurück, die durch Extraktion von Holzasche mit Wasser gewonnen wurde. Der Beweis für diese Aussage ergibt sich aus folgender Überlegung: der Schwefel liegt in der Holzasche als Sulfat vor, das wenigstens teilweise zusammen mit Kaliumhydrogenkarbonat von Wasser extrahiert wird. Das ebenfalls immer in der Holzasche vorkommende Phosphat dagegen bleibt als schwer lösliches Kalziumphosphat im wasserunlöslichen Teil zurück; es wurde folgerichtig auch nicht nachgewiesen. Eisen und Mangan bleiben ebenfalls im wasserunlöslichen Teil zurück (Eisenspuren gehen kolloidal durch das Filter oder können mit Sand oder dem Hafenmaterial, evtl. auch mit Braunstein, wieder eingetragen werden): die Glasgalle ist nur sehr gering gefärbt. Das nachgewiesene Mangan ist mit hoher Wahrscheinlichkeit auf zur Entfärbung zugesetzten Braunstein zurückzuführen.
Natrium und Chlor zeigen den Zusatz von Steinsalz zum Gemenge an; das Natrium geht jedoch wegen seiner geringeren Menge fast vollständig in das Glas über und wird in der Glasgalle durch Kalium ersetzt, soweit es nicht als Natriumchlorid verdampft.

Viele Rezepturen sehen den Zusatz von Salpeter in Form von Kaliumnitrat („Kalisalpeter") vor: Da das Nitrat beim Niederschmelzen des Gemenges völlig zerstört wird und in Form nitroser Gase entweicht, war der Nachweis eines Salpeterzusatzes nicht möglich. Der Sinn dieses Zusatzes liegt in der erfolgenden Oxidation von etwa vorhandenem Eisen(II) zum weniger färbenden Eisen(III) und in einem gewissen Rühreffekt durch die entweichenden nitrosen Gase.
Die Gasentwicklung beim Ansäuern und die alkalische Reaktion zeigen noch vorhandenes Alkalikarbonat an.
Es liegt also tatsächlich eine Glasgalle vor, und zwar eine in Bezug auf den Eisengehalt sehr reine. Die Rezeptur muss Siliziumdioxid, durch Auslaugen von Holzasche erhaltene gereinigte Pottasche, Steinsalz (Kochsalz), Kalk, Braunstein und Arsen(III)-oxid umfasst haben.
Bei MEYER (1848, Stichwort „Glas", 1. Abteilung XII, 1146) findet sich die in Tabelle 20 wiedergegebene Rezeptur für Spiegelglas (bei Meyer allerdings als „schlechte Mischung" bezeichnet), die eine entsprechende Zusammensetzung ausweist:

Tab. 20 . Rezeptur für Spiegelglas

<table>
<tr><th>Komponenten und Mengenangaben nach Meyer</th><th>Stöchiometr. Faktoren zur Umrechnung in die Oxide</th><th>Komponente</th><th>Menge in Pfund</th><th>Gehalte in %</th></tr>
<tr><td>100 Pfd. Sand</td><td></td><td>Siliziumdioxid</td><td>100,0</td><td>56,6</td></tr>
<tr><td>33 Pfd. Kalk</td><td>0,560</td><td>Kalziumoxid</td><td>18,5</td><td>10,5</td></tr>
<tr><td>75 Pfd. gereinigte Potasche[92]</td><td>0,682</td><td>Kaliumoxid</td><td>51,2</td><td rowspan="2">30,9</td></tr>
<tr><td>7 Pfd. Salpeter</td><td>0,466</td><td>Kaliumoxid</td><td>3,3</td></tr>
<tr><td>3 Pfd. Kochsalz</td><td>0,530</td><td>Natriumoxid</td><td>1,6</td><td>0,9</td></tr>
<tr><td>1½ Pfd. Arsenik</td><td></td><td>Arsen(III)-oxid</td><td>1,5</td><td>0,8</td></tr>
<tr><td>½ Pfd. Braunstein</td><td></td><td>Mangan(IV)-oxid</td><td>0,5</td><td>0,3</td></tr>
<tr><td>Summe</td><td></td><td></td><td>176,6</td><td>100,0</td></tr>
</table>

Salpeter (Kalisalpeter, Kaliumnitrat) geht in der Schmelze wie Pottasche in Kaliumoxid über, so dass nach Umrechnung mit den stöchiometrischen Faktoren und nach Addition der beiden Kaliumoxidgehalte der in der letzten Spalte gezeigte Kaliumoxidgehalt erhalten wird. Kochsalz (Natriumchlorid) geht theoretisch in der Schmelze in Natriumoxid über. In der Praxis wird der Alkalioxidgehalt des erschmolzenen Glases nicht ganz so hoch wie in Tabelle 20 angegeben sein, da die Oxide z. T. verdampfen, z. T. in die Glasgalle übergehen, Natriumchlorid z. T. als solches in der Glasschmelze erhalten bleibt und zum Teil ebenfalls verdampft oder in die Glasgalle übergeht. Der Alkalioxidgehalt im Glas wird bei etwas unter 30 % liegen.
Erstaunlich ist der immer noch andauernde Zusatz von Kochsalz. Hier scheint sich altes Gedankengut sehr lange erhalten zu haben. Rezepturen des 20. Jahrhunderts weisen diesen eher schädlichen Zusatz nicht mehr aus: der an sich erwünschte Natriumgehalt im Glas wird durch Zusatz von Soda und Natriumnitrat erreicht.

[92] Alte Schreibweise!

Die Rezeptur fällt durch einen relativ geringen Siliziumdioxidgehalt und einen hohen Kaliumoxidgehalt auf, wahrscheinlich aus Gründen der besseren Verarbeitbarkeit (Gießbarkeit, Schleif- und Polierbarkeit) des Glases. Ein solches Glas ist recht korrosionsanfällig, was aber bei den in Innenräumen verwendeten Spiegeln weniger von Belang ist.
Besonders interessant erscheint, dass aus der Analyse der Glasgalle auf den Glastyp geschlossen werden kann. Das zu der Glasgalle gehörige Glas ist ein relativ natriumarmes Kalium-Natrium-Kalzium-Glas, das - halbquantitativ gesehen - recht gut der von Meyer mitgeteilten Rezeptur entspricht. Es fällt auf, dass in Deutschland im 18. und anscheinend sogar noch im 19. Jahrhundert noch immer an Pottasche (allerdings in durch Auslaugen der Holzasche gereinigter Form) als Alkali-Quelle festgehalten wurde, während in England und Frankreich Spiegel aus Natrium-Kalzium-Glas hergestellt wurden. Die Verspiegelung erfolgte, wie schon erwähnt, mit Zinnamalgam.

### 9.3.4. Das Erschmelzen verschiedener Gläser

Eine weitere Versuchsreihe befasst sich mit dem Erschmelzen von Glas nach verschiedenen Rezepturen unter Verwendung verschiedener Rohstoffe.
Die erste der angewandten Rezepturen ist die von Theophilus und Agricola mitgeteilte.

**Original-Rezeptur Nr. 1.1: Holzasche-Glas**
Tab. 21. Holzascheglas

| Komponente | Gehalt |
|---|---|
| Sand | 33,3 % oder 33,3 g |
| Asche | 66,6 % oder 66,6 g |
| Summe | 99,9 % oder 99,9 g |

**Original-Rezeptur Nr. 1.2: Holzasche-Glas**
Wie Nr. 1.1, nur Quarz statt Sand

Eine Reihe von Modell-Rezepturen wurde aus den von WEDEPOHL (1998a, 89) veröffentlichten Analysenergebnissen errechnet, und zwar nach folgender Methode:
Es werden nur die in erster Linie bedeutsamen Oxide Siliziumdioxid, Kalziumoxid, Natrium- und Kaliumoxid betrachtet (andere Oxide wie Magnesiumoxid, Aluminiumoxid u. a. sind erst in zweiter Linie bedeutsam). Die Summe dieser Gehalte ergibt naturgemäß einen Wert unter 100 %, da ja die weniger wichtigen Elemente fehlen. Um wieder auf 100 % zu kommen, werden die Einzelgehalte mit einem Korrekturfaktor multipliziert. Da beim Versuch wie in der Praxis nicht die Oxide von Kalzium, Natrium und Kalium, sondern die betreffenden Karbonate zugegeben werden, müssen die Oxidgehalte mit Hilfe der aus den Atomgewichten errechneten stöchiometrischen Faktoren in Karbonatgehalte umgerechnet werden.

**Modell-Rezeptur Nr. 1: Natrium-Kalzium-Glas („Soda-Kalk-Glas“)**

Tab. 22. Natrium-Kalzium-Glas

| Oxid | Oxid-Gehalt gemäß Analyse | Gehalt mit Korrektur-Faktor multiplizieren | Ggf. Umrechnung von Oxid in Karbonat |
|---|---|---|---|
| $SiO_2$ | 69,96 % | 69,96·1,072=75,00 % | 75,00 g |
| CaO | 7,58 % | 7.58·1,072= 8,13 % | 8.13·1,785=14,51 g |
| $Na_2O$ | 15,75 % | 15,75·1,072=16,88 % | 16,88·1,710=28,86 g |
| Summe | 93,29 % | 100,01 % | 118,37 g |
| | Korrektur-Faktor:<br>100 : 93,29 = 1,072 | Stöchiometr. Faktoren:<br>für die Umrechnung von Kalziumoxid in Kalziumkarbonat: 1,785<br>für die Umrechnung von Natriumoxid in Natriumkarbonat: 1,710 | |

**Modell-Rezeptur Nr. 2: Mangan(II)-gefärbtes Natrium-Kalzium-Glas**

Tab. 23. Mangan(II)-gefärbtes Natrium-Kalzium-Glas auf Basis Modell-Rezeptur Nr. 1

| Oxid | Oxid-Gehalt | Gehalt mit Korrektur-Faktor multipliziert | Ggf. Umrechnung von Oxid in Karbonat |
|---|---|---|---|
| $SiO_2$ | 69,96 % | 69,96·1,061=74,22 % | 74,22 g |
| CaO | 7,58 % | 7,58·1,061= 8,04 % | 8,04·1,785=14,35 g |
| $Na_2O$ | 15,75 % | 15,75·1,061=16,71 % | 16,71·1,710=28,56 g |
| $MnO_2$ | 1,00 % | 1,00·1,061= 1,06 % | 1,06 g |
| Summe | 94,29 % | 100,03 % | 118,19 g |
| | Korrektur-Faktor:<br>100 : 94,29 = 1,061 | | |

**Modell-Rezeptur Nr. 3: Eisen(III)-gefärbtes Natrium-Kalzium-Glas**

Tab. 24. Eisen(III)-gefärbtes Natrium-Kalzium-Glas auf Basis Modell-Rezeptur Nr. 1

| Oxid | Oxid-Gehalt | Gehalt mit Korrektur-Faktor multipliziert | Ggf. Umrechnung von Oxid in Karbonat |
|---|---|---|---|
| $SiO_2$ | 69,96 % | 69,96·1,039=72,69 % | 72,69 g |
| CaO | 7,58 % | 7,58·1,039= 7,88 % | 7,88·1,785=14,07 g |
| $Na_2O$ | 15,75 % | 15,75·1,039=16,36 % | 16,36·1,710=27,98 g |
| $Fe_2O_3$ | 3,00 % | 3,00·1,039= 3,12 % | 3,12 g |
| Summe | 96,29 | 100,05 % | 117,86 g |
| | Korrektur-Faktor:<br>100 : 96,29 = 1,039 | | |

**Modell-Rezeptur Nr. 4: Holzasche-Kalk-Glas**

Tab. 25. Holzasche-Kalk-Glas (Natrium-Kalium-Kalzium-Glas):

| Oxid | Oxid-Gehalt gemäß Analyse | Gehalt mit Korrektur-Faktor multiplizieren | Ggf. Umrechnung von Oxid in Karbonat |
|---|---|---|---|
| $SiO_2$ | 55,86 % | 55,86·1,146=64,02 % | 64,02 g |
| CaO | 23,69 % | 23,69·1,146=27,15 % | 27,15·1,785=48,46 g |
| $K_2O$ | 5,10 % | 5,10·1,146= 5,84 % | 5,84·1,467= 8,57 g |
| $Na_2O$ | 2,58 % | 2,58·1,146= 2,96 % | 2,96·1,710= 5,06 g |
| Summe | 87,23 | 99,97 % | 126,11 g |
| | Korrektur-Faktor: 100 : 87,23 = 1,146 | Stöchiometr. Faktor für die Umrechnung von Kaliumoxid in Kaliumkarbonat: 1,467 | |

**Modell-Rezeptur Nr. 5: Blei-Glas**

Tab. 26. Blei-Glas

| Oxid | Oxid-Gehalt gemäß Analyse | Gehalt mit Korrektur-Faktor multiplizieren | Stöchiometrischer Faktor nicht nötig |
|---|---|---|---|
| $SiO_2$ | 26,87 % | 26,87·1,03=27,68 % | 27,68 g |
| PbO | 69,92 % | 69,92·1,03=72,02 % | 72,02 g |
| Summe | 96,79 | 99,70 % | 99,70 g |
| | Korrektur-Faktor: 100 : 96,79 = 1,03 | | |

**Modell-Rezeptur Nr. 6: Grünes Blei-Glas**

Tab. 27. Grünes Blei-Glas auf Basis Modell-Rezeptur Nr.5

| Oxid | Oxid-Gehalt gemäß Analyse | Gehalt mit Korrektur-Faktor multiplizieren | Umrechnung von Kupferoxid in Kupfervitriol |
|---|---|---|---|
| $SiO_2$ | 27,00 % | 27,00·1,01=27,27 % | 27,27 g |
| PbO | 70,00 % | 70,00·1,01=70,70 % | 70,70 g |
| CuO | 2,00 % | 2,00·1,01= 2,02 % | 2,02·3,14=6,34 g |
| Summe | 99,00 % | | 104,31 g |
| | Korrektur-Faktor: 100 : 99 = 1,01 | Stöchiometr. Faktor für die Umrechnung von Kupferoxid in Kupfervitriol: 3,14 | |

**Modell-Rezeptur Nr. 7: Grünes Holzasche-Blei-Glas**

Tab. 28. Grünes Holzasche-Blei-Glas (Rezeptur wegen der Zusammensetzung der zur Verfügung stehenden Holzasche nur in Anlehnung an Wedepohl)

| Komponente | Gehalt | Umrechnung von Kupferoxid in Kupfervitriol |
|---|---|---|
| $SiO_2$ | 43,00 g | 43,00 g |
| Holzasche | 21,00 g | 21,00 g |
| PbO | 35,00 g | 35,00 g |
| CuO | 1,00 g | 1,00·3,14= 3,14 g |
| Summe | 100,00 g | 102,14 g |
| | Stöchiometr. Faktor für die Umrechnung von Kupferoxid in Kupfervitriol: 3,14 | |

Die Wahl geeigneter Tiegel bereitete zunächst Schwierigkeiten. Tiegel aus Aluminiumoxid sind am geeignetsten, aber auch recht teuer. Labortiegel aus Porzellan in der Größe 15 ml (Höhe 3,5 cm) erwiesen sich als gut brauchbar; der Preis liegt bei etwa 2 Euro pro Stück. Tiegelförmige Brennstützen aus Schamotte, wie sie die Keramiker benutzen, erwiesen sich als eine sehr gut brauchbare und bei einem Stückpreis von etwa 1 Euro auch preiswerte Alternative. Das Volumen dieser „Schamottetiegel" lag bei 22 ml, die Höhe bei 4,5 cm.

Im Gegensatz zu den schneeweißen Porzellantiegeln weisen die Schamottetiegel eine leicht gelbliche Färbung auf, die in der Praxis jedoch nur beim Erschmelzen von schwach gefärbten Gläsern stört. Beide Tiegelmaterialien wurden von den erschmolzenen Gläsern kaum angegriffen. Abbildung 151 zeigt die Gefäße.

Abb. 151. „Labor-Glashäfen"

(Links ein laborüblicher Porzellantiegel, rechts zwei Brennstützen aus Schamotte. Foto: Autor)

Die Gefäße wurden bis zu einer Höhe von 5 mm unterhalb des oberen Randes gefüllt.. Besonders die Asche enthaltenden Gemenge erwiesen sich als sehr voluminös, so dass nur gewichtsmäßig sehr kleine Mengen niedergeschmolzen wurden.

Die Gemenge wurden unter Verwendung der in Tabelle 29 aufgeführten Rohstoffe bzw. Chemikalien hergestellt.

Tab. 29. Verwendete Rohstoffe und Chemikalien

| Rohstoff bzw. Chemikalie | Zusammensetzung | |
|---|---|---|
| Sand vom Spitzberg in Tübingen | Die wesentlichen Bestandteile<br>Siliziumdioxid<br>Kalziumoxid<br>Aluminiumoxid | <br>75 %<br>11 %<br>4 % |
| Holzasche aus einem offenen Kamin (verschiedene Holzarten verbrannt) | Die wesentlichen<br>Bestandteile:<br>Kalziumoxid<br>Kaliumoxid<br>Natriumoxid<br>Magnesiumoxid<br>Siliziumdioxid<br>Phosphorpentoxid<br>Schwefeltrioxid<br>Mangan(II)-oxid<br>Eisen(II)-oxid<br>Kohlenstoff | <br>39,0 %<br>17,1 %<br>0,7 %<br>5,7 %<br>5,1 %<br>5,4 %<br>1,0 %<br>0,3 %<br>0,8 %<br>7,7 % |
| Quarzpulver | Siliziumdioxid | Quarz pulv. purum p. a. (Fluka) |
| Kalk | Kalziumkarbonat | Calciumcarbonat gefällt p. a. (Merck) |
| Soda | Natriumkarbonat | Natriumcarbonat wasserfrei p. a. (Merck) |
| Pottasche | Kaliumkarbonat | Kaliumcarbonat p. a. $K_2CO_3$ (Merck) |
| Bleioxid | Blei(II)-oxid | Techn. Qualität (enthält metall. Blei) |
| Eisen(III)-oxid | Eisen(III)-oxid | Ferrum oxydatum rubrum (Caelo) |
| Kupfervitriol | Kupfersulfat mit 5 $H_2O$ | Cuprum sulfuricum pulv. Pentahydr. (Caelo) |
| Braunstein | Mangan(IV)-oxid | Manganum dioxydatum pulv. techn. (Wasserfuhr) |
| Magnesiumoxid | Magnesiumoxid | Magnesiumoxid Reag. Ph Eur (Merck) |
| Aluminiumoxid | Aluminiumoxid | Aluminiumoxid standardisiert (zur chromatogr. Adsorptionsanalyse nach Brockmann) (Merck) |

Die Gemenge der Silikat-Gläser wurden in einem großvolumigen Elektroofen niedergeschmolzen; die Aufheizzeiten (AHZ) wurden großzügig bemessen. Die Blei-Gläser wurden wegen ihres niedrigeren „Schmelzpunktes" in einem Simon-Müller-Ofen erschmolzen.

Die folgende Tabelle 30 gibt eine Übersicht über die erschmolzenen Gläser, die Schmelzbedingungen und die Beobachtungen an den Versuchsprodukten.

Tab. 30. Erschmolzene Gläser, Schmelzbedingungen, Beobachtungen

| Rezeptur Glastyp | Komponenten | Einwaagen | Schmelzbedingung | Beobachtungen |
|---|---|---|---|---|
| Original Nr. 1.1 Holzasche-Glas | Sand<br>Asche | 33,33 g<br>66,66 g | 7,5 Std. AHZ +2 Std. 1300°C<br>Schamotte-Tiegel<br>Porzellan-Tiegel | <br>Trübes, leicht blaustichiges Glas<br>Klares gelbes Glas |
| Original Nr. 1.2 Holzasche-Glas | Quarz<br>Asche | 33,33 g<br>66,66 g | 7,5 Std. AHZ + 2 Std. 1300°C<br>Schamotte-Tiegel | Klares hellgelbes Glas<br>Keine Glasgalle! |
| Modell Nr. 1 Na-Ca-Glas (Soda-Kalk-Glas) | Quarz<br>Kalk<br>Soda | 75,00 g<br>14,51 g<br>28,86 g | 7,5 Std. AHZ + 2 Std. 1300°C<br>Schamotte-Tiegel | Klares hellgrünes Glas |
| Modell Nr. 2 Mangangefärbtes Na-Ca-Glas (Soda-Kalk-Glas) | Quarz<br>Kalk<br>Soda<br>Braunstein | 74,22 g<br>14,35 g<br>28,56 g<br>1,06 g | 7,5 Std. AHZ + 2 Std. 1300°C<br>Schamotte-Tiegel | Klares dunkelviolettes Glas |
| Modell Nr. 3 Eisengefärbtes Na-Ca-Glas (Soda-Kalk-Glas) | Quarz<br>Kalk<br>Soda<br>Eisen(III)-oxid | 72,69 g<br>14,07 g<br>27,98 g<br>3,12 g | 7,5 Std. AHZ + 2 Std. 1300°C<br>Porzellan-Tiegel | Klares, grünes, leicht gelbstichiges Glas |
| Modell Nr. 4 Na-K-Ca-Glas (Holzasche-Kalk-Glas) | Quarz<br>Kalk<br>Pottasche<br>Soda | 64,02 g<br>48,46 g<br>8,57 g<br>5,06 g | 4 Std. AHZ + 5 Std. 1300°C<br>Schamotte-Tiegel | Trübes, farbloses, von Gasblasen durchsetztes Glas |
| Modell Nr. 5 Blei-Glas | Quarz<br>Blei(II)-oxid | 27,68 g<br>72,02 g | 1 Std. AHZ + 1,5 Std. 1000°C<br>Porzellan-Tiegel | Klares leicht gelbgrünes Glas |
| Modell Nr. 6 Grünes Blei-Glas | Quarz<br>Blei(II)-oxid<br>Kupfervitriol | 27,27 g<br>70,70 g<br>6,34 g | 1 Std. AHZ + 1,5 Std. 1000°C<br>Porzellan-Tiegel | Klares dunkelgrünes Glas |
| Modell Nr. 7 Grünes Holzasche-Blei-Glas | Quarz<br>Holzasche<br>Blei(II)-oxid<br>Kupfervitriol | 43,00 g<br>21,00 g<br>35,00 g<br>3,14 g | 7,5 Std. AHZ + 2 Std. 1300°C<br>Porzellan-Tiegel | Klares dunkelgrünes Glas<br>Hat geschäumt und gespritzt |

AHZ = Aufheizzeit

Diskussion der Ergebnisse

- Original Nr. 1.1: Der Grund für die Trübung des Glases im Schamotte-Tiegel wird in der durch die rauhe Wandung erleichterten Entmischung und Kristallisation liegen. Auch bei anderen Versuchen ist häufig am Rand der Schamotte-Tiegel eine Trübung des Glases zu beobachten. Beim glatten Porzellan-Tiegel sind diese Vorgänge erschwert.

- Original Nr. 1.2: Dieser Versuch zeigt, dass auch in einem Schamotte-Tiegel ein klares Glas erschmolzen werden kann, wenn der Kalziumgehalt niedrig ist (Quarz statt Sand)
- Modell Nr. 1: Ein völlig unproblematisches Glas, leicht zu erschmelzen.
- Modell Nr. 2: Die recht geringe Braunsteinmenge bewirkt eine sehr starke Färbung des Glases.
- Modell Nr. 3: Es wird ein grünes Glas (wenn auch gelbstichig) erhalten, obwohl Eisen(III) zugegeben wurde. Der Grund liegt in der Zersetzung des Eisen(III)-oxides bei hohen Temperaturen und Einstellung eines chemischen Gleichgewichts.
- Modell Nr. 4: Es wird ein von Gasblasen durchsetztes, farbloses, trübes Glas erhalten. Offenbar reichten die Läuterungsbedingungen nicht aus. Für die Trübung können Entmischung und Kristallisation verantwortlich sein. Auch hier bestätigt sich, dass kalziumreiche, alkaliarme Gläser schwierig herzustellen sind. Keine Glasgalle-Bildung!
- Modell Nr. 5: Ein völlig unproblematisches, bei niedriger Temperatur erschmolzenes Bleiglas. Auch 850°C hätten schon ausgereicht, wie ein anderer Versuch zeigte.
- Modell Nr. 6: Durch die Zugabe von etwas Kupfer in Form irgendeiner Verbindung wird ein sehr schönes grünes Glas erhalten. Nimmt man jedoch statt des Quarzes einen kalkhaltigen Sand, schäumt und spritzt das Gemenge in unangenehmer Weise. Der Grund liegt im Kohlendioxid, das beim Entweichen die Bleiglasschmelze aufschäumt.
- Modell Nr. 7: Bei diesem Versuch genügte schon der Karbonatgehalt der Holzasche, um das unangenehme Schäumen hervorzurufen. Keine Glasgalle-Bildung!

### 9.3.5. Die Herstellung von grünem Bleiglas mit metallischem Kupfer

Bei den oben beschriebenen Versuchen zur Herstellung von grünem Bleiglas wurde in Anlehnung an KUNCKEL (1679, Neri 4. Buch, Kap. 66) von aus Kupfervitriol hergestelltem Kupferoxid als Rohstoff ausgegangen. Im vorhergehenden 65. Kapitel beschreibt Neri die Verwendung von „Kupferhammerschlag“ (Kupferoxid). Bei THEOPHILUS (1123, 2. Buch, 31. Kap.) wird die Verwendung von Kupferpulver beschrieben. In einem Versuch sollte geklärt werden, wie sich metallisches Kupfer beim Niederschmelzen des Gemenges verhält.

**Versuch**

Ein Gemenge aus 28 % Quarzpulver und 72 % Bleioxid wurde in einen Porzellantiegel gefüllt und ein dünnes Kupferblech (18x19 mm, 0,1 mm dick) hineingesteckt. Nach fünfstündigem Niederschmelzen bei 1000°C war das Glas um das Kupferblech, das sich an die Tiegelwand angelegt hatte, herum grün, während es zur gegenüberliegenden Seite hin immer weniger stark gefärbt war. Auch nach weiterem 3,5-stündigen Erhitzen auf 1000°C war keine weitere Veränderung erkennbar. Lediglich das aus dem Glas herausragende Kupferblech war oxidiert.

Der Versuch zeigt erwartungsgemäß, dass die Bleiglasschmelze zwar unter Verwendung von metallischem Kupfer gefärbt werden kann, dass jedoch das Kupfer dazu durch Luftsauerstoff oxidiert werden muss, was eine lange Schmelzdauer unter Luftzutritt erfordert. In der mittelalterlichen Praxis wird man also weniger Kupfer verwendet, sondern vielmehr in der Schmelze lösliche Kupferverbindungen bevorzugt haben. Vor allem eignet sich Kupferoxid hierzu, dessen gesonderte Herstellung aus dünnem Kupferblech Theophilus an anderer Stelle beschreibt (THEOPHILUS 1123, 2. Buch, 19. Kapitel). Aber auch die Verwendung von einem Kupfersalz wie Grünspan (einem basischen Kupferazetat) ist denkbar.
Kupferoxid kann nicht nur aus Kupfer hergestellt werden, sondern auch aus Bronze oder Messing (WEDEPOHL 1993), was zur Anwesenheit von Zinn bzw. Zink im Glas führt. HERACLIUS (12./13. Jh., 3. Buch, 8. Kapitel) beschreibt die Verwendung von Messingfeilspänen zur Herstellung grünen Bleiglases; sie sollen in metallischer Form in die Bleiglasschmelze eingemischt werden. Bei der Interpretation von Analysenergebnissen ist jedoch zu berücksichtigen, dass Zinn und Zink auch im Gefolge anderer Gemengebestandteile (zugeschlagene Erze, zugegebenes Bruchglas) in das Glas gelangen können. Bei PLACHÁ et al. (1980) finden sich interessante Analysenergebnisse hierzu, allerdings wenig kommentiert.

### 9.3.6. Das Gelbwerden von grünem mittelalterlichen Glas unter Sauerstoffeinfluss

Wie oben dargelegt, wird die bekannte Grünfärbung des mittelalterlichen Glases durch gleichzeitig anwesendes Eisen(II) und Eisen(III) hervorgerufen. Wenn es gelingt, das Eisen(II) zu oxidieren, muss die Färbung des grünen Glases in Gelb umschlagen. In einem Versuch kann diese Vorhersage überprüft werden.

**Versuch**

Eine Scherbe grünen mittelalterlichen Glases aus der Grabung Bebenhausen wurde zusammen mit einem kleinen Häufchen Eisen(II)-sulfat auf einen weißen Keramikteller gelegt. Der Teller wurde in einem großvolumigen Elektroofen 7 Stunden lang auf 1300°C erhitzt; die Aufheizzeit betrug 5 Stunden. [93]
Die Glasscherbe schmolz hierbei völlig zusammen. In der Mitte der erkalteten Schmelze war noch eine kleine grüne Zone zu sehen, darum herum war das Glas gelb geworden. An die gelbe Zone schloss sich eine farblose Zone an, die von einem gelben Saum begrenzt wurde. Das Eisen(II)-sulfat war zu einer braunschwarzen Masse zusammengeschmolzen.
Die Deutung: Selbst bei der angewandten hohen Schmelztemperatur vermochte der Sauerstoff während der Versuchszeit nicht in die dicke Glasschicht in der Mitte einzudringen und dort das Eisen(II) zu oxidieren. Dies gelang ihm nur in der dünneren Randzone. In der äußersten, sehr dünnen Randzone jedoch wanderte das Eisen (III) infolge eines Chromatographie-Effektes an den Rand und erzeugte den gelben Saum. Das Eisen(II)-sulfat wurde zu einem braunschwarzen Mischoxid/Oxidgemisch oxidiert
Im Prinzip gelang also die Gelbfärbung des grünen Glases; bei noch längerer Schmelzdauer wäre auch der letzte Rest an grünem Glas verschwunden. Der hierzu

[93] An dieser Stelle sei Herrn Walter Lang M.A., Kreisarchäologie Göppingen, herzlich gedankt für die Überlassung von Glasproben aus dem Nassachtal, mit deren Hilfe eine erste Versuchsserie durchgeführt werden konnte. Das Ergebnis war das gleiche wie später bei den Bebenhäuser Proben.

erforderliche Sauerstoffzutritt wird durch die hohe Viskosität der Glasschmelze (die aber erst das Glasblasen ermöglicht) erschwert; er kann durch eine höhere Schmelztemperatur oder durch eine längere Schmelzdauer erleichtert werden. Zu beachten ist bei dieser Betrachtung jedoch noch, dass zwischen Eisen(III)-oxid und Eisen (II,III)-oxid ein von der Sauerstoffkonzentration abhängiges Gleichgewicht vorliegt, was die theoretische Betrachtung kompliziert.
Diese Erscheinungen führen dazu, dass bei Grabungen nur selten durch Eisen(III) gelb gefärbtes Glas gefunden wird.

### 9.3.7. Die Erfindung des Glases nach Plinius

Bei PLINIUS d. Ä. (Buch 36, Paragraph 191) findet sich folgende Erzählung über die Erfindung des Glases (Übersetzung und Bearbeitung durch die Projektgruppe Plinius 2000):
„Es wird berichtet: Nach der Landung eines Schiffes von *nitrum*-Händlern bereiteten diese da und dort am Ufer Essen. Als sich keine Steine zum Aufsetzen der Kessel fanden, setzten sie *nitrum*-Klumpen aus dem Schiff darunter. Als diese heiß geworden und mit dem Küstensand vermischt waren, ergossen sich da Rinnsale einer durchsichtigen neuartigen Flüssigkeit, und dies war der Ursprung des Glases". Mit „Ufer" ist das Ufer des Mittelmeeres in der Gegend der Mündung des Flusses Belus in Phönizien gemeint (nach GORIN-ROSEN (2002) heute der bei Akko, Israel in das Mittelmeer mündende Nachal Na'aman).
Diese Schilderung regte die Phantasie vieler Forscher an, erscheint sie doch auf den ersten Blick recht plausibel. Zweifel kommen dann auf, wenn man an die erforderlichen Temperaturen denkt, bei denen ein klarer Glasfluß entstanden sein soll. Offene Lagerfeuer können Temperaturen von 850 bis maximal 980°C erreichen (SCHIEGL 2002). Es war also zu prüfen, ob bei diesen Temperaturen ein Glas oder wenigstens ein glasähnliches Produkt entstehen kann.
An der Mündung des Belus ist ein Sand zu finden, der sich ausgezeichnet zum Glasmachen eignet. LÖBER (1976) gibt seine Zusammensetzung wie in Tabelle 31 wiedergegeben an.

Tab. 31. Zusammensetzung des Sandes vom Belus

| Bestandteil | Gehalt |
|---|---|
| Siliziumdioxid $SiO_2$ | 79,9 % |
| Kalziumoxid $CaO$ | 7,9 % |
| Aluminiumoxid $Al_2O_3$ | 2,7 % |
| Kaliumoxid $K_2O$ | 0,9 % |
| Natriumoxid $Na_2O$ | 0,7 % |
| Magnesiumoxid $MgO$ | 0,4 % |
| Eisen(III)-oxid $Fe_2O_3$ | 0,3 % |
| Phosphor(V)-oxid $P_2O_5$ | 0,03 % |
| Mangan(II)-oxid $MnO$ | <0,02 % |
| Strontiumoxid $SrO$ | <0,01 % |
| Zinkoxid $ZnO$ | <0,01 % |

Es handelt sich also um einen Sand mit nicht zu hohem Kalkgehalt, der ein gut witterungsbeständiges Glas liefern muss.
Als zweite Komponente wird in dem Bericht ägyptische Soda, *nitrum* genannt, angegeben. LÖBER (1976) analysierte seine Probe wie in Tabelle 32 angegebenen.

Tab. 32. Zusammensetzung einer Probe ägyptischer (natürlicher) Soda

| Bestandteil | Gehalt |
|---|---|
| Natriumoxid $Na_2O$ | 41,6 % |
| Kohlendioxid $CO_2$ | 19,1 % |
| Schwefel(VI)-oxid $SO_3$ | 18,1 % |
| Siliziumdioxid $SiO_2$ | 13,4 % |
| Kalziumoxid CaO | 3,4 % |
| Aluminiumoxid $Al_2O_3$ | 1,4 % |
| Magnesiumoxid MgO | 1,3 % |
| Eisen(III)-oxid $Fe_2O_3$ | 0,9 % |
| Kaliumoxid $K_2O$ | 0,5 % |
| Phosphor(V)-oxid $P_2O_5$ | 0,06 % |
| Mangan(II)-oxid MnO | <0,02 % |
| Strontiumoxid SrO | <0,01 % |
| Zinkoxid ZnO | <0,01 % |

Da dieses Material in sehr verschieden zusammengesetzten Brocken von Hand aufgesammelt und ausgelesen wird, ist kaum eine repräsentative Analyse anzugeben.
Neben den zu erwartenden hohen Natriumoxid- und Kohlendioxidgehalten fallen die ebenfalls hohen Schwefel(VI)-oxid- und Siliziumdioxidgehalte auf. Das Schwefel(VI)-oxid liegt in der Form von Natriumsulfat vor, wie aus anderen Analysen bekannt ist, und wird eine Glasgalle-Bildung in erheblichem Umfang verursachen. Siliziumdioxid und Kalziumoxid sind auch im Sand enthalten und stören nicht.

LÖBER (1976) mischte diese beiden Rohstoffe im Verhältnis 1 : 1 und erschmolz bei 1200°C ein schönes hellblaues Glas; er vermerkt eine starke Glasgalle-Bildung.
Anzumerken ist jedoch, dass eine Temperatur von 1200°C von einem Lagerfeuer nicht erreicht wird. Hierbei wurden – wie bereits erwähnt – lediglich Temperaturen um 850°C, maximal 980°C gemessen.

**Versuch**
Es sollte untersucht werden, welches Ergebnis bei niedrigeren Temperaturen erzielt wird. Dabei wurde entsprechend der Erzählung von der Glaserfindung bei Plinius von dem Gedanken ausgegangen, dass in der Nähe der *nitrum*-Klumpen im Sand eine sehr hohe Alkalioxid-Konzentration herrschte. Es wurde also gemäß Tabelle 33 ein Gemenge mit 75 % Alkalioxiden und 25 % Sand hergestellt.

Tab. 33. Gemenge für einen Glasherstellungsversuch nach Plinius' Erzählung von der Erfindung des Glases

| Bestandteil | Gehalt | Einwaage |
|---|---|---|
| Sand | 25 % | 25,00 g Sand |
| Natriumoxid $Na_2O$ | 60 % | 60·1,710=102,6 g $Na_2CO_3$ |
| Kaliumoxid $K_2O$ | 15 % | 15·1,467=22,0 g $K_2CO_3$ |

1,710 bzw. 1,467 sind die stöchiometrischen Faktoren zur Umrechnung der Oxide in die Karbonate.

Die angewandten Schmelztemperaturen waren 850 und 980°C.
Als Sand wurde der auch sonst verwendete vom Tübinger Spitzberg genommen. Der Zusatz von Kaliumkarbonat erfolgte, um das Hinzukommen von Holzasche aus dem Feuerungsmaterial zu simulieren. Das hierin enthaltene Kaliumkarbonat setzt den Schmelzpunkt des Natriumkarbonats herab.
Bei beiden Temperaturen wurde ein trübes, an der Oberfläche blaugrünes Schmelzprodukt erhalten, das aus der Umgebungsluft Wasser anzog. Es handelte sich im Wesentlichen um Wasserglas[94], was auch wegen der Zusammensetzung des Gemenges zu erwarten war. Die Blaugrünfärbung ging allmählich an der Oberfläche durch Oxidation in Braun über: es handelt sich um die von Eisen verursachte Färbung.
Es kann also keine Rede davon sein, dass bei den Temperaturen eines Lagerfeuers „Rinnsale einer durchsichtigen neuartigen Flüssigkeit" (wie es bei Plinius heißt), nämlich von Glas, entstehen. Man kann aber argumentieren, dass eine Reaktion stattfand (die Sandkörner verschwanden) und dass sich eine wasseranziehende Masse, vielleicht einem Rinnsal ähnlich, bildete – es mag sein, dass dies der wahre Kern der Erzählung ist. Aufmerksame Beobachter hätten hiervon durchaus zu weiteren Versuchen angeregt werden können – aber dies ist Spekulation. Der Bericht von Plinius über die Erfindung des Glases kann also schon einen kleinen wahren Kern besitzen, der jedoch falsch verstanden und entstellt wiedergegeben wurde.
Zu einer anderen Einschätzung kommt SEIZ (1994, 10-11). Er berichtet (leider ohne nähere Angaben) von einer Expedition zur Belus-Mündung, die den Bericht überprüfen wollte. Sie fand zu ihrem Erstaunen genügend Steine am Ufer vor, die das Verwenden von kostbaren *nitrum*-Brocken überflüssig machten. Es gelang auch nicht, am Feuer überhaupt etwas zum Schmelzen zu bringen – was nun wiederum den Autor der vorliegenden Arbeit erstaunt. Wenigstens ein Wasserglas hätten sie zustande bringen sollen.
Ähnliche Verhältnisse mit einem nicht so extremen Alkalioxid-Überschuß liegen übrigens vor, wenn ein Glas nach der falschen Interpretation der Stelle bei PLINIUS (Buch 36 Paragraph 194): *... harena alba ... dein miscetur III partibus nitri ..* - „ein Viertel Sand gemischt mit drei Vierteln *nitrum*" erschmolzen wird. Chemikern war diese Stelle schon lange suspekt, und sie galt als ungeklärt, denn ein solches Gemisch liefert kein Glas, sondern nur Wasserglas – wie beim oben beschriebenen Versuch.

[94] Unter Wasserglas versteht man niedrige, wasserlösliche Alkalisilikate, in der Hauptsache $Me_2SiO_3$ und $Me_2Si_2O_5$, wobei Me für Na oder K steht.

### 9.3.8. Glas nach Plinius mit Sand vom Volturnus

PLINIUS (Buch 36, Paragraph 194) weist auf die gute Eignung des weißen Sandes im Volturnus zwischen Cumae und Liternum an einem Uferstreifen von 6 Meilen (etwa 9 km) zum Glasmachen hin. Da bei der Ausgrabung des karolingerzeitlichen Klosters von San Vicenzo al Volturno Reste einer Glasverarbeitungswerkstatt und viele Glasfragmente gefunden wurden, erschien es dem Autor interessant genug, die Gegend zu besuchen.
Der Fluß Volturnus, italienisch Volturno, entspringt im Apennin und mündet heute etwa 15 – 20 km weiter nördlich als zur Zeit Plinius' in das Mittelmeer, bei dem heutigen Städtchen Castel Volturno, benannt nach einem nur noch als Ruine vorhandenen mittelalterlichen Kastell. Am Flussufer bei diesem Städtchen wurde eine Sandprobe gezogen. Unter einer dünnen schwarzen, leicht aufzuwirbelnden Schicht fand sich ein weißer, feiner Sand. Leider ließ sich bei der Probenahme nicht vermeiden, dass auch etwas von der schwarzen Substanz in die Probe geriet. Die Probe roch leicht faulig.
Der Sand wurde getrocknet und gesiebt, wobei er sich als außerordentlich feinkörnig und praktisch frei von groben Verunreinigungen erwies. Der Trocknungsverlust bei 105°C betrug 1,36 ± 0,032 %.
Die chemische Analyse des bei 105°C getrockneten, jetzt graubraunen Sandes ergab die in Tabelle 34 wiedergegebene Zusammensetzung.
Es handelt sich um einen Sand mit beträchtlichem Kalkgehalt, wie er entsprechend den geologischen Gegebenheiten zu erwarten war. Die Graubraunfärbung ist auf elementaren Kohlenstoff und Eisen(III)-Verbindungen zurückzuführen.

Tab. 34. Chemische Analyse des Sandes vom Volturno

| Bestandteil | Gehalt |
|---|---|
| Siliziumdioxid $SiO_2$ | als Differenz ca. 70 % |
| Kalziumoxid CaO | 23,8 % |
| Eisen(III)-oxid $Fe_2O_3$ | 2,6 % |
| Mangan(II)-oxid MnO | 0,09 % |
| Natriumoxid $Na_2O$ | 0,21 % |
| Schwefel(VI)-oxid $SO_3$ | 0,1 % |
| Kohlenstoff C | 0,4 % |
| Kohlendioxid $CO_2$ | als Glühverlust 13,5 % |

Weiterhin wurde nach der bei LÖBER (1976) wiedergegebenen Analyse eine synthetische ägyptische (natürliche) Soda (das *nitrum* des Plinius) hergestellt, da eine ägyptische Original-Soda nicht zur Verfügung stand. Für den vorliegenden Zweck unwesentliche Spurenbestandteile (SrO, ZnO, MnO, $P_2O_5$) wurden dabei vernachlässigt, so dass sich eine Mischung gemäß Tabelle 35 ergab.

Tab. 35. Herstellung einer synthetischen Ägyptischen Soda

| Bestandteil | Gehalt | Stöchiometr. Faktor zur Umrechnung in | Einwaage |
|---|---|---|---|
| Natriumoxid $Na_2O$ | 41,6-14,0 =27,6 % | $Na_2CO_3$: 1,710 | 27,6·1,710= 47,2 g Natriumkarbonat |
| Schwefel(VI)-oxid $SO_3$ | 18,1 % | $Na_2SO_4$: 1,774 | 32,1 g Natriumsulfat |
| Siliziumdioxid $SiO_2$ | 13,4 % | | 13,4 g Quarz |
| Kalziumoxid CaO | 3,4 % | $CaCO_3$: 1,785 | 6,1 g Kalziumkarbonat |
| Aluminiumoxid $Al_2O_3$ | 1,4 % | | 1,4 g Aluminiumoxid |
| Magnesiumoxid MgO | 1,3 % | | 1,3 g Magnesiumoxid |
| Eisen(III)-oxid $Fe_2O_3$ | 0,9 % | | 0,9 g Eisen(III)-oxid |
| Kaliumoxid $K_2O$ | 0,5 % | $K_2CO_3$: 1,467 | 0,7 g Kaliumkarbonat |
| Synthet. Ägypt. Soda | | | Insgesamt 103,1 g |

Das Natriumoxid muss rechnerisch entsprechend dem $SO_3$-Gehalt auf Natriumkarbonat und Natriumsulfat wie folgt aufgeteilt werden: Mit dem $SO_3$-Gehalt wird zunächst der entsprechende Natriumsulfatgehalt errechnet, der wiederum mit Hilfe des stöchiometrischen Faktors 0,436 in Natriumoxid umgerechnet werden kann. Aus 18,1 g $SO_3$ ergeben sich so 32,1 g Natriumsulfat, die 14,0 g Natriumoxid entsprechen. Diese 14,0 g $Na_2O$ müssen von den vorhandenen 41,6 g $Na_2O$ abgezogen werden, so dass 41,6 – 14,0 = 27,6 g $Na_2O$ für Natriumkarbonat übrigbleiben.

Nach sorgfältigem Vermischen wurde ein wegen des Eisen(III)-oxid-Gehaltes leicht rosafarbenes Pulver erhalten.
Aus dem Sand vom Volturno und dieser synthetischen Ägyptischen Soda wurde nach der Angabe bei Plinius (neue Interpretation) das niederzuschmelzende Gemenge hergestellt (Tabelle 36).

Tab. 36. Glassatz zur Glasherstellung nach Plinius

| Bestandteil | Anteil | Einwaage |
|---|---|---|
| Sand | 9/12 = ¾ Teile | 15 g |
| Ägyptische Soda | 3/12 = ¼ Teil | 5 g |

Das Gemenge wurde in einem Schamotte-Tiegel 5 Stunden lang bei 1300°C niedergeschmolzen; die Aufheizzeit lag bei etwa 4 Stunden. Es wurde ein inhomogenes, stellenweise braunes, stellenweise gelbes Glas erhalten, das stark mit brauner Glasgalle durchsetzt war. Die Tiegelwandung war stellenweise stark angegriffen (eine Folge besonders des hohen Sulfatgehaltes); die Korrosionsprodukte verunreinigten das Glas zusätzlich.
Prinzipiell konnte also mit diesen Komponenten ein Glas erzeugt werden; allerdings war es noch praktisch ungeläutert. Der überraschend hohe Sulfatgehalt der hergestellten ägyptischen Soda wirkte sich äußerst negativ aus. Vielleicht war die von LÖBER (1976) analysierte Probe nicht repräsentativ; seiner Beschreibung nach konnte er damit allerdings unter Verwendung von Sand vom Belus und unter leider nicht näher mitgeteilten Bedingungen ein hellblaues klares Glas erzeugen, vielleicht durch besseres Läutern als es im oben geschilderten Versuch möglich war. Dieser Punkt ist unklar.

### 9.3.9. Die Herstellung purpur- und gelbgefärbten Glases nach Theophilus

THEOPHILUS (1123, 2. Buch, 7. und 8. Kapitel) schreibt, dass sich in „irgendeinem Hafen“ das Glas in ein safrangelbes oder purpurfarbenes verwandeln könne. Durch längeres Halten in geschmolzenem Zustand könne die Farbe noch verändert werden. So hergestelltes purpurfarbenes Glas sei z. B. für die Wiedergabe des Inkarnats bei Glasfenstern verwendbar.

Dieser Schilderung nach handelt es sich um Oxidationsvorgänge bei zufällig hierfür geeigneten Gemengen, wobei die Färbung durch Eisen- und Mangangehalte hervorgerufen wird. TURNER (1956, 289T) weist in diesem Zusammenhang auf den Mangangehalt von Buchenholzasche hin.

Im Rahmen der zur vorliegenden Arbeit durchgeführten Versuche wurde eine Beobachtung gemacht, die diesen Sachverhalt bestätigt. Der betreffende Versuch hatte eigentlich als Hintergrund die Untersuchung des Einflusses einer übergroßen Kaliumkonzentration; das dabei erhaltene Ergebnis einer Färbung durch Oxidation von zufällig anwesendem Mangan(II) zu violett (purpur) färbendem Mangan(III) konnte reproduziert werden.

**Versuch**

Das Gemenge aus einem Teil Sand, einem Teil Holzasche und einem Teil Kaliumoxid (zugegeben in Form von Kaliumkarbonat, Faktor 1,467) wurde nach einer Aufheizzeit von 7 Stunden 1,5 Stunden lang bei 1250°C im Porzellan-Tiegel niedergeschmolzen. Dabei wurde ein trübes, leicht violettes Glas erhalten. Die Trübung ließ auf eine Mischungslücke der gebildeten Glasphasen schließen, die Überraschung aber bildete die deutliche leicht violette Färbung des Glases. Durch eine sehr sorgfältige Wiederholung des Versuches wurde die zufällige Verunreinigung des Gemenges mit einer Spur Braunstein ausgeschlossen. Als Ursache für die Färbung bietet sich das in der Holzasche vorhandene Mangan(II)-oxid an. In den vorliegenden Spuren vermag dieses Oxid jedoch keine merkliche Färbung des Glases hervorzurufen, wohl aber nach der Oxidation zu Mangan(III)-oxid. Entsprechende Oxidationsbedingungen sind durch den extrem hohen Alkaligehalt der Schmelze gegeben.

Die bei Theophilus beschriebene Purpurfärbung des Glases wird sich also gelegentlich bei zufällig geeigneten Bedingungen (Mangangehalt, relativ hoher Alkaligehalt) eingestellt haben.

Für die von ihm ebenfalls beschriebene Gelbfärbung kann man wohl entsprechend dem oben beschriebenen Versuch die Oxidation des Eisen(II)-oxids (das im Zusammenwirken mit Eisen(III)-oxid die Grünfärbung des Glases verursacht) zu gelb färbendem Eisen(III)-oxid unter zufällig geeigneten Bedingungen (langes Erhitzen unter Sauerstoffzutritt) verantwortlich machen. Eine andere Möglichkeit der Gelbfärbung (durch Eisen(III), Kohlenstoff und Schwefel: „Kohle- oder Schwefelgelb“) ist natürlich durch einen gewissen Eisen- und Sulfatgehalt bei reduzierenden Schmelzbedingungen gegeben.

## 9.4. Mikroskopische Untersuchungen an Glasproben

Auf dem Gelände der Glashütte bei Bebenhausen wurde eine Unmenge an Glasfragmenten aller Art gefunden, die zum Teil stark korrodiert waren. Zwei charakteristische Proben, eine während der Produktion entnommene, noch nicht vollständig ausreagierte Glasprobe und ein Flachglasfragment, wurden für eine genauere Untersuchung ausgewählt. Aussehen, Kontext, Analysenergebnisse (GAI 2001a, 378) und die unten beschriebenen Untersuchungsergebnisse lassen den Schluss zu, dass in beiden Fällen ein Holzasche-Kalk-Glas vorliegt.[95]

Die Untersuchung wurde mit Hilfe eines Raster-Elektronenmikroskops CamScan CS4 DV-88 durchgeführt, und zwar wurden Sekundärelektronenbilder (SE) und Elektronenrückstreubilder (RE) aufgenommen. Die Element-Verteilungsbilder wurden mit Hilfe des Röntgenfluoreszenz-Spektrometers Microspec WDX-3PC erhalten. Dieses Gerät stellt ein Zusatzgerät zum Rasterelektronenmikroskop, ein wellenlängendispersives Röntgenfluoreszenz-Spektrometer, dar[96].

### 9.4.1. Untersuchung einer noch nicht ausreagierten Glasprobe

Es handelt sich hierbei um ein kaum korrodiertes, etwa 18 mm langes, verquetschtes und zusammengebogenes Stück eines etwa 5 mm dicken Glasfadens. Solche Glasfäden entstanden aus Proben, die der Glasschmelze entnommen wurden, durch Ablaufen; sie dienten der Qualitätskontrolle. Der erfahrene Glasmacher kann aus dem Ablaufverhalten Rückschlüsse auf Viskosität und Erstarrungsverhalten der Schmelze ziehen sowie aus Klarheit und Blasenfreiheit auf den Vollständigkeitsgrad der Reaktion schließen.
Abbildung 152 zeigt eine Aufnahme im Auflichtmikroskop bei 20facher Vergrößerung. Die Probe besteht aus einer Glasmatrix (deren hellgrüne Farbe hier nicht zu erkennen ist), in der weißliche Körner zu sehen sind. Hierbei kann es sich nur um noch nicht vollständig aufgeschlossene Siliziumdioxidkörner, vermutlich Sand, handeln. Die unscharfen Ränder zeigen jedoch, dass die Reaktion bereits begonnen hat. Daneben sind sehr kleine Gasblasen zu erkennen.
Abbildung 153 zeigt eine rasterelektronenmikroskopische Aufnahme (SE, reduzierte Saugspannung) bei 40facher Vergrößerung eines solchen Sandkornes mit seiner Umgebung. Die Umströmungslinien des schmelzflüssigen Glases sind deutlich zu sehen.

---

[95] Auch eine von dritter Seite durchgeführte Analyse an einem anderen, allerdings inhomogenen Glasfragment ergab das Vorliegen eines Holzasche-Kalk-Glases.

[96] Der Autor ist Frau H. Stegmaier, Werkstoff- und Prozesstechnik, Labor, Werk Sindelfingen der DaimlerChrysler AG für die äußerst sorgfältige Durchführung der Untersuchungen zu großem Dank verpflichtet.

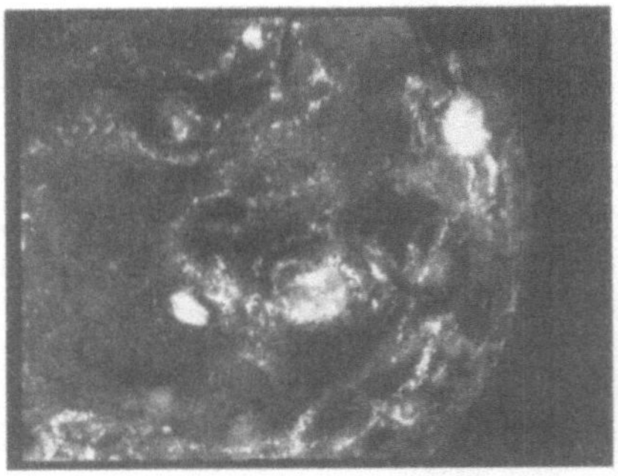

Abb. 152. Unaufgeschlossene Körner in der Glasmatrix
Auflichtmikroskop, 20fache Vergr.

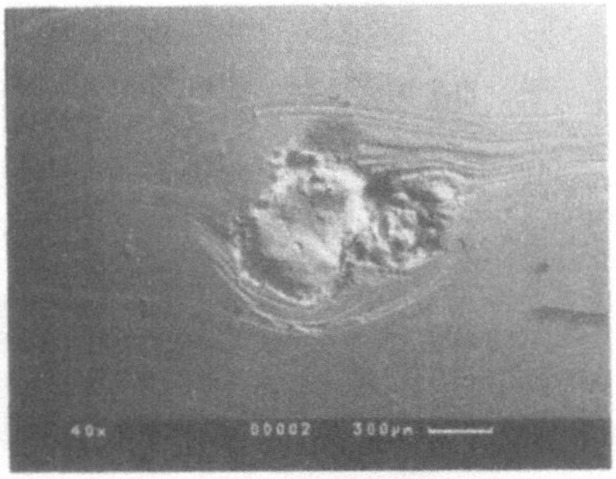

Abb. 153. Unaufgeschlossenes Korn in der Glasmatrix
REM-Aufnahme SE, 40fache Vergr.

### 9.4.2. Untersuchung eines korrodierten Flachglasfragments

Es handelt sich um eine hellgrüne, grob dreieckige Scherbe mit einer abgerundeten „Naturkante“. Die Scherbe zeigt schwaches Irisieren, aber eine sehr stark korrodierte Oberfläche und viele kleine Bläschen. Die Länge der drei Seiten beträgt jeweils etwa 30 mm, die Dicke im Allgemeinen 1 mm, an der Naturkante 2 mm.
Die Korrosion führte auch makroskopisch erkennbar zu einer Oberfläche mit vielen kugelkalottenförmigen und unregelmäßig gerundeten Vertiefungen. Die größeren Vertiefungen zeigen eine ebene Sohle. Abbildung 154 zeigt diese Strukturen in einer Aufnahme mit dem Auflichtmikroskop bei 15facher Vergrößerung. Abbildung 155 ist eine rasterelektronenmikroskopische Aufnahme (RE) bei 40facher Vergrößerung, die diese Strukturen wegen der RE-Aufnahmetechnik und der großen Tiefenschärfe des rasterelektronenmikroskopischen Bildes deutlicher hervortreten lässt.

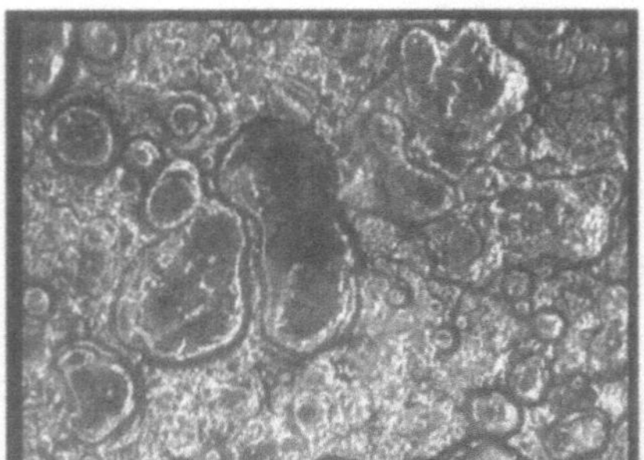

Abb. 154. Korrodierte Oberfläche eines Glasfragments
Auflichtmikroskop, 15fache Vergr.

Abb. 155. Korrodierte Oberfläche eines Glasfragments
REM-Aufnahme RE, 40fache Vergr.

Die globularen Strukturen lassen auf entmischte Phasen (Bereiche unterschiedlicher chemischer Zusammensetzung) schließen, die nebeneinander vorliegen. Die ursprünglich in der Schmelze vorliegenden größeren kugeligen Formen (Tröpfchen) verflachten durch das Umformen beim Glasblasen. Auf Grund ihrer verschiedenen Zusammensetzung korrodieren die verschiedenen Bereiche auch unterschiedlich. Einzelne Zonen sind völlig herauskorrodiert, was zu den auch makroskopisch sichtbaren Vertiefungen führt. Auf ihren Sohlen tritt dann weniger korrodiertes Material zutage.
Abbildung 156 zeigt bei 200facher Vergrößerung (RE), wie diese Korrosion erfolgt: Bildung kleiner, plättchenförmiger Schollen, die abplatzen. Die Dicke dieser Schollen liegt in der Größenordnung der Lichtwellenlängen, so dass Interferenzfarben entstehen können: das bekannte Irisieren mit seinen schönen physikalischen Farben („Farben dünner Blättchen" oder „Newtonsche Ringe", wie bei einem Ölfilm auf Wasser).

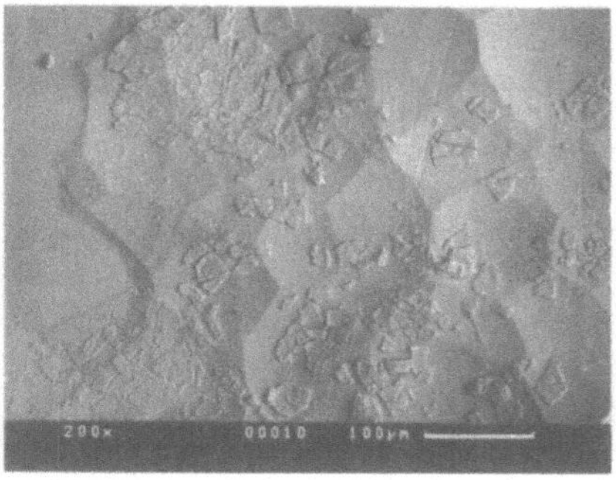


Abb. 156. Korrosion durch Bildung kleiner plättchenförmiger Schollen
REM-Aufnahme RE, 200fache Vergr.

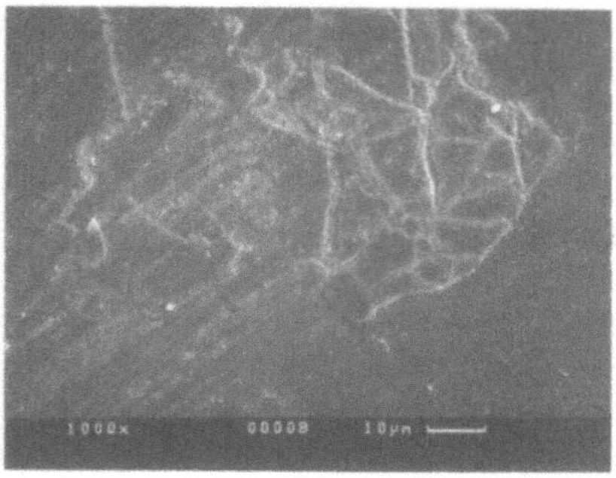


Abb. 157. Korrosion durch Bildung kleiner plättchenförmiger Schollen
REM-Aufnahme SE, 1000fache Vergr.

Größere Agglomerate dieser Schollen sind auch makroskopisch zu erkennen: sie blättern wie silberfarbene Glimmerplättchen von der korrodierten Glasoberfläche ab. Abbildung 157 bei 1000facher Vergrößerung (SE) lässt erkennen, wie der Abbau einer noch intakten Oberfläche stufenförmig durch Abplatzen von Schollen erfolgt.
Abbildung 158 zeigt rundliche vertiefte Zonen mit Korrosionserscheinungen auf der Oberfläche, die in einer feiner strukturierten Matrix ohne Korrosionserscheinungen liegen. Hier wird die Zweiphasigkeit des Systems deutlich sichtbar: eine Phase „schwamm" als Tropfen in einem Meer einer anderen Phase wie die Fettkügelchen der Milch in der Molke, nur dass hier ein festes, erstarrtes und durch das Glasblasen verflachtes System vorliegt. Die rundlichen Zonen in Abbildung 158 stellen herauskorrodierte verflachte Tröpfchen, also Vertiefungen dar!

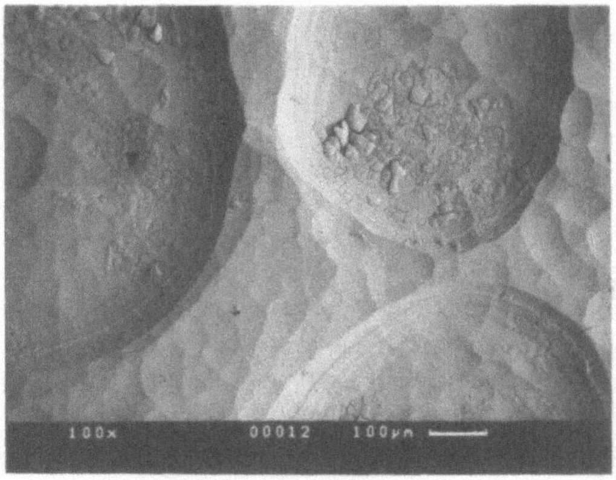

Abb. 158. Zwei verschiedene Phasen, eine davon korrodiert
REM-Aufnahme RE, 100fache Vergr.

Die nächste Serie von Aufnahmen sollte zeigen, welches chemische Element bevorzugt an dem korrosiven Abbau beteiligt ist. Es handelt sich um sog. Elementverteilungsbilder, bei denen die Konzentrationsverteilung jeweils eines chemischen Elements über die untersuchte Fläche dargestellt wird. Zu beachten ist bei diesen Bildern, dass das konzentrationsproportionale Signal weiß dargestellt ist: je heller eine Fläche, desto höher die Konzentration. Alle Elementverteilungsbilder wurden bei 700facher Vergrößerung aufgenommen.
Abbildung 159 zeigt eine rasterelektronenmikroskopische Aufnahme (RE) der Probe in 100facher Vergrößerung, aus der der markierte und in Abbildung 160 bei 700facher Vergrößerung dargestellte Bereich für die Analysen herangezogen wurde. Es handelt sich um eine Zone mit einer Korrosionsgrenze: rechts im Bild ist eine intakte, links im Bild eine korrodierte Oberfläche zu sehen.

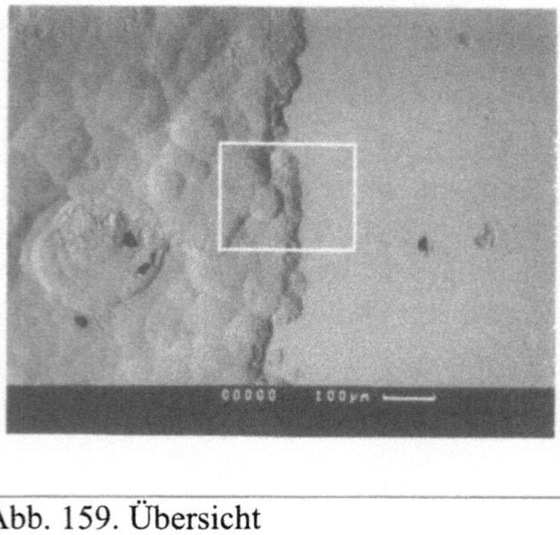

Abb. 159. Übersicht
REM-Aufnahme RE, 100fache Vergr.

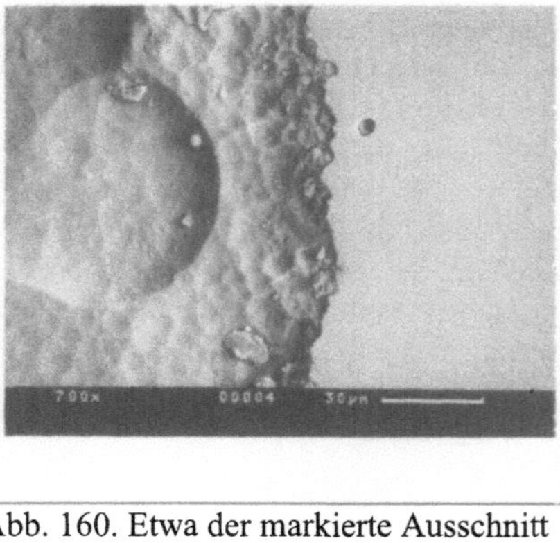

Abb. 160. Etwa der markierte Ausschnitt aus Abb. 159
REM-Aufnahme RE, 700fache Vergr.

Die erste Untersuchung galt dem Kalium, von dem bekannt ist, dass es bei der Bodenlagerung oder unter dem Einfluss der Atmosphärilien leicht aus Glas (und Keramik) herausgelöst wird. Abbildung 161 zeigt das Verteilungsbild des Kaliums. Die rechte Bildhälfte ist heller als die linke, d. h. in der rechten Bildhälfte liegt eine höhere Kaliumkonzentration vor als in der linken. Anders ausgedrückt: Die dunklere linke Bildhälfte zeigt an, dass hier während des Korrosionsvorganges Kalium herausgelöst wurde. Die dunkle „Wolke“ in der linken Bildhälfte zeigt außerdem, dass es auch innerhalb des korrodierten Bereiches noch Zonen unterschiedlich starker Korrosion gibt. Dies muss als Hinweis auf eine starke Inhomogenität des Glases gewertet werden.
Abbildung 162 zeigt das Elementverteilungsbild des Kalziums. Auch hier ist die linke, korrodierte Bildhälfte dunkler als die rechte, unkorrodierte. Dies bedeutet, dass während des Korrosionsvorganges Kalzium herausgelöst wurde.

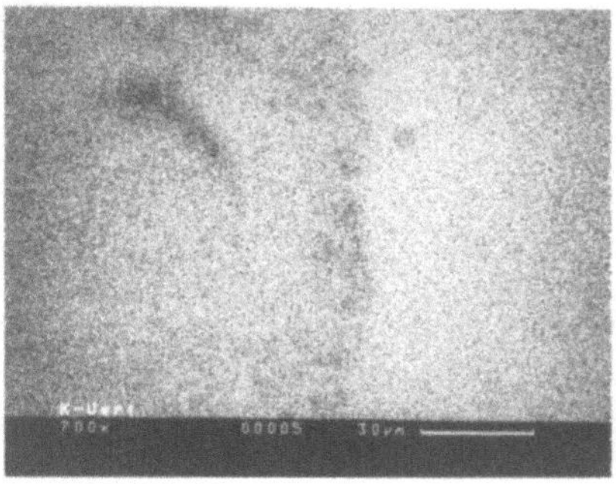

Abb. 161. Elementverteilung Kalium

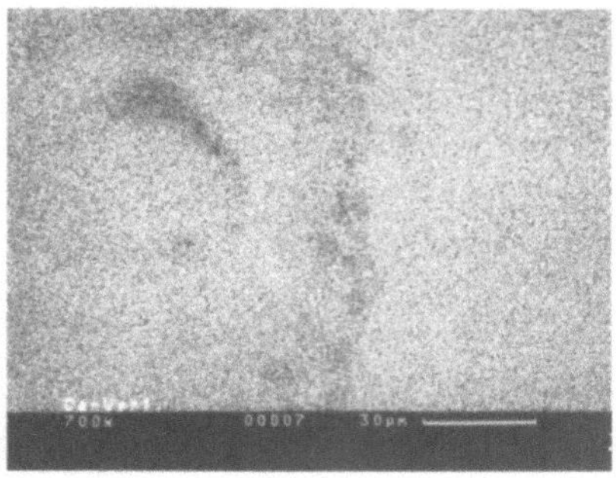

Abb. 162. Elementverteilung Kalzium

Abbildung 163 zeigt das Elementverteilungsbild des Aluminiums. Hier ist die linke, korrodierte Bildhälfte heller als die rechte, unkorrodierte. Dies bedeutet, dass sich im korrodierten Glas das Aluminium relativ zum unkorrodierten angereichert hat, und zwar durch das Herauslösen des Kaliums und des Kalziums. Diese Abreicherung wirkt sich bei dem geringen Aluminiumgehalt des Glases (er liegt üblicherweise größenordnungsmäßig um 2 %) messbar als relative Anreicherung des Aluminiums aus.
Abbildung 164 zeigt das Elementverteilungsbild des Siliziums. Hier kann man keinen Helligkeitsunterschied zwischen der linken und der rechten Bildhälfte erkennen, wenn man von einigen dunklen „Wolken“ links absieht. Dies bedeutet, dass die relative Anreicherung des Siliziums durch die Abreicherung an Kalium und Kalzium zu gering ist, um noch erkannt zu werden. Der Grund liegt im hohen Siliziumgehalt des Glases (er wird beim vorliegenden Glas bei etwa 50-60% liegen), der sich relativ gesehen nur wenig ändert. Die dunklen „Wolken“ links im Bild allerdings deuten auf eine erhebliche lokale Korrosion, die auf Inhomogenitäten im Glas hinweist.

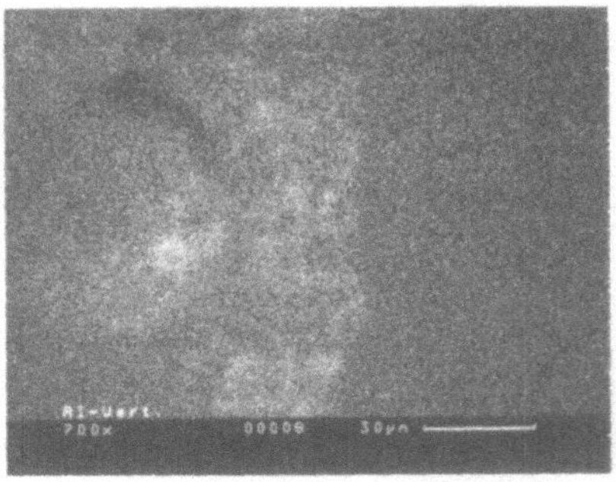


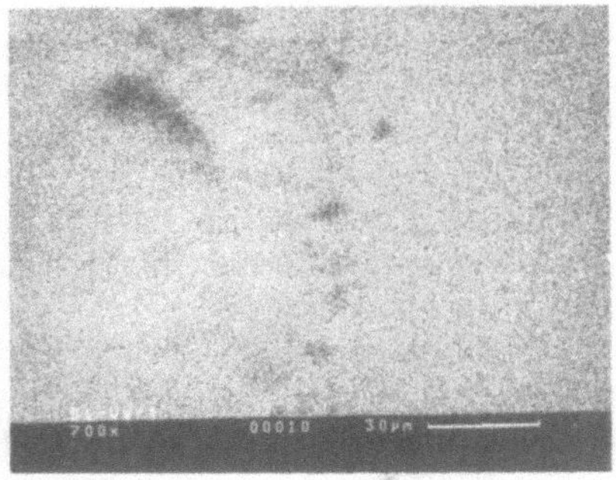


Abb. 163. Elementverteilung Aluminium  Abb. 164. Elementverteilung Silizium

Auch das Elementverteilungsbild des Magnesiums wurde aufgenommen; das Bild (Abb. 165) bringt jedoch keine neuen Erkenntnisse. Auch es zeigt Inhomogenitäten im korrodierten Bereich an.

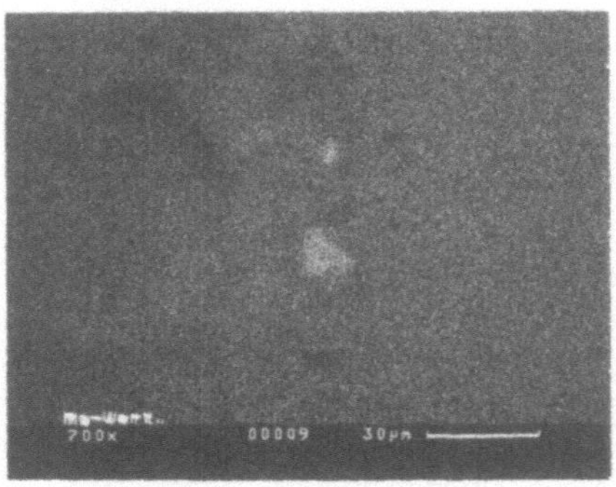


Abb. 165. Elementverteilung Magnesium

**Folgerungen**

Die Untersuchungen lassen folgende Schlüsse zu:

- Das Glasfadenstück enthält körnige Teilchen, die noch nicht reagiert haben (der Chemiker spricht von unaufgeschlossenen Teilchen). Das Gemenge war also noch nicht ausreagiert, es konnte noch nicht verarbeitet werden.
- Die Korrosion erfolgt schichtenweise; die sehr dünnen Blättchen zeigen durch Interferenzerscheinungen des Lichtes physikalische Farben: das bekannte Irisieren. Auch makroskopisch sind häufig wie Glimmer aussehende Abblätterungen zu erkennen.
- Der Korrosionsvorgang beginnt mit einem Herauslösen von insbesondere Kalium- und Kalzium-Ionen, was schließlich zu einer völligen Zerstörung des

Glases führt. Allerdings sind deutlich lokale Unterschiede im Korrosionsfortschritt zu erkennen; dies lässt auf Inhomogenitäten des Glases schließen.

- Auch das makroskopische Korrosionsbild deutet auf vorhandene Inhomogenitäten.
- Die makroskopisch und mikroskopisch erkennbaren globularen Strukturen deuten auf Entmischungsvorgänge in der Schmelze hin, die beim Erstarren erhalten blieben. Allerdings verflachten die in der Schmelze kugeligen Strukturen (Tröpfchen) durch das Umformen beim Glasblasen.
- Die Inhomogenität und die Korrosionsvorgänge haben erhebliche Auswirkungen auf die Aussagekraft analytischer Untersuchungen. Für das ursprünglich vorliegende Glas repräsentative Analysenergebnisse sind natürlich nur bei der Untersuchung unkorrodierter Bereiche zu erhalten. Bei feucht gelagerten Proben ist dies höchstens an Querschliffen im Kernbereich zu erwarten. Der verfälschende Einfluss lokaler Inhomogenitäten muss durch Mittelwertbildung aus schätzungsweise 10 Einzelwerten weitgehend ausgeschaltet werden. Das Herauslösen von Kaliumverbindungen bei der Bodenlagerung führt zu Abreicherungen an diesem Element und zu relativen Anreicherungen der übrigen Elemente, z. B. Kalzium und Phosphor, was in der Literatur häufig falsch interpretiert wird (z. B. SIX et al. 1989).
- Bei dieser Gelegenheit sei noch auf einen häufigen Missgriff bei der Probenauswahl für chemische Analysen hingewiesen: Der Bodensatz in Glashäfen ist nicht repräsentativ für das verarbeitete Glas. Infolge der anzunehmenden mangelhaften Durchmischung der Schmelze setzen sich unten gern schwer und spät aufzuschließende Bestandteile ab, die zu einer anderen Zusammensetzung des Glases am Boden führen. Zu denken ist hierbei besonders an erhöhte Aluminium- und Siliziumgehalte.

  Das Gleiche gilt auch für die Glastropfen und –fäden, die aus Proben für die Qualitätskontrolle entstanden sind. Hier ist die Gefahr sehr groß, nicht ausreagierte oder ungenügend durchmischte Glasproben zu untersuchen. Die Ergebnisse sind dann natürlich willkürlich und wertlos.

LEIBER et al. (1985) untersuchten eine Flachglasscherbe aus Breisach durch Aufnahme der Konzentrationstiefenprofile verschiedener Elemente. Sie fanden an der Oberfläche Abreicherungen an Kalium, Kalzium, Magnesium und relative Anreicherungen an Silizium, Aluminium und Mangan. Dieses auf anderem Wege erhaltene Ergebnis bestätigt im wesentlichen die oben geschilderten rasterelektronenmikroskopischen Untersuchungsergebnisse durch Aufnahme der Elementverteilungsbilder.

Zusammenfassend muß gesagt werden, dass das erzeugte Glas werkstofftechnisch gesehen von recht mäßiger Qualität ist. Umso bewundernswerter ist, was die Kunst der Glasbläser daraus gemacht hat.

# 10. EXKURS: EINIGE SOZIOLOGISCHE ASPEKTE

Soziologische Aspekte sind der archäologischen Bodenforschung nur in sehr geringem Ausmaß zugänglich. Glücklicherweise kann die mittelalterliche Archäologie auf eine Reihe von Schriftquellen zurückgreifen, die einige Einblicke in die Verhältnisse im Zusammenhang mit den Glashütten gewähren. Daneben gibt es aber auch einige wenige archäologische Funde, die den Gedanken an einen gelegentlichen Nebenerwerb der Glaser aufkommen lassen. Eine Parallele hierzu findet sich bei den Bergleuten des späten Mittelalters.

Zunächst fällt eine große Mobilität der Glasmacher auf: venezianische Glasmacher tauchen zu gewissen Zeiten in Deutschland auf, deutsche in Schweden, Estland, Ungarn; auch innerhalb Italiens oder Deutschlands sind erhebliche Wanderungen zu verzeichnen (PAUSE 1996, 111-12; ROOSMA 1969; BERLINER 1924, MENDERA 1991; GREINER 1957; WICHERT-POLLMANN 1963). Diese Mobilität hängt von wirtschaftlichen und politischen Gegebenheiten ab, ist also zeitlich differenziert zu betrachten. Sie ist jedoch nichts Außergewöhnliches; sie findet sich auch in anderen handwerklichen Bereichen.

LANDAU (1843, 53) schreibt, dass im Jahre 1591 auf ein an Landgraf Wilhelm von Hessen gerichtetes Ersuchen des Herzogs Karl von Schweden der Glaser Engelhardt Becker aus Großalmerode nach Schweden ging, um dort die erste Glashütte anzulegen. Seitdem wurden auch die schwedischen Hütten zum Glaserbunde gerechnet.

In einigen Fällen ist auch die Geschichte einzelner Glashütten gut dokumentiert: So beschreibt GREINER (1957) das Schicksal der Glashütte zu Fischbach a. d. Murr mit ihrem wirtschaftlichen Auf und Ab und Besitzerwechseln. BERLINER (1924) beschreibt die Errichtung, das Betreiben und den Untergang einer kurfürstlichen Glashütte in München in den Jahren 1677 bis 1702 mit finanziellem Gewinn und Verlust, menschlichen Unzulänglichkeiten und Hofintrigen bis hin zum puren Betrug.

SCHWANZAR (1994) schildert die wechselnden Besitzverhältnisse der ins 18. Jahrhundert datierten Glashütte am Bauernberg in Liebenau, Oberösterreich.

LEIBER (1994) gibt einen geschichtlich und archäologisch orientierten Überblick über die Glashütten im Hils. Viele Glasmacherfamilien sind über Generationen hinweg namentlich bekannt. Im 17. Jahrhundert dürften manche Glashütten im Hils dorfähnlichen Charakter gehabt haben. Für eine Hütte werden 39 „Bewohner" aufgezählt: 15 Frauen (darunter 2 Mägde), 16 Männer, 7 Jungen und 1 Mädchen. Preise für Glaswaren und die Höhe von Abgaben sind aus dieser Zeit bekannt.

WEYER (1992, 149-65) publizierte den Geschäftsverkehr des Alchemisten Graf Wolfgang II. von Hohenlohe mit seinen Lieferanten für Geräteglas, hauptsächlich mit Hans Greiner, dem Inhaber der Glashütte Fischbach. Die Vorgänge sind um 1590 datiert und umfassen Bestellungen, Reklamationen und Abrechnungen. Den erhaltenen Unterlagen ist zu entnehmen, dass die Hüttenmeister genau nach Bestellung arbeiteten, und zwar nach Zeichnungen oder nach hölzernen Musterteilen. Auch die Glasfarbe – farblos oder grün – wurde vorgegeben. In einer Bestellung heißt es: „Solche Gläser wie obgemelt sollen alle von liecht Glaß gemacht werden und im Küelofen wol abkület, uff das sie das Feuer wol leiden können. Und sollen fein gleich an einem Ort so dick alß am andern, auch starck von Glaß sein." Hier sind klare Qualitätsforderungen für „die oben genannten Gläser" formuliert: farbloses Glas, gut getempert, überall gleiche hohe Wandstärke. Ein Bote überbrachte die Bestellung; er wartete häufig auf die Fertig-

stellung der Teile, was bis zu einigen Tage dauern konnte. Er musste sich in der Wartezeit auf der Glashütte verköstigen, wofür er ein Wartegeld von seinem gräflichen Auftraggeber erhielt. Für den Glasmacher bedeutete dies eine zusätzliche Einnahme.
Ein in anderem Zusammenhang bereits gezeigter Holzschnitt bei AGRICOLA (1557, 490) könnte einen solchen Vorgang zeigen, vielleicht aber auch die Bewirtung eines Kunden oder die Anbahnung eines Geschäftes (Abbildung 166): links im Hintergrund ist eine Art Schankraum abgebildet, in dem zwei Zecher sitzen, die offensichtlich gut bewirtet werden.
Weiterhin zeigt das Bild arbeitende Kinder sowie die Anwesenheit einer Frau mit einem Kind auf dem Glashüttengelände. Wieweit dieses Bild realistisch ist, muss offen bleiben.

Abb. 166. Arbeit, Leben und Treiben in einer Glashütte bei Agricola
(mit freundlicher Genehmigung der Universitätsbibliothek Tübingen)

LANDAU (1843, 13) macht zur Infrastruktur der (hessischen) Glashütten einige Angaben, die etwa für das 15./16. Jahrhundert gelten mögen: „Die Glashütten lagen stets in dem Innern der Waldungen, meist in Thälern, und bestanden aus der eigentlichen Hütte und der damit verbundenen Wohnung für die Arbeiter, neben der sich häufig auch noch ein Stall für die Ochsen befand, welche zu den Holzfuhren gehalten wurden. Der Hüttenmeister hatte seinen Haushalt nicht hier, sondern in einem der benachbarten Orte, da die Wohnung bei der Hütte nur für den nothdürftigen Aufenthalt der Arbeiter berechnet war, und, wie es scheint, mit dem Erkalten der Hütte zu Martini für die ganze Winterzeit verlassen wurde. Beinahe alle Glaser des kaufunger Waldes hatten ihre Wohnungen auf hessischem Gebiete, die meisten zu Großalmerode."

GREINER (1957) schildert die Verhältnisse am Ende des 16. Jahrhunderts aus der Sicht des Hüttenmeisters Greiner und geht auf die Belastungen durch Abgaben ein, die eine Glashütte tragen musste (Hüttenzins sowie Mahlzins, da er zusammen mit einem Stampfgang „zu stampffung der Tügel Erde" für den Eigenbedarf einen Mahlgang, später auch einen zweiten für Auftragsarbeiten, betrieb).

Hier wird ein weiterer Problemkreis sichtbar, der des Nebenverdienstes der Glasmacher. Archäologische Funde hierzu sind spärlich, aber vorhanden; sie werden im Laufe der Zeit vielleicht häufiger und im richtigen Kontext gesehen. Bereits erwähnt wurden die Funde einer Vielzahl von glasierten, nur einige Zentimeter hohen, mehr oder minder fragmentierten (Spielzeug-)Tierfiguren (Pferde, Hunde, Kentauren, Widder, Fuchs, eine Hahnpfeife) auf dem Areal der Hütte Steimcke, und zwar teils gut gebrannt, teils unterbrannt. Hierbei kann es sich um eine Produktion handeln, die dem Nebenerwerb des Hütteninhabers diente (STEPHAN 2000).

MAUS et al. (1999, 458; 464) führen noch zwei bereits erwähnte Besonderheiten zweier Glashütten an.

Auf dem Gelände der (nicht ergrabenen) Glashütte Münstertal, Scharfenstein Süd (458, Kat.-Nr. 14, datiert vor 1572) fand sich als Lesefund das Fragment einer Gießform aus grauem Kalkstein für ein rundes, gewölbtes Objekt (Durchmesser 3 cm) mit radialen Erhebungen, das möglicherweise einen Knopf darstellt. Zu denken ist an die Herstellung von Bronze- oder Messinggussteilen in Zuge eines Nebenerwerbs.

Eine Schriftquelle in Form eines Bestandsbriefes von 1614 für die dem Kloster St. Blasien gehörende Hütte Schluchsee, Blasiwald, Muchenland (464, Kat.-Nr. 17) besagt, daß sich das Kloster St. Blasien den Verkauf der Glasprodukte vorbehielt, lediglich „kleine *Gutteren* (Glasflaschen) und Keramik durften die Glaser ab Hütte verkaufen".

Es ist nicht gesagt, dass die zum Verkauf zugelassene Keramik in der Glashütte hergestellt wurde, aber auf jeden Fall liegt hier ein Nebenerwerb vor.

Ungeklärt ist noch, ob Glasurarbeiten oder Vorversuche dazu auf Glashütten durchgeführt wurden. Entsprechende Funde liegen bisher nicht vor.

Eine solche gleichzeitige Tätigkeit auf verschiedenen handwerklichen Gebieten wurde noch nicht oft nachgewiesen, ist aber auch nicht völlig neu.

JANSSEN (1983) beschreibt eine ähnliche Verflechtung verschiedener handwerklicher Arbeitsgebiete, allerdings aus hochmittelalterlicher Zeit. In Wildenrath im westlichen Rheinland und im rechtsrheinischen Gebiet von Paffrath bei Bergisch-Gladbach sind Funde und Befunde, die auf gleichzeitige Eisengewinnung und Keramikherstellung hinweisen, dermaßen deutlich vergesellschaftet, dass Janssen zu dem Schluss kommt, „dass die beiden Produktionen organisatorisch und wirtschaftlich miteinander verbunden gewesen sein müssen". Auch die von ihm erwähnte wahrscheinliche Verbindung von Landwirtschaft und Töpferei in den Gebieten des Rheinischen Vorgebirges gehört hierher.

Die Diversifizierung eines Betriebes ist also nicht nur ein modernes Thema, sondern wurde schon früh zur Sicherung der wirtschaftlichen Existenz betrieben. Janssens Satz „Es wird deshalb in Zukunft in der archäologischen Mittelalterforschung sinnvoll sein, auf derartige Phänomene bei der Beobachtung der Befunde stärker zu achten als bisher" ist sicher berechtigt.
Eine Quelle von besonderem Wert ist „Die Geschichte der Glashütten in Hessen" von LANDAU (1843), aus der schon öfter zitiert wurde. Der Archivar und Historiker Georg Landau (1807-1865) war als Autodidakt zum hochgeehrten Staatsarchivrat aufgestiegen; ihm wurde z. B. auch die Würde eines Ehrendoktors der Universität Marburg zuteil. Er wertete die ihm zugänglichen Archive sehr sorgfältig und zuverlässig aus (NIEMEYER 1958).
In seiner „Abhandlung" fasst er die vorhandenen Originalquellen zum Glaserbund zusammen und gibt ihren Wortlaut in einem Anhang wieder. An dieser Stelle soll seine Zusammenfassung kurz referiert werden.
Die hessischen Glashütten gehörten zusammen mit den Hütten im Harz, im Braunschweigischen, auf dem Eichsfelde (östlich von Allendorf), im Gerstengau (die Gegend um Gerstungen, westlich von Eisenach), in der Rhön und im Spessart zu einer einzigen großen Zunft, deren Zunft- oder Bundesstätte im Spessart lag. Obervögte der Zunft waren die Grafen von Rieneck. Im Bauernkrieg schlossen sich die Glaser des Spessarts den Aufständischen an, wofür sie dann auch die Rache des schwäbischen Bundes traf. Als Folge wurde die Zunftstätte nach Großalmerode verlegt. Der Landgraf Philipp von Hessen bestätigte den Bundesbrief im Jahre 1537 und übernahm das Amt des Obervogts. In diesem Bundesbrief wurden den Mitgliedern strenge Auflagen gemacht:

- Produktionszeit nur von Ostern bis Martini
- Vorgegebene maximale tägliche Produktionszahlen für bestimmte Hohlgläser und Flachglasmengen mit vorgegebenen Abmessungen
- Festgesetzte Preise
- Als Lehrlinge durften nur Söhne von Glasern, die dem Bunde angehörten, aufgenommen werden
- Die Lehrlinge mussten bei der Aufnahme 12 Jahre alt sein und sogleich auf den Bundesbrief vereidigt werden
- Kein Meister durfte einem anderen Meister Gesellen abwerben
- Jeder Geselle, der „von andern, nicht zum Bunde gehörigen Wäldern komme", musste zu Großalmerode auf den Bundesbrief schwören
- Die Hütten durften nur einen Mahlstein für das Gemenge und nur einen Streckofen haben
- Alle Hüttenmeister waren verpflichtet, mit ihren Knechten und Lehrlingen am Pfingstmontag in Großalmerode zum Bundesgericht zu erscheinen, wo alle Verstöße gegen den Bundesbrief angezeigt werden mussten. Der Oberförster führte als Richter den Vorsitz, die sechs Bundesmeister wirkten als Schöffen mit. Verstöße gegen den Brief wurden mit Geldbußen, in schweren Fällen mit Ausstoßung aus dem Bund geahndet.

Dieser Bundesbrief wurde von Philipp im Jahre 1559 etwas geändert. So wurden die Forstknechte angewiesen, die sechs Bundesmeister bei ihren Visitationen der Hütten zu unterstützen.
Da sich der Bund über die Länder verschiedener Fürsten erstreckte, war die Umsetzung der Urteile des Bundesgerichts problematisch und führte zu diplomatischen Verwick-

lungen. Als wirksames Zwangsmittel erwies sich die Abhängigkeit der Mitglieder von den Rohstoffen, über die der Bund verfügte: Sand aus dem Kaufunger Wald, Asche aus den Salinen und besonders der Hafenton aus Großalmerode. Auch konnten die Bundesmeister den Gesellen die Arbeit in einer Hütte untersagen; der Meister musste sie trotzdem weiter bezahlen. Der Bund stellte also ein recht fest gefügtes Kartell dar, das allerdings im Laufe der Zeit doch verfiel, besonders auch wegen der Auffindung anderer Hafentonvorkommen. Im 17. Jahrhundert ist von dem alten Glaserbund keine Rede mehr; eine Zunft bestand jedoch weiter.

LOIBL (2001) untersuchte den hessischen Glashandel in die Niederlande, wie er sich im 17. Jahrhundert abspielte. In den Niederlanden wurde wegen des Holzaschemangels überwiegend hochwertiges „cristal de Venise" (Natrium-Kalzium-Glas) mit importierter Soda hergestellt. Hessisches Glas wurde zunächst von den einzelnen Hütten direkt verhandelt, Kriege und das Zollwesen auf den Transportwegen bildeten Handelshemmnisse. Die Verkäufer von grünem „Waldglas" in den Niederlanden verstanden es jedoch, diesem Glas einen wahren Kultstatus zu verleihen, die Preise hoch zu halten und so exklusive Prestigeobjekte daraus zu machen. Die Wege dazu muten durchaus modern an: provozierte Gerichtsverfahren, Kartellbildung, Bestechung... Die Preispolitik machte die deutschen grünen Gläser „zu einem unerwarteten Prestigeobjekt, das mit dem gleichzeitigen Kultstatus als Behältnis für deutsche Weißweine zum beliebten Vanitas-Motiv auf Stilleben wurde." Schließlich trat doch ein Geschmackswandel ein, Bleiglas aus England und Böhmen kam auf, der Fernhandel wurde im 18. Jahrhundert von kapitalkräftigen Händlern übernommen und nicht mehr von den einzelnen Glashütten auf eigene Rechnung geführt. - Loibl schildert hiermit ein interessantes Kapitel aus der Wirtschaftsgeschichte.

# 11. ZUSAMMENFASSUNG

Ausgehend von Ergebnissen archäologischer Grabungen sowie von mittelalterlichen und frühneuzeitlichen Schriftquellen sollte die mittelalterliche Glastechnologie so weit wie zur Zeit möglich dargestellt und vergleichend interpretiert werden. Dabei zeigte sich sehr bald, dass der zeitliche und räumliche Rahmen sehr viel weiter gesteckt werden muss als es zunächst den Anschein hatte: Die Öfen aus Amarna (14. Jh. v. Chr.) liefern genau so Beiträge zum Verständnis wie die neuzeitliche, aber nach alten Methoden arbeitende Glashütte Lamberts in Waldsassen.
Die Rohstoffe, Ofenanlagen, Produktionsprozesse und Produkte werden mit dem Ziel behandelt, Entwicklungslinien zu erkennen und zu verstehen. Es zeigt sich wie eigentlich immer in der Technik, dass mehrere Wege, evtl. zeitlich verschoben, nebeneinander zur technischen Realisierung eingeschlagen wurden.
Die wichtigste Komponente bei den Rohstoffen ist die alkalihaltige: sie beeinflusst stark die Entwicklung der Öfen und der Prozesse. Die natürliche Soda Ägyptens und mit einigem Abstand die Halophytenasche liefern so viele das Glas verunreinigende Glasgalle, dass ein mindestens zweistufiger Prozess erforderlich ist; für den ersten Schritt wurden besondere Öfen, die Wannenöfen, konstruiert. Der Prozess des Glaserschmelzens wurde so entkoppelt, es kam sogar zur Entstehung von Betrieben, die sich auf die Herstellung des Rohglases spezialisierten.
Die Glasprodukte wurden zunächst an kleinen, runden Öfen erzeugt, die sich zu großen Öfen mit bis zu drei Ebenen (Feuerungs-, Hafen- und Kühlebene) entwickelten.
Mit dem Aufkommen der Holzasche als alkalihaltigem Rohstoff im 8. Jahrhundert im nordwestlichen Deutschland (bis jetzt erstmalig belegt durch Funde in Paderborn) begann, wie sich in der Fundsituation noch undeutlich abzeichnet, die Einführung der Hafenöfen mit zwei parallelen Hafenbänken und dem dazwischen tiefer liegenden Feuerungskanal. Ob es sich dabei um eine deutsche oder übernommene italienische Entwicklung handelt, ist allerdings noch nicht zu entscheiden. Etwa zeitgleich vollzog sich im östlichen Mittelmeergebiet der Übergang von der ägyptischen natürlichen Soda auf die Halophytenasche als Alkaliquelle.
Nebenöfen, Annexe (hypothetische Vorläufer der Flügel) sowie die Flügel der ausgebildeten Flügelöfen dienten besonderen Prozessen, der Verbesserung des Arbeitsflusses und der Energieersparnis. Als wichtigste Nebenöfen sind Frittöfen, Kühlöfen (da archäologisch schwer zu erkennen mehr erschlossen als exakt nachgewiesen) und die Strecköfen für die Flachglasherstellung zu nennen.
Die Vielfalt der Konstruktionen und der Arten der Prozessführung erstaunt. Diese Merkmale können nur bedingt für eine Datierung herangezogen werden.

Einige der gewonnenen überraschenden Erkenntnisse:

- Offenbar den Ergebnissen einer Geschmacksanalyse vertrauend (eine in der Alchemie durchaus anerkannte Analysenmethode) wurde versucht, durch Steinsalzzusatz zu Holzasche eine „Halophytenasche“ herzustellen und so dem Ziel, ein dem venezianischen Glas ebenbürtiges Glas herzustellen, näher zu kommen. Der wahre Unterschied zwischen Halophyten- und Holzasche war unbekannt!
- In karolingischer Zeit existierte eine spezielle Rezeptur (wie es scheint, unter Verwendung von Farnasche) für Gussglas, die eine Verbesserung der Fließ-

eigenschaften der Schmelze zum Ziel hatte. Die Verbesserung ist auf einen extrem hohen, für die sonstigen Rezepturen dieser Zeit untypischen Kaliumgehalt zurückzuführen.

- Die Öfen bei Agricola sind viel mehr der italienischen, insbesondere der venezianischen Glaslandschaft zuzuzählen als der deutschen oder böhmischen.
- Die Kuppeln der großen runden Arbeitsöfen wurden mit Hilfe zweier verschiedener Konstruktionen stabilisiert: durch Stützstreben oder durch eine in etwa halber Höhe um den Ofen herum laufende Mauer.
- Die These, dass technisch gute, funktional erfolgreiche Ofenkonstruktionen über lange Zeiträume und weite Entfernungen hin tradiert werden, gewinnt an Deutlichkeit.
- Die Herstellung einer Fritte als erste Stufe eines zweistufigen Prozesses zur Glasherstellung ist in erster Linie ein Problem der Verwendung der natürlichen Soda und - abgeschwächt - der Halophytenasche als Alkaliquellen. In älteren Schriftquellen ist eine vorsichtige Abkehr von der Vorstellung der unbedingten Notwendigkeit der Fritteherstellung zu erkennen, wenn qualitative Abstriche beim erzeugten Glas gemacht werden. Bei Holzascheglas ist eine Fritteherstellung aus chemischen Gründen eigentlich nicht erforderlich (sehr geringe Chlorid- und Sulfatgehalte). Die Fritte ermöglicht jedoch durch die Alkalibindung eine Verringerung der Ofen-Korrosion, durch ihre Kompaktheit eine Arbeitsvereinfachung und durch die z. T. vorgezogene Reaktion eine Senkung der Betriebstemperatur der Arbeitsöfen.
- „Glasschlacke“ ist eine Verlegenheitsbezeichnung für verschiedene Produktionsabfälle, wobei in Grabungsberichten nie klar wird, was damit gemeint ist: nicht ausreagiertes korrodiertes Gemenge (ausgetreten nach einem Hafenbruch oder Frittereste), Glasgalle (unwahrscheinlich, da Glasgalle zum überwiegenden Teil wasserlöslich ist) oder – neu herausgearbeitet – mit verdampften Alkalioxiden zu einem schlechten Glas umgesetzter, vom Ofengewölbe herabgetropfter („verglaster“) Lehm. Die Bezeichnung „Glasschlacke“ sollte nicht mehr verwendet werden.
- Der Glasmacherofen von Haithabu wurde als kurzer früher Hafenofen mit zwei parallelen Hafenbänken und dazwischen liegendem Feuerungskanal erkannt.
- Die Öfen von Haithabu und Kordel werden als die frühesten bis jetzt aufgedeckten länglichen Hafenöfen mit je einer Hafenbank beidseits des Feuerungskanals angesehen, die in logischer Ableitung von den kleinen runden („römischen“) Öfen nur eine Wärmezone besitzen. Erst später kamen Wärmezonen über dem vorderen Teil des Feuerungskanals oder/und hinter der Hafenzone dazu. Die letzte Entwicklungsstufe bilden die Flügelöfen mit bis zu vier Flügeln, die z. T. auch gesondert beheizt werden konnten. Obwohl diese Entwicklung auf den gleichen technischen Grundgedanken zurückgeht wie die der Annexöfen, nämlich eine Energieersparnis zu erreichen, muss es noch als fraglich angesehen werden, ob man die Annexöfen – zumindest beim derzeitigen Forschungsstand - als direkte Vorläufer der Flügelöfen ansehen kann. So wurden bis jetzt z. B. keine Öfen mit zwei oder mehr Annexen gefunden. Es kann sich bei den Flügelöfen auch um eine (technisch gesehen) Parallelerfindung in späterer Zeit handeln.

- Der Annexofen des Arbeitsofens der Glashütte Bebenhausen wird (vielleicht nur unter anderem) der Trocknung und Vorwärmung der mit kaltem Wasser abgeschreckten Fritte gedient haben.
- Eine noch etwas hypothetische Entwicklungslinie bei den Strecköfen wurde herausgearbeitet: sie geht von zwei getrennten Aufwärm-/Streck- und Kühlöfen über ein gewinkelt aufgestelltes Ofenpaar zu einem parallel aufgestellten Ofenpaar. Weitere neuzeitliche Entwicklungen sehr kompakter Ofenanlagen schließen sich an.

Ergänzend zu den grabungs- und schriftquellenbezogenen Überlegungen wurde eine Reihe von Versuchen durchgeführt, die die angestellten Überlegungen stützen (oder ggf. widerlegen) sollten. Dabei zeigte sich, dass viele der Berufsgeheimnisse der alten Glaser durchaus sinnvoll und begründet waren und von ihrem hohen empirisch gewachsenen Können sprechen. Viele archäologische Funde und Bemerkungen in den Schriftquellen können nunmehr besser verstanden werden:

- Die Empfehlung der extremen Trocknung des Holzes zur Feuerung, um die notwendigen Temperaturen zu erreichen
- Die Empfehlung der Verwendung „leichten Holzes“ zur Feuerung, um hohe Temperaturen zu erreichen
- Geringes bis kein Auftreten von Glasgalle beim Erschmelzen eines Holzascheglases
- Die Interpretation der sog. Gießschalen als Hafenschuhe bei der Bleiglasherstellung
- Das von Theophilus beschriebene Erhalten von purpurfarbenem Glas für die Darstellung des Inkarnats als Prozess, der bei hohen Alkaligehalten und geringem natürlichen Mangangehalt des Gemenges abläuft
- Die besonderen, auf Inhomogenitäten infolge von Mischungslücken zurückgehenden Korrosionserscheinungen bei Holzaschegläsern

Bei dieser Arbeit zeigt sich wiederum, wie fruchtbar eine interdisziplinäre Behandlung eines solchen Themas ist. Chemie, Verfahrenstechnik und Archäologie kommen zusammen zu höherer Erkenntnis als die pure Addition der Wissensgebiete ausmacht.

> ...welche die Inhalte und Ergebnisse nahezu aller Wissenschaften auszudrücken und zueinander in Beziehung zu setzen imstande ist. Das Glasperlenspiel ist also ein Spiel mit sämtlichen Inhalten und Werten unsrer Kultur, es spielt mit ihnen, wie etwa in den Blütezeiten der Künste ein Maler mit den Farben seiner Palette gespielt haben mag.
> Hermann Hesse, Das Glasperlenspiel

# 12. NACHWORT

EGGERT (2001, 309-52) schreibt über die „Archäologie als Kulturanthropologie: Das Problem der Interpretation". Unter den Stichworten „Ethnographische Parallelen" sowie „Analogie und Erkenntnis" geht er auf einen Problemkreis ein, der ebenfalls in der vorliegenden Arbeit auftritt, wenn auch in einem anderen, nämlich technologischen Kontext. Wandelt man das erste Stichwort Eggerts ab in „Technologische Parallelen", wird sofort klar, was gemeint ist.

Ein großer Teil der vorliegenden Arbeit befasst sich mit Versuchen zur Interpretation technologisch bedeutsamer archäologischer Funde und Befunde, allerdings auch der wenigen etwa zeitgenössischen Schriftquellen. Hierzu werden spätere Schriftquellen und technologische Einrichtungen herangezogen, wobei zu fragen ist, ob dies zulässig ist und wenn ja, unter welchen Bedingungen und in welchem Umfang.

Eggert weist zu Recht darauf hin, dass „man im Kontext der sich im Verlaufe des 19. Jahrhunderts herausbildenden Archäologie schon bald den ethnographisch dokumentierten Herstellungstechniken vor allem von Tonware und Steinbeilen Aufmerksamkeit geschenkt und die dabei gewonnenen Einsichten zur Deutung entsprechender Fertigungsspuren an archäologischen Artefakten und damit zur Illustration nur indirekt zu erschließender urgeschichtlicher Techniken herangezogen" hat. Hier handelt es sich fraglos schon um das Heranziehen „Technologischer Parallelen".

Das Suchen nach neueren, technologisch verstandenen Analogien ist ein wesentlicher Schritt zur Deutung älterer, noch nicht verstandener Technologien. Er vermag (ähnlich wie bei den ethnographischen Parallelen) nur Denkanstöße, jedoch keine Beweise zu liefern. Diese Denkanstöße sind von einer höheren Stufe der technischen Entwicklung geprägt, und man muss sich davor hüten, spätere Erkenntnisse in frühere Entwicklungsstufen „hineinzudenken". In Anbetracht der bekannten Tendenz (damals wie heute), wesentliche, wirtschaftliche Vorteile versprechende Erkenntnisse geheim zu halten, kann dies im Einzelfall auch zu einer Unterbewertung früherer Kenntnisse führen. Erleichtert wird die Deutung in vielen Fällen dadurch, dass in der Technik unabänderliche Naturgesetze gelten; in den Kulturwissenschaften gibt es keine solchen Gesetzmäßigkeiten (Eggert).

Nur kurz sei erwähnt, dass bei der Deutung nicht nur auf chemische oder physikalische Grundlagen oder Kenntnisse zurückgegriffen werden kann und muss. Neben diesen allgemeinen Ingenieurwissenschaften vermag auch eine spezielle Ingenieurwissenschaft, die Verfahrenstechnik, wichtige Beiträge zu liefern. In der vorliegenden Arbeit wurde häufig auf Grundlagen der chemischen Verfahrenstechnik zurückgegriffen.

Ein Problem der Deutung alter Schriftquellen ist, dass diese manchmal Begriffe verwenden, die früher wegen ihrer Allgemeinverständlichkeit keiner Erläuterung bedurften, oder Termini, deren Bedeutung sich gewandelt hat. Ein Beispiel hierfür ist das berühmte Übersetzungsproblem der Plinius-Stelle zur Glasherstellung, in der von „drei Teilen *nitrum*“ die Rede ist, die mit „Sand“ vermischt werden sollten. Erst nach Hinzuziehung der Ergebnisse chemischer Analysen römischer Gläser konnte diese Stelle im Sinne von „drei Zwölftel *nitrum* und neun Zwölftel Sand“ endgültig geklärt werden. Das unwillkürliche Denken in „drei Vierteln und einem Viertel“ war falsch. Ein weiteres Beispiel ist das Wort „Fritte“. Im Zusammenhang mit einer technisch ungenauen Überlieferung bei Theophilus konnte es hier zu einem Missverständnis kommen, das anhand archäologischer Funde glücklicherweise erkannt und ausgeräumt wurde.
Genau wie bei der sozial- und kulturgeschichtlichen Interpretation ist es für das Verständnis unklarer Einzelheiten in überlieferten chemotechnischen Angaben äußerst fruchtbar, sich so weit wie möglich in die betreffende Gedankenwelt der Zeit zu versetzen, in der die Überlieferung entstand. Im vorliegenden Falle war es die geistige Welt der Alchemie, die den für einen heutigen Chemiker abstrusen Gedanken aufkommen ließ, dass damals versucht wurde, aus Holzasche durch Zusatz von Steinsalz eine Halophytenasche zu machen. Die Richtigkeit dieser Interpretation ist natürlich nicht zu beweisen, sie ist jedoch in hohem Grad plausibel – wenn man sich in die Gedankenwelt eines Alchemisten des 15. Jahrhunderts versetzt.
Experimente können ebenfalls Beiträge zu Deutungen liefern. Man kann heute ein Gemenge nach einem der überlieferten Glassätze herstellen und in einem modernen Elektroofen niederschmelzen. So ist es z. B. möglich zu demonstrieren, dass beim Erschmelzen von Glas aus Holzasche und Sand keine Glasgalle auftritt. Dieser Versuch ist aussagekräftig, weil er allein auf chemischen und physikalischen Grundlagen beruht, die zu allen Zeiten gelten. Ein anderes, hier aus Demonstrationsgründen übertriebenes Beispiel liegt vor, wenn man versuchen wollte, den Holzverbrauch eines mittelalterlichen Glasofens durch einen Versuch in einem aus Sparsamkeitsgründen im Maßstab 1:3 verkleinerten Ofen zu bestimmen. Dieser Versuch muss misslingen, weil die physikalische Ähnlichkeit, die ganz anderen Gesetzmäßigkeiten gehorcht als die geometrische Ähnlichkeit, nicht gegeben ist. So stimmen z. B. die Verhältnisse zwischen Volumina und Oberflächen nicht überein, was zu völlig unterschiedlichen thermischen Verhältnissen führt. Ein geeigneter kleinerer Ofen müsste völlig neu konstruiert werden, um vergleichbare („ähnliche“) physikalische Eigenschaften zu erzielen. Dass dieses Beispiel nicht völlig aus der Luft gegriffen ist, zeigt der in der vorliegenden Arbeit beschriebene Versuch zur Herstellung einer Fritte im mittelalterlichen Sinne. Der Versuch gelang nicht recht, weil mit der zur Verfügung stehenden Laborausstattung keine physikalische Ähnlichkeit zu erreichen war: auf dem kleinen Keramikteller konnte kein ausreichender Temperaturgradient erzielt werden, so dass das Gemenge insgesamt schmolz und nicht nur zu einem Teil, der sich beim Umrühren mit fast ungeschmolzenem Gemenge umgeben konnte. Das Wissen um diese Zusammenhänge ließ jedoch einen gewissen Rückschluss auf die Verhältnisse zu, so dass der Versuch trotzdem nicht vergeblich war. Versuche, die im Rahmen der Experimentellen Archäologie durchgeführt werden, bedürfen also einer sorgfältigen Planung, um eine ausreichende Ähnlichkeit herzustellen, und einer ebenso sorgfältigen und kritischen

Auswertung. Manchmal wird dies einfach zu erreichen sein, manchmal aber auch großen Aufwand erfordern.
Auch dieses Nachwort zeigt die unbedingte Notwendigkeit der interdisziplinären Zusammenarbeit kompetenter und dazu bereiter Fachleute auf, die der Autor vorbehaltlos bejaht und fordert. Nur so, im Dialog, lassen sich Fehler vermeiden, Fehldeutungen reduzieren, Zeitverluste vermeiden und letztlich Kosten senken. Das gut geführte Zusammenspiel der verschiedenen Disziplinen führt zu neuen Gedanken und Einsichten – wie im Glasperlenspiel.

# 13. Glossar

Anbauofen

An einen Ofen angebauter zweiter Ofen. Die Konstruktion dient vermutlich in erster Linie der Brennholzeinsparung.

Annex, Annexofen

Spezialfall eines →Anbauofens. Der Ausdruck hat sich eingebürgert für einen kleinen ofenähnlichen Anbau an das Ende eines länglichen →Arbeitsofens. Die Längsachse des Annexofens steht schräg zur Achse des Arbeitsofens. Der Annex wurde vermutlich nur durch die Abwärme des →Arbeitsofens beheizt.

Arbeitsofen

Auch Hauptofen. Der Ofen, an dem die Glasbläser mit der →Pfeife arbeiten. Als →Flammofen gebaut.

Arbeitsöffnung

Öffnung in der Ofenwand, durch die die Glasbläser mit der →Pfeife geschmolzenes Glas aus dem →Hafen holen.

Diagonalzug

Schräg nach oben gerichtete Zugluftführung in einem Ofen. Ist wirksamer als eine horizontale Zugführung und führt zu geringeren Wärmeverlusten als eine vertikale Zugführung.

Durchkrücken

Umwenden, Umrühren der Masse beim Herstellen einer →Fritte. Das Werkzeug dazu ist die →Krücke oder →Frittkrücke.

Ebene

Die Öfen weisen bis zu drei gedachte Niveaus oder Ebenen verschiedener Funktion auf: →Feuerungsebene (auf der das Feuer brennt), →Hafenebene (in der die →Häfen stehen) und →Kühlebene (in der das →Kühlen der Produkte erfolgt).

Einstich

Mit dem Hefteisen erzeugte kegelförmige, mehr oder minder starke Eintiefung im Boden eines Glasgefäßes. Hat eine ästhetische, den Boden stabilisierende und die Standfestigkeit erhöhende Funktion.

Emailmalerei

Durch Aufschmelzen farbiger Glaspulver auf ein Trägerglas erzeugte Bilder. Siehe auch Kaltmalerei.

Feuerungsebene

Gedachte →Ebene im Ofen, auf deren Höhe das Feuer brennt.

Feuerungskanal

Kanalartiger Teil des Ofens auf der untersten Ebene, in dem das Feuer brennt. Er kann oben offen sein (zwischen den →Hafenbänken) oder geschlossen (unter einem →Herd oder einer →Ofenbank mit zentralem →Flammloch).

Feuerungsloch

Die Öffnung des →Feuerungskanals, durch die das Holz zum Verbrennen eingeführt wird.

Flammloch
: Loch in einer Ofenbank, seltener in einer Herdplatte, durch das die Flammen emporlodern.

Flammofen
: Ofen, bei dem die Flammen das zu erhitzende Gut oder die Häfen direkt umspielen. Frühneuzeitliche Bezeichnung: Reverberierofen.

Fritte
: Ein noch nicht ausreagiertes Glasvorprodukt, bestehend aus einem geschmolzenen Kern und angesintertem →Gemenge.

Fritthafen
: Keramik-Gefäß, das der Herstellung der →Fritte dient.

Frittkammer
: Teil eines Ofens (z. B. auch eines →Arbeitsofens), in dem das →Gemenge zur →Fritte umgesetzt wird.

Frittkrücke
: Gleichbedeutend mit →Krücke.

Frittofen
: Dem Herstellen der →Fritte dienender →Nebenofen.

Gemenge
: Noch ungeschmolzenes Gemisch aus den Glasrohstoffen, hergestellt nach dem berechneten →Glassatz.

Glassatz
: Auch Gemengesatz, Satz. Nach der Rezeptur berechnete Zusammensetzung des →Gemenges.

Glasschlacke
: Undefinierte Verlegenheitsbezeichnung für verschiedenartige ungeklärte Materialfunde, wohl wegen eines häufig „schlackeähnlichen" Aussehens geprägt. Die Bezeichnung ist überholt und sollte nicht mehr gebraucht werden.

Hafen
: Auch Glashafen. Keramik-Gefäß unterschiedlicher Form und Größe zum →Niederschmelzen des →Gemenges.

Hafenbank
: Erhöhtes längliches Podest, auf dem die →Häfen stehen. In der Regel begrenzen zwei Hafenbänke den zwischen ihnen liegenden →Feuerungskanal.

Hafenebene
: Gedachte →Ebene im Ofen, auf deren Höhe die Häfen stehen.

Hafenofen
: Dient dem Erhitzen der →Häfen.

Hafenschuh
: Niedriges Keramikgefäß, in dem ein →Hafen steht. Dient dem Schutz der →Hafenbank vor auslaufendem Glas bei Hafenbruch.

Hauptofen
: Gleichbedeutend mit →Arbeitsofen

Hefteisen

Auch Pontil. Langer eiserner Rundstab, dessen glühende, mit Glasschmelze überzogene Spitze an ein noch an der →Pfeife hängendes Glasteil angesetzt wird. Hält das Glasteil nach dem Absprengen von der Pfeife. Hinterlässt eine →Heftnarbe.

Hefteisenabschläge

Erkaltete Glasreste, die von der Spitze des →Hefteisens nach den Lösen des fertigen Glasteiles abgeschlagen werden.

Heftnarbe

Nach dem Lösen des Hefteisens am Glas verbleibende sicht- und fühlbare Markierung.

Herd

Beheizte Fläche in einem Ofen (daher →Herdofen), auf der ein (chemischer) Prozess durchgeführt wird. Die Beheizung erfolgt in der Regel von unten, kann aber auch (evtl. zusätzlich) durch ein →Flammloch oder seitlich durch einen offenen →Feuerungskanal erfolgen. Zumindest eine Seite des Herdes besitzt keinen aufgestellten Rand (im Gegensatz zur →Wanne im →Wannenofen).

Herdofen

Ofen, der als beheizbare Fläche einen →Herd besitzt. Beispiel: Backofen.

Kaltmalerei

Mit farbigen Lacken erzeugte, nicht eingebrannte Bilder auf einem Glas. Siehe auch Emailmalerei.

Kammer

Mehr oder minder abgeschlossener Bereich eines Ofens zur Durchführung eines Prozesses, z. B. das →Kühlen (→Kühlkammer).

Kölbel

Dickwandige Glasblase, die als Erstes beim Aufblasen des mit der →Pfeife aus dem →Hafen geholten Glaspostens erhalten wird.

Krösel

Auch Kröseleisen. Eisernes gekerbtes Werkzeug; mit der Kerbe kann man die Kante einer Glastafel oder -scheibe „beknabbern“ = „kröseln“. Dient dem maßlichen Zurichten von kleineren flächigen Glasstücken.

Krücke

Ein Werkzeug zum Umwenden (→“Durchkrücken“) der Masse beim Herstellen einer →Fritte. Es besteht aus einer langen eisernen Stange mit einer kurzen eisernen Querstange an einem Ende.

Kühlebene

Gedachte →Ebene im Ofen, auf deren Höhe die Produkte (ab)gekühlt werden.

Kühlen

Gleichbedeutend mit →Tempern.

Kühlkammer

Mehr oder minder abgeschlossener Bereich eines Ofens zum →Kühlen von Glasgefäßen, z. B. die →Kammer auf der dritten →Ebene eines →Arbeitsofens.

Kühlofen

Gleichbedeutend mit →Temperofen.

Kühlzone

Bereich im Ofen, in dem die Produkte abgekühlt werden.

Kurzes Glas

Glas mit einer durch schnelles Erstarren ermöglichten kurzen Verarbeitungszeit (anders ausgedrückt: ein Glas mit schneller Zunahme der Viskosität beim Abkühlen). Das Gegenteil ist ein →Langes Glas.

Langes Glas

Glas mit einer durch langsames Erstarren ermöglichten langen Verarbeitungszeit (anders ausgedrückt: ein Glas mit langsamer Zunahme der Viskosität beim Abkühlen). Das Gegenteil ist ein →Kurzes Glas.

Marbel

Eigentlich eine Platte aus Marmor, aber auch aus Stein oder Eisen, auf der ein →Kölbel geformt werden kann.

Nebenofen

Im Gegensatz zum →Arbeits- oder Hauptofen kleinere Öfen verschiedener Gestalt, die dem Glasblasen vor- oder nachgeschalteten Produktionsgängen dienen. Funktion schwer zu erschließen, wohl oft multifunktionell.

Niederschmelzen

Gleichbedeutend mit Schmelzen oder Einschmelzen. Die Vorsilbe „nieder" drückt die Volumenverringerung beim Schmelzen des →Gemenges aus.

Ofenbank

Bei länglichen Öfen gleichbedeutend mit →Hafenbank. Bei runden Öfen die runde Stellfläche für die →Häfen.

Pfeife

Auch Glasmacherpfeife. Im Prinzip ein längeres Eisenrohr mit einer wärmeisolierenden Ummantelung aus Holz oder einer Schnur im Griffbereich, einem Mundstück und je nach Glaslandschaft verschieden geformten Spitzen zum Aufnehmen des Glaspostens.

Pfeifenabschlag

Erkaltete Glasreste, die nach dem Lösen des geblasenen Glasteiles von der →Pfeife noch an dieser haften.

Pontil

Gleichbedeutend mit →Hefteisen.

Reverberierofen

Gleichbedeutend mit →Flammofen.

Schürkanal

Gleichbedeutend mit →Feuerungskanal.

Schürloch

Gleichbedeutend mit →Feuerungsloch.

Stöchiometrischer Faktor

Aus den Atomgewichten errechnete Faktoren zur Berechnung von Umsätzen entsprechend den chemischen Reaktionsgleichungen

Strecken

Ausbreiten des aufgeschnittenen Glaszylinders zur Glastafel.

Streckkrücke

Werkzeug zum →Strecken. Es besteht aus einer langen eisernen Stange mit einer hölzernen Querstange an einem Ende.

Streckofen

Ein →Nebenofen, der der Herstellung von Glastafeln durch →Strecken eines aufgeschnittenen Glaszylinders dient.

Streckstein

Steinplatte (auch Glas-, Eisen-, Keramikplatte), auf der die aufgeschnittenen Glaszylinder zur Tafel →gestreckt und flachgebügelt werden.

Tempern

Halten eines in der Regel frisch geblasenen Glasteiles für eine gewisse Zeit auf einer erhöhten Temperatur (Temper-Temperatur) zum Ausgleich seiner inneren Spannungen. Abkühlen danach langsam direkt auf Raumtemperatur. Auch stufenweises Abkühlen von der Temper-Temperatur auf eine niedrigere Temperatur, dann auf Raumtemperatur. Weitere Möglichkeit: Durchfahren eines Temperaturgradienten ungefähr bis auf Raumtemperatur.

Temperofen

Auch Kühlofen. Dem →Tempern dienender →Nebenofen.

Trenneisen

Eisernes Werkzeug, in der Form einem Lötkolben alter Art ähnlich. Dient erhitzt dem gezielten Hervorrufen von Sprüngen im kalten Glas zum Abtrennen, z. B. von kleinen Scheiben. Wichtiges Werkzeug vor der Erfindung des Glasschneiders.

Überfangglas

Hohlglas, auf das außen oder innen oder außen und innen eine dünne Schicht eines anders farbigen Glases aufgeschmolzen ist.

Überstechen

Erneutes Eintauchen des an der →Pfeife hängenden Glaspostens in die geschmolzene gleiche oder eine geschmolzene andersfarbige Glasmasse. Im Falle einer andersfarbigen Glasmasse führt das Überstechen beim weiteren Aufblasen des →Kölbels zu einem →Überfangglas. Mehrfaches Überstechen ist möglich.

Wanne

Größere beheizte Fläche mit allseitig aufgemauertem Rand, **in** der ein (chemischer) Prozess durchgeführt wird (im Gegensatz zum →Herd im →Herdofen).

Wannenofen

Aus einer gemauerten →Wanne bestehender Ofen mit seitlich angeordneter Feuerung. Dient dem Niederschmelzen des →Gemenges durch von oben einwirkende Flammen. Stellt einen als →Flammofen gebauten →Nebenofen dar.

# 14. LITERATUR

Abramić 1959

M. Abramić, Eine römische Lampe mit Darstellung des Glasblasens, Bonner Jahrbuch 159, 1959, 149-51 Taf. 27.

Ade-Rademacher 2000

D. Ade-Rademacher, A. Willmy, S. Arnold, Das Wasserschloß in Dürnau, Kreis Göppingen – Erste Ergebnisse der baubegleitenden Untersuchungen, in: Landesdenkmalamt Baden-Württemberg (Hrsg.), Archäologische Ausgrabungen in Baden-Württemberg 1999 (2000), 247-50.

Agricola (1556)

G. Agricola, De re metallica (Basel 1556). Es handelt sich um das lateinische Original.

G. Agricola, Vom Bergkwerck (Basel 1557). Es handelt sich um die Übersetzung des lateinischen Originals von 1556 ins Frühneuhochdeutsche durch Philipp Bech aus Basel.

G. Agricola, Vom Berg- und Hüttenwesen[2], herausgegeben von der Georg-Agricola-Gesellschaft beim Deutschen Museum zur Förderung der Geschichte der Naturwissenschaften und der Technik e. V. Dünndruck-Ausgabe dtv bibliothek (1977). Moderne Übersetzung des lateinischen Originals von 1556. Zitiert wird nach dieser Ausgabe.

ALM Baden-Württemberg 1997

Archäologisches Landesmuseum Baden-Württemberg (Hrsg.), K. Fuchs, M. Kempa, R. Redies, B. Theune-Großkopf (Red.), Begleitband zur Ausstellung „Die Alamannen" 14. Juni bis14. September 1997 Stuttgart, 24. Oktober 1997 bis 25. Januar 1998 Zürich, 6. Mai bis 7. Juni 1998 Augsburg (1997).

Antikenmuseum Berlin 1976

Antikenmuseum Berlin Staatliche Museen Preußischer Kulturbesitz, Antike Gläser. Ausstellung November 1976 – Februar 1977 (1976).

Arbman 1937

H. Arbman, Schweden und das Karolingische Reich (1937).

Arnold 1994

S. Arnold, Eine Glashütte in Mittelfischbach, Gemeinde Grosserlach, Rems-Murr-Kreis, in: W. Lang (Hrsg.), Kolloquium zur Glasherstellung im Spätmittelalter[2], Uhingen und Heidelberg 1992 (1994), 43-48.

Arwidsson 1984

G. Arwidsson, Systematische Analysen der Gräberfunde Band II.1 (1984), in: Kungl. Vitterhets Historie och Antikvitets Akademien (Hrsg.), Birka. Untersuchungen und Studien (1940 ff).

Ashurst et al. 1973

D. Ashurst, E. S. Wood, Glasshouses at Gawber and Blunden's Wood: A FurtherNote, Post-Medieval Archaeology 7, 1973, 92-94.

American Society for Testing and Materials (ASTM 2000)

ASTM Book of Standards Volume 15.02 (2000) Standard C 162-99 Standard Terminology of Glass and Glass Products.

Baatz 1978
D. Baatz, Zylindergeblasenes römisches Fensterglas, Archäologisches Korrespondenzblatt 8 (1978) 321-22 Taf. 60.
Baldoni 1987
D. Baldoni, Una lucerna romana con raffigurazione di officina vetraria: alcune considerazioni sulla lavorazione del vetro soffiato nell'antichità, Journal of Glass Studies 29, 1987, 22-29.
Baumgartner et al. 1988
E. Baumgartner, I. Krueger, Phoenix aus Sand und Asche. Glas des Mittelalters, Katalog zur Ausstellung Rheinisches Landesmuseum Bonn 3. Mai – 24. Juli 1988; Historisches Museum Basel 26. August – 28. November 1988 (1988).
Becker et al. 2001
Chr. Becker, M. Monin, L'atelier de verrier de la Manutention: nouveaux témoignages archéologiques, Colloque International 7, 8 & 9 juin 2001 Aix-en-Provence – Marseille: Echanges et Commerce du Verre dans le Monde Antique du VIe siècle av. J.-C. au VIIIe siècle apr. J.-C. Résumes des communications. Association Française pour l'Archéologie du Verre (2001) 6-7.
Bencard 1978
M. Bencard, Wikingerzeitliches Handwerk in Ribe - Eine Übersicht, Acta Archaeologica 49, 1978, 113-38.
Bencard et al. 1990
M. Bencard, L. Bender Jørgensen, H. Brinch Madsen (Hrsg.), Ribe Excavations 1970-76, Text Vol.4 (1990).
Benrath 1880
H. E. Benrath, Die Glasfabrikation, in: K. Birnbaum, Handbuch der chemischen Technologie, Neue Folge, Lieferung 2 (1880).
Berg 2000
I. Berg, Die Glashütten auf dem Taunuskamm (2000).
Berger 2002
L. R. Berger, Die Ausgrabungen am Petersberg in Basel 1937-1939.Rückblick und Ausblick, Medieval Europe Basel 2002, 3rd International Conference of Medieval and Later Archaeology, Basel (Switzerland) 10.-15. September 2002, in: G. Helmig, B. Scholkmann, M. Untermann (Hrsg.), Preprinted Papers III (2002) 138-44.
Betr. körnige Einschlüsse: freundliche mündliche Mitteilung.
Berger 2003
L. R. Berger, Nachlese zu den „Ausgrabungen am Petersberg in Basel“, in: Jahresbericht 2001 der Archäologischen Bodenforschung des Kantons Basel-Stadt (2003) 151-73.
Berliner 1924
R. Berliner, Eine Münchner Glashütte im letzten Viertel des 17. Jahrhunderts, Münchner Jahrbuch für bildende Kunst, N:F: I 1924, 109-25.
Berti et al. 1993
F. Berti, P. G. Guzzo, Spina, Katalog der Ausstellung Ferrara 26. 9. 1993 bis 15. 5.1994 (1993).

Bezborodov 1975
M. A. Bezborodov, Chemie und Technologie der antiken und mittelalterlichen Gläser (1975).

Biringuccio 1540, 1558
V. Biringuccio, De la Pirotechnia (1540). Übersetzung von O. Johannsen, Biringuccios Pirotechnia. Ein Lehrbuch der chemisch-metallurgischen Technologie und des Artilleriewesens aus dem 16. Jahrhundert (1925) 149-58.
V. Biringuccio, Pirotechnia, 2. Buch, 14. Kapitel (1558) 41-44v.

Boss et al. 1984
M. Boss, L. Wamser, Eine Waldglashütte des frühen Spätmittelalters bei Schöllkrippen, Das Archäologische Jahr in Bayern 1983 (1984), 157-59.

Brepohl 1999
E. Brepohl, Theophilus Presbyter und das Mittelalterliche Kunsthandwerk I (1999).

Brill 1967
R. H. Brill, A Great Glass Slab from Ancient Galilee, Archaeology 20, 1967, 88-95.

Brill et al. 1976
R. H. Brill, V. F. Hanson, Chemical Analyses of Amelung Glasses, Journal of Glass Studies 18, 1976, 215-37.

Brill et al. 1980
R. H. Brill, C. A. Aiken, D. T. Novick, R. F. Errett, Conservation Problems of Zwischengoldglas, Journal of Glass Studies 22, 1980, 12-35.

Brinker et al. (2003)
B. Brinker, U. Schüssler, Spätmittelalterliche Glasproduktion im Schönbuch bei Tübingen. Zur Mineralogie und chemischen Zusammensetzung der Ofenbauten, Schmelztiegel, Glasreste und Glasfritten, Zweites Internationales Symposium zur archäologischen Erforschung mittelalterlicher und frühneuzeitlicher Glashütten Europas vom 9. bis 12. Mai 2002 in Glashütten-Oberems, in: P. Steppuhn im Auftrag des Kulturkreises Glashütten (Hrsg.), Glashütten im Gespräch (2003) 39-45.

Bronk et al. 1998
H. Bronk, G. Schulze, Cristallo è vitrum blanchum – die Herstellung von farblosem Glas in Venedig und à la façon de Venise im 16. und 17. Jh., in: A. Hauptmann (Hrsg.), Archäometrie und Denkmalpflege - Kurzberichte 1998, Jahrestagung 23. – 25. September 1998 in Würzburg (1998) 117-19.

Bronk et al. (2001)
H. Bronk, I. C. Freestone, Zusammensetzung und Technologie römischer Glastesserae des 1. bis 3. Jahrhunderts A.D. aus Italien und Nordafrika, in: U. Schüssler, R. Fuchs (Hrsg.), Archäometrie und Denkmalpflege – Kurzberichte 2001, Jahrestagung 5. bis 7. September 2001 in Köln (2001), 90.

Calegari et al. 1975
M. Calegari, D. Moreno, Vetreria di M. Lecco, Archeologia Medievale 2, 1975, 13-29.

Calvi 1968
M. C. Calvi, I vetri Romani del museo di Aquileia (1968).

Caputo 1969
G. Caputo, F. Nicosia, La tomba della Montagnola (1969).
Černá 1993
E. Černá, Die Anfänge der mittelalterlichen Glaserzeugung in Böhmen, Annales du 12ième Congrès de l'Association Internationale pour l'Histoire du Verre 1991 (1993), 357-64.
Černá 1993a
E. Černá, Experimentálni stavba středověké sklářské pece na otop dřevem (Experimentaler Bau eines mittelalterlichen Ofens, geheizt mittels Holz), Archaeologia historica 18, 1993, 419-24.
Černá 1995
E. Černá, Beitrag der Archäologie für Erkenntnis der Glasöfenkonstruktion im Zeitraum des Hochmittelalter, Acta Universitatis Nicolai Copernici, Archeologia XXII – Nauki Humanistyczno-Społeczne, 275, 1995, 33-50.
Černá 1999
E. Černá, freundliche mündliche Mitteilung.
Černá 2003
E. Černá, Neue Belege für die mittelalterliche Glaserzeugung im nordwestlichen Böhmen, Zweites Internationales Symposium zur archäologischen Erforschung mittelalterlicher und frühneuzeitlicher Glashütten Europas vom 9. bis 12. Mai 2002 in Glashütten-Oberems, in: P. Steppuhn im Auftrag des Kulturkreises Glashütten (Hrsg.), Glashütten im Gespräch (2003) 57-62.
Chambon et al. 1952
R. Chambon, H. Arbman, Deux fours à verre d'époque mérovingienne à Macquenoise (Belgique), Meddelanden från Lunds universitets historiska museum 1952, 199-232.
Charleston 1963
R. J. Charleston, Glass "Cakes" as Raw Material and Articles of Commerce, Journal of Glass Studies 5 (1963) 54-67.
Charleston 1978a
R. J. Charleston, I. Glass Furnaces Through the Ages, Journal of Glass Studies 20, 1978, 9-33.
Charleston 1978b
R. J. Charleston, II. A Gold and Enamel Box in the Form of a Glass Furnace, Journal of Glass Studies 20, 1978, 34-44.
Charlesworth 1967
D. Charlesworth, A Primitive Glass Furnace in Cairo, Journal of Glass Studies 9, 1967, 129-32.
Charlesworth 1977
D. Charlesworth, Roman Window Glass from Chichester, Sussex, Journal of Glass Studies,19, 1977, 182.
Cotton et al. 1988
F. A. Cotton, G. Wilkinson, Advanced Inorganic Chemistry[5] (1988).
Crossley et al. 1972
D. W. Crossley, F. A. Aberg, Sixteenth-Century Glass-Making in Yorkshire: Excavations at Furnaces at Hutton and Rosedale, North Riding, 1968-1971, Post-Medieval Archaeology 6, 1972, 107-59.

Crossley 1983
D. W. Crossley, The Development of English Glass Furnaces in the Sixteenth and Seventeenth Centuries, Journal of Glass Studies 25, 1983, 147-53.
Daszkiewicz 2000
M. Daszkiewicz, E. Bobryk, G. Schneider, Untersuchung des Brennverhaltens als Klassifizierungsmethode für Keramik, in: G. Schulze, I. Horn (Hrsg.), Archäometrie und Denkmalpflege, Jahrestagung 2000 im Kanonenhof in Dresden 29.-31. März 2000 (2000) 95-97.
Dannheimer 1993
H. Dannheimer, R. Gebhard (Hrsg.), Das keltische Jahrtausend, Landesausstellung des Freistaates Bayern – Prähistorische Staatssammlung – und der Stadt Rosenheim vom 1 Mai – 1. November 1993 im Lokschuppen Rosenheim (1993).
Davidson 1940
G. R. Davidson, A Medieval Glass Factory at Corinth, American Journal of Archaeology 44, 1940, 297-324.
Davidson Weinberg 1970
G. D. Weinberg, Hellenistic Glass from Tel Anafa in Upper Galilee, Journal of Glass Studies 12, 1970, 17-27.
Davidson Weinberg 1975
G. Davidson Weinberg, A Medieval Mystery: Byzantine Glass Production, Journal of Glass Studies 17, 1975, 127-41.
Davidson Weinberg 1983
G. D. Weinberg, A Hellenistic Glass Factory on Rhodes: Progress Report, Journal of Glass Studies 25, 1983, 37.
Dehn 2000
R. Dehn, Ihringen, in: J. Hoops (Hrsg.), Reallexikon der Germanischen Altertumskunde[2] 15 (2000).
Dekówna 1987
M. Dekówna, Essai de classification et d'interprétation des vestiges de la production du verre provenant des sites archeologiques antiques et du Haut Moyen Age, Annales du 10$^{ème}$ Congrès de l'Association Internationale pour l'Histoire du Verre 10 (1987), 207-20.
Dell'Acqua 1997
F. Dell'Acqua, Ninth-Century Window Glass from the Monastery of San Vicenzo al Volturno (Molise, Italy), Journal of Glass Studies 39, 1997, 33-41.
De Vis et al. (2002)
K. De Vis, D. Jembrih-Simbürger, O. Schalm, M. Schreiner, J. Caen, Einfluss verschiedener Silbersalze auf die Farbintensität von Silbergelb: Analytische Untersuchungen, Kunsttechnologie – Konservierung 16, 2002, 147-57.
Diderot 1762-77
D. Diderot, J.-B. D'Alembert, Diderots Enzyklopädie. Die Bildtafeln II; IV (1762-1777) (Nachdruck 1995).
Doppelfeld 1966
O. Doppelfeld, Römisches und fränkisches Glas in Köln (1966).

Douglas et al. 1969
R. W. Douglas, M. S. Zaman, The Chromophore in Iron-Sulfur Amber Glasses, Physics and Chemistry of Glasses 10, 1969, 125-32.
Dubois 1996
H. Dubois, Pottaschensieder in Württemberg im 17. bis 19. Jahrhundert (1996).
Eggert 2001
M. K. H. Eggert, Prähistorische Archäologie: Konzepte und Methoden (2001).
Evison 1975
V. I. Evison, Germanic Glass Drinking Horns, Journal of Glass Studies 17, 1975, 74-87.
Falk 1982
A. Falk, Archäologisches Material aus der ehemaligen Ratsapotheke zu Lübeck, in: Teksten van lezingen, gehouden tijdens het Symposium „De middeleeuwse stad en de kwaliteit van het bestaan" te Rotterdam van 25 t/m 27 oktober 1979. A Contribution to Medieval Archaeology. Rotterdam Paper IV (1982) 35-46.
Felgenhauer-Schmiedt 1973
S. Felgenhauer-Schmiedt, Ein syrischer Becher aus Niederösterreich, Zeitschrift für Archäologie des Mittelalters 1, 1973, 99-103.
Fingerlin (1985)
G. Fingerlin, Hüfingen, ein zentraler Ort der Baar im frühen Mittelalter, in: Landesdenkmalamt Baden-Württemberg (Hrsg.), D. Planck, J. Biel, G. Süsskind, A. Wais (Red.), Der Keltenfürst von Hochdorf, Katalog zur Ausstellung 14. August bis 13. Oktober 1985 Stuttgart (1985) 411-47.
Flabeg 2002
Flabeg Corporation, Brackenridge, Pennsylvania, USA, Technical Information: Dichroic Filters (2002).
Flinders Petrie (1894)
W. M. Flinders Petrie, Tell el Amarna (1894).
Follmann-Schulz 1988
A.-B. Follmann-Schulz, Die römischen Gläser aus Bonn (1988).
Follmann-Schulz 1991
A.-B. Follmann-Schulz, Fours de verriers romains dans la province de Germanie Inférieure, in: D. Foy, G Sennequier (Hrsg.), Ateliers de verriers de l'antiquité à la periode pré-industrielle. Actes des 4[èmes] Rencontres Rouen 24-25 Novembre 1989 (1991) 35-40.
Fossati et al. 1975
F. Fossati, T. Mannoni, Lo scavo della vetreria medievale di Monte Lecco, Archeologia Medievale 2, 1975, 31-97.
Foy et al. 1983
D. Foy, J. C. Averous, B. Bourrel, Peyremoutou: Une verrerie du XVIIe siècle dans la Montagne Noire, Archéologie du Midi-Médiéval 1, 1983, 93-102.
Foy 1989
D. Foy, Le verre médiéval et son artisanat en France méditerranéenne (1989).
Foy et al. 1989a
D. Foy, G. Sennequier, À travers le verre (1989).

Foy et al. 1991
D. Foy, G. Sennequier (Hrsg.), Ateliers de verriers de l'antiquité à la periode pré-industrielle. Actes des 4[èmes] Rencontres Rouen 24-25 Novembre 1989 (1991).
Freestone et al. 1995
I. C. Freestone, M. Bimson, Early Venetian Enamelling on Glass: Technology and Origins, in: P. B. Vandiver, J. R. Druzik, J. L. Galvan Madrid, I. C. Freestone, G. S. Wheeler (Hrsg.), Materials Research Society, Symposium Proceedings Volume 352, Materials Issues in Art and Archaeology IV, Symposium held May 16-21, 1994, Cancun, Mexico (1995), 415-31.
Freestone et al. 1999
I. C. Freestone, Y. Gorin-Rosen, The Great Glass Slab at Bet She'arim, Israel: An Early Islamic Glassmaking Experiment?, Journal of Glass Studies 41, 1999, 105-16.
Freestone et al. 2000
I. C. Freestone, Y.Gorin-Rosen, M. J. Hughes, Primary Glass from Israel and the Production of Glass in Late Antiquity and the Early Islamic Period, in: M.-D. Nenna, La route du verre: Ateliers primaires et secondaires du second millénaire av. J.-C. au Moyen Age, Lyon: Maison de l'Orient Méditerranéen – Jean Pouilloux (2000), 65-83.
Fremersdorf 1961
F. Fremersdorf, Römisches geformtes Glas in Köln (1961).
Froehner 1879
W. Froehner, La verrerie antique (1879) 27.
Frommer 2001
S. Frommer, Eine spätmittelalterliche Glashütte im Schönbuch. Produktionsspektrum, Arbeitsabläufe und landesgeschichtliche Einbindung im Spiegel der archäologischen Funde. Textband. Magisterarbeit an der Fakultät für Kulturwissenschaften der Universität Tübingen (2001).
Gai 2001
S. Gai, Überreste karolingischer Glasproduktion. Die Ofenanlage und das gläserne Fundspektrum aus den Pfalzgebäuden in Paderborn, in: J. Pfrommer, R. Schreg, (Hrsg.), Zwischen den Zeiten. Archäologische Beiträge zur Geschichte des Mittelalters in Mitteleuropa. Festschrift Barbara Scholkmann. Internationale Archäologie, Studia honoraria 15 (2001).
Gai 2001a
A. S. Gai, Reliquiengläser aus Altersepulkren. Eine Materialsammlung zur Geschichte des deutschen Glases vom 12. bis zum 19. Jahrhundert I (2001).
Gaitzsch 1999
W. Gaitzsch, Spätrömische Glashütten im Hambacher Forst. Die Werkstatt des ECVA-Produzenten, in: M. Polfer (Hrsg.), Artisanat et productions artisanales en milieu rural dans les provinces du nord-ouest de l'Empire romain. Actes du colloque organisé à Erpeldange (Luxembourg) les 4 et 5 mars 1999 par le Séminaire d'Etudes Anciennes du Centre Universitaire de Luxembourg et Instrumentum (1999) 125-48.

Gaitzsch et al. 2000
W. Gaitzsch, K. H. Wedepohl, Spätrömische Glashütten im Hambacher Forst. Archäologische Befunde und geochemische Analysen, in: H. G. Horn, H. Hellenkemper, G. Isenberg, H. Koschick, Fundort Nordrhein-Westfalen. Schriften zur Bodendenkmalpflege in Nordrhein-Westfalen Band 5 (2000) 298-301.

Gaitzsch 2001
W. Gaitzsch, freundliche mündliche Mitteilung.

Gam 1993
T. Gam, Experiments in Glass, Present and Future, in: Association Internationale pour l'Histoire du Verre (Hrsg.), Annales du 12e Congrès de Association Internationale pour l'Histoire du Verre, Vienne – Wien 26 – 31 Août 1991 (1993) 261-70.

Gasparetto 1965
A. Gasparetto, Les fouilles de Torcello et leur apport à l'histoire de la verrerie de la Vénétie dans le Haut Moyen Age, in: VII Congrès International du Verre, Bruxelles 28 Juin – 3 Juillet 1965, Comptes Rendus, Comm. Nr. 239. 1-8.

Gasparetto 1967
A. Gasparetto, A proposito dell'officina vetraria torcellana, Journal of Glass Studies 9, 1967, 50-75.

Gebhard 1996
R. Gebhard, Thema: Vorgeschichtliches Glas. Ein anspruchsvoller Werkstoff, Archäologie in Deutschland 1996, 18-25.

Gehringer 2000
E. Gehringer, Lokalisierung historischer Glashüttenstandorte im Bayerischen Wald. Eine Darstellung der Glashüttengeschichte vom ausgehenden 13. Jahrhundert an bis in den Beginn des Industriezeitalters. Band I und II. Dissertation Universität Bamberg (2000).

Gerber 2003
Chr. Gerber, Court-Chaluet bei Moutier (Berner Jura, Schweiz): eine Schwarzwälder Glashütte?, Zweites Internationales Symposium zur archäologischen Erforschung mittelalterlicher und frühneuzeitlicher Glashütten Europas vom 9. bis 12. Mai 2002 in Glashütten-Oberems, in: P. Steppuhn im Auftrag des Kulturkreises Glashütten (Hrsg.), Glashütten im Gespräch (2003) 63-69.

Gerth et al. 1998
K. Gerth, K. H. Wedepohl, K. Heide, Experimental Melts to Explore the Technique of Medieval Woodash Glass Production and the Chlorine Content of Medieval Glass Types, Chemie der Erde – Geochemistry 58, 1998, 219-32.

Glasmuseum Wertheim 1986
Glasmuseum Wertheim (Hrsg.), Spechtergläser, Ausstellung im Glasmuseum Wertheim 1986 (1986).

Gmelin 1959
Gmelins Handbuch der Anorganischen Chemie[8]. Silicium Teil B System-Nr. 15 (1959).

Gorin-Rosen 1995
Y. Gorin-Rosen, Hadera, Bet Eli'ezer, in: Excavations and Surveys in Israel 13, 1995,42-43.
Gorin-Rosen 2000
Y. Gorin-Rosen, The Ancient Glass Industry in Israel. Summary of the Finds and New Discoveries, in: M.-D. Nenna (Hrsg.), La Route du Verre 2000, 49-63.
Gorin-Rosen 2002
Y. Gorin-Rosen, freundliche schriftliche Mitteilung.
Greindl 1984
G. Greindl, Die Tradition der älteren Glasliteratur, in: C. Grimm (Hrsg.), Glück und Glas. Zur Kulturgeschichte des Spessartglases, mit Katalog zur 2. Ausstellung des Hauses der bayerischen Geschichte seit seiner Angliederung an die Bayerische Staatskanzlei, Veröffentlichungen zur Bayerischen Geschichte und Kultur Nr. 2/84 (1984) 108-20.
Greiner 1957
K. Greiner, Die Glashütte zu Fischbach bei Sulzbach a. d. Murr, Württembergisch-Franken, Jahrbuch 41 (Neue Folge 31), 1957, 88-106.
Greiner 1971
K. Greiner, Die Glashütten in Württemberg (1971).
Grimm 1854
J. und W. Grimm, Deutsches Wörterbuch, 1. Band (1854) 360-61 Stichwort „Angster".
Daneben wurden weitere Bände aus späteren Jahren durchgesehen:
5. Band (1873) 2883-84 Stichwort „Kutrolf".
4. Band (1935) 1. Abt. 6. Teil, 1481-82 Stichwort „Gutter".
2. Band (1998) 1004 Stichwort „Angster".
Grimm 1899
J. und W. Grimm, Deutsches Wörterbuch 9. Band (1899) 807 Stichwort „Schluckspeck".
Grimm 1905
J. und W. Grimm, Deutsches Wörterbuch 10. Band 1. Abt (1905) 2029 Stichwort „Spechter".
Grimm 1984
C. Grimm (Hrsg.), Glück und Glas. Zur Kulturgeschichte des Spessartglases, mit Katalog zur 2. Ausstellung des Hauses der bayerischen Geschichte seit seiner Angliederung an die Bayerische Staatskanzlei, Veröffentlichungen zur Bayerischen Geschichte und Kultur Nr. 2/84 (1984).
Gühne 1991
H. Gühne, Stadtarchäologie in Freiberg. Holzfunde (1991).
Gülçur 1995
S. Gülçur, Das bronzezeitliche Wrack von Uluburun bei Kaş, Antike Welt 26, 1995, 453-61.
Günther 1912
R. T. Günther, A Mural Glass Mosaic from the Imperial Roman Villa near Naples. With a Note on the Analyses of the Green und Blue Glass by J. J. Manley, Archaeologia or Miscellaneous Tracts Relating to Antiquity 63, 1911-12 (Second Series: Vol.13), 99-108.

Haevernick 1972
Th. E. Haevernick, Zu Trierer Glasfragmenten, Trierer Zeitschrift 35, 1972, 211-17.

Haevernick 1974
Th. E. Haevernick, Gedanken zur frühesten Glasherstellung in Europa, Jahrbuch des Römisch-Germanischen Zentralmuseums Mainz 21,1 (1974) 205-209.

Harden 1978
D. B. Harden, Anglo-Saxon and Later Medieval Glass in Britain: Some Recent Developments, Medieval Archaeology 22, 1978, 1-24.

Hauptstaatsarchiv Stuttgart 2001
Hauptstaatsarchiv Stuttgart, Das Archivale des Monats Juli 2001: Spiegel aus Spiegelberg. Die Entdeckung einer Musterkollektion zur Spiegelherstellung aus dem 18. Jahrhundert. Begleitblatt zur Ausstellung im Juli 2001 im Hauptstaatsarchiv Stuttgart (2001).

Heaton 1947/48
N.Heaton, The Origin and Use of Silver Stain, Journal of the British Society of Master Glass-Painters 10, 1947/48, 9-16.

Heck et al. 1998
M. Heck, P. Hoffmann, C. Theune, J. Callmer, Archäometrische Untersuchungen an gelben und braunen merowingerzeitlichen Glasperlen, in: A. Hauptmann (Hrsg.), Archäometrie und Denkmalpflege – Kurzberichte 1998, Jahrestagung in Würzburg vom 23. bis 25. September 1998 (1998) 155-57.

Heck et al. 2000
M. Heck, P. Hoffmann, Rohstoffe für die Farbgebung merowingerzeitlicher Glasperlen, in: G. Schulze, I. Horn (Hrsg.), Archäometrie und Denkmalpflege - Kurzberichte 2000, Jahrestagung 29. – 31. März 2000 in Dresden (2000) 110-12.

Hehle 1911
J. Hehle, Zwei große Äbte des Klosters Zwiefalten an der Grenzscheide des 17. und 18. Jahrhunderts (1911).

Hejdová 1965
D. Hejdová, The Glasshouse at Rejdice in Northeastern Bohemia Late Sixteenth – Early Seventeenth Centuries, Journal of Glass Studies 23, 1981, 18-33.

Henderson 1985
J. Henderson, The Raw Materials of Early Glass Production, Oxford Journal of Archaeology 4, 1985, 267-91.

Henderson 2000
J. Henderson, The Science and Archaeology of Materials, An Investigation of Inorganic Materials (2000).

Henderson 2001
J. Henderson, Freundliche briefliche Mitteilung.

Henkes 1994
H. E. Henkes, Glas zonder glans, Vijf eeuwen gebruiksglas uit de bodem van de Lage Landen 1300-1800 (1994).

Henkes 1998
H. E. Henkes, J. Henderson, The Spun-Stem Roemer, a Hitherto Overlooked Roemer Type: Typology, Technology, and Distribution, Journal of Glass Studies 40, 1998, 89-103.

Heraclius 12./13. Jh.

Eraclius, De coloribus et artibus Romanorum, 3. Buch (12.-13. Jh.). Übersetzt und kommentiert von P. Merrifield, Original Treatises dating from the XIIth to XVIIIth centuries, on the Arts of Painting in Oil, Miniature, Mosaic, and on Glass; of Gilding, Dying and the Preparation of Colours und Artificial Gems I (1849) 182-257.

Zitiert wird nach dem Original.

Hitzl 1991

K. Hitzl, Olympische Forschungen XIX (1991).

Hodges 1985

R. Hodges, Chapter 1: Excavations at San Vicenzo al Volturno: A Regional and International Centre from c. AD 400-1100, in: R. Hodges, J. Mitchell (Hrsg.), San Vicenzo al Volturno. The Archaeology, Art and Territory of an Early Medieval Monastery (1985), 1-59.

Hoepfner 2001

W. Hoepfner, Der parische Lichtdom, Antike Welt 32, 2001, 491-506.

Höpken 1998

C. Höpken, Zu zwei römischen Glasöfen in Köln: Die Fundstellen Waidmarkt 18 und Helenenstrasse / St. Apernstrasse, Kölner Jahrbuch 31, 1998, 427-43.

Horat 1991

H. Horat, Der Glasschmelzofen des Priesters Theophilus (1991).

Horat 1994

H. Horat, Überlegungen zum Gehhorizont und zur Arbeitshöhe an Glasschmelzöfen, in: W. Lang (Hrsg.), Kolloquium zur Glasherstellung im Spätmittelalter[2], Uhingen und Heidelberg 1992 (1994), 49-55.

Horn et al. 1998

I. Horn, G. Schulze, D. v. Kerßenbrock-Krosigk, „Probatum est“ – Barocke Rubinglasrezepte im Spiegel heutiger Analysendaten, in: A. Hauptmann (Hrsg.), Archäometrie und Denkmalpflege - Kurzberichte 1998, Jahrestagung 23. – 25. September 1998 in Würzburg (1998) 120-21.

Hume 1976

I. N. Hume, Archaeological Excavations on the Site of John Frederick Amelung's New Bremen Glassmanufactory, 1962-1963, Journal of Glass Studies 18, 1976, 137-214.

Ibrahim et al. 1976

L. Ibrahim, R. Scranton, R. Brill, Kenchreai – Eastern Port of Corinth II. The Panels of Opus Sectile in Glass (1976).

Einige der Glasbilder sind auf der Web-Seite des Griechischen Kultus-Ministeriums zu sehen:

http://www.culture.gr | Museums and Archaeological Sites | List of Museums (alphabetical) | Isthmia Archaeological Museum.

Jackson et al. 1998

C. M. Jackson, P. T. Nicholson, W. Gneisinger, Glassmaking at Tell el-Amarna: An Integrated Approach, Journal of Glass Studies 40, 1998, 11-23.

Janković 1967

S. Janković, Wirtschaftsgeologie der Erze (1967).

Janssen 1983
W. Janssen, Gewerbliche Produktion des Mittelalters als Wirtschaftsfaktor im ländlichen Raum, in: H. Jankuhn, W. Janssen, R. Schmidt-Wiegand, H. Tiefenbach (Hrsg.), Das Handwerk in vor- und frühgeschichtlicher Zeit, Teil II: Archäologische und philologische Beiträge. Bericht über die Kolloquien der Kommission für die Altertumskunde Mittel- und Nordeuropas in den Jahren 1977-1980 (1983) 317-94.

Janssen 1986
W. Janssen, Handwerksbetriebe und Werkstätten in der Stadt um 1200, Zeitschrift für Archäologie des Mittelalters, Beiheft 4, 1986, 301-78.

Jenisch 1996
B. Jenisch, Eine frühe Glashütte im Hochschwarzwald, Denkmalpflege in Baden-Württemberg 25, 1996, 258-60.

Johannsen 1932
O. Johannsen, Peder Månssons "Glaskunst". Ein Beitrag zur Geschichte der Glastechnik, Sprechsaal – Coburg 65, 1932 I, 387-88.

Kamber 1995
P. Kamber, Die Latrinen auf dem Areal des Augustinerklosters Basel-Augustinergasse 2, Grabung 1968, Materialhefte zur Archäologie in Basel Heft 10 (1995).

Kamber et al. 1999
P. Kamber, P. Kurzmann mit einem Beitrag von Y. Gerber, Der Gelbschmied und Alchemist(?) vom Ringelhof, in: Jahresbericht 1998 der Archäologischen Bodenforschung des Kantons Basel-Stadt (1999) 151-99.

Kamber 2003
P. Kamber, Der Wildensteiner Hof in Basel (Arbeitstitel), Materialhefte zur Archäologie in Basel (in Vorbereitung, 2003).

Kampfmann et al. 1988
G. Kampfmann, St. Krimm, Verkehrsgeographie und Standorttypologie der Glashütten im Spessart (1988).

Kenyon 1967
G. H. Kenyon, The Glass Industry of the Weald (1967).

Kirchheimer 1963
F. Kirchheimer, Das Uran und seine Geschichte (1963).

Kirchheimer (1963a)
F. Kirchheimer, Urangläser in alter Zeit, Glastechnische Berichte 36, 1963, 488-90.

Kirn 1834
Hüttenverwalter Kirn, Glasfabrikation. Ueber das Strecken des Fensterglases, Journal für praktische Chemie 2, 1834, 175-91.

Kisa 1908
A. Kisa, Das Glas im Altertume (1908).

Klein (1999)
M. J. Klein, Spätrömische Gläser mit bunten Nuppen- und Fadenauflagen, in: M. J. Klein (Hrsg.), Römische Glaskunst und Wandmalerei. Ausstellung des Landesmuseums Mainz 12. Dezember 1999 – 20. Februar 2000 (1999) 129-42.

Klein (1999a)

M. J. Klein (Hrsg.), Römische Glaskunst und Wandmalerei. Ausstellung des Landesmuseums Mainz 12. Dezember 1999 – 20. Februar 2000 (1999).

Koch et al. 1986

R. Koch, Chr. Prohaska, Spechter und andere Trinkbecher des 16. und 17. Jahrhunderts aus dem Neckargebiet, in: Glasmuseum Wertheim (Hrsg.), Spechtergläser, Ausstellung im Glasmuseum Wertheim 1986 (1986) 33-48.

König et al. 2002

A. König, H.-G. Stephan, K. H. Wedepohl unter Mitarbeit von G. Hartmann, Mittelalterliche Gläser aus Höxter (ca. 800 bis 1530). Archäologie, Chemie und Geschichte, Neue Ausgrabungen und Forschungen in Niedersachsen 23, 2002, 325-73.

Kottmann 2000

A. V. Kottmann, Eine spätmittelalterliche Glashütte im Schönbuch. Archäologische Untersuchungen zu Produktionseinrichtungen und Produktionsprozessen, Magisterarbeit an der Fakultät für Kulturwissenschaften der Universität Tübingen (2000).

Krimm 1984

S. Krimm, Zur Geschichte der Waldglasproduktion im Spessart, in: C. Grimm (Hrsg.), Glück und Glas. Zur Kulturgeschichte des Spessartglases, mit Katalog zur 2. Ausstellung des Hauses der bayerischen Geschichte seit seiner Angliederung an die Bayerische Staatskanzlei, Veröffentlichungen zur Bayerischen Geschichte und Kultur Nr. 2/84 (1984), 159-79.

Kühne 1999

K. Kühne, Ars vitrearia experimentalis...Möglichkeiten und Grenzen antiker Glasverarbeitung, Antike Welt 30, 1999, 463-72.

Kunckel 1679

J. Kunckel, Ars Vitraria Experimentalis (1679).

Das Werk kommentiert und ergänzt auch die Bücher zweier anderer Autoren. Das älteste ist A. Neri, L'Arte Vetraria (1612), das von C. Merret 1662 übersetzt und kommentiert wurde. Diese Kommentierung wiederum wurde von Kunckel kommentiert.

Dementsprechend ist die Zitierweise etwas kompliziert.

Kunter 1996

K. Kunter, Thema: Vorgeschichtliches Glas. Zu früh für Kontroversen, Archäologie in Deutschland, 1996, 22-25.

Kurzmann 1999

P. Kurzmann, nicht publizierter institutsinterner Bericht vom 15. 5. 1999.

Kurzmann 2000

P. Kurzmann, Die Destillation im Mittelalter. Archäologische Funde und Alchemie (2000).

Kurzmann 2000a

P. Kurzmann, Untersuchung von Glasfunden aus der Heuneburg-Außensiedlung, in: S. Kurz, Die Heuneburg-Außensiedlung (2000), 187-88.

Kurzmann 2003

P. Kurzmann, Archäochemische Untersuchungen an mittelalterlichem Glas: Über „farbloses“ Glas und Knochenasche-Glas, Zweites Internationales Symposium zur archäologischen Erforschung mittelalterlicher und frühneu-zeitlicher Glashütten Europas vom 9. bis 12. Mai 2002 in Glashütten-Oberems, in: P. Steppuhn im Auftrag des Kulturkreises Glashütten (Hrsg.), Glashütten im Gespräch (2003) 46-49.

Kurzmann 2004

P. Kurzmann, Ungewöhnliche Keramik aus alchemistischem Kontext, Vortrag auf dem Wissenschaftlichen Kolloquium „Einzelstücke – Sonderformen – Exoten. Die kleinen Fundgruppen der Keramik des Mittelalters und ihre Auswertung“, Lehrstuhl für Archäologie des Mittelalters und der Neuzeit und Zentrum für Mittelalterstudien der Otto-Friedrich-Universität Bamberg, Bamberg, 10.-11. November 2000.

Publikation in Vorbereitung. Erscheint voraussichtlich 2004/2005.

Labino 1966

D. Labino, The Egyptian Sand-Core Technique: A New Interpretation, Journal of Glass Studies 8, 1966, 124-27.

Lafond 1969

J. Lafond, Was Crown Glass Discovered in Normandy in 1330?, Journal of Glass Studies 11, 1969, 37-38.

Landau 1843

G. Landau, Geschichte der Glashütten in Hessen und der Thongruben bei Großalmerode (1843), in: D. Carl (Hrsg.), Geschichte der Glashütten in Hessen und andere Beiträge von Georg Landau, Faksimile-Nachdruck (2001).

Landesarchivdirektion Baden-Württemberg 1978

Landesarchivdirektion Baden-Württemberg (Hrsg.), Das Land Baden-Württemberg. Amtliche Beschreibung nach Kreisen und Gemeinden. Band III Regierungsbezirk Stuttgart, Regionalverband Mittlerer Neckar (1978).

Landesarchivdirektion Baden-Württemberg 1997

Landesarchivdirektion Baden-Württemberg in Verbindung mit dem Landkreis Reutlingen (Hrsg.), Kreisbeschreibungen des Landes Baden-Württemberg. Der Landkreis Reutlingen II (1997.

Lang 1985

W. Lang, Spätmittelalterliche Glasproduktion im Nassachtal, Gemeinde Uhingen, Kreis Göppingen, in: Landesdenkmalamt Baden-Württemberg (Hrsg.), Archäologische Ausgrabungen in Baden-Württemberg 1984 (1985) 259-62.

Lang 1986

W. Lang, Spätmittelalterliche Glashütte im Nassachtal, Gemeinde Uhingen, Kreis Göppingen, in: Landesdenkmalamt Baden-Württemberg (Hrsg.), Archäologische Ausgrabungen in Baden-Württemberg 1985 (1986) 264-67.

Lang 1991

W. Lang, Zur Produktion farbloser Butzenscheiben während des Spätmittelalters im Nassachtal, Gemeinde Uhingen, Hohenstaufen – Helfenstein. .Historisches Jahrbuch für den Kreis Göppingen 1, 1991, 19-40.

Lang 1994
W. Lang, Vom Anfänger, Würckher, Aufbläser und Strecker, in: W. Lang (Hrsg.), Kolloquium zur Glasherstellung im Spätmittelalter, Uhingen und Heidelberg 1992$^2$ (1994) 66-82.

Lang 2001
W. Lang, Spätmittelalterliche Glasproduktion im Nassachtal, Uhingen, Kreis Göppingen. Landesdenkmalamt Baden-Württemberg, Materialhefte zur Archäologie (2001).

Lang 2003
W. Lang, Zur Flachglasherstellung in spätmittelalterlichen Hütten im Nassachtal, Uhingen, Kreis Göppingen, Zweites Internationales Symposium zur archäologischen Erforschung mittelalterlicher und frühneuzeitlicher Glashütten Europas vom 9. bis 12. Mai 2002 in Glashütten-Oberems, in: P. Steppuhn im Auftrag des Kulturkreises Glashütten (Hrsg.), Glashütten im Gespräch (2003) 97-102.

Lanmon et al. 1976
D. P. Lanmon, A. M. Palmer, John Frederick Amelung and the New Bremen Glassmanufactory, Journal of Glass Studies 18, 1976, 13-136.

Lautier 1999
C. Lautier, Die Erfindung des Silbergelb in der Glasmalerei, Kölner Domblatt – Jahrbuch des Zentral-Dombau-Vereins 64, 1999, 227-60.

LDA Baden-Württemberg et al. 1992
LDA Baden-Württemberg, Stadt Zürich (Hrsg.), Stadtluft, Hirsebrei und Bettelmönch. Die Stadt um 1300. Katalog zur Ausstellung 26. 6. bis 11. 10. in Zürich und Frühjahr 1993 in Stuttgart (1992).

LDA Baden-Württemberg 1992a
LDA Baden-Württemberg, Vor dem großen Brand. Archäologie zu Füßen des Heidelberger Schlosses (1992).

Leiber 1985
J. Leiber, W. Czygan, H. Maus, Nuppenbecher aus Breisach und Freiburg im Breisgau und weitere ausgewählte Glasfunde, Teil II – Chemische Untersuchung der Gläser und Auswertung der Analysenergebnisse, Zeitschrift für Archäologie des Mittelalters 13, 1985, 93-108.

Leiber 1990/91
Chr. Leiber, Hic officinae vitrariae. Die hoch- und spätmittelalterlichen Glashütten im Hils bei Grünenplan, Landkreis Holzminden, Die Kunde Neue Folge 41/42, 1990/91, 511-52.

Leiber 1994
Chr. Leiber, Geschichte der Waldglashütten im Hils, in: Ortschaft Grünenplan, Flecken Delligsen (Hrsg), 250 Jahre Grünenplan 1744 – 1994. Beiträge zur Ortsgeschichte. Schriftenreihe zur Geschichte der Hilsmulde (1994).

Lierke 1996
R. Lierke, Letter: More on the Lycurgus Cup, Journal of Glass Studies 38, 1996, 276-77.

Lierke 1999
R. Lierke, Antike Glastöpferei. Ein vergessenes Kapitel der Glasgeschichte (1999).

Lierke 2003
R. Lierke, Auf Spurensuche durch die Glasgeschichte - Endstation Mittelalter, Zweites Internationales Symposium zur archäologischen Erforschung mittelalterlicher und frühneuzeitlicher Glashütten Europas vom 9. bis 12. Mai 2002 in Glashütten-Oberems, in: P. Steppuhn im Auftrag des Kulturkreises Glashütten (Hrsg.), Glashütten im Gespräch (2003) 86-91.

v. Lippmann 1919
E. O. von Lippmann, Entstehung und Ausbreitung der Alchemie I (1919).

Lobbedey 2001
U. Lobbedey, F. dell'Acqua, K. H. Wedepohl, Colored Glass Wall Tiles from Corvey (Germany): Carolingian or Romanesque?, Journal of Glass Studies 43, 2001, 89-105.

Löber 1966
H. Löber, Guttrolfe, Formgebung und Herstellungstechnik, Glastechnische Berichte 39, 1966, 539-48.

Löber 1976
H. Löber, Hatte Plinius d. Ä. recht mit seinem Bericht über das Entstehen des Glases?, in: Th. E. Haevernik, A. v. Saldern (Hrsg.), Festschrift für Waldemar Haberey (1976) 85-88.

Loeschcke 1915
S. Loeschke, Zur angeblich römischen Glashütte auf der Hochmark,, b. Cordel. Römische Glasfabrikation in Trier, Römisch-germanisches Korrespondenzblatt 8, 1915, Nr.4, 49-57.

Loibl 1996
W. Loibl (Hrsg.), Asche zu Glas, Katalog zur Ausstellung im Spessart-Museum vom 6. September bis 10. November 1996. Schriften zur Glassammlung des Spessart-Museums Nr. 2, Schriften des Geschichts- und Museumsvereins Lohr a. Main, Folge 29 – September 1996 (1996).

Loibl 2000
W. Loibl, Höhepunkt und Ende der Glashüttenzeit im Taunus, Nassauische Annalen 111, 2000, 213-49.

Loibl 2001
W. Loibl, Der hessische Glashandel in die Niederlande im 17. Jahrhundert, Nassauische Annalen 112, 2001, 75-125.

Loibl 2002
W. Loibl, freundliche mündliche Mitteilung

Loibl 2003
W. Loibl, Zur Terminologie des historischen Flachglases, Zweites Internationales Symposium zur archäologischen Erforschung mittelalterlicher und frühneuzeitlicher Glashütten Europas vom 9. bis 12. Mai 2002 in Glashütten-Oberems, in: P. Steppuhn im Auftrag des Kulturkreises Glashütten (Hrsg.), Glashütten im Gespräch (2003) 103-107.

Loibl 2003a
W. Loibl, freundliche briefliche Mitteilung.

Loysel 1802, 1818

P. (oder J. B.) Loysel, Versuch einer ausführlichen Anleitung zur Glasmacherkunst für Glashüttenbesitzer und Cameralisten. Band 1: NN, Nach dem Französischen des Bürger Loysel und eigenen Erfahrungen bearbeitet (1802). Band 2: NN, Nach eigenen Erfahrungen und Beobachtungen bearbeitet. Zweyter oder praktischer Theil (1818).

Nach LOIBL 1996, 274 ist Carl Wigand Tabor der deutsche Bearbeiter des Textes von Jean Baptist Loysel. Der Vorname Pierre für Loysel taucht im Katalog der Universitätsbibliothek Tübingen auf.

Der deutschen Ausgabe ist kein Vorname Loysels und kein Bearbeitername zu entnehmen.

Tabor war nach Loibl (freundliche mündliche Mitteilung) zuletzt Direktor der Spiegelglashütte Lohr am Main.

Mansuelli 1966

G. A. Mansuelli, Guida alla città etrusca e al museo di Marzabotto, 1966.

Marazzi et al. 1996

F. Marazzi, K. D. Francis, L'eredità dell' antico. Tecnologia e produzione in un monastero imperiale carolingio: San Vicenzo al Volturno, in: A. Mastino (Hrsg.), Atti del XI Convegno Internazionale su l'Africa Romana, Cartagine 1994 (1996) 1029-45.

Mathesius 1587

J. Mathesius, Bergpostilla Oder Sarepta (1587).

Matiskainen 2003

H. Matiskainen, Neuzeitliche Glashütten in Schweden, Finnland und Estland, Zweites Internationales Symposium zur archäologischen Erforschung mittelalterlicher und frühneuzeitlicher Glashütten Europas vom 9. bis 12. Mai 2002 in Glashütten-Oberems, in: P. Steppuhn im Auftrag des Kulturkreises Glashütten (Hrsg.), Glashütten im Gespräch (2003) 122-28.

Maurach 1934

H. Maurach, Glasschmelzöfen in alter Zeit, Glastechnische Berichte 12, 1934, 265-74.

Maus et al. (1999)

H. Maus, B. Jenisch, Schwarzwälder Waldglas. Glashütten, Rohmaterial und Produkte der Glasmacherei vom 12. – 19. Jahrhundert, in: Alemannisches Institut Freiburg/Breisgau (Hrsg.), Alemannisches Jahrbuch 1997/98 (1999), 325-524.

Möller 1995

G. Möller, Mittelalterliches und renaissancezeitliches Hohlglas aus Stralsund, Wismarer Studien zur Archäologie und Geschichte 5, 1995, 43-48.

Moser v. Filseck 1986

K. Moser v. Filseck, Der Alabasterfries von Tiryns, Archäologischer Anzeiger 1986, 1-32.

Freundliche darüber hinaus gegebene mündliche Erläuterungen.

Nenna 1993

M.-D. Nenna, La verrerie d'époque hellenistique à Délos, Journal of Glass Studies 35, 1993, 11-21.

Nepoti 1987
S. Nepoti, Per una storia della produzione e del consumo del vetro a Bologna nel Tardomedioevo, in: R. Francovich (Hrsg.), Archeologia e storia del medioevo italiano, La Nuova Italia Scientifica (1987)., 133-148.

Neuburg 1962
F. Neuburg, Antikes Glas (1962).

Neuburger 1919
A. Neuburger, Die Technik des Altertums[5. Reprint] (1919).

Neumann 1932
B. Neumann, Die Glasur der Terra sigillata, Sprechsaal für Glas – Keramik – Email 65, 1932, 253-55; 273-75; 291-93.

Newberry 1893
P. E. Newberry, Beni Hasan Teil I (1893) Taf. 11, in: F. L. Griffith (Hrsg.), Archaeological Survey of Egypt.

Nicholson 1995
P. T. Nicholson, Glassmaking and Glassworking at Amarna: Some New Work, Journal of Glass Studies 37, 1995, 11-19.

Niemeyer 1958
W. Niemeyer, Georg Landau, in: I. Schnack (Hrsg.), Lebensbilder aus Kurhessen und Waldeck 1830-1930. Veröffentlichungen der historischen Kommission für Hessen und Waldeck 20,6 (1958) 177-87.

NN 1940
NN, Landkreis Trier: Kordel (Hochmark), in: Jahresbericht des Rheinischen Landesmuseums Trier für 1939, Trierer Zeitschrift 15, 1940, 93-96.
(Autor wohl J. Steinhausen)

Noll 1991
W. Noll, Alte Keramiken und ihre Pigmente (1991).

Oliver 2001
A. Oliver, A Glass Opus Sectile Panel from Corinth, Hesperia 70, 2001, 349-63.

v. Osten 1998
S. von Osten, Das Alchemistenlaboratorium Oberstockstall. Ein Fundkomplex des 16. Jahrhunderts aus Niederösterreich (1998).

Pallottino 1992
M. Pallottino Hrsg.), Die Etrusker und Europa. Katalog zur Ausstellung Berlin 28. 2.-31. 5. 1993 (1992).

Pausanias 2. Hälfte 2. Jh. n. Chr.
Pausanias, Beschreibung Griechenlands, übersetzt von E. Meyer (1954).

Pause 1996
C. Pause, Spätmittelalterliche Glasfunde aus Venedig (1996).

Pfahl 2000
St. F. Pfahl, Die Ausgrabung Trier „Hopfengarten“: Wasserversorgung und Glasherstellung in einem „Handwerkerviertel“ der römischen Stadt, Funde und Ausgrabungen im Bezirk Trier. Aus der Arbeit des Rheinischen Landesmuseums 32, 2000, 43-58.

Plachá et al. 1980
V. Plachá, B. Nechvátal, Mittelalterliches Glas aus Bratislava, Památky Archeologické 71, 1980 Bd.2, 433-63.

Platz 1998
Th. Platz, Burg und Stadt Hilpoltstein – Baugeschichte und Bedeutung, in: I. Ericsson (Hrsg.), AusGrabungen. Schicht für Schicht ins Mittelalter. Begleitheft zur Ausstellung des Lehrstuhls für Archäologie des Mittelalters und der Neuzeit der Universität Bamberg 1999 in Bamberg, Augsburg, Nürnberg und München (1998) 70-78.
Platz-Horster 1976
G. Platz-Horster, Antike Gläser. Katalog zur Ausstellung Antikenmuseum Berlin, Staatliche Museen Preußischer Kulturbesitz November 1976 – Februar 1977 (1976).
Plinius d. Ä. (um 70)
C. Plinius Secundus d. Ä., Naturalis Historia.
Zitiert wird nach dem lateinischen Originaltext (Buch, Paragraph).
Zur Verfügung standen die Bearbeitungen
H. Knoll, A. Locher, R. C. A. Rottländer, O. Schaaber, H. Scholze, G. Schulze, G. Strunk-Lichtenberg, D. Ullrich, Glasherstellung bei Plinius dem Älteren, Glastechnische Berichte 52, 1979, 265-70.
Plinius Secundus d. Ä., Über Glas und Metalle, übersetzt und kommentiert von der Projektgruppe Plinius, herausgegeben von R. C. A. Rottländer (2000).
The Loeb Classical Library, Pliny, Natural History, Band 1-10 (1956/63).
Pochat 1997
G. Pochat, Das Fremde im Mittelalter (1997).
Pohl et al. 1972
G. Pohl, Th. E. Haevernick, J. Riederer, A. von den Driesch, Frühmittelalterliche Glaswerkstatt bei St. Ulrich und Afra in Augsburg, Bayerische Vorgeschichtsblätter 37, 1972, 60-72.
Pohl 1977
G. Pohl, Frühmittelalterliche Grubenhütte mit Resten frühmittelalterlicher Glasherstellung, in: J. Werner (Hrsg.), Die Ausgrabungen in St. Ulrich und Afra in Augsburg 1961-1968. Veröffentlichung der Kommission zur Archäologischen Erforschung des spätrömischen Rätien der Bayerischen Akademie der Wissenschaften (1977) 465-70; 485-86 Taf. 127; 205.
Poppe 1811
J. H. M. Poppe, Geschichte der Technologie III (1811).
Prescher 1985
H. Prescher, Georgius Agricola. Kommentarband zum Faksimiledruck "Vom Bergkwerck XII Bücher" (Basel 1557). 1985.
Pretsch 1986
Vereinigung von Freunden der Geschichte Zwiefaltens, seines Münsters und Klosters e. V. (Hrsg.), H. Pretsch (Redaktion), Kloster Zwiefalten (1986).
Procházka 1999
Zd. Procházka, Sklářství v Českém Lese – místopis skláren, brusíren a leštíren. Glasindustrie im Böhmischen Wald – Topographie der Glashütten, Schleif- und Polierwerke (1999).

Prohaska-Gross 1991
Chr. Prohaska-Gross, Die Glas- und Schmelztiegelfunde aus dem gemauerten Schacht bei St. Peter und Paul, in: Landesdenkmalamt Baden-Württemberg (Hrsg.), Hirsau, St. Peter und Paul 1091-1991, Forschungen und Berichte der Archäologie des Mittelalters in Baden-Württemberg 10/1, 1991, 179-98.
Rademacher 1942
F. Rademacher, Fränkische Gläser aus dem Rheinland, Bonner Jahrbuch 147, 1942, 285-344 Taf. 41-72.
Radford 1956
C. A. R. Radford, 53. The Excavations at Glastonbury Abbey 1955, The Glass Furnace, Somerset & Dorset Notes & Queries Vol. XXVII (1956?), 53, Seiten 68-70.
Radford 1958
C. A. R. Radford, Notes. 127. The Excavation at Glastonbury Abbey 1956-57, Somerset & Dorset Notes & Queries Vol. XXVII, 1958, Seiten 167-68.
Rech 1982
M. Rech, Eine römische Glashütte im Hambacher Forst bei Niederzier, Kr. Düren, Bonner Jahrbuch 182, 1982, 349-88.
Reiss-Museum 1996
Reiss-Museum Mannheim, Die Franken – Wegbereiter Europas. Ausstellung Mannheim 8. September 1996 bis 6. Januar 1997 sowie Paris und Berlin, Katalog-Handbuch (1996).
Rieb 1972
J. P. Rieb, Les verres du XV^e au début du XVII^e siècle a Strasbourg, in: Communications artistiques et historiques du IX^e Congrès International du Verre, Paris 1972 (1972) 115-60.
Römpp 1997
Römpp Lexikon Chemie[10] (1997).
Roes 1965
A. Roes, Vondsten van Dorestad, Archaeologica Traiectina 7, 1965.
Roosma 1969
M. Roosma, The Glass Industry of Estonia in the 18th and 19th Century, Journal of Glass Studies 11, 1969, 70-85.
Roosma 1977
M. Roosma, The Estonian Glass House of Hüti 1628-1664, Journal of Glass Studies 19, 1977, 183-84.
Roth 1986
H. Roth, Kunst und Handwerk im frühen Mittelalter(1986).
Rottländer 1983
R. C. A. Rottländer, Einführung in die naturwissenschaftlichen Methoden in der Archäologie (1983).
Rottländer 2001
R. C. A. Rottländer, freundliche mündliche Mitteilung.
Rottloff 1999
A. Rottloff, Römische Vierkantkrüge, in: M. J. Klein (Hrsg.), Römische Glaskunst und Wandmalerei. Ausstellung des Landesmuseums Mainz vom 12. Dezember 1999 bis 20. Februar 2000 (1999).

Runschke 1994
W. Runschke, Über die Keramikfunde bei der Glashütte Uhingen – Nassach/Salzwiesen, in: W. Lang (Hrsg.), Kolloquium zur Glasherstellung im Spätmittelalter, Uhingen und Heidelberg 1992[2] (1994) 83-89.
Salmang 1957
H. Salmang, Die physikalischen und chemischen Grundlagen der Glasfabrikation (1957).
Sauter et al. 1973
F. Sauter, K. Rosmanith, Chemische Untersuchung eines syrofränkischen Bechers aus Niederösterreich, Zeitschrift für Archäologie des Mittelalters 1, 1973, 105-10.
Schäfer 1995
H. Schäfer, Hohlgläser des 13. bis 16. Jahrhunderts aus dem östlichen Marktquartier in Greifswald, Wismarer Studien zur Archäologie und Geschichte 5, 1995, 49-56.
Schaub 2000
A. Schaub, Römisches Museum Augsburg. Freundliche mündliche Mitteilung. Funde und Befund sind noch nicht publiziert.
Schenk zu Schweinsberg 1963
E. Frhr. Schenk zu Schweinsberg, La fabrication du verre d'après deux manuscrits enluminés du « De universo » de Raban Maur, Cahiers de la Céramique, du Verre et des Arts du Feu 32, 1963, 268-74.
Schiegl 2002
S. Schiegl, freundliche mündliche Mitteilung.
Schiering 1991
W. Schiering, Die Werkstatt des Pheidias in Olympia, in: Olympische Forschungen XVIII. Zweiter Teil: Werkstattfunde (1991).
Schiering 1999
W. Schiering, Glas für eine Göttin. Zum Gewand einer klassischen Kolossalstatue (Nike?) in Olympia. Ein Beitrag zu experimenteller Archäologie, Antike Welt 30, 1999, 39-48.
Schlick-Nolte 2003
B. Schlick-Nolte, Glas und Glastechniken durch frühe Jahrtausende, Zweites Internationales Symposium zur archäologischen Erforschung mittelalterlicher und frühneuzeitlicher Glashütten Europas vom 9. bis 12. Mai 2002 in Glashütten-Oberems, in: P. Steppuhn im Auftrag des Kulturkreises Glashütten (Hrsg.), Glashütten im Gespräch (2003) 78-85.
Schmid et al. 1996
B. Schmid, I. Krueger mit einem Beitrag von K. H. Wedepohl, Das Fundmaterial zweier mittelalterlicher Latrinen aus Mainz, Tritonplatz, Mainzer Archäologische Zeitschrift 3, 1996, 127-231.
Schmidt 1951
R. Schmidt, Der praktische Glasschmelzer[4] (1951).
Schmidt 1993
E. Schmidt, Archäologische Untersuchungen im Gebäude Marktplatz 7 in Biberach, in: Archäologische Ausgrabungen in Baden-Württemberg 1992 (1993) 344-48.

Scholkmann et al. 1993
B. Scholkmann, S. Gai, Eine Glashütte des Klosters Bebenhausen im Schönbuch, in: Landesdenkmalamt Baden-Württemberg (Hrsg.), Archäologische Ausgrabungen in Baden-Württemberg 1992 (1993), 387-93.
Scholkmann 1995
B. Scholkmann, Spätmittelalterliche Glasproduktion: Ofentechnologie und Herstellungsprozesse in der Hütte im Schönbuch bei Bebenhausen, Kreis Tübingen, in: Landesdenkmalamt Baden-Württemberg (Hrsg.), Archäologische Ausgrabungen in Baden-Württemberg 1994 (1995), 349-56.
Scholkmann et al. 1999
B. Scholkmann, A. Kottmann, Neue Untersuchungen zur spätmittelalterlichen Glashütte im Schönbuch bei Bebenhausen, in: Landesdenkmalamt Baden-Württemberg (Hrsg.), Archäologische Ausgrabungen in Baden-Württemberg 1998 (1999), 286-91.
Scholkmann et al. 2000
B. Scholkmann, A. Kottmann, Die Glashütte im Schönbuch bei Tübingen-Bebenhausen – Ergebnisse zur Flachglasproduktion, in: Landesdenkmalamt Baden-Württemberg (Hrsg.), Archäologische Ausgrabungen in Baden-Württemberg 1999 (2000), 252-56.
Schreg 1998
R. Schreg, Die Glashütte Schmidsfelden. Interner Vorbericht über die Ergrabung der Spuren eines Nebenofens der neuzeitlichen Glashütte im Allgäu (1998).
Schreg 1999
R. Schreg, Industriearchäologie in einer Glashütte des 19. Jahrhunderts: Schmidsfelden (Stadt Leutkirch, Kreis Ravensburg), Denkmalpflege in Baden-Württemberg 28, 1999, 107-11.
Schreurs et al. 1984
J. W. H. Schreurs, R. H. Brill, Iron and Sulfur Related Colours in Ancient Glasses, Archaeometry 26, 1984, 199-209.
Schuck 1992
M. Schuck, Horn-, Geweih- und Knochenverarbeitung, in: M. und N. Flüeler (Hrsg.), Stadtluft, Hirsebrei und Bettelmönch – Die Stadt um 1300. Katalog zur Ausstellung 26. 6. bis 11. 10. 1992 Zürich und Frühjahr 1993 Stuttgart (1992) 416-17.
Schüssler et al. 1998
U. Schüssler, C. Weiss, Römische Kameoglasfragmente aus dem Martin von Wagner Museum in Würzburg, in: A. Hauptmann (Hrsg.), Archäometrie und Denkmalpflege - Kurzberichte 1998, Jahrestagung 23. – 25. September 1998 in Würzburg (1998) 152-54.
Schulze 1976
G. Schulze, Kunckels Glaslaboratorium auf der Pfaueninsel – Bericht über chemische Untersuchungen an einigen Fundobjekten, Medizinhistorisches Journal 11, 1976, 149-56.
Schulze 2002
G. Schulze, freundliche mündliche Mitteilung.

Schwanzar 1994
Chr. Schwanzar, Die Glashütte am Bauernberg in Liebenau, Oberösterreich, in: Land Oberösterreich, Landesmuseum Linz (Hrsg.), Glas aus dem Böhmerwald, Katalog zur Ausstellung vom 18. 5. – 16. 10. 1994 in Linz, Schlossmuseum (1994) 116-33.

Schweizer 2003
F. Schweizer, Glas des 2. Jahrtausends v. Chr. im Ostmittelmeerraum (2003).

Scott 1995
G. D. Scott, A Study of the Lycurgus Cup, Journal of Glass Studies 37, 1995, 51-64.

Scranton et al. 1978
R. Scranton, J. W. Shaw, L. Ibrahim, Kenchreai – Eastern Port of Corinth I. Topography and Architecture (1978).

Seela 1974
J. Seela, The Early Finnish Glass Industry, Journal of Glass Studies 16, 1974, 57-86.

Seewaldt 1995
P. Seewaldt, Glas des 17. – 19. Jahrhunderts, Bestandskatalog des Rheinischen Landesmuseums Trier, Schriftenreihe des Rheinischen Landesmuseums Trier Nr. 8 (1995).

Seibel 1998
F. Seibel, Technologie und Fertigungstechniken römischer Glashütten (1998).

Seiz 1985
R. Seiz, Gläserne Zeugen aus der Vergangenheit, in: glas + rahmen 36, 1985, Beilage: Vom Lehrling zum Meister S. 16.

Seiz 1994
R. Seiz, Glaserfachbuch$^5$ (1994).

Sippel 1987
K. Sippel, Frühneuzeitliche Glashütten im Kaufunger Wald. Archäologische Denkmäler in Hessen 63 (1987). Herausgegeben von der Abteilung für Vor- und Frühgeschichte im Landesamt für Denkmalpflege Hessen, Wiesbaden (1987).

Six 1989
H. Six, K.-H. Mader, Spätmittelalterliche Bleiglasherstellung in der Umgebung von Grünenplan im Hils, Glastechnische Berichte 62, 1989 Nr. 12, N73-75.

Sellner et al. 1979
Chr. Sellner, H. J. Oel, B. Camara, Untersuchung alter Gläser (Waldglas) auf Zusammenhang von Zusammensetzung, Farbe und Schmelzatmosphäre mit der Elektronenspektroskopie und der Elektronenspinresonanz (ESR), Glastechnische Berichte 52, 1979, 255-64.

Six 1976
H. Six, Spätmittelalterliche Glashütten im Hils bei Grünenplan mit Farbglasproduktion, in: T. E. Haevernick, A. v. Saldern (Hrsg.), Festschrift für Waldemar Haberey (1976), 129-44.

Stein 1954
G. Stein, Aus der Geschichte des Wannenofens, in: R. Günther, Glasschmelz-Wannenöfen (1954) 200-16.

Steinhausen 1939
J. Steinhausen, Frühmittelalterliche Glashütten im Trierer Land, Trierer Zeitschrift 14, 1939, 29-57.

Stephan 1988/89
H.-G. Stephan, Archäologische Ausgrabungen im Bereich einer hochmittelalterlichen Waldglashütte im Bramwald, Gemeinde Niemetal, Kreis Göttingen, Teil 1 – Einführung und Befunde, Zeitschrift für Archäologie des Mittelalters 16/17, 1988/89, 123-54.

Stephan et al. 1992
H.-G. Stephan, K. H. Wedepohl, G. Hartmann, Die Gläser der hochmittelalterlichen Waldglashütte Steimcke. Berichte über die Grabungsergebnisse Teil 2 – Chemische und formenkundliche Analysen der Gläser, Zeitschrift für Archäologie des Mittelalters 20, 1992, 89-123.

Stephan et al. 1994
H.-G. Stephan, K. H. Wedepohl, G. Hartmann, Chemische Analysen von Gläsern aus dem ehemaligen Kloster Brunshausen bei Bad Gandersheim – Beiträge zur Geschichte des mittelalterlichen Glases und zur archäologischen Datierung des Siedlungsablaufes, Zeitschrift für Archäologie 28, 1994, 353-69.

Stephan et al. 1997
H.-G. Stephan, K. H. Wedepohl unter Mitarbeit von G. Hartmann, Mittelalterliches Glas aus dem Reichskloster und der Stadtwüstung Corvey mit einem Nachtrag zu den Analysenergebnissen von Gläsern aus dem Kloster Brunshausen, Germania 75, 1997, 673-715.

Stephan 1997/98
H.-G. Stephan, Die Glasschmelzgefäße der hochmittelalterlichen Waldglashütte Steimcke im Bramwald, Zeitschrift für Archäologie des Mittelalters 25/26, 1997/98, 107-40.

Stephan 2000
H.-G. Stephan, freundliche mündliche Mitteilung. Publikation in Vorbereitung.

Stephan 2003
H.-G. Stephan, Glasschmelzgefäße. Grundzüge der Entwicklung von den Anfängen im Alten Orient bis zur Neuzeit, Zweites Internationales Symposium zur archäologischen Erforschung mittelalterlicher und frühneuzeitlicher Glashütten Europas vom 9. bis 12. Mai 2002 in Glashütten-Oberems, in: P. Steppuhn im Auftrag des Kulturkreises Glashütten (Hrsg.), Glashütten im Gespräch (2003) 136-62.

Steppuhn 1995
P. Steppuhn, Die Gläser aus dem Brunnen des Rathauskellers in Wismar. Mit besonderer Berücksichtigung der spätmittelalterlichen Rippen- und Kreuzrippenbecher, Wismarer Studien zur Archäologie und Geschichte 5, 1995, 57-81.

Steppuhn 1998
P. Steppuhn, Die Glasfunde von Haithabu, Berichte über die Ausgrabungen in Haithabu (Hrsg. K Schietzel), Bericht 32 (1998).

Steppuhn 2000
Der mittelalterliche Gniedelstein: Glättglas oder Glasbarren?, Der Glasfreund 14, 2000, 10-33.

Steppuhn 2000/2001
P. Steppuhn, Archäologische Untersuchungen am spätmittelalterlichen Glashüttenstandort „An der Emsbachschlucht", Gemeinde Glashütten im Taunus, Berichte der Kommission für Archäologische Landesforschung in Hessen 6, 2000/2001, 203-23.
Steppuhn 2003
P. Steppuhn, Katalog, in: E. Ring (Hrsg.), Glaskultur in Niedersachsen (2003).
Stern 1985
E. M. Stern, Die Kapitelle der Nordhalle des Erechtheion, Mitteilungen des Deutschen Archäologischen Instituts, Athenische Abteilung 100, 1985, 405-26.
Stern 2000
E. M. Stern, Three Notes on Early Roman Mold-Blown Glass, Journal of Glass Studies 42, 2000, 165.
Steuer 1987
H. Steuer, Karolingerzeitliche Funde vom Zähringer Burgberg, Gemeinde Gundelfingen, Kreis Breisgau-Hochschwarzwald, Archäologische Ausgrabungen in Baden-Württemberg 1986 (1987) 186-90.
Stiegemann et al. 1999
Chr. Stiegemann, M. Wemhoff (Hrsg.), 799 – Kunst und Kultur der Karolingerzeit. I. Katalog der Ausstellung Paderborn 1999 (1999).
Strobl 1990
S. Strobl, Glastechnik des Mittelalters (1990).
Tabaczynska 1965
E. Tabaczynska, Glashütte aus dem VII.-VIII. Jhrt auf Torcello bei Venedig. Ausgrabungen 1961 – 1962, in: VII Congrès International du Verre, Bruxelles 28 Juin – 3 Juillet 1965, Comptes Rendus, Comm. Nr. 238. 1-3.
Tarcsay 1999
K. Tarcsay, Mittelalterliche und neuzeitliche Glasfunde aus Wien. Altfunde aus den Beständen des Historischen Museums der Stadt Wien, Beiträge zur Mittelalterarchäologie in Österreich, Beiheft 3/1999 (1999).
Terlinden et al. (1981)
A. M. Terlinden, D. W. Crossley, Post-Medieval Glass-Making in Brabant: the Excavation of a Seventeenth-Century Furnace at Savenel, Nethen, Post-Medieval Archaeology 15 (1981), 177-206.
Theophilus 1123
Theophilus Presbyter, Diversarum Artium Schedula oder De diversis artibus (genauer Titel unbekannt)
Zitiert wird nach dem lateinischen Originaltext (Buch, Kapitel).
Drei Bearbeitungen standen zur Verfügung:
W. Theobald, Technik des Kunsthandwerks im 12. Jahrhundert. Des Theophilus Presbyter Diversarum Artium Schedula[2]. (1984).
C. R. Dodwell, Theophilus. (1961), (1986). - (Nur Text. Ohne rekonstruierende Zeichnungen!)
E. Brepohl, Theophilus Presbyter und das mittelalterliche Kunsthandwerk I. Malerei und Glas; II. Goldschmiedekunst (1999).

Theuerkauff-Liederwald 1968
A. E. Theuerkauff-Liederwald, Der Römer. Studien zu einer Glasform, Journal of Glass Studies 10, 1968, 114-55.

Troitzsch 1997
U. Troitzsch, Technischer Wandel in Staat und Gesellschaft zwischen 1600 und 1750, in: W. König (Hrsg.), Propyläen Technikgeschichte III (1997), 176.

Turner 1956
W. E. S. Turner, Studies in Ancient Glasses and Glassmaking Processes. Part V. Raw Materials and Melting Processes, Journal of the Society of Glass Technology 40, 1956, 277T-300T.

Tyson 2000
R. Tyson, Medieval Glass Vessels Found in England c AD 1200 – 1500 (2000).

Uboldi 1995
M. Uboldi, Diffusione delle lampade vitree in età tardoantica e altomedievale e spunti per una tipologia, Archeologia Medievale 22, 1995, 93-145.

Ullmann 1972
Ullmanns Encyklopädie der technischen Chemie[4] XII (1972) 317 s v. Glas und Glaskeramik (Gliemeroth, Müller).

Unverzagt 1916
W. Unverzagt, Materialien zur römisch-germanischen Keramik, herausgegeben von der Römisch-Germanischen Kommission des Kaiserlichen Archäologischen Instituts Frankfurt a. M. II. Die Keramik des Kastells Alzei (1916).

Ventris 1956
M. Ventris, J. Chadwick, Documents in Mycenaean Greek (1956).

Vernhet 1981
A. Vernhet, Un four de La Graufesenque (Aveyron): La cuisson des vases sigillés, Gallia 39 (1981) 25-43.

Vogel 1992
W. Vogel, Glaschemie[3] (1992).

Vickers 2004
M. Vickers, Ashmolean Museum Oxford, freundliche mündliche Mitteilung.

Wamser 1982
L. Wamser, Neue Ausgrabungen mittelalterlicher Spessart-Glashütten bei Schöllkrippen, Landkreis Aschaffenburg, Unterfranken, Archäologisches Jahr in Bayern 1981, 1982, 188-89.

Wamser 1984
L. Wamser, Glashütten im Spessart – Denkmäler früher Industriegeschichte, in: C. Grimm (Hrsg.), Glück und Glas. Zur Kulturgeschichte des Spessartglases, Nr. 2/84 Veröffentlichungen zur bayerischen Geschichte und Kultur, Haus der Bayerischen Geschichte (1984) 25-34.

Wedepohl 1993
K. H. Wedepohl, Die Herstellung mittelalterlicher und antiker Gläser, Akademie der Wissenschaften und der Literatur, Mainz, Abhandlungen der Mathematisch-Naturwissenschaftlichen Klasse1993,1-38.

Wedepohl et al. 1995
K. H. Wedepohl, I. Krueger, G. Hartmann, Medieval Lead Glass from Northwestern Europe, Journal of Glass Studies 37, 1995, 65-82.

Wedepohl et al. 1997
K. H. Wedepohl, W. Winkelmann, G. Hartmann, Glasfunde aus der karolingischen Pfalz in Paderborn und die frühe Holzasche-Glasherstellung, Ausgrabungen und Funde in Westfalen-Lippe (Münster) 9/A, 1997, 41-53.

Wedepohl et al. 1997a
K. H. Wedepohl, A. Baumann, Isotope Composition of Medieval Lead Glasses Reflecting Early Silver Production in Central Europe, Mineralium Deposita 32, 1997, 292-95.

Wedepohl 1998
K. H. Wedepohl, Mittelalterliches Glas in Mitteleuropa: Zusammensetzung, Herstellung, Rohstoffe, Nachrichten der Akademie der Wissenschaften in Göttingen, II. Mathematisch-Physikalische Klasse, 1998, 5-56.

Wedepohl 1998a
K. H. Wedepohl, Die Zusammensetzung und Herstellung antiker und mittelalterlicher Gläser, Arbeitsblätter für Restauratoren 1, 1998, 87-94.

Wedepohl 1999
K. H. Wedepohl, Karolingisches Glas, in: Chr. Stiegemann, M. Wemhoff (Hrsg.), Kunst und Kultur der Karolingerzeit. 799 Karl der Große und Papst Leo III. in Paderborn. Ergänzungsband zum Katalog der Ausstellung Paderborn 23. Juli bis 1. November 1999 (1999) 218-221.

Wedepohl 2000
K. H. Wedepohl, freundliche mündliche Mitteilung.

Wedepohl et al. 2000
K. H. Wedepohl, W. Gaitzsch, A. B. Follmann-Schulz, G. Hartmann, Römische Glasproduktion in sechs spätkaiserzeitlichen Hütten im Hambacher Forst (Eifel), in: G. Schulze, I. Horn (Hrsg.), Archäometrie und Denkmalpflege – Kurzberichte 2000, Jahrestagung 29. – 31. März 2000 in Dresden (2000) 105-106.

Wedepohl et al. 2000a
K. H. Wedepohl, A. Baumann, The Use of Marine Molluskan Shells for Roman Glass and Local Raw Glass Production in the Eifel Area (Western Germany), Naturwissenschaften 87, 2000, 129-132.

Wedepohl 2001
K. H. Wedepohl, freundliche mündliche Mitteilung.

Wedepohl et al. 2001
K. H. Wedepohl, M. Sanke, A. Kronz, Karolingisches Holzasche- und Soda-Kalk-Glas aus Lorsch, in: U. Schüssler, R. Fuchs (Hrsg.), Archäometrie und Denkmalpflege – Kurzberichte 2001, Jahrestagung 5. bis 7. September 2001 in Köln (2001), 91-93.

Wedepohl 2002
K. H. Wedepohl, freundliche mündliche Mitteilung.

Wedepohl 2002a
K. H. Wedepohl, Mittelalterlicher Handel mit Rohstoffen für Glas und Produkten aus Glas, Medieval Europe Basel 2002, 3rd International Conference of Medieval and Later Archaeology, Basel (Switzerland) 10.-15. September 2002, in: G. Helmig, B. Scholkmann, M. Untermann (Hrsg.), Preprinted Papers I (2002) 407-409.

Wedepohl 2003
K. H. Wedepohl, Die Glasrezepte sowie der antike und mittelalterliche Handel mit Glas und Glasrohstoffen, Zweites Internationales Symposium zur archäologischen Erforschung mittelalterlicher und frühneuzeitlicher Glashütten Europas vom 9. bis 12. Mai 2002 in Glashütten-Oberems, in: P. Steppuhn im Auftrag des Kulturkreises Glashütten (Hrsg.), Glashütten im Gespräch (2003) 92-96.

Wedepohl 2003a
K. H. Wedepohl, Glas in Antike und Mittelalter (2003).

Wegstein 1996
M. M. Wegstein, Vergleichende chemische und technische Untersuchungen an frühneuzeitlichen Glashüttenfunden Nordhessens und Südniedersachsens (1996).

Weiser
B. Weiser, Töpferöfen von 500 bis 1500 n. Chr. im deutschsprachigen Raum und in angrenzenden Gebieten (2003).

Weyer 1992)
J. Weyer, Graf Wolfgang II. von Hohenlohe und die Alchemie. Alchemistische Studien in Schloß Weikersheim 1587-1610 (1992).

Whitehouse 1991
D. Whitehouse, Glassmaking at Corinth: A Reassessment, in: D. Foy, G. Sennequier (Hrsg.), Ateliers de verriers de l'antiquité à la periode pré-industrielle. Actes des 4[èmes] Rencontres Rouen 24-25 Novembre 1989 (1991) 73-82.

Wichert-Pollmann 1963
U. Wichert-Pollmann, Glasmacherhandwerk im östlichen Westfalen (1963).

Wiener 1983
J. Wiener, Glass Finds and Glassmaking in Mycenaean Greece. An Archaeological Study. Dissertation Tübingen 1983.

Winkelmann 1977
W. Winkelmann, Archäologische Zeugnisse zum frühmittelalterlichen Handwerk in Westfalen, Frühmittelalterliche Studien 11, 1977, 92-126.

Winter 2003
M. Thomas, B. A. Greiner, Hiems fecit, Festschrift zum 100. Geburtstag von Adam Winter (2003). (Gesammelte Schriften von A. Winter).

Wood 1965
E. S. Wood, A Medieval Glasshouse at Blundens Wood, Hambledon, Surrey, Surrey Archaeological Collections 62, 1965, 54-79.

Zeh 2003
G. Zeh, Schwarzes Glas von Proterobas und Situation im Fichtelgebirge, Zweites Internationales Symposium zur archäologischen Erforschung mittelalterlicher und frühneuzeitlicher Glashütten Europas vom 9. bis 12. Mai 2002 in Glashütten-Oberems, in: P. Steppuhn im Auftrag des Kulturkreises Glashütten (Hrsg.), Glashütten im Gespräch (2003) 134-35.

# 15. SCHLAGWORTVERZEICHNIS

# 16. Danksagung

Den Damen und Herren

Y. Barschak, Photo Archives, Israel Antiquities Authority, Jerusalem
A. Bartl, M. A., Historisches Museum Basel, Basel
I. Berg, Kulturkreis Glashütten e. V., Glashütten/Ts.
Prof. N. Conard Ph. D., Institut für Ur- und Frühgeschichte und Archäologie des Mittelalters der Universität Tübingen
U. Drews, Archäologisches Landesmuseum und Wikinger-Museum Haithabu, Schleswig
H. Dubois, Waldenbuch
A. Fleckenstein, Wiesthal
Prof. Dr. I. C. Freestone, The British Museum, London
Prof. Dr. B. Baronesse von Freytag gen. Löringhoff, Institut für Klassische Archäologie der Universität Tübingen
Dr. S. Fünfschilling, Römermuseum Augst, Augst
Dr. S. Gai, Museum in der Kaiserpfalz, Außenstelle Schloss Neuhaus, Paderborn
Dr. W. Gaitzsch, Rheinisches Amt für Bodendenkmalpflege, Außenstelle Titz
M. McGarvie FSA, Marston House, Marston Bigot, Frome, Somerset
Dr. E. Gehringer, Sand am Main
Y. Gorin-Rosen, Glass Department, Israel Antiquities Authority, Jerusalem
B. Huber M. A., Institut für Ur- und Frühgeschichte und Archäologie des Mittelalters der Universität Tübingen
E. Hylen, The Rakow Research Library, The Corning Museum of Glass, Corning NY
P. Kamber M. A. lic. phil., Historisches Museum Basel, Basel
W. Lang M. A., Kreisarchäologie Göppingen, Göppingen
W. Loibl, Direktor i. R. des Spessart-Museums Lohr a. M., Gauting
A. Schaub M. A., Römisches Museum Augsburg, Augsburg
Dr. S. Schiegl, Institut für Ur- und Frühgeschichte und Archäologie des Mittelalters der Universität Tübingen
Prof. Dr. B. Scholkmann, Institut für Ur- und Frühgeschichte und Archäologie des Mittelalters der Universität Tübingen
Dr. Steiner, Schott Glas, Mainz
M. Tazlari, Leiterin des Glasmuseums Wertheim, Wertheim
Prof. M. Vickers, Ashmolean Museum Oxford
Prof. Dr. K. H. Wedepohl, Geochemisches Institut der Universität Göttingen

sowie den Damen der Universitätsbibliothek Tübingen

schulde ich großen Dank für Hinweise, Beschaffung von Literatur und Fotos sowie Erteilung der Publikationserlaubnis.

Frau A. Kottmann M. A. und Herrn S. Frommer M. A. sowie den übrigen Studentinnen und Studenten, die an der Grabung „Glashütte Bebenhausen“ und/oder an den Übungen zur Glastechnologie des Mittelalters teilnahmen, schulde ich Dank für kritische Fragen

und Anregungen, die mich zu immer wieder neuen Überlegungen und Versuchen führten.
Der Firma DaimlerChrysler AG, Werke Sindelfingen und Untertürkheim, Produktions- und Werkstofftechnik, bin ich für die durchgeführten chemisch-analytischen, thermo-analytischen sowie licht- und rasterelektronenmikroskopischen Untersuchungen zu großem Dank verpflichtet.

Für die Sachspende „Bleioxid" danke ich der Firma DETA-Akkumulatorenwerk, 37431 Bad Lauterberg, ganz herzlich.

Dem Verlag Peter Lang ist zu danken, dass er den Weg zu einer tragbaren Preisgestaltung fand. Der Autorenbetreuerin, Frau B. Schwaiger, gebührt Dank für geduldige Unterstützung bei der Vorbereitung der Druckdatei.